"十二五"普通高等教育本科国家级规划教材

土木工程施工

上册 第三版

应惠清 主编

同济大学 出版社
TONGJI UNIVERSITY PRESS
·上海·

内 容 提 要

　　本教材根据21世纪土木工程专业人才培养目标于2002年组织编写,2007年修编出版了第二版,先后被教育部评为国家"十一五"和"十二五"国家级规划教材。第三版在第二版的基础上进行了全面的修订,以反映土木工程施工的先进水平,使教材内容符合现行设计施工的规范、规程和标准的要求。教材分上、下两册:上册主要研究土木工程施工中具有共性的基本原理与规律;下册主要研究各专业个性的施工技术及其原理。上册内容包括土方工程、桩基础工程、基坑工程、混凝土结构工程、预应力混凝土工程、砌筑工程、钢结构工程、结构吊装工程、脚手架工程、装饰工程、防水工程等工种工程的施工技术,以及流水施工原理、网络计划技术、施工组织设计等施工组织方面的内容。书中还配备了相关知识点的影像资料,可扫描二维码浏览。

　　本教材可作为高等院校土木工程专业、建筑工程管理专业、房地产专业及其他相关专业的教学用书,也可供土木类科研、设计、施工和管理等工程技术人员学习和参考。

图书在版编目(CIP)数据

　　土木工程施工. 上册/应惠清主编. —3 版. —上海:同济大学出版社,2018.3(2023.11重印)
　　ISBN 978-7-5608-7173-8

　　Ⅰ. 土… Ⅱ. ① 应… Ⅲ. ① 土木工程−工程施工−高等学校−教材 Ⅳ. ①TU7

　　中国版本图书馆 CIP 数据核字(2017)第 167135 号

土木工程施工　上册　第三版
应惠清　主编

| **责任编辑** | 杨宁霞　李　杰 | **责任校对** | 徐春莲 | **封面设计** | 陈益平 |

出版发行	同济大学出版社　　www.tongjipress.com.cn
	(地址:上海市四平路 1239 号　邮编:200092　电话:021‐65985622)
经　销	全国各地新华书店
印　刷	启东市人民印刷有限公司
开　本	787mm×1092mm　　1/16
印　张	21
字　数	524 000
版　次	2018 年 3 月第 3 版
印　次	2023 年 11 月第 3 次印刷
书　号	ISBN 978-7-5608-7173-8

| 定　价 | 45.00 元 |

第三版前言

"土木工程施工"是土木工程专业的一门主要的专业课。它在培养学生独立分析和解决土木工程施工中有关施工技术与组织计划的基本能力方面起着重要作用。

本教材于2002年根据21世纪土木工程专业人才培养目标，结合土木类专业调整及课程体系改革，组织同济大学教师集体编写而成。2007年—2009年修编出版了第二版。本教材被教育部先后评为"十一五"和"十二五"国家级规划教材，十多年来，被许多院校作为教学参考用书，得到广大师生的好评。

第三版的修编总结了近十多年来国际、国内土木工程发展和施工的新技术、新工艺、新材料和新设备，并按现行国家和行业有关技术标准，在原有的基础上进行了较大篇幅的调整，使它更适应当前土木工程相关专业的人才培养及教学要求。

改革开发以来，我国土木工程规模之大、项目之多堪称世界领先，施工技术和工程管理也得到了飞速发展。近十多年在城市建设、建筑工业化、地下空间利用、高铁和桥梁工程及市政设施等各方面都跨入了新时期，土木工程施工也从传统的粗放型建造向现代化、工业化和信息化发展。

为更好地体现我国土木工程施工技术的发展，本次修编保留了土木工程施工的基本技术、工艺及方法，大幅增添了工程施工的"四新"（新技术、新工艺、新材料、新设备）方面的内容，如基坑工程、装配式建筑、箱涵工程、特殊桥梁、重型机械设备等，同时去除或调整了一些较为陈旧的内容及被国家列为限制与淘汰的技术。在总体编排上则增加了工程实例和相应的照片，加强教材与实践工程的联系，便于学生更好地学习和理解。

"土木工程施工"是研究土木工程施工主要工种工程的施工技术、组织计划的基本规律，以及各专业方向（包括建筑工程、桥梁工程、地下工程、道路工程、水利工程、港口工程等）的专业施工技术的学科。按照专业指导委员会对课程设置的意见，将本教材分为上、下两册。上册主要研究土木工程施工中具有共性的基本理论与规律，它可作为土木工程专业的必修课；下册主要研究土木工程各专业方向具有个性的施工技术及其原理，可根据各专业方向选修。

现代工程使工程设计和施工两者的关系更为密切，甚至可谓"密不可分"，诸如基坑工程、大跨度结构、预应力结构等，施工力学都是结构工程师必须思考的问题。本教材在编写过程中注重这一点，在内容组织上体现施工-设计的一体化。"土木工程施工"具有涉及面广、实践性强、发展迅速等特点，因此，在教学时间有限的条件下，为提高本课程的教学质量，必须结合工程实践，综合运用本专业的基础理论，有重点地讲述基本的重要内容，对一些操作性较强的内容，则可通过生产实习、现场参观等教学环节进行，有关特殊的施工技术则可通过开设选修课进行教学。

作者在编写过程中力求综合运用有关学科的基本理论与知识,结合实际工程,做到理论联系实践,反映土木工程施工的先进水平;编写内容遵照国家和行业现行工程设计及施工标准,以利学生在综合能力和工程概念培养的同时,熟悉相关工程技术标准和规范要求。本教材努力做到图文并茂、深入浅出、通俗易懂,并在每章后面附有思考题,便于组织教学和学生自学。第三版教材相关知识点还配备了丰富的影像资料,可扫描二维码浏览,以便更形象直观地掌握知识点。

上册第一章、第三章、第十一章、第十二章、第十四章由应惠清编写;第二章、第四章由李辉编写;第五章、第十章由韩兵康编写;第六章、第八章由吴水根编写;第七章由刘匀编写;第九章由金瑞珺编写;第十三章由俞国凤编写。

下册第一篇(房屋建筑工程施工)由应惠清编写;第二篇(地下工程施工)由曾进伦、曾毅编写;第三篇(桥梁工程施工)由魏红一编写;第四篇(道路工程施工)由谈至明编写。

全书最后由应惠清进行了统一整理和审校。

由于土木工程技术的发展日新月异,又因编者的水平有限,编写不足之处在所难免,诚挚地希望读者提出宝贵意见、予以赐教。

编 者

2017.10

第二版前言

一、土木工程施工课程的研究对象、任务与学习方法

土木工程包括：房屋建筑工程、桥梁工程、地下工程、道路工程、水利工程等。"土木工程施工"课程是土木工程专业的一门主要的专业课，它分为两个方面的内容，即土木工程施工中主要工种工程的施工技术与组织计划。

土木工程施工是将设计者的思想、意图及构思转化为现实的过程。从古代穴居巢处到今天的摩天大楼；从农村的乡间小道到都市的高架道路；从穿越地下的隧道到飞架江海的大桥，凡要将人们的设想（设计）变为现实，都需要通过"施工"来实现。

一个工程的施工，包括许多工种工程，诸如土方工程、桩基础工程、混凝土结构工程、钢结构工程、结构吊装工程、防水工程等，各个工种工程的施工都有其自身的规律，都需要根据不同的施工对象及自然与环境条件采用相应的施工技术、选择不同的施工机械，本课程研究的对象之一就是各工种工程的施工规律及施工方案设计原理。土木工程施工是多专业、多工种协同工作的一个系统工程。在土建施工的同时，需要与有关的水、电、风、暖及其他设备专业的施工组成一个整体，各工种工程之间也需合理地组织与协调，并需要做好进度计划及劳动力、材料、机械设备等安排，以便保质、按期完成工程建设，更好地发挥投资效益。因此，土木工程各工种工程之间的组织与管理的规律也是本课程研究的对象。土木工程各专业方向如建筑工程、桥梁工程、地下工程、道路工程、水利工程的施工，有其共同的规律，但它们也各有其自身的特点，这也是本课程所要研究的内容。上述内容分别在本教材的上、下册中讲述。

本课程是一门应用性学科，具有涉及面广、实践性强、发展迅速等特点。它涉及测量、材料、力学、结构、机械、经济、管理、法律等多门学科的知识，并需要运用这些知识解决实际的工程问题；本课程又是以工程实际为背景的，其内容均与工程有着直接联系，需要有一定的工程概念；随着科学技术的进步，土木工程在技术与组织管理两方面都在日新月异地发展，新技术、新工艺、新材料、新设备不断涌现，作为研究土木工程施工的课程，其内容与教学方法也在不断地发展与更新。

根据本课程的任务及其特点，在教学过程中首先应坚持理论联系实际的学习方法，加强实践环节（如现场教学、参观、实习、课程设计等）；其次，应注意与基础课、专业基础课及有关专业课知识的衔接与贯通，更好地理解与掌握本课程内容；最后，在学习中除了学习本教材之外，还应尽量阅读参考书籍与科技文献、专业杂志，吸取新的知识、了解发展动向、扩大视野，为进一步的发展打好基础。

二、土木工程施工的发展

土木工程是一个古老的专业，人类从进入文明社会以来，建造业不仅为人们提供"衣、食、住、行"中的住、行两大需求，也推动着其他产业的发展与社会进步。在社会进步的同时，土木工程施工也在不断地发展。

我国是一个历史悠久和文化发达的国家,在世界科学文化的发展史上,我国人民有过极为卓越的贡献,在施工技术方面,同样有巨大的成绩。在殷商时期,我国已开始用水测定水平,用夯实的土壤作地基,并开始在墙壁上进行涂饰。战国、秦、汉时期,砌筑技术有很大发展,已有方砖、空心砖和装饰性条砖,还用特制的形砖和企口砖砌拱圈和穹窿。此时已有精巧的榫卯,表明木结构的施工技术已经达到一定的水平。在两晋、南北朝时期,木塔的建造显示木结构技术有了进步。云冈石窟的开凿等展示出了当时石工技术的水平。砖石结构开始大规模运用于地面上的建筑,如河南登封嵩岳寺塔等的建造表明在这方面的很大进步。隋、唐、五代时期,土、石、砖、瓦、石灰、钢铁、矿物颜料和油漆的应用技术已渐趋熟练。唐代大规模城市的建造,表明施工技术达到了相当高的水平。宋、辽、金时,开始在基础下打桩。从砖塔和拱桥(如卢沟桥)可看出砖石结构的施工技术水平。同时在室内装饰方面亦做得十分秀丽绚烂。至元、明、清,已能用夯土墙建造三四层楼房,内加竹筋。砖圈结构的普及说明了砌砖技术的进步。此外,木构架的整体性加强了,镏金、玻璃等开始用于建筑,丰富了装饰手法。现存的北京故宫等建筑,表明了我国当时的施工技术已经达到了很高的水平。

鸦片战争以后,我国的高等学校开始建立土建类的系科,有了较正规的土木工程的专业教育。在沿海一些大城市也出现了一些用钢铁和混凝土建造的现代化建筑工程,但多数由外国公司承建。此时,由我国私人创办的营造厂虽然也有所发展,并承建了一些工程,但由于规模小,技术装备较差,技术进步较慢。因此,从整体来看,1949年之前我国的施工技术和组织管理水平是较低的。

1949年之后,我国的建设事业起了根本的变化,我国的施工力量就由1949年初的20万人左右,发展到1952年的140万人,至1958年更是发展到533万人。到1977年,施工单位的职工已发展到占全国职工总数的5.9%,成为一支力量雄厚的建设队伍,到1985年年底从事建筑事业的人数已达到1700万。近年来又有很大发展,已达3000万以上。

进入20世纪80年代,我国的基本建设规模进一步扩大,1981—1990年十年间全社会固定资产投资完成2.77万亿元,超过前30年的总和,其中基本建设投资为10 800亿元,建成大中型项目1000多个。投入更新改造资金5 470亿元,完成技术改造项目40.9万项,使我国国力得到进一步增强,人民生活水平得到提高。

进入20世纪90年代,由于改革开放的深入,基本建设规模进一步扩大。1994年固定资产投资达13 000亿元,1995年固定资产投资17 000亿元,1996年全社会固定资产投资达到23 600亿元,每年万亿元以上的投资,使建筑业蓬勃发展,并成为我国的支柱产业。近十几年,我国已建高层建筑7 000多幢,建筑面积达1.3亿 m²。具有代表性的上海环球金融中心高度达到495 m;上海的杨浦大桥602 m,一跨过江,在叠合斜拉桥中居世界第一;江阴长江大桥为世界特大跨度的悬索桥,其锚墩沉井长70 m,宽50 m,深58 m,为世界之最;上海东方明珠电视塔高468 m,居世界第三。水利工程的长江三峡、黄河小浪底工程;新建铁路3 000 km、高等级公路8 000 km;北京、上海等城市的地铁;等等。工程数量之多、施工技术难度之大都是空前的。正是由于工程建设的推进,我国土木工程施工技术已有部分项目赶上或超过了发达国家,在总体上正接近发达国家的水平。在土木工程施工技术方面,我国不但掌握了大型工程项目施工的成套技术,而且在地基处理和基础工程方面推广了如大直径钻孔灌注桩、深基础支护技术、人工地基、地下连续墙和"逆作法"等新技术;在现浇混凝土工程中应用了滑升模板、爬升模板、大模板等工业化模板体系以及组合钢模板、模板早拆技术等;泵送混凝土、预拌混凝土、大体积混凝土浇筑等技术已达到国际先进水平;另外,在预应力混凝土技术、墙体改革、装配式混凝土结构以及大跨度钢结构、索膜结构等方面都形成和发展了许多新的施工技术。总之,结构理论的发展、新材料的研究和计算机技术的广泛应用等,有力地推动了我国土木工程施工的发展。

经过 40 多年大规模的经济建设,促使我国组织计划及管理水平也不断提高。我国在第一个五年计划期间,在一些重点工程上已开始编制施工组织设计,并逐渐发展,到 20 世纪 60 年代中期处于停顿。但进入 70 年代中期以后,又在一些重要工程上得到恢复和发展。近年来,随着网络计划技术和电子计算机等新技术的应用,进一步提高了我国的施工组织与企业管理水平。同时在工程管理上也不断学习国外的先进经验,在我国已实行工程招投标制度、工程监理制度,实行工程总承包与项目管理法等一系列国际通行的管理模式,逐步与国际接轨。

三、土木工程施工规范、规程与规定

土木工程施工必须严格遵守国家颁布的有关施工规范,它是国家在土木工程施工方面的重要法规,其目的是为了加强对土木工程施工的技术管理及统一验收标准,以达到进一步提高我国的施工水平、保证施工质量、降低工程成本的目的。它是从事土木工程设计、施工、监理与管理的所有人员都必须遵照执行的。

工程施工及验收规范的内容一般包括材料、半成品、成品等的质量标准和技术条件;施工准备工作;施工质量要求;质量控制方法与检查方法;施工技术要点以及其他技术规定等。

施工规程、规定等也是属于国家(行业、地方)标准,但它是比施工规范低一个等级的施工技术文件,通常是为及时推广新技术、新结构、新材料、新工艺而制定的有关标准。施工规程、规定中的内容如与施工规范内容有抵触,应以施工规范为准。

凡新建、改建、修复等工程,在设计、施工和竣工验收时均应遵循相应的施工及验收规范(规程、规定)。隐蔽工程还应根据相应的要求进行施工期间的隐蔽工程检查与验收工作。

土木工程不同专业方向的规范(规程、规定)的适用范围不尽相同,在使用时应注意其适用范围;有关地下工程的规范,如桩基础工程、地基处理工程、基坑支护工程等,因我国幅员广阔,各地的水文地质条件差异很大,在使用有关规范时应结合工程所在地的地方规范(规程、规定)以及当地的具体条件。

土木工程施工规范(规程、规定)随着工程技术的发展也在不断地补充、完善与更新,因此,在使用规范(规程、规定)时,还应关注规范的调整,并积极地进行科学研究,进行工程试验,开发新技术,为规范的修订提供理论与试验依据,更好地推进新技术的应用,更好地指导工程施工。

编者
2007 年 8 月

第一版前言

"土木工程施工"是土木工程专业的一门主要的专业课。它在培养学生独立分析和解决土木工程施工中有关施工技术与组织计划的基本能力方面起着重要作用。

"土木工程施工"是研究土木工程施工中主要工种工程的施工技术与组织计划基本规律,以及各专业方向(包括建筑工程、桥梁工程、地下工程、道路工程、水利工程、井港工程等)的专业施工技术的学科。它具有涉及面广、实践性强、发展迅速等特点,因此,在教学时间有限的条件下,为提高本课程的教学质量,必须结合工程实践,综合运用本专业的基础理论,有重点地讲述基本的重要内容,对一些操作性较强的内容,则主要通过生产实习、现场教学、参观等教学环节进行,有关现代施工技术和特殊的施工技术则可通过开设选修课进行教学。

本教材是在土木类专业调整及课程体系改革的基础上,根据 21 世纪土木工程专业人才培养目标、专业指导委员会对课程设置的意见以及本课程教学大纲的要求组织编写的。本教材分为上、下两册。上册主要研究土木工程施工中具有共性的基本理论与规律;下册主要研究土木工程各专业方向上具有个性的施工技术及其原理。

《土木工程施工》上册继承了同济大学江景波教授、赵志缙教授主编的《建筑施工》教材的传统与风格,吸取了原教材的精华,同时又根据"大土木"专业的教学特点,补充、增加了有关内容,以适应新的教学要求。《建筑施工》出版以来,一直被许多兄弟院校作为教材,反映较好。第一版于 1987 年获得国家教委优秀教材奖,第三版于 2000 年获得上海市普通高校优秀教材奖。在本教材问世之际,我们由衷地感谢前辈们为土木工程施工学科的发展所作出的贡献。

本教材在编写过程中力求综合运用有关学科的基本理论与知识,做到理论联系实践,反映当前土木工程施工的先进水平。编写内容符合现行设计施工的规范、规程与标准要求,以利于培养学生的综合能力和加强工程概念。本教材努力做到图文并茂、深入浅出、通俗易懂,并在每章后面附有思考题和习题,便于组织教学和自学。但限于编者的水平有限,不足之处难免,诚挚地希望读者提出宝贵意见。

本书上册的绪论、第一章、第十一章、第十三章由应惠清编写;第十二章、第十四章由徐伟编写;第二章、第三章由赵帆编写;第四章、第九章、第十章由韩兵康编写;第五章、第八章由吴水根编写;第六章由刘匀编写;第七章由金瑞珺编写。周太震、葛鹏、顾浩声为本书绘制了插图。全书最后由应惠清进行了审校和统一加工。

编　者

2000.11

目　　录

1 土方工程

1.1 概　　述

土方工程包括土的挖掘、填筑和运输等过程以及相关的准备工作和辅助工程。在土木工程中,最常见的土方工程有:场地平整、基坑(槽)开挖、地坪填土、路基填筑及基坑回填土等。

场地平整

土方工程施工往往具有工程量大、劳动繁重和施工条件复杂等特点,土方工程施工又受气候、水文、地质、地下障碍等因素的影响较大,不可确定的因素也较多,有时施工条件极为复杂。因此,在组织土方工程施工前,应详细分析与核对各项技术资料(如地形图、工程地质和水文地质勘察资料、地下管道、电缆和地下构筑物资料及土方工程施工图等),进行现场调查并根据现有施工条件,制订技术可行、经济合理的施工设计方案。

土方工程顺利施工,不但能提高土方施工效率,而且为其他工程的施工创造有利条件,对加快基本建设速度有很大意义。

1.1.1 土的工程分类

土的分类繁多,其分类法也很多,如按土的沉积年代、颗粒级配、密实度、液性指数分类等。在土木工程施工中,开挖难易程度是确定土方施工定额的依据之一,因此,需将土壤和岩石按开挖难易程度进行分类。表1-1和表1-2是我国《房屋建筑与装饰工程计量规范》(GB 50854—2013)有关土壤和岩石的分类表。表1-2按照俄罗斯学者普罗托季亚科诺夫(Протодьяконову)1926年提出的按岩石坚固性系数(又称普氏系数)的划分方法,它既可作为判断土方开挖、岩石爆破的难易程度以及确定开挖方法的参考,也是土方工程单价计算和工程造价编制的依据。

表 1-1　　　　　　　　　　　　土壤分类表

土壤分类	土壤名称	开挖方法
一、二类土	粉土、砂土(粉砂、细砂、中砂、粗砂、砾砂)、粉质黏土、弱中盐渍土、软土(淤泥质土、泥炭、泥炭质土)、软塑红黏土、冲填土	用锹、少许用镐、条锄开挖;机械能全部直接铲挖满载者
三类土	黏土、碎石土(圆砾、角砾)混合土、可塑红黏土、硬塑红黏土、强盐渍土、素填土、压实填土	主要用镐、条锄,少许用锹开挖;机械需部分刨松方能铲挖满载者或可直接铲挖但不能满载者
四类土	碎石土(卵石、碎石、漂石、块石)、坚硬红黏土、超盐渍土、杂填土	全部用镐、条锄,少许撬棍挖掘;机械须普遍刨松方能铲挖满载者

表1-2 岩石分类表

岩石分类		代表性岩石	开挖方法
极软岩		全风化的各种岩石； 各种半成岩	部分用手凿工具、部分用爆破法开挖
软质石	软岩	强风化的坚硬岩或较硬岩； 中等风化—强风化的较软岩； 未风化—微风化的页岩、泥岩、泥质砂岩等	用风镐或爆破法开挖
	较软岩	中风化—强风化的坚硬岩或较硬岩； 未风化—微风化的凝灰岩、千枚岩、泥灰岩、砂质泥岩等	用爆破法开挖
硬质石	较硬岩	微风化的坚硬岩； 未风化—微风化的大理岩、板岩、石灰岩、白云岩、钙质砂岩等	用爆破法开挖
	坚硬岩	未风化—微风化的花岗岩、闪长岩、辉绿岩、玄武岩、安山岩、片麻岩、石英岩、石英砂岩、硅质砾岩、硅质石灰岩等	用爆破法开挖

1.1.2 土的工程性质

土的工程性质对土方工程施工有直接影响，也是进行土方施工设计必须掌握的基本资料。

1.1.2.1 土的可松性

土具有可松性，即自然状态下的土，经过开挖后，其体积因松散而增大，以后经回填仍不能恢复的性质。由于土方工程量需按不同状态进行计算，所以在土方调配、计算土方机械生产率及运输工具数量等的时候，必须考虑土的可松性。在实际工程中，对土方工程量可运用表1-3及表1-4的折算系数进行简化计算。对于填土，当设计密实度超过规定时，按设计要求执行。

表1-3 土方体积折算系数表

天然密实体积	虚方体积	压实后体积	松填体积
1.00	1.30	0.87	1.08
0.77	**1.00**	0.67	0.83
1.15	1.50	**1.00**	1.25
0.92	1.20	0.80	**1.00**

注：表中虚方指未经压实、堆积时间小于等于1年的土壤。

表1-4 石方体积折算系数表

石方类别	天然密实体积	虚方体积	松填体积	码方
石方	**1.00**	1.54	1.31	—
块石	**1.00**	1.75	0.43	1.67
砂夹石	**1.00**	1.07	0.94	—

1.1.2.2 原状土经机械压实后的沉降量

原状土经机械往返压实或经其他压实措施后,会产生一定的沉陷,根据不同土质,其沉陷量一般在 3~30 cm 之间。可按经验公式(1-1)计算:

$$S = \frac{P}{C} \tag{1-1}$$

式中 S——原状土经机械压实后的沉降量(cm);

P——机械压实的有效作用力(MPa);

C——原状土的抗陷系数(MPa),可按表 1-5 取值。

表 1-5 不同土的 C 值参考表

原状土质	C/MPa	原状土质	C/MPa
沼泽土	0.01~0.015	大块胶结的砂、潮湿黏土	0.035~0.06
凝滞的土、细粒砂	0.018~0.025	坚实的黏土	0.1~0.125
松砂、松湿黏土、耕土	0.025~0.035	泥灰石	0.13~0.18

此外,土的工程性质还有:渗透性、密实度、抗剪强度、土压力等,这些内容在土力学中有详细分析,在此不再赘述。

1.2 场地设计标高的确定

大型土木工程项目通常都要确定场地设计平面,进行场地平整。场地平整就是将自然地面改造成工程项目所要求的平面。场地设计标高应满足规划、生产工艺、运输、排水及最高洪水位等要求,并力求使场地内土方挖填平衡且土方量最小。

1.2.1 场地设计标高确定的一般方法

如场地比较平缓,对场地设计标高无特殊要求,可按下述方法确定。

将场地划分成边长为 a 的若干方格,并将方格网角点的原地形标高标在图上(图 1-1)。原地形标高可利用等高线用插入法求得或在实地测量得到。

按照挖填土方量相等的原则[图 1-1(b)],场地设计标高可按式(1-2)计算:

$$na^2 z_0 = \sum_{i=1}^{n} \left(a^2 \frac{z_{i1} + z_{i2} + z_{i3} + z_{i4}}{4} \right)$$

即

$$z_0 = \frac{1}{4n} \sum_{i=1}^{n} (z_{i1} + z_{i2} + z_{i3} + z_{i4}) \tag{1-2}$$

式中 z_0——所计算场地的设计标高(m);

n——方格数;

$z_{i1}, z_{i2}, z_{i3}, z_{i4}$——第 i 个方格四个角点的原地形标高(m)。

由图 1-1 可见,11 号角点为一个方格独有,而 12,13,21,24 号角点为两个方格共有,22,

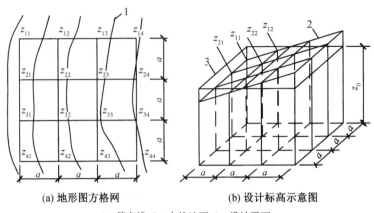

(a) 地形图方格网　　　　(b) 设计标高示意图

1—等高线；2—自然地面；3—设计平面。

图 1-1　场地设计标高计算示意图

23，32，33 号角点则为四个方格所共有，在用式(1-2)计算 z_0 的过程中，类似 11 号角点的标高仅加一次，类似 12 号角点的标高加两次，类似 22 号角点的标高则加四次，这种在计算过程中被应用的次数 P_i，反映了各角点标高对计算结果的影响程度，测量学中的术语称为"权"。考虑各角点标高的"权"，式(1-2)可改写成更便于计算的形式：

$$z_0 = \frac{1}{4n}\left(\sum z_1 + 2\sum z_2 + 3\sum z_3 + 4\sum z_4\right) \tag{1-3}$$

式中　z_1——一个方格独有的角点标高；

　　　$z_2，z_3，z_4$——二、三、四个方格所共有的角点标高。

测量标记设置

　　按式(1-3)得到的设计平面为一水平的挖填方相等的场地，实际场地均应有一定的泄水坡度。因此，应根据泄水要求计算出实际施工时所采用的设计标高。

　　以 z_0 作为场地中心的标高（图 1-2），则场地任意点的设计标高为

$$z_i' = z_0 \pm l_x i_x \pm l_y i_y \tag{1-4}$$

式中，z_i' 是考虑泄水坡度的角点设计标高。

　　求得 z_i' 后，即可按式(1-5)计算各角点的施工高度 H_i：

$$H_i = z_i' - z_i \tag{1-5}$$

式中，z_i 是 i 角点的原地形标高。

　　若 H_i 为正值，则该点为填方，H_i 为负值，则为挖方。

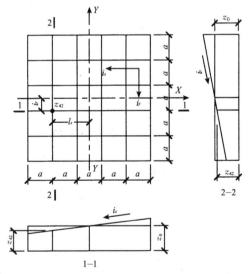

图 1-2　场地泄水坡度

1.2.2　用最小二乘法原理求最佳设计平面

　　按上述方法得到的设计平面，能使挖方量与填方量平衡，但不能保证总的土方量最小。

应用最小二乘法的原理,可求得满足上述条件的最佳设计平面。最佳设计平面就是满足建筑规划、生产工艺、运输要求以及场地排水等前提下,使场地内挖方量和填方量平衡,并使总的土方工程量最小的场地设计平面。

当地形比较复杂时,一般需设计成多平面场地,此时可根据工艺要求和地形特点,预先把场地划分成几个平面,分别计算出最佳设计单平面的各个参数。然后适当修正各设计单平面交界处的标高,使场地各单平面之间的变化缓和且连续。因此,确定单平面的最佳设计平面是竖向规划设计的基础。

任何一个平面在直角坐标体系中都可以用三个参数 c, i_x, i_y 来确定(图1-3)。在这个平面上,任何一点 i 的标高 z_i' 可以根据式(1-6)求出:

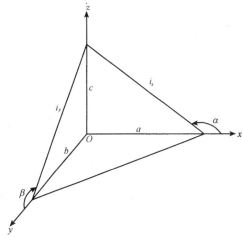

c 为原点标高;$i_x = \tan \alpha = -\dfrac{c}{a}$,为 x 方向的坡度;

$i_y = \tan \beta = -\dfrac{c}{b}$,为 y 方向的坡度。

图 1-3　一个平面的空间位置

$$z_i' = c + x_i i_x + y_i i_y \tag{1-6}$$

式中　x_i——i 点在 x 方向的坐标;

　　　y_i——i 点在 y 方向的坐标。

与前述方法类似,将场地划分成方格网,并将原地形标高 z_i 标于图上,设最佳设计平面的方程为式(1-6)形式,则该场地方格网角点的施工高度为

$$H_i = z_i' - z_i = c + x_i i_x + y_i i_y - z_i \ (i = 1, 2, \cdots, n) \tag{1-7}$$

式中　H_i——方格网各角点的施工高度;

　　　z_i'——方格网各角点的设计平面标高;

　　　z_i——方格网各角点的原地形标高;

　　　n——方格角点总数。

由土方量计算公式[式(1-13)—式(1-18)]可知,施工高度之和与土方工程量成正比。由于施工高度有正有负,当施工高度之和为零时,则表明该场地土方的填挖平衡,但它不能反映出填方和挖方的绝对值之和为多少。为了不使施工高度正负相互抵消,若把施工高度平方之后再相加,则其总和能反映土方工程填挖方绝对值之和的大小。但要注意,在计算施工高度总和时,应考虑方格网各点施工高度在计算土方量时被应用的次数 P_i,令 σ 为土方施工高度之平方和,则

$$\sigma = \sum_{i=1}^{n} P_i H_i^2 = P_1 H_1^2 + P_2 H_2^2 + \cdots + P_n H_n^2 \tag{1-8a}$$

将式(1-7)代入式(1-8a),得

$$\sigma = P_1(c + x_1 i_x + y_1 i_y - z_1)^2 + P_2(c + x_2 i_x + y_2 i_y - z_2)^2 + \cdots +$$
$$P_n(c + x_n i_x + y_n i_y - z_n)^2 \tag{1-8b}$$

5

当 σ 的值最小时,该设计平面既能使土方工程量最小,又能保证填挖方量相等(填挖方不平衡时,上式所得数值不可能最小)。这就是用最小二乘法求设计平面的方法。

为了求得 σ 最小时的设计平面参数 c,i_x,i_y,可以对上式的 c,i_x,i_y 分别求偏导数,并令其为 0,于是得

$$\left.\begin{aligned}
\frac{\partial \sigma}{\partial c} &= 2\sum_{i=1}^{n} P_i(c + x_i i_x + y_i i_y - z_i) = 0 \\
\frac{\partial \sigma}{\partial i_x} &= 2\sum_{i=1}^{n} P_i x_i(c + x_i i_x + y_i i_y - z_i) = 0 \\
\frac{\partial \sigma}{\partial i_y} &= 2\sum_{i=1}^{n} P_i y_i(c + x_i i_x + y_i i_y - z_i) = 0
\end{aligned}\right\} \tag{1-9}$$

经过整理,可得下列准则方程:

$$\left.\begin{aligned}
[P]c + [Px]i_x + [Py]i_y - [Pz] &= 0 \\
[Px]c + [Pxx]i_x + [Pxy]i_y - [Pxz] &= 0 \\
[Py]c + [Pxy]i_x + [Pyy]i_y - [Pyz] &= 0
\end{aligned}\right\} \tag{1-10}$$

式中　$[P] = P_1 + P_2 + \cdots + P_n$;

$[Px] = P_1 x_1 + P_2 x_2 + \cdots + P_n x_n$;

$[Pxx] = P_1 x_1 x_1 + P_2 x_2 x_2 + \cdots + P_n x_n x_n$;

$[Pxy] = P_1 x_1 y_1 + P_2 x_2 y_2 + \cdots + P_n x_n y_n$。

余类推。

解方程组(1-10),可求得最佳设计平面(此时尚未考虑工艺、运输等要求)的三个参数 c,i_x,i_y。然后即可根据式(1-7)算出各角点的施工高度。

在实际计算时,可采用列表方法(表1-6)。最后一列的和 $[PH]$ 可用于检验计算结果,当 $[PH] = 0$ 时,则计算无误。

表 1-6　　　　　　　　　　　　最佳设计平面计算表

1	2	3	4	5	6	7	8	9	10	11	12	13	14	15
点号	y	x	z	P	Px	Py	Pz	Pxx	Pxy	Pyy	Pxz	Pyz	H	PH
0	…	…	…	…	…	…	…	…	…	…	…	…	…	…
1	…	…	…	…	…	…	…	…	…	…	…	…	…	…
2	…	…	…	…	…	…	…	…	…	…	…	…	…	…
3	…	…	…	…	…	…	…	…	…	…	…	…	…	…
⋮	…	…	…	…	…	…	…	…	…	…	…	…	…	…
—	—	—	—	$[P]$	$[Px]$	$[Py]$	$[Pz]$	$[Pxx]$	$[Pxy]$	$[Pyy]$	$[Pxz]$	$[Pyz]$	—	$[PH]$

应用上述准则方程时,若已知 c,或 i_x,或 i_y 时,只要把这些已知值作为常数代入,即可求得该条件下的最佳设计平面,但它与无任何限制条件下求得的最佳设计平面相比,其总土方量一般要比后者大。

例如要求场地为水平面(即 $i_x = i_y = 0$),则由式(1-10)中的第一式可得

$$c = \frac{[Pz]}{P} \tag{1-11}$$

6

c 就是场地为水平面时的设计标高,与式(1-3)比较,它与 z_0 完全相同,说明按式(1-3)的方法所得的场地设计平面,仅是在场地为水平面条件下的最佳设计平面,显然,它不能保证在一般情况下总的土方量最小。

1.2.3 设计标高的调整

实际工程中,对计算所得的设计标高,还应考虑下列因素进行调整,这项工作在完成土方量计算后进行。

① 考虑土的最终可松性,须相应提高设计标高,以达到土方量的实际平衡。

② 考虑工程余土或工程用土,相应提高或降低设计标高。

③ 根据经济比较结果,如采用场外取土或弃土的施工方案,则应考虑因此引起的土方量的变化,须将设计标高进行调整。

场地设计平面的调整工作也是繁重的,如修改设计标高,则须重新计算土方工程量。

1.3 土方工程量的计算与调配

1.3.1 土方工程量计算

在土方工程施工之前,通常要计算土方的工程量。但土方工程的外形往往不规则,要得到精确的计算结果很困难。一般情况下,都将其假设或划分成一定的几何形状,并采用具有一定精度而又和实际情况近似的方法进行计算。

1.3.1.1 基坑(槽)和路堤的土方量计算

基坑(槽)和路堤的土方量可按拟柱体体积的公式计算(图 1-4),即

$$V = \frac{H}{6}(F_1 + 4F_0 + F_2) \tag{1-12}$$

式中　V——土方工程量(m^3);

　　　H,F_1,F_2 如图 1-4 所示。对基坑而言,H 为基坑的深度(m),F_1,F_2 分别为基坑的上、下底面积(m^2);对基槽或路堤而言,H 为基槽或路堤的长度(m),F_1,F_2 为两端的面积(m^2);

　　　F_0——F_1 与 F_2 之间的中断面面积(m^2)。

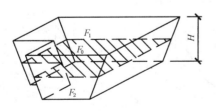　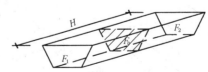

(a) 基坑土方量计算　　　　　　　　　　　　(b) 基槽、路堤土方量计算

图 1-4　土方量计算

基槽与路堤通常根据其形状(曲线、折线、变截面等)划分成若干计算段,分段计算土方量,然后再累加求得总的土方工程量。如果基槽、路堤是等截面的,则 $F_1 = F_2 = F_0$,由式(1-12)计算 $V = HF_1$。

1.3.1.2 场地平整土方量的计算

在场地设计标高确定后,需平整的场地各角点的施工高度即可求得,然后按每个方格角点的施工高度算出挖、填土方量,并计算场地边坡的土方量,这样即得到整个场地的挖、填土方总量。计算前先确定"零线"的位置,有助于了解整个场地的挖、填区域分布状态。零线即挖方区与填方区的交线,在该线上,施工高度为 0。零线的确定方法是:在相邻角点施工高度为一挖一填的方格边线上,用插入法求出零点(0)的位置(图 1-5),将各相邻的零点连接起来即为零线。

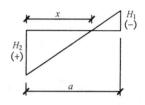

图 1-5 零点计算示意图

如不需计算零线的确切位置,则绘出零线的大致走向即可。

零线确定后,便可进行土方量的计算。方格中土方量的计算有"四方棱柱体法"和"三角棱柱体法"两种方法。

1. 四方棱柱体的体积计算方法

方格四个角点全部为填或全部为挖[图 1-6(a)]时:

$$V = \frac{a^2}{4}(H_1 + H_2 + H_3 + H_4) \tag{1-13}$$

式中 V——挖方或填方体积(m^3);

a——方格边长(m);

H_1, H_2, H_3, H_4——方格四个角点的填挖高度,均取绝对值(m)。

方格四个角点,部分是挖方,部分是填方[图 1-6(b)和(c)]时:

$$V_{填} = \frac{a^2}{4} \frac{(\sum H_{填})^2}{\sum H} \tag{1-14}$$

$$V_{挖} = \frac{a^2}{4} \frac{(\sum H_{挖})^2}{\sum H} \tag{1-15}$$

式中 $\sum H_{填(挖)}$——方格角点中填(挖)方施工高度的总和,取绝对值(m);

$\sum H$——方格四角点施工高度的总和,取绝对值(m)。

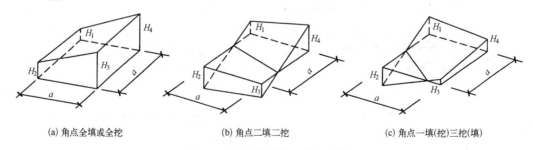

(a) 角点全填或全挖   (b) 角点二填二挖   (c) 角点一填(挖)三挖(填)

图 1-6 四方棱柱体的体积计算

8

2. 三角棱柱体的体积计算方法

计算时,先把方格网顺地形等高线将各个方格划分成三角形(图1-7)。

每个三角形的三角点的填挖施工高度用 H_1、H_2、H_3 表示。当三角形三个角点全部为挖或全部为填时[图1-8(a)]：

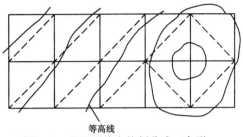

等高线

图1-7 按地形将方格划分成三角形

$$V = \frac{a^2}{6}(H_1 + H_2 + H_3) \qquad (1\text{-}16)$$

式中　V——挖方或填方体积(m^3)；

　　　a——方格边长(m)；

　　　H_1、H_2、H_3——三角形各角点的施工高度(m),用绝对值代入。

三角形三个角点有填有挖时,零线将三角形分成两部分,一个是底面为三角形的锥体,一个是底面为四边形的楔体(图1-8)。

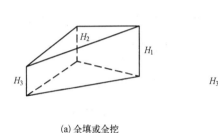

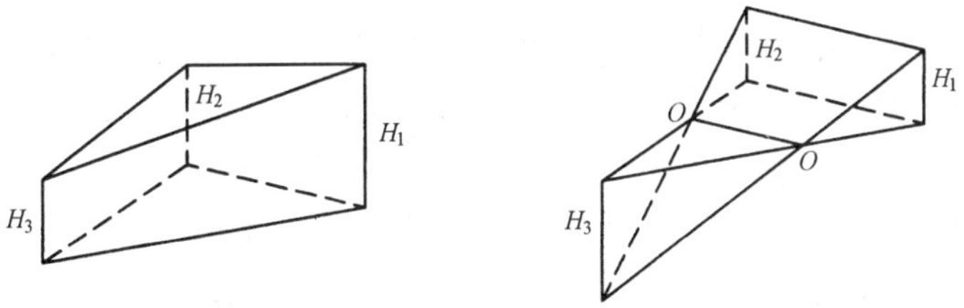

(a) 全填或全挖　　　　　　　　　(b) 锥体部分为填方

图1-8 三角棱柱体的体积计算

其中,锥体部分的体积为

$$V_{锥} = \frac{a^2}{6} \frac{H_3^3}{(H_1 + H_3)(H_2 + H_3)} \qquad (1\text{-}17)$$

楔体部分的体积为

$$V_{楔} = \frac{a^2}{6}\left[\frac{H_3^3}{(H_1 + H_3)(H_2 + H_3)} - H_1 + H_2 + H_3\right] \qquad (1\text{-}18)$$

式中,H_1、H_2、H_3 分别为三角形各角点的施工高度(m),取绝对值,其中 H_3 指的是锥体顶点的施工高度。

1.3.2　土方调配

土方调配是大型土方施工设计的一个重要内容。土方调配的目的是在土方总运输量($m^3 \cdot m$)最小或土方运输成本(元)最小的条件下,确定填挖方区土方的调配方向和数量,从而达到缩短工期和降低成本的目的。

1.3.2.1　土方调配区的划分,平均运距和土方施工单价的确定

1. 调配区的划分原则

进行土方调配时,首先要划分调配区。划分调配区应注意下列几点：

9

① 调配区的划分应该与工程建（构）筑物的平面位置相协调，并考虑它们的开工顺序、工程的分期施工顺序；

② 调配区的大小应该满足土方施工主导机械（铲运机、挖土机等）的技术要求；

③ 调配区的范围应该和土方工程量计算用的方格网协调，通常可由若干个方格组成一个调配区；

④ 当土方运距较大或场地范围内填挖土方不平衡时，可根据附近地形，考虑就近取土或就近弃土，这时每个取土区或弃土区都可作为一个独立的调配区。

2. 平均运距的确定

调配区的大小和位置确定之后，便可计算各挖、填方调配区之间的平均运距。当用铲运机或推土机平土时，挖土调配区和填方调配区土方重心之间的距离，通常就是该挖、填方调配区之间的平均运距。

当挖、填方调配区之间距离较远，采用汽车、自行式铲运机或其他运土工具沿工地道路或规定线路运土时，其运距应按实际情况进行计算。

3. 土方施工单价的确定

如果采用汽车或其他专用运土工具运土时，调配区之间的运土单价，可根据预算定额确定。

当采用多种机械施工时，确定土方的施工单价就比较复杂，因为不仅是单机核算问题，还要考虑运、填配套机械的施工单价，确定一个综合单价。

将上述平均运距或土方施工单价的计算结果填入土方平衡与单价表（表 1-7）内。

1.3.2.2 用"线性规划"方法进行土方调配时的数学模型

表 1-7 是土方平衡与施工运距（单价）表。

表 1-7　　　　　　　　　　　土方平衡与施工运距

挖方区	填 方 区											挖方量
	T_1		T_2		$\cdots$	T_j		$\cdots$	T_n			
W_1	x_{11}	c_{11} c'_{11}	x_{12}	c_{12} c'_{12}	$\cdots$	x_{1j}	c_{1j} c'_{1j}	$\cdots$	x_{1n}	c_{1n} c'_{1n}		a_1
W_2	x_{21}	c_{21} c'_{21}	x_{22}	c_{22} c'_{22}	$\cdots$	x_{2j}	c_{2j} c'_{2j}	$\cdots$	x_{2n}	c_{2n} c'_{2n}		a_2
$\vdots$	$\vdots$		$\vdots$		x_{ef}	c_{ef} c'_{ef}	$\vdots$	x_{eq}	c_{eq} c'_{eq}	$\vdots$		$\vdots$
W_i	x_{i1}	c_{i1} c'_{i1}	x_{i2}	c_{i2} c'_{i2}	$\cdots$	x_{ij}	c_{ij} c'_{ij}	$\cdots$	x_{in}	c_{in} c'_{in}		a_i
$\vdots$	$\vdots$		$\vdots$		x_{pf}	c_{pf} c'_{pf}	$\vdots$	x_{pq}	c_{pq} c'_{pq}	$\vdots$		$\vdots$
W_m	x_{m1}	c_{m1} c'_{m1}	x_{m2}	c_{m2} c'_{m2}	$\cdots$	x_{mj}	c_{mj} c'_{mj}	$\cdots$	x_{mn}	c_{mn} c'_{mn}		a_m
填方量	b_1		b_2		$\cdots$	b_j		$\cdots$	b_n			$\sum\limits_{i=1}^{m} a_i = \sum\limits_{j=1}^{n} b_j$

表 1-7 说明了整个场地划分为 m 个挖方区 $W_1, W_2, \cdots, W_m$，其挖方量应为 $a_1, a_2, \cdots,$ a_m；有 n 个填方区 $T_1, T_2, \cdots, T_n$，其填方量相应为 $b_1, b_2, \cdots, b_n$；x_{ij} 表示由挖方区 i 到填方区 j 的土方调配数，由填挖方平衡，则

$$\sum_{i=1}^{m} a_i = \sum_{j=1}^{n} b_j \tag{1-19}$$

从 W_1 到 T_1 的价格系数（平均运距，或单位土方运价，或单位土方施工费用）为 c_{11}，一般地，从 W_i 到 T_j 的价格系数为 c_{ij}，于是土方调配问题可以用下列数学模型表达：

求一组 x_{ij} 的值，使目标函数

$$Z = \sum_{i=1}^{m} \sum_{j=1}^{n} c_{ij} x_{ij} \tag{1-20}$$

为最小值，并满足下列约束条件：

$$\left.\begin{array}{l} \displaystyle\sum_{j=1}^{n} x_{ij} = a_i \quad (i = 1, 2, \cdots, m) \\[2mm] \displaystyle\sum_{i=1}^{m} x_{ij} = b_j \quad (j = 1, 2, \cdots, n) \\[2mm] x_{ij} \geqslant 0 \end{array}\right\} \tag{1-21}$$

未知量 x_{ij} 有 $m \times n$ 个，而根据约束条件知道，方程数为 $(m+n)$ 个。由于挖填平衡，$\sum_{j=1}^{n} x_{ij} = a_i$ 的 m 个方程相加减去 $\sum_{i=1}^{m} x_{ij} = b_j$ 中 $(n-1)$ 个方程之和便可以得到第 n 个方程，因此独立方程的数量实际上只有 $(m+n-1)$ 个。

由于未知量个数多于独立方程数，因此方程组有无穷多的解，而我们的目的是求出使目标函数值最小的一组最优解。这属于"线性规划"中的"运输问题"，可以用"单纯形法"或"表上作业法"求解。运输问题用"表上作业法"求解较方便，用"单纯形法"则较烦琐。

下面介绍"表上作业法"进行土方调配的方法，这个方法是通过"假想价格系数"求检验数的。

表 1-7 中 c'_{ij} 表示假想系数，其值待定。

1.3.2.3 用"表上作业法"进行土方调配

下面结合一个例子，说明用"表上作业法"求调配最优解的步骤与方法。

图 1-9 所示为一矩形广场，图中小方格的数字为各调配区的土方量，箭杆上的数字则为各调配区之间的平均运距。试求土方调配最优方案。

1. 编制初始调配方案

初始方案的编制采用"最小元素法"，即对

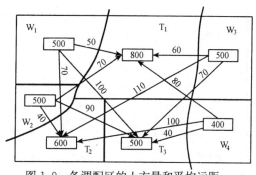

图 1-9 各调配区的土方量和平均运距

应于价格系数 c_{ij} 最小的土方量 x_{ij} 取最大值,由此逐个确定调配方格的土方数及不进行调配的方格,并满足式(1-21)。

首先将图1-9中的土方数及价格系数(本例即平均运距)填入计算表格(表1-8)中。

在表1-8中找价格系数最小的方格($c_{22} = c_{43} = 40$),任取其中之一,确定它所对应的调配土方数。如取 c_{43},则先确定 x_{43} 的值,使 x_{43} 尽可能大,考虑挖方区 W_4 最大挖方量为400,填方区 T_3 最大填方量为500,则 x_{43} 最大为400。由于 W_4 挖方区的土方全部调到 T_3 填方区,所以 x_{41} 和 x_{42} 都等于零。将400填入表1-9中的 x_{43} 格内,同时在 x_{41},x_{42} 格内画上一个"×"号。然后在没有填上数字和"×"号的方格内,再选一个 c_{ij} 最小的方格,即 $c_{22} = 40$,使 x_{22} 尽可能大,$x_{22} = \min(500, 600) = 500$,同时使 $x_{21} = x_{23} = 0$。将500填入表1-9的 x_{22} 格内,并在 x_{21},x_{23} 格内画上"×"号(表1-9)。

重复上面步骤,依次确定其余 x_{ij} 数值,最后可以得出表1-10。

表1-8　　　　　　　　　　**各调配区土方及平均运距**

挖方区	填方区						挖方量/m³
	T_1		T_2		T_3		
W_1	x_{11}	50 c'_{11}	x_{12}	70 c'_{12}	x_{13}	100 c'_{13}	500
W_2	x_{21}	70 c'_{21}	x_{22}	40 c'_{22}	x_{23}	90 c'_{23}	500
W_3	x_{31}	60 c'_{31}	x_{32}	110 c'_{32}	x_{33}	70 c'_{33}	500
W_4	x_{41}	80 c'_{41}	x_{42}	100 c'_{42}	x_{43}	40 c'_{43}	400
填方量/m³	800		600		500		1 900

表1-9　　　　　　　　　　**初始方案确定过程**

挖方区	填方区						挖方量/m³
	T_1		T_2		T_3		
W_1		50 c'_{11}		70 c'_{12}		100 c'_{13}	500
W_2	×	70 c'_{21}	500	40 c'_{22}	×	90 c'_{23}	500
W_3		60 c'_{31}		110 c'_{32}		70 c'_{33}	500
W_4	×	80 c'_{41}	×	100 c'_{42}	400	40 c'_{43}	400
填方量/m³	800		600		500		1 900

表 1-10　　　　　　　　　　　　　　初始方案计算结果

挖方区	填方区						挖方量/m³
	T_1		T_2		T_3		
W_1	500	50	×	70	×	100	500
W_2	×	70	500	40	×	90	500
W_3	300	60	100	110	100	70	500
W_4	×	80	×	100	400	40	400
填方量/m³	800		600		500		1 900

表 1-10 中所求得的一组 x_{ij} 的数值,便是本例的初始调配方案。由于利用"最小元素法"确定的初始方案首先是让 c_{ij} 最小的那些格内的 x_{ij} 值取尽可能大的值,也就是优先考虑"就近调配",所以求得的总运输量是较小的。但是这并不能保证其总运输量是最小,因此还需要进行判别,看它是否是最优方案。

2. 最优方案判别

在"表上作业法"中,判别是否是最优方案的方法有许多。采用"假想价格系数法"求检验数较清晰直观,此处介绍该法。该法是设法求得无调配土方的方格(如本例中的 W_1-T_3,W_4-T_2 等方格)的检验数 λ_{ij},判别 λ_{ij} 是否非负,如所有检验数 $\lambda_{ij} \geqslant 0$,则方案为最优方案,否则该方案不是最优方案,需要进行调整。

首先求出表中各个方格的假想价格系数 c'_{ij},有调配土方的假想价格系数 $c'_{ij} = c_{ij}$;无调配土方方格的假想系数用式(1-22)计算:

$$c'_{ef} + c'_{pq} = c'_{eq} + c'_{pf} \tag{1-22}$$

式(1-22)的意义即构成任一矩形的四个方格内对角线上的假想价格系数之和相等(表 1-7)。

利用已知的假想价格系数,逐个求解未知的 c'_{ij}。寻找适当的方格构成一个矩形,最终能求得所有的 c'_{ij}。这些计算,均在表上作业。

在表 1-10 的基础上先将有调配土方方格的假想价格系数填入方格的右下角。$c'_{11} = 50$,$c'_{22} = 40$,$c'_{31} = 60$,$c'_{32} = 110$,$c'_{33} = 70$,$c'_{43} = 40$,寻找适当的方格,由式(1-22)即可计算出全部假想价格系数。例如,由 $c'_{21} + c'_{32} = c'_{22} + c'_{31}$ 可得 $c'_{21} = -10$(表 1-11)。

假想价格系数求出后,按式(1-23)求出表中无调配土方方格的检验数:

$$\lambda_{ij} = c_{ij} - c'_{ij} \tag{1-23}$$

把表中无调配土方方格右边两小格的数字上下相减即可。如 $\lambda_{21} = 70 - (-10) = +80$,$\lambda_{12} = 70 - 100 = -30$。将计算结果填入表 1-12。表 1-12 中可以只写出各检验数的正负号,因为我们只对检验数的符号感兴趣,而检验数的值对求解结果无关,因而可不必填入具体的值。

13

表 1-11 计算假想价格系数

挖方区	填方区						挖方量/m³
	T_1		T_2		T_3		
W_1	500	50 / 50	×	70 / 100	×	100 / 60	500
W_2	×	70 / −10	500	40 / 40	×	90 / 0	500
W_3	300	60 / 60	100	110 / 110	100	70 / 70	500
W_4	×	80 / 30	×	100 / 80	400	40 / 40	400
填方量/m³	800		600		500		

表 1-12 中出现了负检验数,说明初始方案不是最优方案,须进一步调整。

表 1-12 计算检验数

挖方区	填方区			
	T_1	T_2	T_3	
W_1	50 / 50	− 70 / 100	+ 100 / 60	
W_2	+ 70 / −10	40 / 40	+ 90 / 0	
W_3	60 / 60	110 / 110	70 / 70	
W_4	+ 80 / 30	+ 100 / 80	40 / 40	

3. 方案的调整

第一步 在所有负检验数中选一个(一般可选最小的一个),本例中便是 λ_{12},把它所对应的变量 x_{12} 作为调整对象。

第二步 找出 x_{12} 的闭回路。其做法是:从 x_{12} 方格出发,沿水平与竖直方向前进,遇到适当的有数字的方格作 90°转弯(也不一定转弯),然后继续前进,如果路线适当,有限步后便能回到出发点,形成一条以有数字的方格为转角点的、用水平和竖直线连起来的闭回路,见表 1-13。

第三步 从空格 x_{12} 出发,沿着闭回路(方向任意)一直前进,在各奇数次转角点(以 x_{12} 出发点为 0)的数字中,挑出一个最小的[本例中便是在 x_{11}(500)及 x_{32}(100)中选出"100"],将它由 x_{32} 调到 x_{12} 方格中(即空格中)。

表 1-13　　　　　　　　　　　　　　　　求 解 闭 回 路

挖方区	填方区		
	T_1	T_2	T_3
W_1	500	← x_{12} ↑	
W_2	↓	500 ↑	
W_3	300	→ 100	100
W_4			400

第四步　将"100"填入 x_{12} 方格中,被调出的 x_{32} 为 0(该格变为空格);同时将闭回路上其他的奇数次转角上的数字都减去"100",偶数次转角上数字都增加"100",使得填挖方区的土方量仍然保持平衡,这样调整后,便可得到表 1-14 的新调配方案。

表 1-14　　　　　　　　　　　　　　　调整后的新调配方案

挖方区	填方区			挖方量/m³
	T_1	T_2	T_3	
W_1	400 · 50/50	100 · 70/70	+ · 100/60	500
W_2	+ · 70/20	500 · 40/40	+ · 90/30	500
W_3	400 · 60/60	+ · 110/80	100 · 70/70	500
W_4	+ · 80/30	+ · 100/50	400 · 40/40	400
填方量/m³	800	600	500	1 900

对新调配方案,再进行检验,看其是否已是最优方案。如果检验中仍有负数出现,那就仍按上述步骤继续调整,直到找出最优方案为止。

表 1-14 中所有检验均为正号,故该方案即为最优方案。

将表 1-14 中的土方调配数值绘成土方调配图(图 1-10)。图中箭杆上数字为实际土方调配数。

该最优土方调配方案的土方总运输量为

$$Z = 400 \times 50 + 100 \times 70 + 500 \times 40 + 400 \times 60 +$$

$$100 \times 70 + 400 \times 40 + 94\ 000\,(\text{m}^3 \cdot \text{m})$$

最后,来比较一下最佳方案与初始方案(表 1-10)的运输量:

初始方案的土方总运输量为

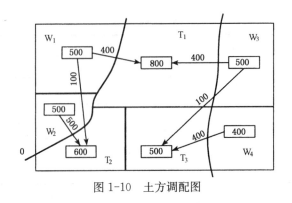

图 1-10 土方调配图

$$Z_0 = 500 \times 50 + 500 \times 40 + 300 \times 60 + 100 \times 110 + 100 \times 70 + 400 \times 40$$
$$= 97\,000\,(\mathrm{m}^3 \cdot \mathrm{m})$$

$$Z - Z_0 = 94\,000 - 97\,000 = -3\,000\,(\mathrm{m}^3 \cdot \mathrm{m})$$

即调整后总运输量减少了 $3\,000\,(\mathrm{m}^3 \cdot \mathrm{m})$。

土方调配的最优方案可以不只一个,这些方案的调配区或调配土方量可以不同,但它们的目标函数 Z 都是相同的。有若干最优方案,为人们提供了更多的选择余地。

当土方调配区数量较多时,用上述"表上作业法"计算最优方案仍较费工。如采用手工计算,要找出所有方案需经过多次轮番计算,工作量很大。现已有较完善的电算程序,能准确、迅速地求得最优方案,而且还能得到所有可能的最优方案。图 1-11 是土方调配最优方案计算的电算程序框图。

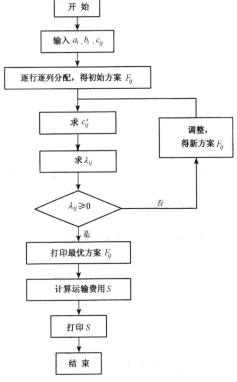

图 1-11 土方调配程序框图

"线性规划"求最优解的方法,不仅可在土方调配中应用,而且可在钢筋下料、运输调度及土方机械选择等优化设计中应用。关于线性规划的理论及计算方法可以详见有关的专著。

1.4　土方工程的机械化施工

土方工程的施工过程包括:土方开挖、运输、填筑与压实等。土方工程应尽量采用机械化施工,以减轻繁重的体力劳动和提高施工速度。

1.4.1　主要挖土机械的性能

1.4.1.1　推土机

推土机是土方工程施工的主要机械之一,它是在履带式拖拉机上安装推土板等工作装置而成的机械。常用推土机的发动机功率有 45 kW,75 kW,90 kW,120 kW 等数种。推土板多用油压操纵。图 1-12 所示是液压操纵的 T_2-100 型推土机外形图,液压操纵推土板的推土机除了可以升降推土板外,还可调整推土板的角度,因此具有更大的灵活性。

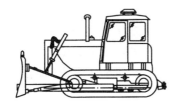

图 1-12　T_2-100 型推土机外形图

推土机操纵灵活,运转方便,所需工作面较小,行驶速度快,易于转移,能沿 30°左右的缓坡向上推土作业,因此应用范围较广。

推土机适用于开挖一至三类土,多用于平整场地,开挖深度不大的基坑,移挖作填,回填土方,堆筑堤坝以及配合挖土机集中土方、修路开道等。

推土机作业以切土和推运土方为主,切土时应根据土质情况,尽量采用最大切土深度及最短距离(6~10 m)内完成,以便缩短低速行进的时间,然后直接推运到预定地点。上下坡坡度不宜超过 35°,横坡不宜超过 10°。几台推土机同时作业时,前后距离应大于 8 m。

推土机经济运距在 100 m 以内,效率最高的运距为 60 m。为提高生产率,可采用槽形推土、下坡推土以及并列推土等方法。

1.4.1.2　铲运机

铲运机是一种能综合完成各种土方施工工序(挖土、装土、运土、卸土和平土)的机械。按行走方式分为自行式铲运机(图 1-13)和拖式铲运机(图 1-14)两种。常用的铲运机斗容量为 2 m³,5 m³,6 m³,7 m³ 等数种,按铲斗的操纵系统又可分为机械操纵和液压操纵两种。

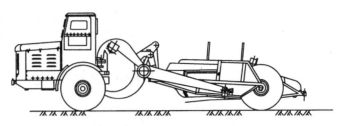

图 1-13　自行式铲运机外形图

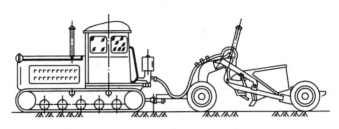

图 1-14　拖式铲运机外形图

铲运机操纵简单,不受地形限制,能独立工作,行驶速度快,生产效率高。

铲运机适用于开挖一至三类土,常用于坡度为 20°以内的大面积土方挖、填、半整、压实,大型基坑开挖和堤坝填筑等。

铲运机运行路线和施工方法视工程大小、运距长短、土的性质和地形条件等而定。其运行线路可采用环形路线或 8 字路线。适用运距为 600～1 500 m,当运距为 200～350 m 时,效率最高。采用下坡铲土、跨铲法、推土机助铲法等,可缩短装土时间,提高土斗装土量,以充分发挥其效率。

1.4.1.3　挖掘机

挖掘机按行走方式分为履带式和轮胎式两种。按传动方式分为机械传动和液压传动两种。斗容量有 0.2 m³, 0.4 m³, 1.0 m³, 1.5 m³, 2.5 m³ 多种,工作装置有正铲、反铲、抓铲及拉铲。使用较多的是液压正铲与液压反铲。挖掘机利用土斗直接挖土,因此也称为单斗挖土机。

1. 正铲挖掘机

正铲挖掘机外形如图 1-15 所示。它适用于开挖停机面以上的土方,且需与汽车配合完成整个挖运工作。正铲挖掘机挖掘力大,适用于开挖含水量较小的一至四类土和经爆破的岩石及冻土。

正铲的生产率主要决定于每斗作业的循环延续时间。为了提高其生产率,除了工作面高度必须满足装满土斗的要求之外,还要考虑开挖方式和与运土机械配合。尽量减少回转角度,缩短每个循环的延续时间。

2. 反铲挖掘机

反铲适用于开挖一至三类的砂土或黏土。主要用于开挖停机面以下的土方,一般反铲的最大挖土深度为 4～6 m,加长臂反铲的挖土深度为 10～15 m。反铲也需要配备运土汽车进行运输。反铲的外形如图 1-16 所示。

18

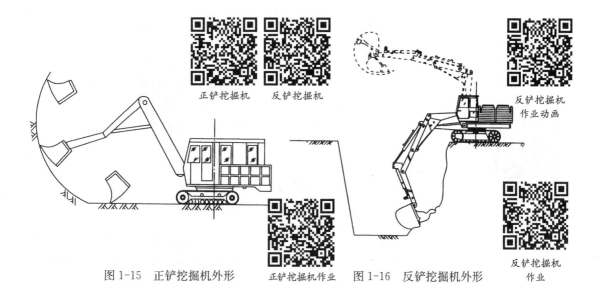

图 1-15 正铲挖掘机外形   正铲挖掘机作业   图 1-16 反铲挖掘机外形

反铲的开挖方式可以采用沟端开挖法,也可采用沟侧开挖法。

3. 抓铲挖掘机

机械传动抓铲外形如图 1-17 所示,它适用于开挖较松软的土。对施工面狭窄而深的基坑、深槽、深井,采用抓铲可取得理想效果。抓铲还可用于挖取水中淤泥、装卸碎石、矿渣等松散材料。新型的抓铲也有采用液压传动操纵抓斗作业。

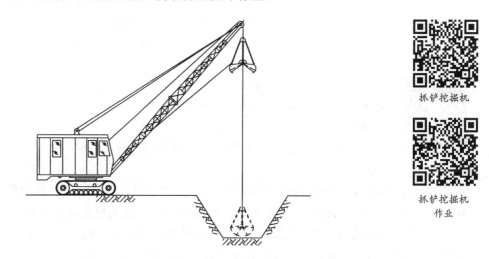

图 1-17 抓铲挖掘机外形

抓铲挖土时,通常立于基坑一侧进行,对较宽的基坑,则在两侧或四侧抓土。抓挖淤泥时,抓斗易被淤泥"吸住",应避免起吊用力过猛,以防翻车。

4. 拉铲挖掘机

拉铲适用于开挖一至三类的土,可开挖停机面以下的土方,如较大基坑(槽)和沟渠,挖取水下泥土,也可用于填筑路基、堤坝等,其外形及工作状况如图 1-18 所示。

拉铲挖掘机

拉铲挖掘机
作业

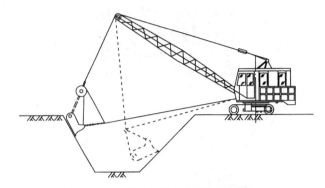

图 1-18　拉铲挖掘机外形及工作状况

拉铲采用机械传动、钢索拉动作业。挖土时依靠土斗自重及拉索拉力切土,卸土时斗齿朝下,利用惯性,较湿的黏土也能卸净。但其开挖的边坡及坑底平整度较差,需更多的人工修坡(底)。它的开挖方式也有沟端开挖和沟侧开挖两种。

1.4.2　土方机械的选择

前面叙述了主要挖土机械的性能和适用范围,现将选择土方施工机械的要点综合如下。

1.4.2.1　选择土方机械的依据

1. 土方工程的类型及规模

不同类型的土方工程,如场地平整、基坑(槽)开挖、大型地下室土方开挖、构筑物填土等施工各有其特点,应依据开挖或填筑的断面(深度及宽度)、工程范围的大小、工程量的多少来选择土方机械。

场地平整施工

2. 地质、水文及气候条件

如土的类型、土的含水量、地下水等条件。

3. 机械设备条件

土方机械的种类、数量及性能,并应考虑不同施工机械的组合。

4. 工期要求

如果有多种机械可供选择时,应当进行技术经济比较,选择效率高、费用低的机械进行施工。一般可选用土方施工单价最小的机械进行施工,但在大型建设项目中,土方工程量很大,而现有土方机械的类型及数量常受限制,此时必须将所有机械进行最优分配,使施工总费用最少,可应用线性规划的方法来确定土方机械的最优分配方案。

1.4.2.2　土方机械与运土车辆的配合

当挖土机挖出的土方需要运土车辆运走时,挖土机的生产率不仅取决于本身的技术性能,而且还决定于所选的运输工具是否与之协调。

根据技术性能,可按式(1-24)计算出挖土机的生产率 P:

$$P = \frac{8 \times 3\,600}{t} q \frac{K_c}{K_s} K_B \quad (\text{m}^3 / \text{班}) \tag{1-24}$$

式中　t——挖土机每次作业循环延续时间(s);

　　　q——挖土机斗容量(m^3);

　　　K_s——土的最初可松性系数;

　　　K_c——土斗的充盈系数,可取 $0.8\sim1.1$;

　　　K_B——工作时间利用系数,一般为 $0.6\sim0.8$。

　　为了使挖土机充分发挥生产能力,应使运土车辆的载重量 Q 与挖土机的每斗土重保持一定的倍率关系,并有足够数量的车辆以保证挖土机连续工作。从挖土机方面考虑,汽车的载重量越大越好,可以减少等待车辆调头的时间。从车辆方面考虑,载重量小,台班费用低而数量多;载重量大,则台班费高而数量可减少。最适合的车辆载重量应当是使土方施工单价为最低,可以通过核算确定。一般情况下,汽车的载重量以挖土机斗容量的 $3\sim5$ 倍为宜。运土车辆的数量 N,可按式(1-25)计算:

$$N = \frac{T}{t_1 + t_2} \tag{1-25}$$

式中　T——运输车辆每一工作循环延续时间(s),由装车、重车运输、卸车、空车开回及等待时间组成;

　　　t_1——运输车辆调头而使挖土机等待的时间(s);

　　　t_2——运输车辆装满一车土的时间(s):

$$t_2 = nt, \quad n = \frac{10Q}{q\dfrac{K_c}{K_s}\gamma} \tag{1-26}$$

式中　n——运土车辆每车装土次数;

　　　Q——运土车辆的载重量(t);

　　　q——挖土机斗容量(m^3);

　　　γ——实土重度(kN/m^3)。

　　为了减少车辆的调头、等待和装土时间,装土场地必须考虑调头方法及停车位置,如在坑边设置两个通道,使汽车避免调头,以缩短调头、等待时间。

1.5　土方的填筑与压实

1.5.1　土料的选用与处理

　　填方土料应符合设计要求,保证填方的强度与稳定性,选择的填料应为强度高、压缩性小、水稳定性好、便于施工的土、石料。如设计无要求时,应符合下列规定:

　　① 淤泥和淤泥质土不宜作为填料;

　　② 草皮土和有机质含量大于 8% 的土,不应用于有压实要求的回填区域;

　　③ 采用黏土回填时,施工前应检验其含水量是否在控制范围内;

　　④ 碎石类土或爆破石渣可用于表层以下的回填,可采用碾压法或强夯法施工。

土方回填

　　在软土和沼泽地区,往往土源较为紧张,在一些次要部位或无压实要求的区域如需用淤泥和淤泥质土进行回填,必须进行处理。

1.5.2 填土方法

1. 回填的基本要求

土方回填应遵循"先低处后高处"的原则逐层进行填筑,不得居高临下、不分层次地堆填。

采用不同填料填筑时,不应混填,两种透水性不同的填料分层填筑时,透水性较小的填料宜铺填在上层。

碎石类土或爆破石渣分层碾压的厚度应根据压实机具通过试验确定,一般不宜超过500 mm,其最大粒径不得超过每层厚度的3/4。

回填土类应经过击实试验测定填料的最大干密度和最佳含水量,填料的含水量与最大含水量的偏差应控制在±2%范围内。

回填的黏性土当含水量偏高时,可采用翻松晾晒或均匀掺入干土或生石灰等措施;当含水量偏低时,则可预先洒水湿润。施工中应防止出现翻浆或弹簧土现象。雨期施工时,应集中力量分段回填碾压,加强临时排水设施,回填面应保持一定的流水坡度,避免积水。对局部翻浆或弹簧土应采取换填或翻松晾晒等方法处理。

2. 填土方法

填土可采用人工填土和机械填土。

人工填土一般用手推车运土,人工用锹、耙、锄等工具进行填筑,从最低部分开始由一端向另一端自下而上分层铺填。

机械填土可用推土机、铲运机或自卸汽车进行填筑。用自卸汽车填土,需用推土机推开推平。采用机械填土时,可利用行驶的机械进行部分压实工作。

填土应从低处开始,沿整个平面分层进行,并逐层压实。特别是机械填土,不得居高临下,不分层次,一次倾倒填筑。

1.5.3 压实方法

填土的压实方法有碾压、夯实和振动压实等几种。

土方压实

碾压适用于大面积填土工程。碾压机械有平碾、羊足碾和汽胎碾,平碾、羊足碾还可带有振动。应用最普遍的是刚性平碾及振动碾。羊足碾需要较大的牵引力,适用于黏性土,在砂土中碾压时,土的颗粒受到"羊足"较大的单位压力后会向四面移动,而使土的结构破坏。汽胎碾是一弹性体,给土的压力较均匀,压实质量较好。碾压机械压实回填时,应先轻后重或先静压后振动,并控制行驶速度,平碾和振动碾不宜超过2 km/h,羊足碾不宜超过3 km/h。碾压机具每次应从两侧向中央进行,主轮压痕应重叠150 mm以上。

夯实主要用于小面积填土,适用于黏性土或非黏性土。夯实的优点是比碾压法压实厚度大。夯实机械有夯锤、内燃夯土机和蛙式打夯机等。夯锤借助起重机提起并落下,其重量大于1.5 t,落距2.5~4.5 m,夯土影响深度可超过1 m,常用于夯实湿陷性黄土、杂填土以及含有石块的填土。内燃夯土机作用深度为0.4~0.7 m,它和蛙式打夯机都是应用较广的夯实机械。人力夯土(木夯、石碾)方法则已很少使用。

振动压实主要用于压实非黏性土,采用的机械主要是振动压路机、平板振动器等。

1.5.4 影响填土压实的因素

填土压实质量与许多因素有关,其中主要影响因素为:压实功、土的含水量以及每层铺土厚度。

1. 压实功的影响

填土压实后的重度与压实机械在其上所施加的功有一定的关系。土的重度与所耗的功的关系见图1-19。当土的含水量一定,在开始压实时,土的重度急剧增加,待到接近土的最大重度时,压实功继续增加,而土的重度则变化很小。实际施工中,对不同的土,应根据选择的压实机械和密实度要求选择合理的压实遍数。此外,松土不宜用重型碾压机械直接滚压,否则土层有强烈起伏现象,效率不高。先用轻碾,再用重碾压实,会取得较好效果。

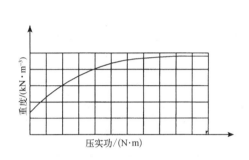

图 1-19　土的重度与压实功的关系

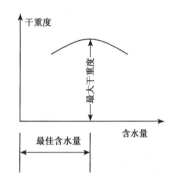

图 1-20　土的含水量对压实质量的影响

2. 含水量的影响

在同一压实功条件下,填土的含水量对压实质量有直接影响。较为干燥的土,由于土颗粒之间的摩阻力较大而不易压实。当土具有适当含水量时,水起到了润滑作用,土颗粒之间的摩阻力减小,从而易压实。但当含水量过大,土的孔隙被水占据,由于液体的不可压缩性,如土中的水无法排除,则难以将土压实。这在黏性土中尤为突出,含水量较高的黏性土压实时很容易形成"橡皮土"而无法压实。每种土壤都有其最佳含水量,土在最佳含水量的条件下,使用同样的压实功进行压实,所得到的重度最大(图1-20)。各种土的最佳含水量 w_{op} 和所能获得的最大干重度,可由击实试验取得。

3. 铺土厚度的影响

土在压实功的作用下,压应力随深度的增加而逐渐减小(图1-21),其影响深度与压实机械、土的性质和含水量等有关。铺土厚度应小于压实机械压土时的有效作用深度,而且还应考虑最优土层厚度。铺得过厚,要压很多遍才能达到要求的密实度;铺得过薄,则要增加机械的总压实遍数。最优的铺土厚度应能使土方压实而机械的功耗费最少。填土的铺土厚度及压实遍数可参考表1-15选择。

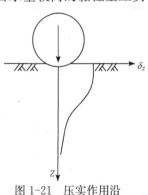

图 1-21　压实作用沿深度的变化

表 1-15　　　　　　　　　　　填方每层的铺土厚度和压实遍数

压实机具	每层铺土厚度/mm	每层压实遍数
平　碾	200～300	6～8
羊足碾	200～350	8～16
蛙式打夯机	200～250	3～4
人工打夯	<200	3～4

1.5.5　填土压实的质量检查

填土压实后应达到一定的密实度及含水量要求。密实度要求一般根据工程结构性质、使用要求以及土的性质确定。

对建筑工程,不同结构下填土的压实要求应符合表 1-16 的要求。

表 1-16　　　　　　　　　　建筑结构压实填土压实系数的控制值

结构类型	填土部位	压实系数	控制含水量
砌体承重结构 和框架结构	在地基主要受力层范围内	≥0.97	$w_{op} \pm 2\%$
	在地基主要受力层范围以下	≥0.95	
排架结构	在地基主要受力层范围内	≥0.96	
	在地基主要受力层范围以下	≥0.94	

注:① w_{op} 为最佳含水量。
　　② 地坪垫层以下及基础底面标高以上的压实填土,压实系数不应小于 0.94。

对道路工程,土质路基的压实度则根据所在地区的气候条件、土基的水温度状况、道路等级及路面类型等因素综合考虑。我国公路和城市道路土基的压实度见表 1-17 及表 1-18。

表 1-17　　　　　　　　　　　　公路土质路基压实度

填挖类型		路床顶面 以下深度/m	压实度		
			高速公路、一级公路	二级公路	三、四级公路
填方 路基	上路床	0～0.30	≥96%	≥95%	≥94%
	下路床	0.30～0.80	≥96%	≥95%	≥94%
	上路堤	0.80～1.50	≥94%	≥94%	≥93%
	下路堤	>1.50	≥93%	≥92%	≥90%
零填及挖方 路基		0～0.30	≥96%	≥95%	≥94%
		0.30～0.80	≥96%	≥95%	—

注:① 表列压实度系按《公路土工试验规程》(JTG E40—2007)中重型击实试验法求得的最大干密度的压实度。
　　② 当三、四级公路铺筑沥青混凝土或水泥混凝土路面时,应采用二级公路的规定值。
　　③ 路堤采用特殊填料或处于特殊气候地区时,压实度标准可根据试验公路的状况在保证路基强度要求的前提下适当降低。

24

表 1-18　　　　　　　　　　　　　　城市道路土质路基压实度

填挖深度	深度范围/cm （路槽底算起）	压实度			
		快速路	主干路	次干路	支　路
填　　方	0～80	96％	95％	94％	92％
	80～150	94％	93％	92％	91％
	＞150	93％	92％	91％	90％
零填或挖方	0～30	96％	95％	94％	92％
	30～80	94％	93％	—	—

注：表中数值均为重型击实标准。

　　压实系数（压实度）λ_c 为土的控制干重度 ρ_d 与土的最大干重度 ρ_{dmax} 之比，即

$$\lambda_c = \frac{\rho_d}{\rho_{dmax}} \tag{1-27}$$

　　ρ_d 可用"环刀法"或灌砂（或灌水）法测定，ρ_{dmax} 则用击实试验确定。标准击实试验方法分轻型标准和重型标准两种，两者的落锤重量、击实次数不同，即试件承受的单位压实功不同。压实度相同时，采用重型标准的压实要求比轻型标准的高，道路工程中，一般要求土基压实采用重型标准，确有困难时，可采用轻型标准。

思　考　题

【1-1】　土和岩石按开挖难易程度可分为哪几类？

【1-2】　场地设计标高的确定方法有哪两种？它们有何区别？

【1-3】　何谓"最佳设计平面"？最佳设计平面如何设计？

【1-4】　试述土方调配"表上作业法"的计算步骤。

【1-5】　试述主要土方机械的性能及其适用性。

【1-6】　填土的密实度如何控制？

【1-7】　影响填土质量的因素有哪些？

习　　题

【1-1】　某工程场地的方格网如图 1-22 所示，方格网的边长为 20 m，双向泄水坡度 $i_x = i_y = 0.3\%$，试按挖填平衡的原则确定其设计标高。

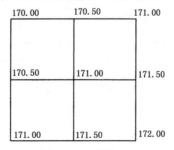

图 1-22　习题 1-1

【1-2】 求图 1-23 所示场地的最佳设计平面。

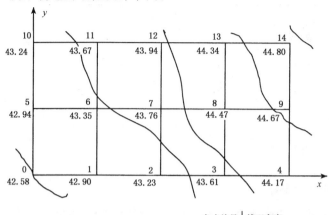

方格边长 $a=20$ m 　图例:

角点编号	施工高度
地面标高	设计标高

图 1-23 习题 1-2

【1-3】 用"表上作业法"(表 1-19)求图 1-24 所示土方调配的最佳方案,并计算运输工程量、绘制土方调配图。

表 1-19　　　　　　　　　习题 1-3

挖土区	填土区				挖方量/m³
	T_1	T_2	T_3	T_4	
W_1	300	300	700	800	
W_2	500	600	1 200	700	
W_3	200	800	300	400	
填方量/m³					

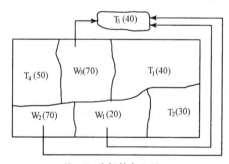

注:T_3 为场外弃土区。

(单位:运距 m;土方量 km³)

图 1-24 习题 1-3

2 桩基础工程

桩具有承载力大、稳定性好等诸多优点,在土木工程中广泛应用。桩的种类繁多,根据制作材料、受力性质、成桩方法、使用用途等可分为各种类型。根据桩的使用及其作用可分为建(构)筑物的基础及基坑工程的围护结构两大类。

对建(构)筑物的基础,当上部荷载较小、地基土层较好时多采用天然浅基础,它造价低、施工简便。如果天然浅层土质较差,可采用机械压实、强夯、堆载预压、深层搅拌、化学加固等方法进行地基加固,形成人工处理地基。如天然地基或人工处理地基仍难以满足上部荷载,或建(构)筑物对沉降有严格要求,则常采用桩基础。

建(构)筑物的桩基础由桩和承台组成,主要承受竖向荷载(抗压和抗拔),也可承受水平荷载。这类桩按承载性状可分为摩擦型桩和端承型桩,前者又分为摩擦桩、端承摩擦桩;后者又分为端承桩、摩擦端承桩。

较深的基坑往往采用围护结构进行土壁支护。这种围护结构常用灌注桩等形式,围护桩以承受水平荷载为主,其竖向荷载很小。围护结构桩的桩顶和侧面一般设置冠梁和围檩,通过冠梁和围檩可将坑外水平的水土荷载传递到支撑上。

按桩的施工方法可分为预制桩和灌注桩两类。

预制桩是在工厂或施工现场制成的各种材料和形式的桩(如木桩、混凝土方桩、预应力混凝土管桩、钢管或型钢的钢桩等),用沉桩设备将桩打入、压入或振入土中。灌注桩是在施工现场的桩位上用机械或人工成孔,然后在孔内灌注混凝土而成。灌注桩根据成孔方法的不同分为钻孔、挖孔、冲孔灌注桩,以及沉管灌注桩、爆扩桩等。

2.1 预制桩施工

目前我国土木工程领域采用较多的预制桩主要是混凝土预制桩和钢桩两大类。

混凝土预制桩采用工厂化生产,坚固耐久、施工速度快,是我国广泛应用的桩型之一。常用的有混凝土实心方桩和预应力混凝土空心管桩。

混凝土方桩的截面边长多为250~550 mm,单根桩或多节桩的单节长度,应根据桩架高度、制作场地、运输和装卸能力而定。如在工厂制作,长度不宜超过 12 m;如在现场预制,长度不宜超过 30 m。桩的接头不宜超过两个。混

混凝土预制桩

凝土强度等级不应低于C30,预应力实心桩混凝土强度等级不应低于C40。桩身配筋与沉桩方法有关。锤击沉桩的纵向钢筋配筋率不宜小于0.8%,静压法沉桩不宜小于0.6%,桩的纵向钢筋直径宜不小于 14 mm,桩身宽度或直径大于或等于350 mm 时,纵向钢筋不应少于8根。桩顶以下$(4\sim5)d$ 长度范围内的箍筋应加密,并设置钢筋网片。

混凝土管桩是在工厂中以离心法生产,采用先张法工艺施加预应力而制成。混凝土管桩主要有预应力混凝土管桩(PC)和预应力高强混凝土管桩(PHC)两类。同时根据管桩的抗弯性能或混凝土有效预应力值,管桩可分为 A,AB,B 和 C 型。混凝土管桩

外径为 300～1 000 mm,壁厚 70～130 mm,每节长度 7～13 m。PC 桩的混凝土强度为 C60,PHC 桩的混凝土强度为 C80。

钢桩近年来在我国东南沿海及内陆冲击平原地区有较多应用,具有以下特点:① 质量轻、刚度大,装卸、运输、堆载方便;② 承载力高,且能承受一定水平力;③ 接长或切割施工工艺简单;④ 施工方便,速度快,且对周围环境影响较小。

国内目前采用的钢桩主要是钢管桩和 H 型钢桩两种,都在工厂生产完成后运至工地使用。钢管桩一般采用 Q235 钢进行制作,常见直径为 400～900 mm 等多种,壁厚 9～13 mm;H 型钢桩常采用 Q235 或 Q345 钢制作,常见截面为 200 mm×200 mm～500 mm×500 mm,翼缘和腹板厚度 9～26 mm,每节长度 10～15 m。钢桩的端部形式,应根据桩所穿越的土层、桩端持力层性质、桩的尺寸、挤土效应等因素综合考虑确定。钢管桩常采用两种形式:带加强箍或不带加强箍的敞口形式以及平底或锥底的闭口形式。H 型钢桩则可采用带端板和不带端板的形式,不带端板的桩端可做成锥底或平底。

2.1.1 预制桩的制作、起吊、运输和堆放

预制桩制作

混凝土预制方桩可在打桩现场或附近就地预制,较短的桩亦可在预制厂生产,预应力管桩则都在工厂生产。

为节省场地,现场预制方桩多用叠浇法制作,重叠层数取决于地面允许荷载和施工条件,一般不宜超过 4 层。制桩场地应平整、坚实,不得产生不均匀沉降。桩与桩之间应做好隔离层,桩与邻桩、底模之间的接触面应设置隔离层。上层桩或邻桩的浇筑,必须在下层桩或邻桩的混凝土达到设计强度的 30% 以后方可进行。

钢筋骨架及桩身尺寸偏差不应超出规范允许的偏差。如为多节桩,上节桩和下节桩尽量在同一纵轴线的模板上制作,使上下钢筋和桩身减少偏差。桩的预制先后次序应与打桩次序对应,以缩短养护时间。

预制桩的混凝土浇筑,应由桩顶向桩尖连续进行,严禁中断,并应防止另一端的砂浆积聚过多。

当桩的混凝土强度达到设计强度的 70% 方可起吊,达到 100% 方可运输和打桩。如提前起吊,必须采取措施并经验算合格后方可进行。

钢桩

钢桩的制作应符合设计要求。工厂制作的钢桩应有出厂合格证;现场制作则应有平整的场地及挡风防雨措施。用于地下水有侵蚀性的区域或腐蚀性的土层的钢桩应做好防腐处理。钢桩焊接时上、下节应校正垂直度,弯曲矢高不应大于 1‰桩长。钢桩焊接应对称进行,其焊接接头应进行外观检查,并按总数的 5% 进行超声检查或总数的 2% 进行 X 射线拍片检查。

桩在起吊和搬运时,必须平稳,桩身不得损坏。吊点应符合设计要求,一般吊点的设置如图 2-1 所示。

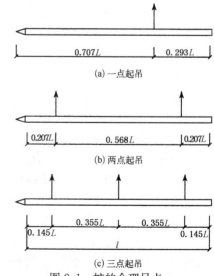

(a) 一点起吊

(b) 两点起吊

(c) 三点起吊

图 2-1 桩的合理吊点

打桩前,桩从制作处运到现场,并应根据打桩顺序随打随运,避免二次搬运。桩的运输方式,在运距不大时,可用起重机吊运;当运距较大时,可采用轻便轨道小平台车运输。严禁在场地上直接拖拉桩体。

堆放桩的地面必须平整、坚实,垫木间距应与吊点位置相同,各层垫木应位于同一垂直线上,堆放层数不宜超过4层。不同规格的桩,应分别堆放。

预应力管桩达到设计强度后方可出厂,在达到设计强度后方可沉桩。起吊时,当节长小于等于20 m时宜采用两点捆绑法,大于20 m时应采用四吊点法。在运输过程中,垫点应满足起吊的位置,并垫以楔形塞木防止滚动,严禁层间垫木出现错位。临时堆放时,对外径为500～600 mm的桩,叠放层数不宜超过4层;对外径为300～400 mm的桩,叠放层数不宜超过5层。

钢桩堆放层数:φ900的桩不宜大于3层;φ600的桩不宜大于4层;φ400的桩不宜大于5层;H型钢桩不宜大于6层。垫点应布置合理,桩的两侧应设置木楔塞紧。

2.1.2 预制桩的沉桩

预制桩的沉桩方法有锤击法、静力压桩法、振动法等。

2.1.2.1 锤击法

锤击法是利用桩锤的冲击克服土对桩的阻力,使桩沉到预定持力层。这是最常用的一种沉桩方法。

1. 打桩设备

打桩设备包括桩锤、桩架和动力装置。

(1)桩锤

桩锤是对桩施加冲击,将桩打入土中的主要机具。桩锤主要有落锤、蒸汽锤、柴油锤和液压锤,目前应用最多的是柴油锤。

打桩锤

① 落锤

落锤构造简单,使用方便,能随意调整落锤高度。轻型落锤一般用卷扬机拉升施打。落锤生产效率低、桩身易损失。落锤质量一般为0.5～1.5 t,重型锤可达数吨。

② 柴油锤

柴油锤利用燃油爆炸的能量,推动活塞往复运动产生冲击进行锤击打桩。柴油锤结构简单、使用方便,不需从外部供应能源。但在过软的土中由于贯入度过大,燃油不易爆发,往往桩锤反跳不起来,会使工作循环中断。另一个缺点是会造成噪声和空气污染等公害,故在城市中施工受到一定限制。柴油锤冲击部分的质量有2.5～10 t等数种。每分钟锤击次数约40～80次。可以用于大型混凝土桩和钢管桩等。

③ 蒸汽锤

蒸汽锤利用蒸汽的动力进行锤击。根据其工作情况又可分为单动式汽锤与双动式汽锤。单动式汽锤的冲击体只在上升时耗用动力,下降靠自重;双动式汽锤的冲击体升降均由蒸汽推动。蒸汽锤需要配备一套锅炉设备。

单动式汽锤的冲击力较大,可以打各种桩,常用锤的质量为3～10 t,每分钟锤击数为25～30次。

双动式汽锤的外壳(即汽缸)是固定在桩头上的,而锤是在外壳内上下运动。锤的质量一般为 0.6～6 t。因冲击频率高(100～200 次/min)，所以工作效率高。它适宜打各种桩，也可在水下打桩并用于拔桩。

④ 液压锤

液压锤是一种新型打桩设备，它的冲击缸体通过液压油提升与降落。冲击缸体下部充满氮气，当冲击缸下落时，首先是冲击头对桩施加压力，接着是通过可压缩的氮气对桩施加压力，使冲击缸体对桩施加压力的过程延长，因此，每一击能获得更大的贯入度。液压锤不排出任何废气，无噪声，冲击频率高，并适合水下打桩，是理想的冲击式打桩设备，但构造复杂，造价高。

用锤击沉桩时，为防止桩受冲击应力过大而损坏，应力求采用"重锤低击"。如采用轻锤重击，锤击能很大一部分被桩身吸收，桩不易打入，而桩头容易打碎。柴油锤的锤重可根据土质、桩的规格等参考表 2-1 进行选择，如能进行锤击应力计算，则更为科学。

表 2-1　　　　　　　　　　　　　　　　　锤 重 选 择 表

锤　型		柴 油 锤						
		D25	D35	D45	D60	D72	D80	D100
锤的动力性能	冲击部分质量/t	2.5	3.5	4.5	6.0	7.2	8.0	10.8
	总质量/t	6.5	7.2	9.6	15.0	18.0	19.0	20.0
	冲击力/kN	2 000～2 500	2 500～4 000	4 000～5 000	5 000～7 000	7 000～10 000	>10 000	>12 000
	常用冲程/m	1.8～2.3						
桩的截面	混凝土预制桩的边长或直径/mm	350～400	400～450	450～500	500～550	550～600	>600	
	钢管桩的直径/mm	400		600	900	900～1 000	>900	
持力层	黏性土粉土	一般进入深度/m	1.5～2.5	2.0～3.0	2.5～3.5	3.0～4.0	3.0～5.0		
		静力触探比贯入度 P_s 平均值/MPa	4	5	>5				
	砂土	一般进入深度/m	0.5～1.5	1.0～2.0	1.5～2.5	2.0～3.0	2.5～3.5	4.0～5.0	5.0～6.0
		标准贯入击数 $N_{63.5}$（未修正）	20～30	30～40	40～45	45～50	50	>50	
常用的控制贯入度(每10击)/mm		20～30		30～50		40～80	50～100	70～120
设计单桩极限承载力/kN		800～1 600	2 500～4 000	3 000～5 000	5 000～7 000	7 000～10 000	>10 000	

注：本表适用于 20～60 m 长预制钢筋混凝土桩及 40～60 m 长钢管桩，且桩尖进入硬土层有一定深度。

锤击打桩机

(2) 桩架

桩架是支持桩身和桩锤，在打桩过程中引导桩的方向，并保证桩锤能沿着所要求方向冲击的打桩设备。桩架的形式多种多样，常用的桩架有两种基本形式：一种是沿轨道行驶的多能桩架；另一种是装在履带底盘上的桩架。

① 多能桩架

多能桩架(图 2-2)由立柱、斜撑、回转工作台、底盘及传动机构组成。它的机动性和适应性较大，在水平方向可作 360°回转，立柱可前后倾斜，底盘下装有行走轮，可在轨道上行走。这种桩架可适应各种预制桩,也可用于灌注桩施工。缺点是机构较庞大,现场组装和拆迁比较麻烦。

② 履带式桩架

履带式桩架(图2-3)在履带式底盘上设置立柱和斜撑用以打桩。其机械化程度高,性能较多能桩架灵活,移动方便,可适应各种预制桩施工,目前应用最多。

(3) 动力装置

动力装置的配置取决于所选的桩锤。柴油锤自身带有动力装置,当选用蒸汽锤时,需配备蒸汽锅炉和卷扬机,如采用液压锤则需有液压供应站。

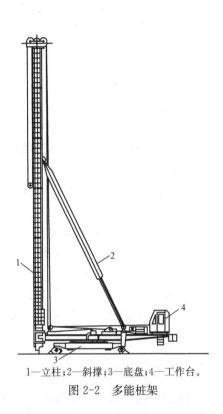

1—立柱;2—斜撑;3—底盘;4—工作台。

图 2-2　多能桩架

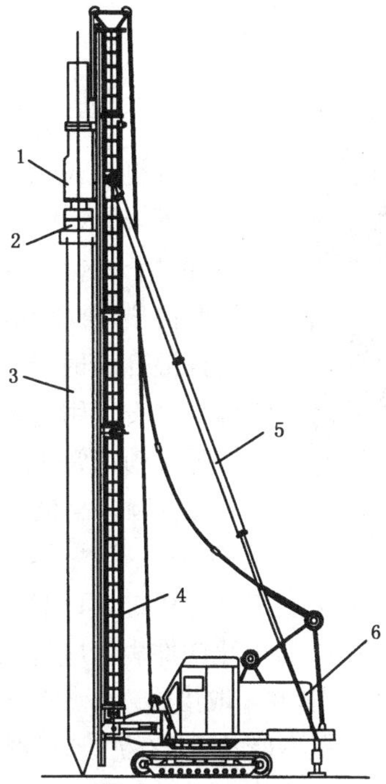

1—桩锤;2—桩帽;3—桩;4—立柱;5—斜撑;6—车体。

图 2-3　履带式桩架

2. 打桩施工

打桩前应做好下列准备工作:清除妨碍施工的地上和地下的障碍物;平整施工场地;定位放线;设置供电、供水系统;安装打桩机等。

桩基轴线的定位点及水准点,应设置在不受打桩影响的地点,水准点设置不应少于2个。在施工过程中可据此检查桩位的偏差以及桩的入土深度。

打桩应注意下列问题:

(1) 打桩顺序

打桩顺序合理与否,影响打桩速度、打桩质量及周围环境。当桩的中心距小于4倍桩径时,打桩顺序尤为重要。打桩顺序影响挤土方向,打桩向哪个方向推进,则向哪个方向挤土。根据桩群的密集程度,可选用下述打桩顺序:由一侧向单一方向进行[图2-4(a)];自中间向两个方向对称进行[图2-4(b)];自中间向四周进行[图2-4(c)]。第一种打桩顺序,打桩推进方向宜逐排改变,以免土壤朝一个方向挤压,而导致土壤挤压不均匀,对于同一排桩,必要时还可采用间隔跳打的方式。对于大面积的桩群,宜采用后两种打桩顺序,以免土壤受到严重挤压,使桩难以打入,或使先打入的桩受挤压而倾斜。大面积的桩群,宜分成几个区域,由多台打桩机采用合理的顺序进行打设。打桩时对不同基础标高的桩,宜先深后浅,对不同规格的桩,宜先大后小,先长后短,防止桩的位移或偏斜。

 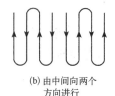 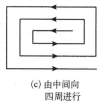

(a) 由一侧向单一   (b) 由中间向两个   (c) 由中间向
　　方向进行 　　　　　　 方向进行 　　　　　　 四周进行

图 2-4　打桩顺序

锤击桩施工

预制桩锤击
沉桩

（2）打桩方法

打桩机就位后,将桩锤和桩帽吊起,然后吊桩并送至导杆,垂直对准桩位缓缓送下,插入土中,初始垂直度偏差不得超过 0.5%,然后固定桩帽和桩锤,使桩、桩帽、桩锤在同一铅垂线上,确保桩能垂直下沉。在桩锤和桩帽之间应加弹性衬垫,桩帽和桩顶周围四边应有 5~10 mm 的间隙,以防损伤桩顶。

打桩开始时,锤的落距应较小,待桩入土至一定深度且稳定后,再按要求的落距锤击。用落锤或单动汽锤打桩时,最大落距不宜大于 1 m,用柴油锤时,应使锤跳动正常。

如桩顶标高低于自然土面,则需用送桩管将桩送入土中,送桩管与桩的纵轴线应在同一直线上,拔出送桩管后,桩孔应及时回填或加盖,以防人、物掉入桩孔。

混凝土多节桩的接桩,可用焊接、法兰连接和机械快速连接等方法。目前焊接接桩应用最多。接桩的预埋铁件表面应清洁,上、下节桩之间如有间隙应用铁片填实焊牢,焊接时焊缝应连续饱满,并采取措施减少焊接变形。接桩时,上、下节桩的中心线偏差不得大于 10 mm,节点弯曲矢高不得大于 1‰桩长。钢桩的连接多采用焊接,也可采用螺栓连接方式。

打桩过程中,应做好沉桩记录,以便工程验收。

（3）打桩的质量控制

打桩的质量检查包括桩的偏差、最后贯入度与沉桩标高,桩顶、桩身是否损坏以及对周围环境有无造成严重危害。

打入桩的桩位受桩位放样、桩的定位、施打及送桩等的影响,施工中对每个环节都应予以控制。桩位的允许偏差应符合表 2-2 的规定。

表 2-2　　　　　　　　　　　　打入桩桩位允许偏差

序号	项目		允许偏差/mm
1	带有基础梁的桩	垂直于基础梁中心线	$100+0.01H$
		沿基础梁中心线	$150+0.01H$
2	桩数为 1~3 根桩基中的桩		100
3	桩数为 4~16 根桩基中的桩		1/2 桩径或边长
4	桩数大于 16 根桩基中的桩	最外边的桩	1/3 桩径或边长
		中间桩	1/2 桩径或边长

注:H 为施工现场地面标高与设计桩顶标高的距离。

按标高控制的桩,桩顶标高的允许偏差为-50～+100 mm。斜桩倾斜度的偏差不得大于倾斜角正切值的15%(倾斜角是桩的纵向中心线与铅垂线之间的夹角)。

桩停止锤击的控制原则如下:

桩端(指桩的全断面)位于一般土层时,以控制桩端设计标高为主,贯入度可作参考;桩端达到坚硬、硬塑的黏性土、中密以上粉土、砂土、碎石类土、风化岩时,以贯入度控制为主,桩端标高可作参考。贯入度已达到而桩端标高未达到时,应继续锤击3阵,按每阵10击的贯入度不大于设计规定的数值加以确认,必要时,施工贯入度控制应通过试验与有关单位会商确定。当遇到贯入度剧变,桩身突然发生倾斜、移位或有严重回弹,桩顶或桩身出现严重裂缝、破碎等情况时,应暂停打桩,并分析原因,采取相应措施。

设计与施工中控制的贯入度是以合格的试桩数据为准,如无试桩资料,可参考类似工程的贯入度,由设计确定。测量最后贯入度应在下列正常条件下进行:桩顶无破坏;锤击无偏心;锤的落距符合规定;桩帽和弹性垫层正常;汽锤的蒸汽压力符合规定。如果沉桩尚未达到设计标高,而贯入度突然变小,则可能是土层中夹有硬土层,或遇到孤石等障碍物,此时切勿盲目施打,应会同设计、勘察单位共同研究解决。此外,由于土的固结作用,若打桩过程中断,会使桩难以打入,因此应保证施打的连续进行。

混凝土预制桩打桩时,如遇桩顶破碎或桩身严重裂缝,应立即暂停,在采取相应的技术措施后,方可继续施打。打桩时,除了注意桩顶由于桩锤冲击破坏外,还应注意桩身受锤击拉应力而导致的水平裂缝。在软土中打桩,在桩顶以下1/3桩长范围内常会因反射的张力波使桩身受拉而引起水平裂缝。开裂往往出现在吊点和混凝土缺陷处,由于这些地方容易形成应力集中。采用重锤低速击桩和较软的桩垫可减少锤击拉应力。

打桩时引起的打桩区及附近区域土体隆起和水平位移的原因虽然不属打桩本身的质量问题,但由于邻桩相互挤压导致桩位偏移,会影响整个工程质量。此外,往往还会引起临近已有地下管线、地面道路和建筑物的损坏。为此,在邻近建(构)筑物或地下管线的区域打桩时,应采取适当的措施,如挖防震沟、砂井排水(或塑料排水板排水)、预钻孔取土打桩、调整打桩顺序、控制打桩速度等。

2.1.2.2 静力压桩

静力压桩是利用静压力将桩压入土中,施工中虽然仍然存在挤土效应,但没有振动和噪声,适用于软弱土层和邻近没有建(构)筑物或地下管线的情况。

静力压桩机有机械式和液压式之分,目前使用的多为液压式静力压桩机,压力可达8 000 kN,如图2-5所示。

静力压桩机

压桩一般分节压入,逐段接长。为此,桩需分节预制。当第一节桩压入土中,其上端距地面1 m左右时,将第二节桩接上,继续压入。每一根桩压入时各工序应保持连续。

静力压桩的终压条件应符合下列规定:根据现场试压桩的试验结果确定终压力标准,终压连续复压次数应根据桩长及地质条件等因素确定,稳压压桩力不得小于终压力,稳定压桩的时间宜为5～10s。如果压桩出现下列情况之一时,应暂停压桩作业,并分析原因,采取相应措施:

① 初压时桩身发生较大移位、倾斜;

② 压力表读数与勘察报告中的土层性质明显不符;

③ 压入过程中桩身突然下沉或倾斜;

④ 桩顶混凝土破坏;

⑤ 桩难以穿越硬夹层;

⑥ 出现桩身纵向裂缝或桩头混凝土剥落等现象;

⑦ 夹持机构打滑或压桩机下陷。

静力压桩

预制桩静压
沉桩

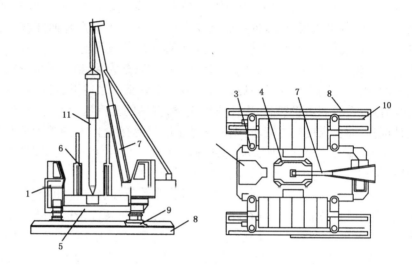

1— 操纵室;2—电气控制台;3—液压系统;4—导向架;5—配重;6—夹持装置;
7—吊桩把杆;8—支腿平台;9—横向行走与回转装置;10—纵向行走装置;11—桩。

图 2-5 液压式静力压桩机

2.1.2.3 振动法

振动法是采用振动锤(图 2-6)进行沉桩的施工方法。按工艺可分为干振施工法、振动扭转施工法、振动冲击施工法、振动加压施工法、附加弹簧振动施工法、附加配重振动施工法和附加配重振动加压施工法等。振动法工作原理是通过夹具在桩身上设置振动锤,振动锤在电、气、水或液压的驱动下使桩身产生垂直上下振动,造成桩及其周围土体处于强迫振动状态。由于振动,土体的内摩擦角变小,黏聚力降低,从而破坏了桩与土体之间的黏结力,使桩能在自重和振动力的作用下,克服阻力而沉入土中。

振动法具有操作简便、沉桩效率高、工期短、费用省、不需辅助设备、施工适应性强、管理方便等优点。但也存在振动锤构造复杂、维修较难、耗电量大、设备使用寿命较短等缺点。

振动法适用于砂土、一般黏性土及稍密的碎石土。

振动沉桩施工宜连续进行以防止停歇过久导致难以沉桩。沉桩时如发现有厚度在 1 m 以上的中密以上的细砂、粉砂、重黏土等硬夹层而影响施工时,应会同有关部门共同研究,采取措施。

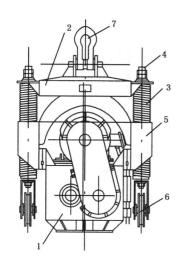

1—振动器;2—横梁;3—竖轴;4—弹簧;
5—吸振器;6—加压滑轮;7—起重环。

图 2-6 振动锤

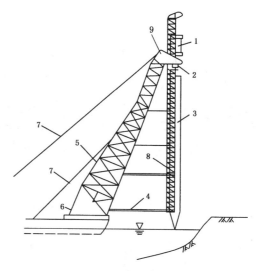

1—桩锤;2—吊点;3—桩;4—工作平台;5—前倾的桩架;
6—倾斜度调整杆;7—拉索;8—龙门架;9—鸟嘴。

图 2-7 沉桩船

2.1.2.4 水中沉桩

在桥梁基础施工进行水中沉桩时,当河流水浅时,一般可搭设施工便桥或脚手架,在其上安置桩架进行水中沉桩施工。在较宽阔较深的河流中,可将桩架安放在浮体上或使用专用沉桩船(图 2-7)进行水中沉桩。

沉桩船的桩架可以前俯或后仰 30°左右,用于沉设斜桩。

由于桩架结构坚固,可兼用作起重机,当沉桩船的桩架前倾小于 10°时,可用来吊桩,最大起重力可达 800 kN。

为适应长桩施工的需要,沉桩船的桩架可从上部或中部接高5~7 m,接高的桩架可达 50 m,可一次下沉 40 m 的长桩。

沉桩船在桩架上端与龙门桋上部装设菱形"鸟嘴"作为吊桩的吊点,当桩位在岸边或浅水处,沉桩船吃水过深不能接近时,可将整个桩架向前倾斜,龙门架下端即从桩架支向前面,垂直吊于桩位之上进行沉桩,龙门架伸出船首的最大伸距可达 10 多米。

此外,在宽河流中进行水中沉桩,还可采用以下方法:

① 先筑围堰后沉桩,一般在水不深、临近河岸的桩采用此法。

② 先沉桩后筑围堰,该法一般适用于较深水中沉桩。施工中先拼装导向围笼,浮运至桥墩位,抛锚定位,围笼下沉接高,在围笼内插打围堰定位桩,再沉其余的桩,然后打钢板桩组成防水围堰,吸泥并进行水下混凝土封底。

③ 用钢吊箱围堰修筑水中桩基,该法适用于修筑深水中的高桩承台。悬吊在水中的钢吊箱在沉桩时作为导向定位,沉桩后封底抽水,浇筑水中混凝土承台(图 2-8)。

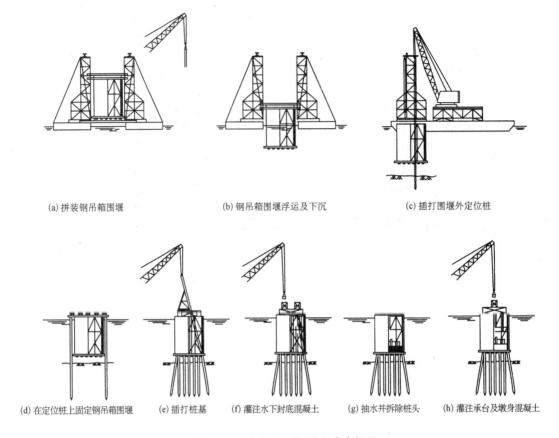

(a) 拼装钢吊箱围堰　　　　(b) 钢吊箱围堰浮运及下沉　　　　(c) 插打围堰外定位桩

(d) 在定位桩上固定钢吊箱围堰　(e) 插打桩基　(f) 灌注水下封底混凝土　(g) 抽水并拆除桩头　(h) 灌注承台及墩身混凝土

图 2-8　用钢吊箱围堰施工水中桩基

2.2　灌 注 桩 施 工

灌注桩是直接在桩位上就地成孔,然后在孔内安放钢筋笼、灌注混凝土而成。根据成孔工艺不同,分为干作业成孔的灌注桩、泥浆护壁成孔的灌注桩、套管成孔的灌注桩和爆扩成孔的灌注桩等。灌注桩施工工艺近年来发展很快,还出现了长螺旋压灌灌注桩、夯扩沉管灌注桩等一些新工艺。

灌注桩能适应各种地层的变化,无须接桩,施工时无振动、无挤土、噪声小,宜在建筑物密集地区使用。但其操作要求严格,施工后需较长的养护期方可承受荷载,成孔时有大量土渣或泥浆排出。

灌注桩

钻孔灌注桩
施工

2.2.1　干作业成孔灌注桩

干作业成孔灌注桩适用于地下水位较低、在成孔深度内无地下水的土层,不需护壁可直接取土成孔。目前常用螺旋钻机成孔,亦有用洛阳铲成孔的。

螺旋钻成孔灌注桩是利用动力旋转钻杆,使钻头的螺旋叶片旋转削土,土块沿螺旋叶片上升排出孔外(图 2-9)。在软塑土层，含水量大时，可用疏纹叶片钻杆，以便较快地钻进。在可塑或硬塑黏土中，或含水量较小的砂土中应用密纹叶片钻杆，缓慢均匀地钻进。操作时要求钻杆垂直，钻孔过程中如发现钻杆摇晃或难钻进时，可能是遇到石块等异物，应立即停机检查。全叶片螺旋钻机成孔直径一般为300～600 mm，钻孔深度为8～20 m。钻进速度应根据电流变化及时调整。在钻进过程中，应随时清理孔口积土，遇到塌孔、缩孔等异常情况，应及时研究解决。

钢筋笼应一次绑扎完成，混凝土应随浇随振，每次浇筑高度不得大于 1.5 m。

如成孔时发生塌孔，宜钻至塌孔处以下 1～2 m，用低强度等级的混凝土填至塌孔以上 1 m 左右，待混凝土初凝后再继续下钻，钻至设计深度。也可用 3∶7 的灰土填筑。

长螺旋钻孔压灌灌注桩(图 2-10)是我国近年来开发且应用较广的一种新工艺，适用于黏性土、粉土、砂土、填土、非密实的碎石类土、强风化岩等。它具有穿透力强、噪声低、无振动、无泥浆污染、施工效率高等优点，而且这种工艺不会产生塌孔现象，成孔质量稳定。

该工艺采用空心螺旋钻杆，用钻机将钻杆钻至设计孔深位置，启动混凝土泵，向钻杆中央孔道压灌混凝土，同时提升钻杆，提升钻杆的速度与压灌混凝土速度相匹配。压灌至桩顶标高后，在桩内插入钢筋笼。

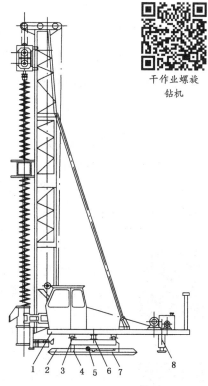

干作业螺旋钻机

1—上底盘；2—下底盘；
3—回转滚轮；4—行车滚轮；
5—钢丝滑轮；6—回转轴；
7—行车油缸；8—支盘。

图 2-9　步履式螺旋钻机

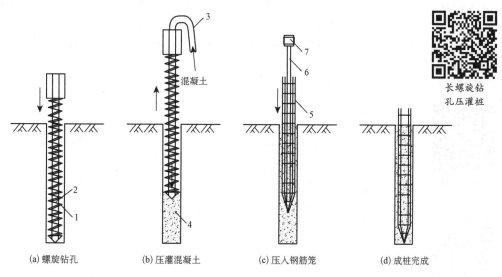

长螺旋钻孔压灌桩

(a) 螺旋钻孔　　(b) 压灌混凝土　　(c) 压入钢筋笼　　(d) 成桩完成

1—螺旋钻孔钻杆；2—中央空心管；3—混凝土输送管；
4—压入桩孔的混凝土；5—钢筋笼；6—插筋器；7—振动器。

图 2-10　长螺旋钻孔压灌灌注桩的施工流程

长螺旋钻孔压灌灌注桩钢筋笼的放置是通过专用插筋器插入。钢筋笼的端部应做成锥形封闭状，以便插筋器作业，通常采用一定的激振力将钢筋插至设计标高。钢筋笼插入施工中应根据具体条件采取措施保证其垂直度和保护层厚度。

2.2.2 泥浆护壁成孔灌注桩

2.2.2.1 成孔施工

泥浆护壁成孔是用钻头切削土体，并利用泥浆循环来保护孔壁、排出土渣，不论地下水位高低的各类土层皆可适用。一般多用于含水量高的软土地区。泥浆具有保护孔壁、防止塌孔、排出土渣以及冷却与润滑钻头的作用。泥浆一般需专门配制，当在黏土中成孔时，也可用孔内钻碎的原土自造泥浆。

成孔机械有回转钻机、潜水钻机、冲击钻等，其中以回转钻机应用最多。

1. 回转钻机成孔

回转钻机是由动力装置带动钻机的回转装置转动，并带动带有钻头的钻杆转动，由钻头切削土壤。切削形成的土渣，通过泥浆循环排出桩孔。根据泥浆循环方式的不同，分为正循环和反循环。根据桩型、钻孔深度、土层情况、泥浆排放条件、允许沉渣厚度等选择泥浆循环方式，但对孔深大于 30 m 的端承型桩，宜采用反循环。

正循环回转钻机成孔的工艺如图 2-11(a)所示。泥浆由钻杆内部注入，并从钻杆底部喷出，携带钻下的土渣沿孔壁向上流动，由孔口将土渣带出，流入沉淀池，经沉淀的泥浆流入泥浆池再注入钻杆，由此进行循环。沉淀的土渣用泥浆车运出排放。

反循环回转钻机成孔的工艺如图 2-11(b)所示。泥浆由钻杆与孔壁间的环状间隙流入钻孔，然后由砂石泵在钻杆内形成真空，使钻下的土渣由钻杆内腔吸出至地面而流向沉淀池，沉淀后再流入泥浆池。反循环工艺的泥浆上流的速度较快，排吸的土渣能力大。深度较大的桩应采用反循环成孔。

泥浆护壁
成孔机械

灌注桩
施工流程

灌注桩施工

灌注桩泥浆
循环原理

灌注桩
泥浆外运

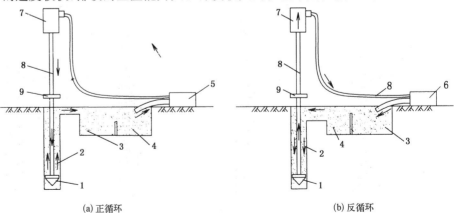

(a) 正循环　　　　　　　　　　(b) 反循环

1—钻头；2—泥浆循环方向；3—沉淀池；4—泥浆池；
5—泥浆泵；6—砂石泵；7—水龙头；8—钻杆；9—钻机回转装置。

图 2-11　泥浆循环成孔工艺

在陆地上的杂填土或松软土层中钻孔时,应在桩位孔口处埋设护筒,以起定位、保护孔口、维持水头等作用。护筒用钢板制作,内径应比钻头直径大100 mm,埋入土中深度通常不宜小于1.0~1.5 m,特殊情况下埋深需要更大。在护筒顶部应开设1~2个溢浆口。在钻孔过程中,应保持护筒内泥浆液面高于地下水位。

在水中施工时,在水深小于3 m的浅水处,亦可适当提高护筒顶面标高(图2-12)。如筑岛的底部河床为淤泥或软土,宜挖除换以砂土。若排淤换土工作量大,则可用长护筒,使其沉入河底土层中。在水深超过3 m的深水区,宜搭设工作平台(可为支架平台、浮船、钢板桩围堰、木排、浮运薄壳沉井等),下沉护筒的定位导向架与下沉护筒如图2-13所示。

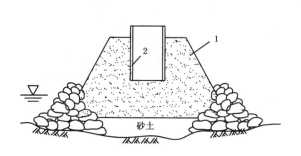

1—夯填黏土;2—护筒。

图2-12 围堰筑岛埋设护筒

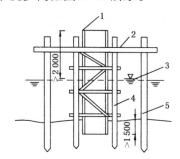

1—护筒;2—工作平台;3—施工水位;
4—导向架;5—支架。

图2-13 搭设平台固定护筒

在黏土中钻孔,可采用自造泥浆护壁;在砂土中钻孔,则应注入制备泥浆,注入的泥浆比重控制在1.1左右,排出泥浆的比重宜为1.2~1.4。钻孔达到要求的深度后,测量沉渣厚度,进行清孔。以原土造浆的钻孔,清孔可用射水法,此时钻具只转不进,待泥浆比重降到1.1左右即认为清孔合格;注入制备泥浆的钻孔,可采用换浆法清孔,至换出泥浆的比重小于1.15时方为合格,在特殊情况下换出的泥浆比重可以适当放宽。灌注桩在施工前,宜进行试成孔,以确定成孔工艺。

钻孔灌注桩的桩孔钻成并清孔后,应尽快吊放钢筋骨架并灌注混凝土。在无水或少水的浅桩孔中灌注混凝土时,应分层浇筑振实,每层高度一般为0.5~0.6 m,不得大于1.5 m。混凝土坍落度在黏性土中宜用50~70 mm;砂类土中用70~90 mm;黄土中用60~90 mm。水下灌注混凝土时,常用垂直导管灌注法水下施工,施工方法见2.2.2.3节的有关内容。水下灌注混凝土至桩顶处,应适当超过桩顶设计标高,以保证在凿除含有泥浆的桩段后,桩顶标高和质量能符合设计要求。

2. 潜水钻机成孔

潜水钻机(图2-14)是一种旋转式钻孔机械,其动力、变速机构和钻头连在一起,加以密封,因而可以下放至孔中地下水位以下进行切削土壤成孔。用正循环工艺输入泥浆,进行护壁,并将钻下的土渣排出孔外。

潜水钻机成孔,亦需先埋设护筒,其他施工过程皆与回转钻机成孔相似。

3. 冲击成孔

冲击钻机(图2-15)主要用于在岩层中成孔。成孔时将冲锥式钻头提升一定高度后以自由下落的冲击力来破碎岩层,然后用掏渣筒来掏取孔内的碎渣。

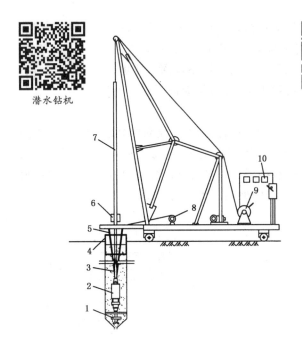

潜水钻机

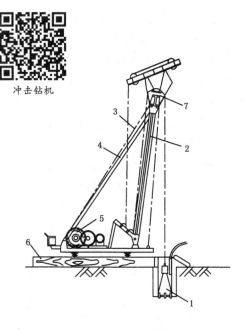

冲击钻机

1—钻头；2—潜水钻机；3—电缆；4—护筒；5—水管；
6—钻杆支点；7—钻杆；8—电缆盘；9—卷扬机；10—控制箱。

图 2-14　潜水钻机

1—冲击钻；2—主杆；3—拉索；4—斜撑；
5—卷扬机；6—垫木；7—滑轮。

图 2-15　冲击钻机

还有一种冲抓锥(图 2-16)，锥头内有重铁块和活动抓片，下落时松开卷扬机刹车，抓片张开，锥头自由下落冲入土中，然后开动卷扬机拉升锥头，此时抓片闭合抓土，将冲抓锥整体提升至地面卸土，依次循环成孔。

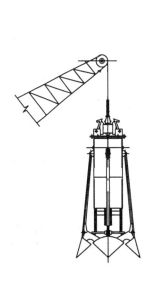

图 2-16　冲抓锥

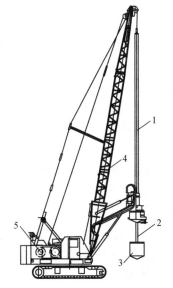

1—钻杆；2—伸缩芯杆；3—回转斗；4—起重臂；5—履带式机车。

图 2-17　旋挖钻机

4. 旋挖钻机成孔

旋挖钻机(图 2-17)是一种先进的灌注桩成孔的施工机械，主要适用于砂土、黏性土、粉质土等土层施工。旋挖钻机的成孔直径可达 1.5～4 m,成孔深度可达 60～90 m,可以满足各类大型灌注桩施工的要求。

旋挖钻机一般采用履带式底盘、自行起落起重臂、液压伸缩式钻杆,有些还带有垂直度自动检测调整、孔深显示等数字化控制仪表。整机操纵一般采用液压先导控制、负荷传感,具有操作轻便、舒适等特点。

旋挖钻机配置不同钻具可适用于干式(短螺旋)或湿式(回转斗)及岩层(岩心钻)的成孔作业,具有多种功能。可用于工业和民用建筑、市政建设、公路桥梁、水利防渗等基础施工。湿式作业时,通过回转斗可将桩孔中的土体直接提升至地面,并装车外运,大大减少了桩孔的护壁泥浆,减少了泥浆引起的环境污染。

旋挖钻机成桩的施工流程如下:

埋设护筒→钻机就位→钻头旋转开钻→(回转斗内装满土后)提钻出土→(钻机旋回)打开回转斗活门、弃土→关上活门、钻机复位→……(重复旋挖至钻孔完成)→清孔→放入钢筋笼→下放导管→混凝土灌注→拔出护筒→清理桩头→成桩。

2.2.2.2 钢筋笼安放

1. 钢筋笼的加工

灌注桩的钢筋笼多采用连续螺旋箍筋,施工时先将箍筋按设计桩径成型,而后一般采用"箍筋成型法",即按照设计图纸在箍筋上标注主筋位置,同时在主筋上标出箍筋位置,然后按照主筋和箍筋上的标志,一一对应,依次焊接。

在焊接主筋的同时应将混凝土保护层的钢筋间隔件安放固定。

灌注桩钢筋笼

2. 钢筋笼的吊放

起吊:钢筋笼一般采用两点起吊,以防起吊过程中发生过大变形。

沉放:钢筋笼起吊后应保持垂直,对准孔口,徐徐放入钻孔中。当采用多节钢筋连接时,待下节钢筋笼沉放到位后,用托卡将其临时固定在孔口,以便与上节钢筋笼对接。

钢筋笼制作

焊接:在两节钢筋笼交接处绑扎铁丝以临时固定,并将上下钢筋焊接牢固。

定位:待最上一节钢筋笼达到设计标高后,用托卡将钢筋笼进行固定。

钢筋笼吊放定位后进行桩孔的二次清孔,而后可安放混凝土导管,灌注混凝土。

2.2.2.3 水下混凝土灌注

钻孔灌注桩的混凝土常常在水下(泥浆中)灌注,水下浇筑混凝土一般采用导管法(图 2-18)。

导管直径约 200～250 mm(不小于最大骨料粒径的 8 倍),每节长 3 m,用快速接头连接,顶部装有料斗。导管用起重设备吊住,可以升降。浇筑前,导管下口先用隔水塞(混凝土、球胆等)堵

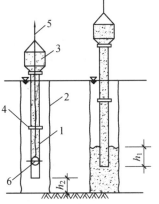

1—导管;2—孔壁
3—混凝土料斗;4—快速接头;
5—吊索;6—隔水塞。

图 2-18 水下混凝土灌注

混凝土灌注图

混凝土灌注

塞。然后在导管内浇筑一定量的混凝土,保证开管前漏斗及导管内的混凝土量要使混凝土冲出后足以封住并高出导管底部 0.8 m。将导管插入水下,使其下口距底面的距离 h_1 为 300～500 mm 时进行浇筑。h_1 太小易堵管,太大则要求漏斗及导管内混凝土量较多。当导管内混凝土的体积及高度满足上述要求后,剪断吊住隔水塞的铁丝进行开管,使混凝土在自重作用下迅速推出隔水塞进入水中。以后一边均衡地浇筑混凝土,一边慢慢提起导管,导管下口必须始终保持在混凝土表面之下不小于 2 m,严禁将导管提出混凝土灌注面。最后一罐混凝土的量应予以控制,应保证混凝土桩顶有一定的超灌高度,该超灌高度为 0.8～1.0m,桩顶泛浆凿除后暴露的混凝土强度应达到设计等级。

思　考　题

【2-1】 试述混凝土预制桩在制作、起吊、运输、堆放等过程中的工艺要求。

【2-2】 桩锤有哪些类型? 工程中如何选择柴油锤的锤重?

【2-3】 打桩顺序如何确定? 当打桩施工地区周围有需要保护的地下管线或建筑时,应采取哪些措施?

【2-4】 预制桩的沉桩方法有哪些?

【2-5】 摩擦桩与端承桩在沉桩控制上有何区别?

【2-6】 泥浆护壁钻孔灌注桩的泥浆有何作用? 泥浆循环有哪两种方式? 其工艺及效果有何区别?

【2-7】 旋挖钻机成孔有何优点?

【2-8】 灌注桩水下混凝土灌注应注意哪些问题?

3 基坑工程

随着城市高层建筑和地下空间开发的发展,地下工程日益增多,为实现地下工程施工,一般需要采用不同的开挖或挖掘施工技术,往往也涉及基坑支护结构。

我国的基坑工程从 20 世纪 80 年代末到 90 年代末的研究、探索阶段,到 21 世纪以来十多年的发展阶段,从分析理论、设计方法、施工技术、监测手段等方面都取得了长足的进步。

基坑支护结构分为土钉墙、重力式水泥土搅拌墙、支锚式结构(也称板式支护结构)等几种类型。工程中应根据基坑开挖深度、面积,水文地质条件,工程环境状况等条件进行选择。基坑工程是一项系统工程,具有综合性、差异性、复杂性及不确定性等特点,其风险也较大,在设计与施工中应特别重视对周边环境的保护。做到精心设计、精心施工。

按照基坑支护结构失效、土体过大变形对基坑周边环境或主体结构施工安全的影响的严重程度划分三个安全等级。以影响很严重、影响严重和影响不严重分别为一级、二级和三级。对同一基坑的不同侧壁,可采用不同的安全等级。

3.1 基坑支护结构

3.1.1 边坡开挖

在基坑开挖深度较浅、土质较好、地下水位较低以及环境条件许可的情况下,采用放坡开挖是较为经济有效的方法。

放坡开挖应根据工程地质和边坡高度确定开挖边坡坡度,以确保土体的稳定。土方边坡坡度以其高度 H 与其底宽度 B 之比表示。边坡可做成直线形、折线形或踏步形(图 3-1)。

边坡放坡

放坡施工

$$\text{土方边坡坡度} = \frac{H}{B} = \frac{1}{B/H} = \frac{1}{m} \tag{3-1}$$

式中,$m = B/H$,称为坡度系数。

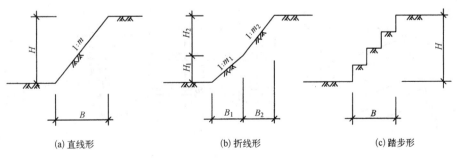

(a) 直线形　　　　(b) 折线形　　　　(c) 踏步形

图 3-1　土方放坡

边坡稳定的分析方法很多,如摩擦圆法、条分法等。有关这方面的计算,可参考有关土

43

力学方面的教材。

在边坡整体稳定的情况下，高度在 3 m 以内的基坑放坡开挖的坡度不应大于表 3-1 的规定。

表 3-1　　　　　　　　临时性挖方边坡坡度值

土的类别		边坡坡度
砂土	不包括细砂、粉砂	1:1.25～1:1.50
一般黏性土	坚硬	1:0.75～1:1.00
	硬塑	1:1.00～1:1.25
碎石类土	密实、中密	1:0.50～1:1.00
	稍密	1:1.00～1:1.50

施工中，土方放坡坡度的留设还应考虑施工工期、地下水水位、坡顶荷载及气候条件等因素。

土坡的滑动一般是指土方边坡在一定范围内整体沿某一滑动面向下和向外移动而丧失其稳定性。边坡失稳往往是在外界不利因素影响下触动和加剧的。这些外界不利因素导致土体下滑力的增加或抗剪强度的降低。

引起下滑力增加的因素主要有：坡顶上堆物、行车等荷载；雨水或地面水渗入土中使土的含水量提高而使土的自重增加；地下水渗流产生一定的动水压力；土体竖向裂缝中的积水产生侧向静水压力等。引起土体抗剪强度降低的因素主要有：气候的影响使土质松软；土体内含水量增加而产生润滑作用；饱和的细砂、粉砂受振动而液化等。

因此，在土方施工中，要预估各种可能出现的情况，采取必要的措施护坡防坍，特别要注意及时排除雨水、地面水，防止坡顶集中堆载及振动。必要时可采用钢丝网细石混凝土（或砂浆）护坡面层及护坡短桩等进行加固。

3.1.2　土钉墙

土钉墙具有结构简单、施工方便、造价低廉等特点，因此在基坑工程中得到广泛应用。土钉墙是通过（钢筋、钢管或其他型钢等）对原位土进行加固的一种支护形式。此外，在土钉墙中加入复合水泥土搅拌桩、微型桩、预应力锚杆等可形成复合土钉墙。

土钉在土钉墙侧壁按一定间距设置，墙的侧壁设置喷射混凝土面层，面层内的钢筋网通过井字形钢筋与土钉连接，图 3-2 是土钉墙的构造示意图。

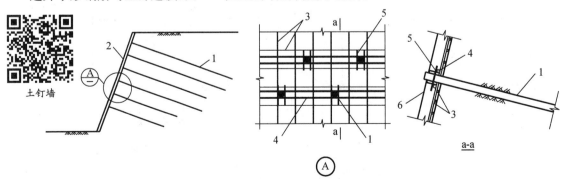

1—土钉；2—喷射混凝土面层；3—钢筋网；4—通长钢筋；5—井字形钢筋；6—固定短钢筋。

图 3-2　土钉墙的构造

单一土钉墙适用于地下水位以上或经降水的非软土基坑,基坑开挖深度不宜大于 12 m。复合土钉墙适用于非软土基坑,基坑开挖深度不宜大于 12～15 m,软土地层条件下不宜大于 6 m。

3.1.2.1 土钉墙的设计要点

1. 土钉墙的稳定性验算

(1) 整体稳定性

整体滑动稳定性采用圆弧滑动条分法进行验算(图 3-3)。当基坑面以下存在软弱下卧土层时,整体稳定性验算滑动面还应包括由圆弧与软弱土层层面组成的复合滑动面。

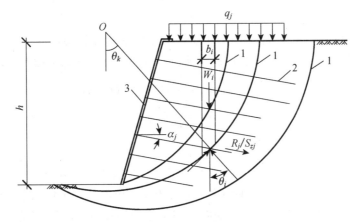

1—滑动面;2—土钉;3—喷射混凝土面层。

图 3-3 土钉墙整体稳定性验算图示

(2) 坑底隆起稳定性

对基坑底面下有软弱下卧土层的土钉墙坑底隆起稳定性验算(图 3-4)是将抗隆起计算平面作为极限承载力的基准面,根据普朗特尔(Prandtl)及太沙基(Terzaghi)极限荷载理论对土钉墙进行验算。

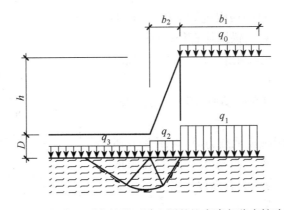

图 3-4 基坑底面下有软弱下卧土层的坑底隆起稳定性验算

45

$$\frac{q_3 N_q + c N_c}{(q_1 b_1 + q_2 b_2)/(b_1 + b_2)} \geqslant K_b \tag{3-2}$$

式中 K_b——土钉墙的抗隆起安全系数；

$\quad h$——基坑深度(m)；

$\quad b_1$——地面均布荷载计算宽度(m)，可取 $b_1 = h$；

$\quad b_2$——土钉墙放坡的坡底宽度(m)，当土钉墙坡面垂直时取 0；

$\quad N_c, N_q$——承载力系数：

$$N_q = \tan^2\left(45° + \frac{\varphi}{2}\right) e^{\pi \tan \varphi} \tag{3-3}$$

$$N_c = \frac{N_q - 1}{\tan \varphi} \tag{3-4}$$

$\quad c, \varphi$——抗隆起计算平面以下土的黏聚力(kPa)和内摩擦角(°)；

$\quad q_1, q_2, q_3$——坑外非放坡段、坑外放坡段和坑内抗隆起计算平面上的荷载：

$$q_1 = \gamma_{m1} h + \gamma_{m3} D + q_0 \tag{3-5}$$

$$q_2 = 0.5 \gamma_{m1} h + \gamma_{m3} D \tag{3-6}$$

$$q_3 = \gamma_{m3} D \tag{3-7}$$

$\quad \gamma_{m1}$——基坑底面以上各土层按厚度加权平均的重度(kN/m³)；

$\quad \gamma_{m3}$——基坑底面至抗隆起平面之间的各土层按厚度加权平均的重度(kN/m³)；

$\quad D$——基坑底面至抗隆起计算平面之间土层的厚度(m)，当抗隆起计算平面为基坑底面平面时，取 $D=0$。

2. 土钉抗拔承载力

土钉极限抗拔承载力由土钉侧壁的土体与土钉的摩阻力确定，土钉的锚固段不考虑圆弧滑动面以内的长度。单根土钉的极限抗拔承载力应通过抗拔试验确定，工程中也可按式(3-8)估算，但应通过土钉抗拔试验进行验证。

$$R_j = \pi d_j \sum q_{s,i} l_i \tag{3-8}$$

式中 R_j——第 j 层土钉的极限抗拔承载力(kN)；

$\quad d_j$——第 j 层土钉的锚固体直径(m)；

$\quad q_{s,i}$——第 j 层土钉在第 i 层土的极限黏结强度(kPa)；

$\quad l_i$——第 j 层土钉在滑动面外第 i 土层中的长度(m)。

计算单根土钉极限抗拔承载力时，取图 3-5 所示的直线滑动面，直线滑动面与水平面的夹角取 $(\beta + \varphi_m)/2$，其中，φ_m 为基坑底面以上各土层内摩擦角按厚度加权平均的值。

单根土钉承受的轴向拉力 N_j 为该土钉所承担面积 $(s_{x,j} \cdot s_{z,j})$ 上的主动土压力：

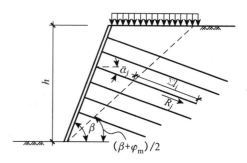

图 3-5 土钉抗拔承载力计算图示

$$N_j = \frac{k_{a,j} s_{x,j} s_{z,j}}{\cos\alpha_j} \qquad (3-9)$$

式中　N_j——第 j 层土钉的轴向拉力（kN）；

　　　$k_{a,j}$——第 j 层土钉处的主动土压力强度（kPa）；

　　　$s_{x,j}$，$s_{z,j}$——计算土钉的水平间距和垂直间距（m）；

　　　α_j——第 j 层土钉的倾角（°）。

当土钉墙的墙面是倾角时，其主动土压力可予以折减。位于不同层的土钉轴向拉力也有所不同，必要时可进行适当调整。

考虑安全系数，则

$$\frac{R_j}{N_j} \geqslant K \qquad (3-10)$$

式中，K 为土钉抗拔安全系数。

3.1.2.2　土钉墙的施工

1. 土钉墙的施工步骤

土钉墙的施工一般从上到下分层构筑，施工中土方开挖应与土钉施工密切结合，并严格遵循"分层分段，逐层施作，限时封闭，严禁超挖"的原则。土钉墙基本施工步骤如下（图 3-6）：

① 基坑开挖第一层土体，开挖深度为第一道土钉至第二道土钉的竖向间距加作业距离（一般为 0.5 m）；

② 在这一深度的作业面上设置一排土钉、喷射混凝土面层，并进行养护；

③ 向下开挖第二层土体，其深度为第二道土钉至第三道土钉的竖向间距加作业距离；

土钉墙施工

④ 设置两排土钉、喷射混凝土面层，并进行养护；

⑤ 重复上述步骤③—④，向下逐层开挖直至设计的基坑深度。

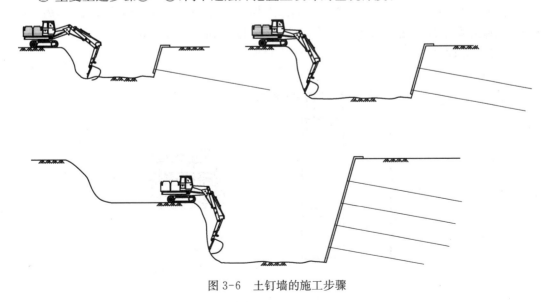

图 3-6　土钉墙的施工步骤

2. 施工工艺

（1）土钉施工

根据土层特性及工程要求可选用不同的施工工艺,土钉按设置的施工工艺可分为成孔注浆土钉和打入钢管土钉。前者是先进行钻孔,而后植入土钉,再进行注浆。钻孔植入的土钉杆体可采用钢筋、钢绞线或其他型材。打入式土钉的杆体多为钢管,我国工程常采用 $\phi48\times3$ 的钢管。

土钉注浆采用压力注浆。成孔注浆土钉宜采用二次注浆方法,此时第一次注浆宜采用水泥砂浆,第二次则采用水泥浆。打入式土钉注浆一般采用一次注浆,浆液为水泥浆。浆液的水灰比宜取 0.40～0.55,灰砂比宜取 0.5～1.0。

（2）喷射混凝土面层

喷射混凝土面层的厚度一般为 80～100 mm,混凝土强度等级不低于 C20,钢筋网的钢筋直径为 6～10 mm,网格尺寸为 150～300 mm。喷射混凝土一般借助喷射机械,利用压缩空气作为动力,将制备好的拌合料通过管道输送并以高速喷射到受喷面上凝结硬化而成。其施工工艺分为干喷、湿喷及半湿式喷射法三种形式。

喷射混凝土应随土方开挖和土钉设置进行施工,在一层土钉设置后及时进行喷射混凝土面层的钢筋绑扎、混凝土喷射施工。每层土钉及喷射混凝土面层施工后应养护一定时间,养护时间不应小于 48 h。如没有得到充分养护就继续开挖下层土方,则因注浆及喷射混凝土面层尚未达到一定强度而引起局部土体滑移。

3.1.3 重力式水泥土墙

重力式水泥土墙支护结构是通过搅拌桩机将水泥与土进行搅拌,形成相互搭接的柱状水泥加固土(搅拌桩)。用于支护结构的水泥土的水泥掺量通常为12％～15％(单位土体的水泥掺量与土的重力密度之比),水泥土的抗压强度 f_{cs} 可达 0.8～1.2 MPa,其渗透系数很小,一般不大于 10^{-6} cm/s。由水泥土搅拌桩搭接而形成水泥土墙,既具有挡土作用,又兼有隔水作用,适用于 4～6 m 深的基坑,一般不宜大于 7 m。

水泥土墙通常布置成格栅式,格栅的置换率(加固土的面积∶水泥土墙的总面积)为0.6～0.8。墙体的宽度 B 和插入深度 h_d 根据基坑开挖深度 h 估算,一般 $B=(0.6\sim0.8)h$,$h_d=(0.8\sim1.2)h$(图3-7)。

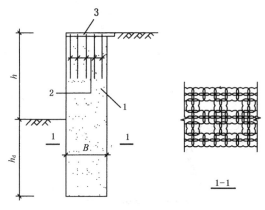

1—搅拌桩;2—插筋;3—面板。

图 3-7　水泥土墙

3.1.3.1　重力式水泥土墙的设计要点

1. 稳定性验算

重力式水泥土墙稳定性验算包括倾覆稳定性、滑移稳定性和整体稳定性等的验算。水泥土墙的倾覆稳定和滑移稳定都有赖于重力和主、被动土压力的平衡,因此,重力式水泥土墙的位移一般较大,有时会达到开挖深度的 1/100,甚至更多。

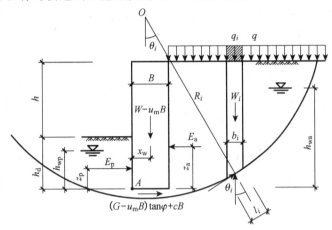

图 3-8　重力式水泥土墙的稳定性验算简图

（1）倾覆稳定性

重力式水泥土墙倾覆稳定性按墙体绕前趾 A 的抗倾覆力矩和倾覆力矩的比值确定（图 3-8）,当满足式（3-11）时,则认为水泥土墙是稳定的。

$$\frac{E_p z_p + (W - u_m B) x_w}{E_a z_a} \geqslant K_q \tag{3-11}$$

式中　K_q——抗倾覆安全系数;

　　　E_a, E_p——作用在水泥土墙上的主动土压力（计入支护结构外侧附加荷载作用）和被动土压力（kN/m）;

　　　z_a——水泥土墙外侧主动土压力合力作用点至墙趾 A 的竖向距离（m）;

　　　z_p——水泥土墙内侧被动土压力合力作用点至墙趾 A 的竖向距离（m）;

　　　W——水泥土墙的自重（kN/m）;

　　　B——水泥土墙的底面宽度（m）;

　　　u_m——水泥土墙底面的水压力（kPa）;

　　　x_w——水泥土墙自重与墙底水压力合力作用点至墙趾 A 的水平距离（m）。

（2）滑移稳定性

重力式水泥土墙的滑移稳定性考虑抗滑力和滑动力的比值,其中,抗滑力包括被动土压力、水泥土墙底由水泥土墙自重产生的摩阻力以及由土的黏聚力产生的阻力,而滑动力则为主动土压力（图 3-8）。应该注意的是,当有地下水时,水泥土墙自重应考虑受水浮力作用而减小的情况。因此,滑移稳定性应满足式（3-12）:

$$\frac{E_{\mathrm{p}}+(W-u_{\mathrm{m}}B)\tan\varphi+cB}{E_{\mathrm{a}}} \geqslant K_{\mathrm{h}} \qquad (3\text{-}12)$$

式中 K_{h}——抗滑移安全系数;

c,φ——水泥土墙底面以下土层的黏聚力(kPa)和内摩擦角(°);

其他符号意义同式(3-11)。

(3) 整体稳定性

重力式水泥土墙可采用圆弧滑动条分法进行整体稳定性验算。当墙底以下存在软弱下卧土层时,稳定性验算的滑动面应包括由圆弧与软弱土层层面组成的复合滑动面。

2. 位移计算

重力式水泥土墙的位移在设计中应引起足够重视,由于重力式水泥土墙的抗倾覆及抗滑移等稳定有赖于被动土压力的作用,而被动土压力的发挥是建立在挡土墙一定数量位移的基础上的,因此,重力式水泥土墙发生一定的位移是必然的,设计的目的是将该位移量控制在工程许可的范围内。

水泥土墙的位移可用"m"法计算,但其计算较复杂,目前工程中常用经验公式(该计算方法来自数十个工程实测资料)式(3-13),突出影响水泥土墙水平位移的几个主要因素,计算简便、实用。

$$\Delta_0 = \frac{0.18\zeta K_{\mathrm{a}}Lh^2}{h_{\mathrm{d}}B} \qquad (3\text{-}13)$$

式中 Δ_0—— 墙顶估计水平位移(cm);

ζ—— 施工质量影响系数,取 $0.8 \sim 1.5$;

K_{a}—— 主动土压力系数,$K_{\mathrm{a}} = \tan^2(45° - \varphi_{\mathrm{w}}/2)$,其中 φ_{w} 为墙底以上各土层内摩擦角按土层厚度加权平均的值;

L—— 开挖基坑的最大边长(m);

h—— 基坑开挖深度(m);

h_{d}—— 水泥土墙的插入深度(m);

B—— 水泥土墙的宽度(m)。

施工质量对水泥土墙位移的影响不可忽略。一般按正常工序施工时,取 $\zeta = 1.0$;当达不到正常施工工序控制要求,但平均水泥用量达到要求时,取 $\zeta = 1.5$;对施工质量控制严格、经验丰富的施工单位,可取 $\zeta = 0.8$。

此外,还应验算水泥土墙的正截面承载力,包括压应力及拉应力。水泥土正截面压应力应小于水泥土龄期抗压强度 f_{cs},而拉应力则应小于其抗拉强度(一般取 $0.06 f_{\mathrm{cs}}$)。当水泥土墙底部位于软弱土层时,基底应力还应满足地基承载力的要求。

3.1.3.2 水泥土搅拌桩的施工

1. 施工机械

水泥土搅拌桩机机组由深层搅拌机(主机)、机架、灰浆搅拌机、灰浆泵等配套机械组成(图3-9)。

水泥土搅拌桩机常用的机架有三种形式:塔架式、桅杆式及履带式。前两种构造简便、

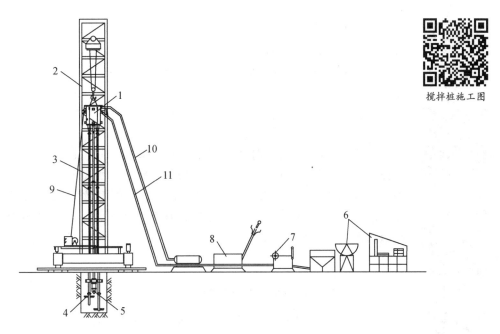

1—主机；2—机架；3—搅拌轴；4—搅拌叶；5—注浆孔；6—灰浆拌制机组；
7—灰浆泵；8—贮水池；9—电缆；10—输浆管；11—水管。

图 3-9　双轴水泥土搅拌桩机

易于加工，在我国应用较多，但其搭设及行走较困难。履带式的机械化程度高，塔架高度大，钻进深度大，但机械费用较高。

2. 施工工艺

搅拌桩成桩工艺可采用"一次喷浆、二次搅拌"或"二次喷浆、三次搅拌"工艺，主要依据水泥掺入比及土质情况而定。水泥掺量较小，土质较松时，可用前者，反之可用后者。

"一次喷浆、二次搅拌"的施工工艺流程如图 3-10 所示。当采用"二次喷浆、三次搅拌"工艺时，可在图示步骤(e)作业时也进行注浆，之后再重复步骤(d)与(e)的过程。

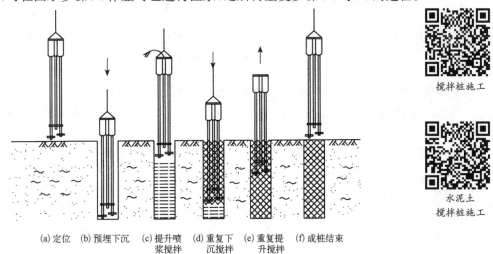

(a)定位　(b)预埋下沉　(c)提升喷浆搅拌　(d)重复下沉搅拌　(e)重复提升搅拌　(f)成桩结束

图 3-10　"一次喷浆、二次搅拌"施工流程

钢板桩

型钢水泥
土搅拌墙

灌注桩排
桩围护墙

地下连续
墙围护墙

水泥土搅拌桩施工中应注意水泥浆配合比及搅拌制度、水泥浆喷射速率与提升速度的关系及每根桩的水泥浆喷注量,以保证注浆的均匀性与桩身强度。施工中还应注意控制桩的垂直度以及桩的搭接等,以保证水泥土墙的整体性与抗渗性。

3.1.4 支锚式支护结构

支锚式支护结构由围护墙和支锚体系两部分组成。围护墙的主要形式有钢板桩、灌注桩排桩、型钢水泥土搅拌墙及地下连续墙等。支锚体系分为两类:一是内支撑,布置在基坑支护结构的内部,可采用混凝土结构或钢结构;二是拉锚类,布置在基坑外部。支撑类由围檩、支撑及立柱三部分组成,拉锚类则包括围檩、拉锚及锚碇(锚桩)等。图 3-11 是支锚式支护结构常见的几种形式。

3.1.4.1 支锚式支护结构的破坏形式

不设置支撑(或拉锚)的悬臂结构是支锚式支护结构的特殊形式,但由于悬臂式结构弯矩较大,所需围护墙的截面大,且位移也较大,故多用于较浅基坑工程。一般基坑工程中均设置支撑或拉锚。

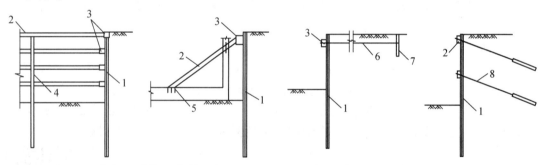

1—围护墙;2—支撑;3—围檩(冠梁);4—立柱;5—预埋件;6—拉锚;7—锚碇;8—土层锚杆。

图 3-11 支锚式支护结构的常见形式

总结支锚式结构的工程事故,其失败的原因主要有以下五方面:

① 挡土围护墙的入土深度不够,在土压力作用下,入土部分走动而出现"踢脚"位移[图 3-12(a)];

② 支撑或拉锚的承载力不够 [图 3-12(b),(c)];

③ 拉锚长度不足,锚碇失去作用而使土体滑动[图 3-12(d)];

④ 围护墙的刚度不够,在土压力作用下弯曲失稳[图 3-12(e)];

⑤ 支护结构位移过大,造成周边环境的破坏[图 3-12(f)]。

为此,入土深度、围护墙的截面、支点反力(支撑和拉锚受力)、拉锚长度及支护结构的位移称为支锚式结构设计的五大要素。

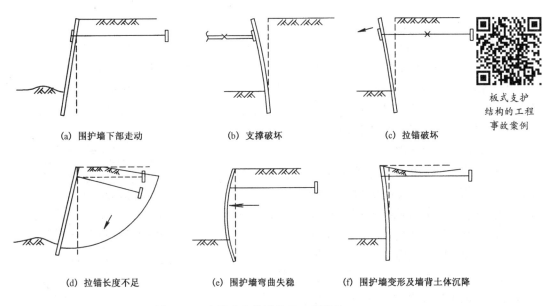

(a) 围护墙下部走动　　　　(b) 支撑破坏　　　　(c) 拉锚破坏

(d) 拉锚长度不足　　　　(e) 围护墙弯曲失稳　　　　(f) 围护墙变形及墙背土体沉降

图 3-12　支锚式支护结构的工程事故

3.1.4.2　支锚式支护结构的设计要点

1. 稳定性验算

(1) 嵌固稳定性

悬臂支护结构嵌固稳定性可按式(3-14)确定(图 3-13)：

$$\frac{E_{p0}h_{p0}}{E_{a0}h_{a0}} \geqslant K_{e0} \tag{3-14}$$

式中　E_{p0},h_{p0}——被动侧土压力的合力及合力对支护结构底端 D 点的力臂；

$\quad\quad E_{a0}$,h_{a0}——主动侧土压力的合力及合力对支护结构底端 D 点的力臂。

单支点锚撑支护结构嵌固稳定性可按式(3-15)确定(图 3-14)：

$$\frac{E_{p1}h_{p1}}{E_{a1}h_{a1}} \geqslant K_{e1} \tag{3-15}$$

式中　E_{p1},h_{p1}——被动侧土压力的合力及其至支点 A 的距离；

$\quad\quad E_{a1}$,h_{a1}——主动侧土压力的合力及其至支点 A 的距离。

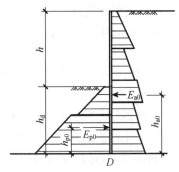

图 3-13　悬臂结构嵌固稳定性计算简图

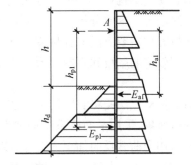

图 3-14　单支点结构嵌固稳定性计算简图

（2）整体滑动稳定性

支锚式支护结构的整体滑动稳定性仍采用圆弧滑动条分法计算。挡土构件底端下存在软弱下卧土层时，整体滑动面应包括圆弧与软弱土层层面组成的复合滑动面。对采用土层锚杆的支锚式结构，在整体滑动稳定性验算中可计入锚杆的贡献，即在抗滑力矩中增加滑动面外锚杆拉力对圆弧滑动体圆心的力矩项，并假定滑动面上土体剪力达到极限强度的同时，滑动面外锚杆拉力也达到极限拉力。

（3）坑底隆起稳定性

支锚式支护结构的坑底抗隆起稳定验算也采用地基极限平衡公式，当挡土构件底面以下有软弱下卧层时，还应进行软弱下卧层的隆起稳定性验算。有关抗隆起稳定性验算与土钉墙类似，在此不再赘述。

（4）以最下层支点为轴心的圆弧滑动稳定性

当坑底以下为软土时，对多支点支锚式结构嵌固深度常以绕最下层支点为轴心的圆弧稳定性来确定。这一验算方法假定破坏面为通过围护墙底的圆弧，以力矩平衡条件进行分析，力矩平衡的转动点取最下一道支撑或拉锚处（图 3-15）。其稳定性按式（3-16）确定：

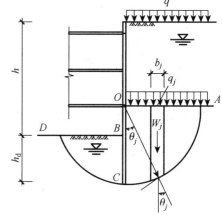

图 3-15 以最下层支点为轴心的圆弧稳定性分析简图

$$\frac{\sum\left[c_j l_j + (q_j b_j + W_j)\cos\theta_j \tan\varphi_j\right]}{\sum(q_j b_j + W_j)\sin\theta_j} \geqslant K_L \qquad (3-16)$$

式中 K_L——以最下层支点为轴心的圆弧滑动稳定安全系数；

c_j,φ_j——第 j 土条在滑弧面处土的黏聚力（kPa）和内摩擦角（°）；

l_j——第 j 土条的滑弧段长度（m），取 $l_j = b_j/\cos\theta_j$；

q_j——作用在第 j 土条顶面上的竖向压力（kPa）；

b_j——第 j 土条的宽度（m）；

θ_j——第 j 土条滑弧面中点处的法线与垂直面的夹角（°）；

W_j——第 j 土条的自重（kN）。

2. 结构计算

支锚式支护结构计算的传统方法较多，如 H. Blum 法、极限平衡法、等值梁法、盾恩法以及弹性曲线法等。这些分析方法在理论上存在各自的局限性，因而现在已很少应用。目前常用的分析方法主要有竖向弹性支点法（弹性地基梁法）和平面连续介质有限元方法等，对有明显空间效应的基坑和不规则形状的基坑则常用三维有限元分析方法。下面介绍竖向弹性支点法。

竖向弹性支点法是将空间结构分解为两类平面结构进行计算。首先将支护结构的围护墙取作分析对象，采用平面杆系结构弹性支点法进行分析，计算出支点力和围护墙的位移。再将支点力作为荷载反向加至内支撑，或转换为对锚杆的作用力，进行支撑或锚杆的计算。

竖向弹性支点法是建立在土的线弹性本构关系上的一种方法。它假定围护墙为一个竖向放置的梁，上部的支撑（拉锚）为弹性支承单元，坑底以下为弹性地基梁，被动区土简化为弹性支座,荷载为主动侧的水土压力和附加荷载。

弹性地基梁结构模型按工况分析,即考虑开挖的不同阶段及地下结构施工过程中对已有支点条件解除与新的支点条件交替受力情况进行,其结构分析模型如图 3-16 所示,其基本挠曲方程为式(3-17)。

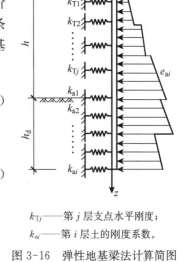

$$EI \frac{\mathrm{d}^4 y}{\mathrm{d} z^4} - e_{ai} b_a = 0 \ (0 \leqslant z < h_n) \qquad (3\text{-}17a)$$

$$EI \frac{\mathrm{d}^4 y}{\mathrm{d} z^4} + m b_0 (z - h_n) y - e_{ai} b_a = 0 \ (z \geqslant h_n)$$

$$(3\text{-}17b)$$

k_{Tj}——第 j 层支点水平刚度;
k_{ai}——第 i 层土的刚度系数。

图 3-16 弹性地基梁法计算简图

式中 EI ——围护墙计算宽度的抗弯刚度(kN·m²);

e_{ai} ——围护墙外侧计算点的主动土压力强度(kPa);

b_a ——围护墙荷载计算宽度(m);

b_0 —— 坑内土体反力计算宽度(m);

y ——围护墙计算点的水平位移(m);

z ——计算点距地面的深度(m);

h_n ——计算工况下的基坑开挖深度(m);

m —— 按"m"法确定的地基土的水平反力系数的比例系数(kN/m⁴);

h, h_d 如图 3-16 所示。

3.1.4.3 支锚式支护结构的施工

1. 围护墙的施工

支锚式支护结构的围护墙,即挡土结构,其常见形式有钢板桩、型钢水泥土搅拌墙、灌注桩排桩及地下连续墙等。其中灌注桩的施工与工程桩施工工艺类似,可参见本教材第 2 章。此处简要介绍其他三种围护墙的施工。

(1)钢板桩

钢板桩有平板形、Z 字形,但最常见的是 U 形(图 3-17)。钢板桩之间通过锁口咬合的形式,也称为"小止口"搭接。它不仅使板桩形成牢固连接、形成整体的板桩墙,而且具有良好的止截水作用,因此,钢板桩支护还常用于水中围堰工程。

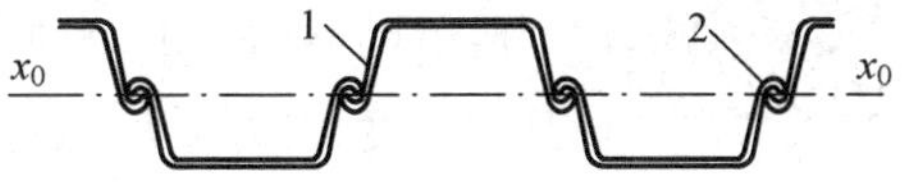

1—U 形板桩;2—锁口。

图 3-17 U 形板桩及其搭接

钢板桩施工时要划分施工段,采用合适的施工方法,以便使墙面平直、锁口闭合,满足地下工程施工。

① 围檩支架

在钢板桩施打时,为保证钢板桩的纵向平直度和竖向垂直度,并使钢板桩的锁口能更好地咬合,应设置围檩支架,以围檩支架作为钢板桩打设导向装置(图 3-18)。围檩支架由围檩和围檩桩组成。围檩在平面上分单面围檩和双面围檩。双面围檩之间的距离,比两块板桩组合宽度大 8~15 mm。围檩在高度上有单层和双层之分。单层围檩只在地面以上 1 m

左右设置一道(可单面或双面),而双层围檩则在地面以上 10～15 m 的高度再设置一道。图 3-19 是某海洋中钢板桩工程施工中采用双层单面围檩施工的照片。双层围檩对保证钢板桩的垂直度和锁口的咬合更为有效。

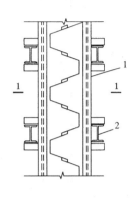 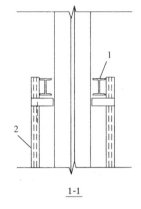 

1—围檩;2—围檩桩。

图 3-18　围檩支架　　　　　　　　　　　图 3-19　某钢板桩采用双层围檩施工的照片

钢板桩施工图

钢板桩施工

钢板桩
振动沉桩

② 施打方法

钢板桩一般采用锤击法或振动锤打入。打桩锤根据板桩打入阻力确定,该阻力包括板桩端部阻力,侧面摩阻力和锁口阻力。桩锤不宜过重,以防因过大锤击而产生板桩顶部纵向弯曲,一般情况下,桩锤重量约为钢板桩重量的 2 倍。此外,选择桩锤时还应考虑锤体外形尺寸,其宽度不能大于组合打入板桩块数的宽度之和。

钢板桩的入土方法有单独打入法、分段复打法和封闭复打法等。

单独打入法是从板桩支护结构的一角开始逐根插打,每根钢板桩自起打到结束中途不停顿。因此,桩机行走路线短,施工简便,打设速度快。但是,由于单块打入,易向一边倾斜,累计误差不易纠正,墙面平直度难以控制。一般在钢板桩长度不大、工程要求不高时可采用此法。

分段复打法也称"屏风法",是通过围檩支架将 10～20 块钢板桩组成的施工段沿围檩插入土中,形成一段屏风墙,然后将其两端的两块打入,严格控制其垂直度,打好后用电焊固定在围檩上,然后将其他的板桩按顺序以 1/2 或 1/3 板桩高度逐渐打入。此法可以防止板桩过大的倾斜和扭转,防止误差积累,有利于实现封闭合拢。

封闭复打法与分段复打法类似,但先将钢板桩依次在围檩全部插好,成为一个高大的钢板桩墙,待四角实现封闭合拢后,再按阶梯形逐渐将板桩逐根打入设计标高。此法的优点是可以保证平面尺寸准确和钢板桩垂直度,但施工速度较慢,施工成本较高。

地下工程施工结束后,钢板桩一般都要拔出,以便重复使用。钢板桩的拔除要正确选择拔除方法与拔除顺序。由于板桩拔出时带土,往往会引起基坑周边土体变形,对临近环境造成危害,必要时应采取注浆填充等方法。

(2) 型钢水泥土搅拌墙

型钢水泥土搅拌墙在国外被称为 SMW(Soil Mixing Wall)工法。它是在水泥土桩中插入大型 H 型钢,形成围护墙(图 3-20)。型钢水泥土搅拌墙由 H 型钢承受侧向水、土压力及地表附加荷载,而水泥土桩作为截水帷幕。型钢水泥土搅拌墙中的搅拌桩一般采用三轴搅拌桩机,这种机械是由三根全长布设螺旋叶的钻杆(图 3-21)进行搅拌,因此搅拌比较均匀。工程中也可采用双轴搅拌桩。型钢插入一般采用大型起重机并使用振动锤,也可采用起重机悬挂,利用型钢自重下沉,但自重下沉的垂直度及标高不易控制。

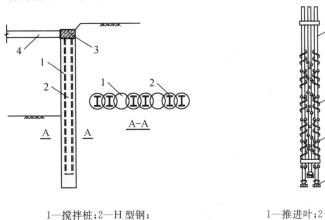

1—搅拌桩;2—H 型钢;
3—围檩;4—支撑。

图 3-20 型钢水泥土搅拌墙支护结构图

1—推进叶;2—搅拌叶;
3—注浆口;4—钻杆。

图 3-21 三轴螺旋搅拌叶

型钢水泥土搅拌墙的施工流程如图 3-22 所示:(a)样槽开挖→(b)铺设导向围檩→(c)设定施工标志→(d)搅拌桩施工→(e)插入型钢→(f)型钢水泥土搅拌墙完成。在基坑工程完成后还可将 H 型钢拔出回收。

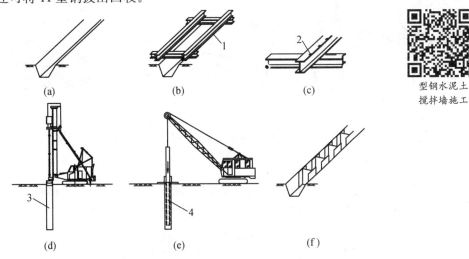

型钢水泥土
搅拌墙施工

1—导向围檩;2—型钢定位标志;3—搅拌桩;4—H 型钢。

图 3-22 型钢水泥土搅拌墙工艺流程图

(3)地下连续墙施工

地下连续墙是在地面上采用专用挖槽设备,在泥浆护壁的条件下分段开挖深槽,并向槽段内吊放钢筋笼,用导管法在水泥浆下浇筑混凝土,便在地下形成一段墙段,以此逐段施工,从而形成一道连续的钢筋混凝土墙体(图3-23)。作为基坑支护结构,地下连续墙在基坑工程中一般兼有挡土或截水防渗作用,同时往往还"二墙合一",即与地下主体结构"合一"作为建筑承重结构。地下连续墙受力性能好,适用范围广,特别适用大型深基坑工程。

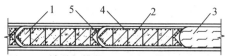

1—先施工槽段;2—后施工槽段;
3—未施工槽段;4—钢筋笼;5—槽段接头。

图3-23 地下连续墙示意图

地下连续墙
施工机械

① 成槽机械

用于地下连续墙成槽施工的机械有抓斗式、多头钻式和铣削式,也可采用冲击式。抓斗式[图3-24(a)]适用于软土成槽;多头钻式[图3-24(b)]可用于较硬土层;如需进入岩层,则可采用铣削式[图3-24(c)]。

② 护壁泥浆和泥浆循环

地下连续墙成槽与灌注桩成孔的工艺类似,但地下连续墙形成的是矩形槽段,比桩孔更易坍塌。为防止槽壁坍塌,必须有良好的泥浆护壁。地下连续墙不能采用自造泥浆,而必须采用配置泥浆。

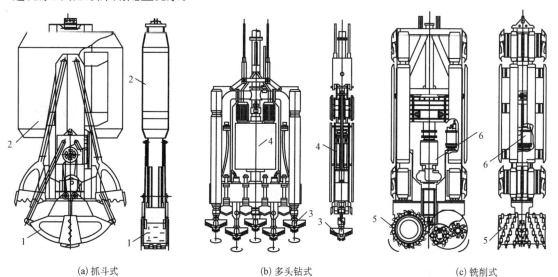

(a) 抓斗式　　　　　　　(b) 多头钻式　　　　　　　(c) 铣削式

1—抓斗;2—导向板;3—多头钻;4—齿轮箱;5—铣削刀;6—潜水泵。

图3-24 几种常见的成槽机械

泥浆具有保护孔壁、防止坍孔的作用,同时在泥浆循环过程中还可携砂,对旋转类钻头还有冷却润滑钻具的作用。为保证泥浆质量,对泥浆的性能应按表3-2中的指标进行控制。

表3-2　　　　　　　　　　　　泥浆质量控制指标

测定项目	新配制泥浆		使用过的循环泥浆		试验方法
	黏性土	砂性土	黏性土	砂性土	
相对密度	1.04~1.05	1.06~1.08	<1.15	<1.25	比重计
黏度/s	20~24	25~30	<25	<35	漏斗黏度计
含砂率	<3%	<4%	<4%	<7%	含砂率仪

测定项目	新配制泥浆		使用过的循环泥浆		试验方法
	黏性土	砂性土	黏性土	砂性土	
pH 值	8～9	8～9	＞8	＞8	pH 试纸
胶体率	＞98％	＞98％	—	—	量杯法
失水量/[mL·(30 min)$^{-1}$]	＜10	＜10	＜20	＜20	失水量仪
泥皮厚度/mm	＜1	＜1	＜2.5	＜2.5	

成槽过程的泥浆循环分为正循环和反循环两种,其循环方式也与灌注桩成孔施工类似。

泥浆正循环施工法是从地面向钻管内注入一定压力的泥浆,泥浆压送至槽底后,与钻切产生的泥渣搅拌混合,然后经由钻管与槽壁之间的空腔上升并排出孔外,混有大量泥渣的泥浆水经沉淀、过滤并作适当处理后,可再次重复使用。这种方法由于泥浆的流速不大,所以出渣率较低。

泥浆反循环法是将新鲜泥浆由地面直接注入槽段,孔底混有大量土渣的泥浆用砂石泵将其从钻管的内孔抽吸到地面。反循环的出渣率较高,对较深槽段的效果更为显著。

③ 施工工艺流程

地下连续墙施工工艺流程如图 3-25 所示。

地下连续墙
导墙施工

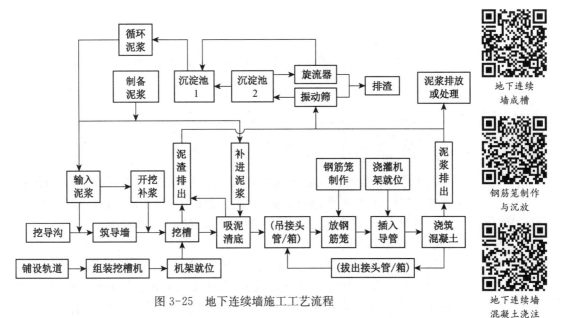

图 3-25 地下连续墙施工工艺流程

地下连续墙
成槽

钢筋笼制作
与沉放

地下连续墙
混凝土浇注

④ 槽段接头

地下连续墙是由若干单元槽段连接而成的,槽段间接头必须满足整体性和防渗要求,并便于施工。目前常用的是接头管连接法和型钢连接法。

a. 接头管连接法

这种连接法是目前常用的一种形式,属于柔性接头。其优点是接头管可以回收,用钢量少,造价较低,能满足一般抗渗要求。

接头管钢管每节长度为 15 m 左右,采用内销连接,既便于运输,又可使外壁平整光滑,易于拔管(图 3-26)。

接头管接头的施工过程如图 3-27 所示:(a)开挖槽段→(b)在一端放置管接头(第一槽段两端应同时放置)→(c)吊放钢筋笼→(d)灌注混凝土→(e)拔出接头管→(f)后一槽段挖土,形成弧形接头。

b. 型钢接头

型钢接头是将 H 型钢或"王"字型钢与钢筋笼焊接在一起,下沉至槽段内,用型钢作为先后开挖槽段的隔离板,混凝土浇筑后形成整体。这是一种刚性接头,型钢置于地下墙内不再拔出,因此成本较高,但其具有受力性能好、止水性能好、施工方便等优点。

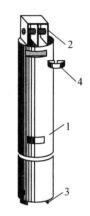

1—管体;2—上外销;
3—下内销;4—月牙垫块。

图 3-26 钢管式接头管

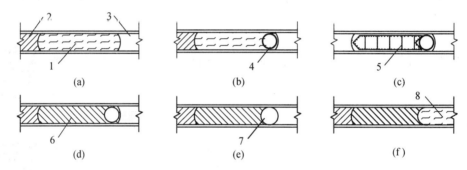

1—已开挖槽段;2—已浇注槽段;3—未开挖槽段;4—接头管;
5—钢筋笼;6—新浇注混凝土;7—拔管后的圆孔;8—后续槽段开挖。

图 3-27 接头管接头的施工过程

2. 支撑与拉锚施工

(1)内支撑

① 内支撑材料

内支撑一般为钢筋混凝土或钢结构。混凝土支撑具有结构整体性较好、布置灵活等优点,但需要进行养护,因此工期较长,而且后期拆除较困难。钢支撑为装配式,工期短、施工方便,但布置不如混凝土支撑灵活。

② 内支撑的布置

内支撑的布置形式有对撑、角撑、桁架式支撑、环形布置等(图 3-28)。

对撑都具有受力直接、明确的特点,但正交式对撑在坑内布置较密,使挖土机作业面受到限制,在支撑下层土方开挖时影响更大。角撑对土方开挖较为有利,但其整体稳定性及变形控制方面不如正交式对撑。桁架式对撑可以放大支撑的间距,因而能形成较大的挖土空间。当采用钢筋混凝土支撑时,采用环状布置,可使受力状况更为合理,也可减小支撑截面,降低造价,并对土方开挖带来很大方便。

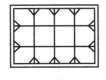   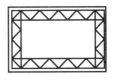

(a) 对撑　　　　(b) 角撑　　　　(c) 桁架式对撑　　　(d) 边桁架　　　(e) 环形布置

图 3-28　内支撑的布置形式

在实际工程中,由于地下室平面形状往往不很规则,深度也不同,甚至同一基坑中开挖深度也会不同(如局部二层、局部三层等),因此,支撑布置方案应因地制宜,必要时可将几种形式加以组合,使支撑结构安全可靠,并方便土方开挖和主体结构的施工。

③ 钢立柱的设置

当内支撑长度较大时,一般需要设置竖向钢立柱。钢立柱多采用格构式,也可采用实腹型钢或钢管,通常设在纵横向支撑的交点处或桁架节点处,并应避开主体工程的梁、柱及承重墙等竖向构件。立柱间距不宜大于15 m。立柱插入立柱支承桩中(图 3-29),立柱桩一般采用灌注桩,并应尽量利用工程桩以降低造价。

由于钢立柱是埋在底板中的,因此,在混凝土底板浇筑时,在钢立柱上应设置止水片,以防止底板渗漏。止水片可用钢板焊接在立柱的主肢上,根据底板厚度一般设1~2道。

钢支撑安装

钢立柱安装

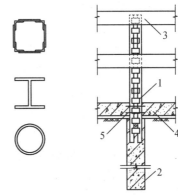

(a) 立柱截面形式　　(b) 立柱支承
1—钢立柱;2—立柱支承桩;3—支撑;
4—地下室底板;5—止水片。
图 3-29　立柱的设置

(2) 拉锚和土层锚杆

① 锚碇式拉锚

锚碇式拉锚的布置可参考图 3-30,通常设置在围护墙顶部。作用于围护墙的侧压力通过围檩传递至拉杆,再传至锚碇或锚桩。这种拉锚施工简单、造价低,但由于锚碇(锚桩)前被动区土体的变形以及拉杆的伸长会造成支护结构较大的位移。

围檩施工

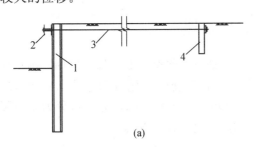 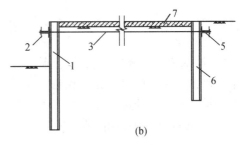

(a)　　　　　　　　　　　　　　(b)

1—围护墙;2—围檩;3—拉锚;4—锚碇;5—锚梁;6—锚桩;7—路面。

图 3-30　锚碇式拉锚

② 土层锚杆

土层锚杆是设置在土层下的拉锚形式。它的一端与围护墙连接，另一端锚固在土体中，将作用在围护墙上的荷载通过拉杆与土的摩阻力传递到周围稳定的土层中，形成桩（墙）锚支护形式（图 3-31）。土层锚杆可沿基坑开挖深度布置多道，并随土方开挖逐层设置。

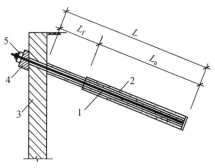

L_f—自由段；L_a—锚固段
1—锚杆拉杆；2—注浆锚固体；
3—围护墙；4—围檩；5—锚头。
图 3-31 土层锚杆

锚杆施工

土层锚杆施工的工艺流程如下：

土方开挖→钻孔→安放拉杆→注浆→养护→安装锚头→预应力张拉→锚固→（下层土方开挖→下层锚杆施工）。

土层锚杆施工的主要机械设备为钻孔机，按工作原理可分为回旋式钻

桁式支护结构分层开挖

机、螺旋钻机、旋转冲击式钻孔机及潜孔冲击钻等几类，主要根据土质、钻孔深度和地下水情况进行选择。

常用的土层锚杆拉杆有粗钢筋、钢丝束及钢绞线束等。为使拉杆能够安置于钻孔中心，以防止安放时触碰土壁，并使拉杆四周的锚固体均匀，以保证足够的握裹力，沿拉杆需设置定位器。定位器形式有三叉形、环形、〔形等，其间距为 1.5～2.0 m。

土层锚杆均采用二次注浆。第一次注浆浆液多为水泥砂浆，第二次注浆浆液多为水泥浆。注浆后应进行养护，养护完成后，可进行锚杆的预应力张拉。张拉设备应根据拉杆材料配套选择。如单根粗钢筋拉杆，可采用螺杆锚具，采用拉杆式千斤顶；钢绞线可选用夹片式锚头，采用穿心式千斤顶。

（3）支撑及拉锚的拆除

钢支撑拆除

支撑及拉锚施工应遵循"先支撑、后挖土"的原则，而拆除则必须严格遵循"先换撑、后拆除"的原则。支撑或拉锚的拆除在基坑工程整个施工过程中也是十分重要的工序，应按照设计确定的程序进行。最上面一道支撑拆除后支护墙一般处于悬臂状态，位移也较大，应注意防止对周围环境带来不利影响。必要时应进行附加换撑。

钢支撑的拆除通常利用起重机并辅以人工进行，钢筋混凝土支撑则可采用人工凿除、机械切割或爆破方法。土层锚杆如允许留在基坑外，则一般不再拆除，但如果因锚杆弃留对周边环境造成影响，则应采用可回收锚杆，在施工后予以拆除。

3.2 地下水处理

在开挖基坑或沟槽时，土壤的含水层常被切断，地下水将会不断地渗入坑内。雨季施工时，地面水也会流入坑内。为了保证施工的正常进行，防止边坡塌方和地基承载能力的下降，必须做好地下水处理。在基坑工程中应做好基坑降水工作。降水方法可分为重力降水（如积水井、明渠等）和强制降水（如轻型井点、深井泵、电渗井点等）。

3.2.1 集水井降水

集水井降水是在基坑或沟槽开挖时，在坑底设置集水井，并沿坑底周围或中央开挖排水

沟,使水在重力作用下流入集水井内,然后用水泵抽出坑外。如图3-32所示。

四周的排水沟及集水井一般应设置在基础范围以外,地下水流的上游,基坑面积较大时,可在基础范围内设置盲沟排水。根据地下水量、基坑平面形状及水泵能力,集水井每隔20~40 m设置一个。

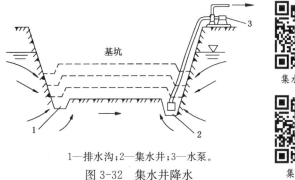

1—排水沟;2—集水井;3—水泵。

图3-32 集水井降水

集水井降水图

集水井降水

集水井的直径或宽度,一般为0.6~0.8 m,其深度随着挖土的加深而加深,通常低于挖土面0.7~1.0 m,井壁可用竹、木等简易加固。当基坑挖至设计标高后,井底应低于坑底1~2 m,并铺设碎石滤水层,以免抽水时将砂抽出,并防止井底的土被搅动,并做好较坚固的井壁。

集水井降水方法比较简单、经济,对周围影响小,因而应用较广。但当涌水量较大、水位差较大或土质为细砂或粉砂时,易产生流砂、边坡塌方及管涌等情况,此时往往采用强制降水的方法,人工控制地下水流的方向,降低水位。

3.2.2 井点降水

3.2.2.1 井点降水的作用

井点降水是在基坑开挖前,预先在基坑四周埋设一定数量的滤水管(井),在基坑开挖前和开挖中,利用真空原理,不断抽出地下水,使地下水位降到坑底以下。井点降水有下列作用:防止地下水涌入坑内[图3-33(a)],防止边坡由于地下水的渗流而引起塌方[图3-33(b)],使坑底的土层消除地下水位差引起的压力,可防止坑底的管涌[图3-33(c)]。

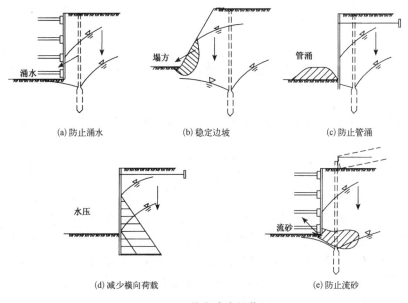

(a) 防止涌水   (b) 稳定边坡   (c) 防止管涌

(d) 减少横向荷载   (e) 防止流砂

图3-33 井点降水的作用

63

降水后,使板桩减少了横向荷载[图3-33(d)],消除了地下水的渗流,也就可防止流砂现象的产生[图3-33(e)]。降低地下水位后,还能使土壤固结,增加地基的承载能力。

3.2.2.2 流砂的成因与防治

流砂现象产生的原因是水在土中渗流所产生的动水压力对土体作用的结果。

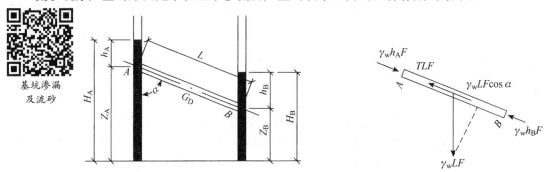

图3-34 饱和土体中动水压力的计算

地下水的渗流对单位土体内骨架产生的压力称为动水压力,用 G_D 表示,它与单位土体内渗流水受到土骨架的阻力 T 大小相等、方向相反。如图3-34所示,水在土体内从 A 向 B 流动,沿水流方向取一土柱体,其长度为 L,横截面积为 F,两端点 A,B 之间的水头差为 $H_A - H_B$。计算动水压力时,考虑到地下水的渗流加速度很小($a \approx 0$),因而忽略惯性力。

土骨架所受浮力的反力等于与土骨架同体积的水重,因此土柱体内饱和土体中孔隙水的重量与土骨架所受浮力的反力之和为 $\gamma_w LF$,土柱体骨架对渗流水的总阻力为 TLF。由 $\sum X = 0$ 得

$$\gamma_w h_A F - \gamma_w h_B F - TLF + \gamma_w LF \cos\alpha = 0 \tag{3-18}$$

将 $\cos\alpha = \dfrac{Z_A - Z_B}{L}$ 代入式(3-18),可得

$$T = \gamma_w \frac{(h_A + Z_A) - (h_B + Z_B)}{L} = \gamma_w \frac{H_A - H_B}{L} \tag{3-19}$$

式中,$\dfrac{H_A - H_B}{L}$ 为水头差与渗透路程之比,称为水力坡度,用 i 来表示。于是

$$T = i\gamma_w$$
$$G_D = -T = -i\gamma_w \tag{3-20}$$

式中,负号表示 G_D 与所设水渗流时的总阻力 T 的方向相反,即与水的渗流方向一致。

由式(3-20)可知,动力水压 G_D 的大小与水力坡度成正比,即水位差 $H_A - H_B$ 愈大,则 G_D 愈大;而渗透路程 L 愈长,则 G_D 愈小。当水流在水位差的作用下对土颗粒产生向上的压力时,动水压力不但使土粒受到水的浮力,而且还受到向上的动水压力的作用。如果动水压力等于或大于土的浮重度 γ',即

$$G_D \geqslant \gamma' \tag{3-21}$$

则土粒失去自重,处于悬浮状态,土的抗剪强度等于零,土粒能随着渗流的水一起流动,这种现象就叫"流砂现象"。$G_D = \gamma'$ 时的水力坡度称为产生流砂的临界水力坡度:

$$i_c = \frac{\gamma'}{\gamma_w} \tag{3-22}$$

细颗粒、均匀颗粒、松散及饱和的土容易产生流砂现象,因此流砂现象经常在细砂、粉砂及粉土中出现,但是否出现流砂的重要条件是动水压力的大小,防治流砂应着眼于减小或消除动水压力。

防治流砂的方法主要有:水下挖土法、冻结法、枯水期施工、抢挖法、加设支护结构及井点降水等,其中井点降水法是根除流砂的有效方法之一。

3.2.2.3 井点降水法的种类

井点有两大类:轻型井点和管井井点。一般根据土的渗透系数、降水深度、设备条件及经济比较等因素确定,可参照表 3-3 选择。

实际工程中,一般轻型井点应用最为广泛,下面介绍这类井点。

井点类型

表 3-3   **各种井点的适用范围**

井点类别	土的渗透系数/(m·s^{-1})	降水深度/m
一级轻型井点	$10^{-2} \sim 10^{-5}$	$3 \sim 6$
多级轻型井点	$10^{-2} \sim 10^{-5}$	视井点级数而定
喷射井点	$10^{-3} \sim 10^{-6}$	$8 \sim 20$
电渗井点	$< 10^{-6}$	视选用的井点而定
深井井点	$10^{-1} \sim 10^{-3}$	> 10

3.2.2.4 一般轻型井点

1. 一般轻型井点设备

轻型井点设备由管路系统和抽水设备组成(图 3-35)。

管路系统包括滤管、井点管、弯联管及总管等。

滤管(图 3-36)为进水设备,通常采用长 1.0～1.5 m、直径 48 mm 的无缝钢管,管壁钻有直径为 12～19 mm 的滤孔。骨架管外面包以两层孔径不同的生丝布或塑料布滤网。为使流水畅通,在骨架与滤网之间用塑料管或梯形铅丝隔开,塑料管沿骨架绕成螺旋形。滤网外面再绕一层粗铁丝保护网,滤管下端为一铸铁塞头,滤管上端与井点管连接。

井点管为直径 48 mm、长 5～7 m 的钢管。井点管上端用弯联管与总管相连。集水总管为直径 100～127 mm 的钢管,每段长 4 m,其上装有与井点管连接的短接头,间距 0.8 m 或 1.2 m。

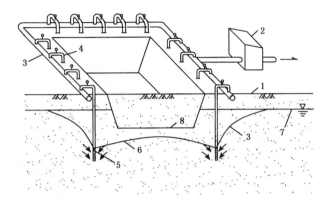

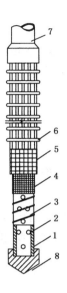

1—自然地面；2—水泵；3—总管；4—井点管；
5—滤管；6—降水后水位；7—原地下水位；
8—基坑底面。

图 3-35　轻型井点法降低地下水位全貌图

1—钢管；2—管壁上的小孔；3—缠绕的塑料
管；4—细滤网；5—粗滤网；6—粗铁丝保护网；
7—井点管；8—铸铁塞头。

图 3-36　滤管构造

抽水设备是由真空泵、离心泵和水气分离器（又叫集水箱）等组成，其工作原理如图 3-37 所示。抽水时先开动真空泵，水气分离器内部形成一定程度的真空，使土中的水分和空气受真空吸力作用而吸出，进入水气分离器。当进入水气分离器内的水达到一定高度，即可开动离心泵。在水气分离器内的水和空气向两个方向流去：水经离心泵排出，空气集中在上部由真空泵排出，少量从空气中带来的水从放水口放出。一套抽水设备的负荷长度（即集水总管长度）为 100～120 m。常用的 W5，W6 型干式真空泵，相应的最大负荷长度分别为 100 m 和 120 m。

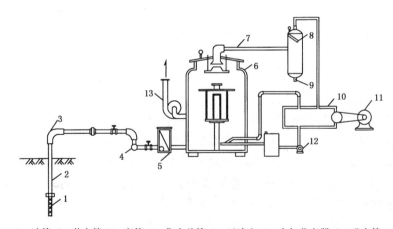

1—滤管；2—井点管；3—弯管；4—集水总管；5—过滤室；6—水气分离器；7—进水管；
8—副水气分离器；9—放水口；10—真空泵；11—电动机；12—循环水泵；13—离心水泵。

图 3-37　轻型井点设备工作原理

2. 轻型井点布置和计算

井点系统布置应根据水文地质资料、工程要求和设备条件等确定。一般要求掌握的水文地质资料有：地下水含水层厚度、承压或非承压水及地下水变化情况、土质、土的渗透系数、不透水层位置等。要求了解的工程性质主要是：基坑(槽)形状、大小及深度，此外，还应了解设备条件，如井管长度、泵的抽吸能力等。

轻型井点布置包括高程布置与平面布置。平面布置即确定井点布置形式、总管长度、井点管数量、水泵数量及位置等。高程布置则确定井点管的埋设深度。

布置和计算的步骤如下：确定平面布置→高程布置→计算井点管数量等→调整设计。下面讨论每一步的设计计算方法。

(1) 确定平面布置

根据基坑(槽)形状，轻型井点可采用单排布置[图 3-38(a)]、双排布置[图 3-38(b)]以及环形布置[图 3-38(c)]，当土方施工机械需进出基坑时，也可采用 U 形布置[图 3-38(d)]。

单排布置适用于基坑(槽)宽度小于 6 m 且降水深度不超过 5 m 的情况。井点管应布置在地下水的上游一侧，两端延伸长度不宜小于坑(槽)的宽度[图 3-38(a)]。

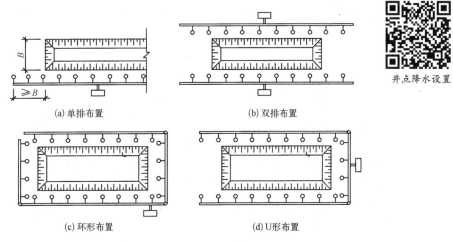

(a) 单排布置　　　　　　　　　　　　(b) 双排布置

(c) 环形布置　　　　　　　　　　　　(d) U形布置

图 3-38　轻型井点的平面布置

双排布置适用于基坑宽度大于 6 m 或土质不良的情况。

环形布置适用于面积较大的基坑。如采用 U 形布置，则井点管不封闭的一端应设在地下水的下游方向。当基坑面积较大时，除在坑边布置井点外，在坑内也应布设，总管间距可取20～30 m。

对大型基坑，可根据挖土分区设置井点降水，在每个分区按单排或双排形式布置。

(2) 高程布置

高程布置是确定井点管埋深，即滤管上口至总管埋设面的距离，可按式(3-23)计算(图3-39)：

$$h \geqslant h_1 + \Delta h + iL \tag{3-23}$$

式中　h——井点管埋深(m)；

　　　h_1——总管埋设面至基底的距离(m)；

　　　Δh——基底至降低后的地下水位线的距离(m)，取 0.5～1 m；

i——水力坡度;

L——井点管至水井中心的水平距离,当井点管为单排布置时,L为井点管至对边坡脚的水平距离(m)。

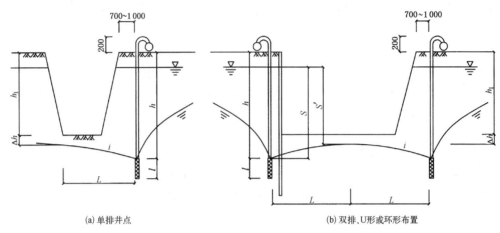

(a) 单排井点 　　　　　　　　　　　(b) 双排、U形或环形布置

图 3-39　高程布置计算

计算结果还应满足式(3-24):

$$h \leqslant h_{pmax} \tag{3-24}$$

式中,h_{pmax} 为抽水设备的最大抽吸高度,一般轻型井点为 $6\sim7$ m。

当式(3-24)不能满足时,可采用降低总管埋设面或多级井点的方法。当计算得到的井点管埋深 h 略大于水泵抽吸高度 h_{pmax} 且地下水位离地面较深时,可采用降低总管埋设面的方法,以充分利用水泵的抽水能力,此时总管埋设面可置于地下水位线以上。如略低于地下水位线也可,但在开挖第一层土方埋设总管时,应设集水井降水。

当按式(3-23)计算的 h 值与 h_{pmax} 相差很多且地下水位离地表距离较近时,则可用多级井点。任何情况下,滤管必须埋设在含水层内。

式(3-23)中有关数据的取值如下:

① Δh 一般取 $0.5\sim1$ m,根据工程性质和水文地质状况确定。

② i 的取值:当单排布置时,$i = 1/5 \sim 1/4$;

　　　　　　当双排布置时,$i = 1/7$;

　　　　　　当环形布置时,$i = 1/10$。

③ L 为井点管至水井中心的水平距离。当基坑井点管为环形布置时,L 取短边方向的长度,这是沿长边布置的井点管的降水效应比沿短边方向布置的井点管强的缘故。如基坑(槽)两侧是对称的,则 L 就是井点管至基坑中心的水平距离;如坑(槽)两侧不对称,如图 3-39(b)中一边打板桩、一边放坡,则 L 取井点管之间 $1/2$ 距离计算。

④ 井点管布置应离坑边一定距离($0.7\sim1$ m),以防止边坡坍土而引起局部漏气。

⑤ 实际工程中,井点管均为定型的,有一定标准长度。通常根据给定井点管长度验算 Δh,如 Δh 取 $0.5 \sim 1$ m 可满足要求,Δh 可按式(3-25)计算:

$$\Delta h = h' - 0.2 - h_1 - iL \tag{3-25}$$

式中 h' ——井点管长度(m);

    0.2——井点管露出地面的长度(m);

其他符号同式(3-23)。

（3）总管及井点管数量的计算

总管长度根据基坑上口尺寸、基槽长度或大型基坑坑内布置的总管确定,进而可根据选用的水泵负荷长度确定水泵数量。

① 井点系统的涌水量

确定井点管数量时,需要知道井点系统的涌水量。井点系统的涌水量按水井理论进行计算。根据地下水有无压力,水井分为无压井和承压井。当水井布置在具有潜水自由面的含水层中时（即地下水面为自由水面）,称为无压井;当水井布置在承压含水层中时（含水层中的地下水充满两层不透水层间,含水层中的地下水水面具有一定水压）,称为承压井。当水井底部达到不透水层时称为完整井,否则称为非完整井（图3-40）。各类井的涌水量计算方法都不同。

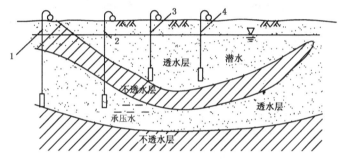

1—承压完整井;2—承压非完整井;3—无压完整井;4—无压非完整井。

图3-40　水井的分类

目前涌水量的计算方法是以法国水力学家裴布依(Dupuit)的水井理论为基础,以下是裴布依无压完整井计算公式的推导过程。

裴布依理论的基本假定是:抽水影响半径内,从含水层的顶面到底部任意点的水力坡度是一个恒值,并等于该点水面的斜率;抽水前地下水是静止的,即天然水力坡度为零;对于承压水,顶板、底板是隔水的;对于潜水,适用于水力坡度不大于1/4,底板是隔水的,含水层是均质水平的;地下水为稳定流(不随时间变化)。

当均匀地在井内抽水时,井内水位开始下降。经过一定时间的抽水,井周围的水面就由水平的变成降低后的弯曲线渐趋稳定,成为向井边倾斜的水位降落漏斗。图3-41所示为无压完整井抽水时水位的变化情况。在纵剖面上流线是一系列曲线,在横剖面上水流的过水断面与流线垂直。

由此可导出单井涌水量的裴布依微分方程,设

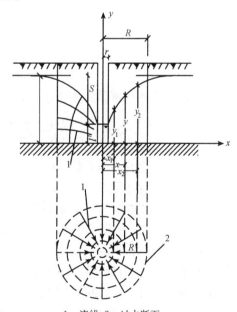

1—流线;2—过水断面。

图3-41　无压完整井水位降落
曲线和流线网

69

不透水层基底为 x 轴,取井中心轴为 y 轴,将距井轴 x 处水流断面近似地看作一垂直的圆柱面,其面积为

$$\omega = 2\pi xy \tag{3-26}$$

式中　x——井中心至计算过水断面处的距离;

　　　y——距井中心 x 处水位降落曲线的高度(即此处过水断面的高度)。

根据裘布依理论的基本假定,该过水断面处水流的水力坡度是一个恒值,并等于该水面处的斜率,则该过水断面的水力坡度 $i = \mathrm{d}y/\mathrm{d}x$。

由达西定律得知,水在土中的渗流速度为

$$v = Ki \tag{3-27}$$

由式(3-26)和式(3-27)及裘布依假定 $i = \mathrm{d}y/\mathrm{d}x$,可得到单井的涌水量 $Q(\mathrm{m^3/d})$:

$$Q = \omega v = \omega Ki = \omega K \frac{\mathrm{d}y}{\mathrm{d}x} = 2\pi xyK \frac{\mathrm{d}y}{\mathrm{d}x} \tag{3-28}$$

将式(3-28)分离变量:

$$2y\mathrm{d}y = \frac{Q}{\pi K} \cdot \frac{\mathrm{d}x}{x} \tag{3-29}$$

水位降落曲线在 $x = r$ 处,$y = l'$;在 $x = R$ 处,$y = H$,l' 与 H 分别表示水井中的水深及含水层的深度。对式(3-29)两边积分:

$$\int_{l'}^{H} 2y\mathrm{d}y = \frac{Q}{\pi K} \int_{r}^{R} \frac{\mathrm{d}x}{x}$$

$$H^2 - l'^2 = \frac{Q}{\pi K} \ln \frac{R}{r}$$

于是

$$Q = \pi K \frac{H^2 - l'^2}{\ln R - \ln r}$$

设水井中水位降落值为 S,$l' = H - S$,则

$$Q = \pi K \frac{(2H - S)S}{\ln R - \ln r} \quad \text{或} \quad Q = 1.364K \frac{(2H - S)S}{\lg R - \lg r} \tag{3-30}$$

式中　K——土的渗透系数(m/d);

　　　H——含水层厚度(m);

　　　S——水井处水位降落高度(m);

　　　R——单井的降水影响半径(m);

　　　r——单井的半径(m)。

裘布依公式的计算结果与实际情况有一定出入,这是由于在过水断面处水流的水力坡度并非恒值,在靠近井的四周误差较大。但对于离井外距离较远处的误差是很小的(图3-41)。

公式(3-30)是无压完整单井的涌水量计算公式。但在井点系统中,各井点管是布置在基坑周围,许多井点同时抽水,即群井共同工作。群井涌水量的计算,可把由各井点管组成的群井系统视为一口大的圆形单井。

涌水量计算公式为

$$Q = 1.364K \frac{(2H-S)S}{\lg(R+x_0) - \lg x_0} \tag{3-31}$$

式中,S 为井点管内水位降落值(m);x_0 为由井点管围成的群井的半径(m)。其他符号含义同式(3-30)。

在实际工程中往往会遇到无压非完整井的井点系统(图 3-40 中的"4—无压非完整井"),这时地下水不仅从井的侧面流入,还从井底渗入。因此涌水量要比完整井大。为了简化计算,仍可采用式(3-30)及式(3-31)。此时式中 H 换成有效含水深度 H_0。对于群井,有

$$Q = 1.364K \frac{(2H_0-S)S}{\lg(R+x_0) - \lg x_0} \tag{3-32}$$

H_0 可查表 3-4 获得。当算得的 H_0 大于实际含水层的厚度 H 时,取 $H_0 = H$。

表 3-4 有效深度 H_0 值

$S/(S+l)$	0.2	0.3	0.5	0.8
H_0	$1.3(S+l)$	$1.5(S+l)$	$1.7(S+l)$	$1.84(S+l)$

注:l 为滤管的长度(m);$S/(S+l)$ 的中间值可采用插入法求 H_0。

有效含水深度 H_0 的意义是,抽水时在 H_0 范围内受到抽水影响,而假设在 H_0 以下的水不受抽水影响,因而也可将 H_0 视为抽水影响深度。

应用上述公式时,先要确定 x_0,R,K。

由于基坑大多不是圆形,因而不能直接得到 x_0。当矩形基坑长宽比不大于 5 时,环形布置的井点可近似作为圆形井来处理,并用面积相等原则确定,此时将近似圆的半径作为矩形水井的假想半径:

$$x_0 = \sqrt{\frac{F}{\pi}} \tag{3-33}$$

式中 x_0——环形井点系统的假想半径(m);

F——环形井点所包围的面积(m^2)。

抽水影响半径与土的渗透系数、含水层厚度、水位降低值及抽水时间等因素有关。在抽水 2~5 d 后,水位降落漏斗基本稳定,此时抽水影响半径可近似按经验公式(3-34)计算:

$$R = 2S\sqrt{HK} (m) \tag{3-34}$$

式中,S,H 的单位为 m;K 的单位为 m/d。

渗透系数 K 值对计算结果影响较大。K 值的确定可用现场抽水试验测定。对重大工程一般均进行现场抽水试验。

② 单根井管的最大出水量

单根井管的最大出水量,由式(3-35)确定:

$$q = 65\pi dl\sqrt[3]{K} (m^3/d) \tag{3-35}$$

式中,d 为滤管直径(m);l 为滤管长度(m);K 为土的渗透系数(m/d)。

③ 井点管数量

井点管最少数量由式(3-36)确定：

$$n' = \frac{Q}{q}(根) \tag{3-36}$$

井点管最大间距便可求得：

$$D' = \frac{L}{n}(m) \tag{3-37}$$

式中　L——总管长度(m);

　　　n'——井点管最少根数。

实际采用的井点管 D 应当与总管上接头尺寸相适应,即尽可能采用 0.8 m,1.2 m, 1.6 m 或 2.0 m,且 $D < D'$,这样,实际采用的井点数 $n > n'$,一般地,n 应当超过 $1.1n'$,以防井点管堵塞等影响抽水效果。

3. 轻型井点的施工

轻型井点的施工,主要包括以下几个过程：准备工作、井点系统的埋设、使用及折除。

准备工作包括井点设备、动力、水源及必要材料的准备,排水沟的开挖,附近建筑物的标高观测以及防止附近建筑物沉降措施的实施。

埋设井点的程序是：先排放总管,再设井点管,用弯联管将井点与总管接通,然后安装抽水设备。

井点管的埋设一般用水冲法进行,并分为冲孔和埋管(图 3-42)两个过程。

井点降水施工

井点管埋设

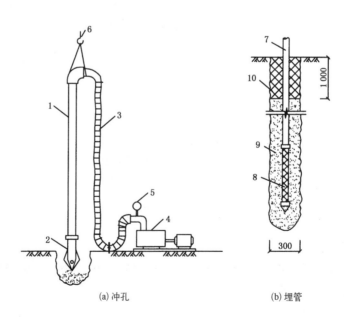

(a) 冲孔　　　　(b) 埋管

1—冲管；2—冲嘴；3—胶管；4—高压水泵；5—压力表；
6—起重机吊钩；7—井点管；8—滤管；9—填砂；10—黏土封口。

图 3-42　井点管的埋设

冲孔时,先用起重机设备将冲管吊起并插在井点的位置上,然后开动高压水泵,将土冲松,冲管则边冲边沉。冲孔直径一般为300 mm,以保证井管四周有一定厚度的砂滤层,冲孔深度宜比滤管底深0.5 m左右,以防冲管拔出时,部分土颗粒沉于底部而触及滤管底部。

井孔冲成后,立即拔出冲管,插入井点管,并在井点管与孔壁之间迅速填灌砂滤层,以防孔壁坍土。砂滤层的填灌质量是保证轻型井点顺利抽水的关键。一般宜选用干净粗砂,填灌均匀,并填至滤管顶上1~1.5 m,以保证水流畅通。

井点填砂后,须用黏土封口,以防漏气。

井点系统全部安装完毕后,需进行试抽,以检查有无漏气现象。开始抽水后一般不应停抽。时抽时停,滤网易堵塞,也容易抽出土粒,使水混浊,并引起附近建筑物由于土粒流失而沉降开裂。正常的排水应是细水长流,出水澄清。

抽水时需要经常检查井点系统工作是否正常,以及检查观测井中水位下降情况,如果有较多井点管发生堵塞而影响降水效果时,应逐根用高压水反向冲洗或拔出重埋。

轻型井点降水有许多优点,在地下工程施工中广泛应用,但其抽水影响范围较大,影响半径可达10米,且会导致周围土壤固结而引起地面沉陷,要消除地面沉陷可采用回灌井点方法。即在井点设置线外4~5 m处,以间距3~5 m插入注水管,将井点中抽取的水经过沉淀后用压力注入管内,形成一道水墙,以防止土体过量脱水,而基坑内仍可保持干燥。在这种情况下,抽水管的抽水量约增加10%,可适当增加抽水井点的数量。回灌井点布置如图3-43所示。

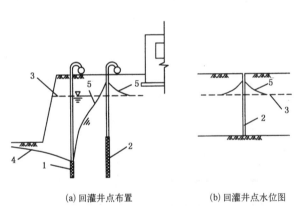

回灌井点原理

(a) 回灌井点布置　　　　(b) 回灌井点水位图

1—降水井点;2—回灌井点;3—原水位线;
4—基坑内降低后的水位线;5—回灌后水位线。

图3-43　回灌井点布置

思 考 题

【3-1】　影响边坡稳定的主要因素有哪些?

【3-2】　常用的基坑支护结构有哪些形式?

【3-3】　试述土钉墙的设计要点。

【3-4】 土钉墙的施工流程如何？

【3-5】 试述重力式水泥土墙的设计要点。

【3-6】 如何保证水泥土搅拌桩的施工质量？

【3-7】 支锚式支护结构由哪几部分组成？

【3-8】 支锚式支护结构的弹性地基梁法的计算分哪几个步骤？

【3-9】 如何保证钢板桩施工的垂直度及锁口密闭性？

【3-10】 试述型钢水泥土搅拌墙的施工流程。

【3-11】 地下连续墙的成槽施工与灌注桩成孔有何异同？

【3-12】 支撑布置有哪几种形式？各有何利弊？

【3-13】 土层锚杆由哪几部分组成？其施工应注意哪些问题？

【3-14】 降水方法有哪些？其适用范围如何？

【3-15】 试述流砂形成的原因及其防治措施。

【3-16】 轻型井点的设备包括哪些？

【3-17】 轻型井点的设计包括哪些内容？其设计步骤如何？

习　题

【3-1】 计算图 3-44 所示的水泥土重力式支护结构的抗倾覆稳定性及其位移，基坑面积为 $30\ m \times 50\ m$。开挖深度为 $5.5\ m$，地面荷载 $q = 20\ kPa$，土的内摩擦角 $\varphi = 15°$，黏聚力 $c = 18\ kN/m^2$，土的重度 $\gamma = 18\ kN/m^3$。场地地下水位位于坑底以下 $5\ m$。

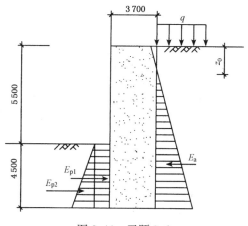

图 3-44　习题 3-1

【3-2】 某基础底板尺寸为 $30\ m \times 50\ m$，埋深为 $-5.500\ m$，基坑底部比基础底板每边放宽 $1\ m$，地面标高设为 ± 0.000，地下水位为 $-1.500\ m$。距离一短边外 $3.9\ m$ 处有一排邻近工程的独立基础，其埋深为 $-1.800\ m$（图 3-45）。已知土层状况为：$-1.000\ m$ 以上为粉质黏土；$-1.000 \sim -10.000\ m$ 为粉土，其渗透系数为 $5.8 \times 10^{-4}\ cm/s$；$-10.000 \sim -16.000\ m$ 为透水性很小的黏土。该基坑靠邻近基础一边采用钢板桩，另外三边放坡开挖，坡度系数为 0.5，并设轻型井点降水。试设计该轻型井点系统，

并绘制平面布置与高程布置图。

（提示：建议平面布置采用环形布置，井点管离坑边取 0.7 m，滤管取 1 m。）

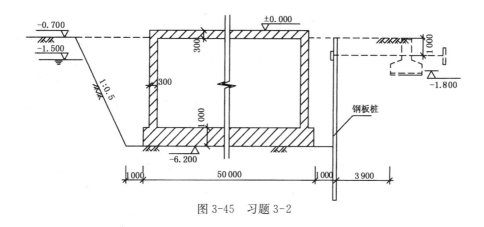

图 3-45　习题 3-2

4 混凝土结构工程

混凝土结构工程在土木工程施工中占主导地位,它对工程的人力、物力消耗和工期均有很大的影响。混凝土结构工程包括现浇混凝土结构施工与装配式预制混凝土构件施工两个方面。在建筑工程方面,原先是以现浇混凝土结构施工为主,限于当时的技术条件,现场施工的模板材料消耗多,劳动强度高,工期亦相对较长,但近些年来一些新型工具式模板、大型起重设备及混凝土泵的出现,使混凝土结构工程现浇施工技术得到发展。目前我国的高层建筑、地下工程、桥墩、路面等多为现浇混凝土结构。当前,我国大力推广建筑工业化,混凝土结构的装配化也是一个发展方向,排架结构、装配式框架结构和装配式剪力墙结构是房屋建筑中的主要形式,在桥梁工程中也有大量预制装配式梁、板结构。根据现有条件,混凝土结构的现浇施工和预制装配各有所长,皆有其发展前途。

混凝土结构工程是由钢筋、模板、混凝土等多个工种组成的,由于施工过程多,因而要加强施工管理,统筹安排,合理组织,以达到保证质量、加速施工和降低造价的目的。

4.1 钢 筋 工 程

土木工程结构中常用的钢材有钢筋、钢丝和钢绞线三类。

钢筋

钢筋按其强度可分为 HPB300,HRB335,HRBF335,HRB400,HRBF400,RRB400,HRB500,HRBF500 等几类。预应力钢筋则有预应力钢丝、预应力螺纹钢筋和钢绞线。

对有抗震设防要求的结构,其纵向受力钢筋的性能应满足设计要求。当设计无具体要求时,对按一、二、三级抗震等级设计的框架和斜撑构件(含梯段)中的纵向受力钢筋应采用 HRB335E,HRB400E,HRB500E,HRBF335E,HRBF400E 或 HRBF500E 钢筋,其强度和最大力下总伸长率的实测值应满足:钢筋的抗拉强度实测值与屈服强度实测值的比值不应小于 1.25,屈服强度实测值与屈服强度标准值的比值不应大于 1.30;钢筋的最大力下总伸长率不应小于 9%。

钢筋出厂应有出厂质量证明书或试验报告单。成型钢筋进场后,应按国家现行有关标准的规定进行抽样检验。抽样检验项目包括屈服强度、抗拉强度、伸长率、弯曲性能及单位长度偏差等。此外,还应进行钢筋的外观检查。对同一工程、同一原材料来源、同一组生产设备生产的成型钢筋,检验批量不宜大于30 t。当无法准确判断钢筋的品牌、牌号时,应增加化学成分、晶粒度等检查项目。

钢筋调直

钢筋剪切

钢筋弯曲
钢筋绑扎

钢筋一般在钢筋车间或工地的钢筋加工棚内进行加工,然后运至现场安装或绑扎。钢筋加工过程取决于成品种类,一般的加工过程有冷拔、调直、剪切、镦头、弯曲、焊接、绑扎等。本节着重介绍钢筋冷拔及钢筋连接。

4.1.1 钢筋冷拔

冷拔是用热轧钢筋（直径 8 mm 以下）通过钨合金的拔丝模（图 4-1）进行强力拉拔。钢筋通过拔丝模时，受到轴向拉伸与径向压缩的作用，钢筋内部晶格变形而产生塑性变形，因而抗拉强度提高（可提高 50%～90%），塑性降低，呈硬钢性质。光圆钢筋经冷拔后称"冷拔低碳钢丝"。

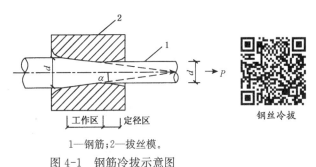

1—钢筋；2—拔丝模。

图 4-1 钢筋冷拔示意图

钢丝冷拔

钢筋冷拔的工艺过程是：轧头→剥壳→通过润滑剂进入拔丝模冷拔。

钢筋表面常有一硬渣层，易损坏拔丝模，并使钢筋表面产生沟纹，因而冷拔前要进行剥壳，方法是使钢筋通过 3～6 个上下排列的辊子以剥除渣壳。润滑剂常用石灰、动植物油、肥皂、白蜡等。

冷拔用的拔丝机有立式（图 4-2）和卧式两种。冷拔机鼓筒直径一般为 500 mm。冷拔速度为 0.2～0.3 m/s，速度过大易断丝。

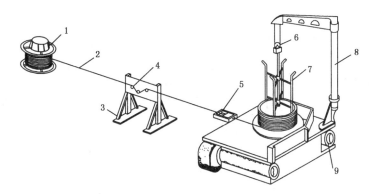

1—盘圆架；2—钢筋；3—剥壳装置；4—槽轮；5—拔丝模；6—滑轮；7—绕丝筒；8—支架；9—电动机。

图 4-2 立式单鼓筒冷拔机

影响冷拔低碳钢丝质量的主要因素是原材料质量和冷拔总压缩率。

冷拔低碳钢丝都是用普通低碳热轧光圆钢筋拔制的，因而强度变化较大，直接影响冷拔低碳钢丝的质量，为此应严格控制原材料质量。

冷拔总压缩率（β）是光圆钢筋拔成钢丝时的横截面缩减率。若原材料光圆钢筋直径为 d_0，冷拔后成品钢丝直径为 d，则总压缩率 $\beta = \dfrac{d_0^2 - d^2}{d_0^2}$。总压缩率越大，则抗拉强度提高越多，而塑性下降越多，故 β 不宜过大。直径 5 mm 的冷拔低碳钢丝，宜用直径 8 mm 的圆盘条拔制；直径 4 mm 和小于 4 mm 者，宜用直径 6.5 mm 的圆盘条拔制。

冷拔低碳钢丝一般需经过多次冷拔达到总压缩率，不是一次冷拔而成。但冷拔次数不宜过多，否则易使钢丝变脆。但应注意每次冷拔的压缩率也不宜太大，否则拔丝机的功率要大，拔丝模易损耗，且易断丝。一般前道钢丝和后道钢丝的直径之比以 1∶0.87 为宜。

低碳钢丝冷拔后需经调直机调直，调直后钢丝的抗拉强度降低 8%～10%，塑性有所改善，使用时应注意。

4.1.2 钢筋连接

钢筋连接有三种常用的连接方法：绑扎连接、焊接连接和机械连接，机械连接有挤压连接和螺纹套管连接两种形式。

4.1.2.1 钢筋焊接

钢筋焊接分为压焊和熔焊两种形式。压焊包括闪光对焊、电阻点焊和气压焊；熔焊包括电弧焊、埋弧焊和电渣压力焊。此外，钢筋与预埋件T形接头的焊接应采用埋弧压力焊，也可用电弧焊或穿孔塞焊，但焊接电流不宜大，以防烧伤钢筋。

钢筋闪光
对焊图

钢筋闪光对焊

（1）闪光对焊

闪光对焊广泛用于钢筋连接及预应力钢筋与螺丝端杆的焊接。热轧钢筋的焊接宜优先用闪光对焊。

钢筋闪光对焊（图4-3）是利用对焊机使两段钢筋接触，通过低电压、强电流，待钢筋被加热到一定温度变软后，进行轴向加压顶锻，形成对焊接头。

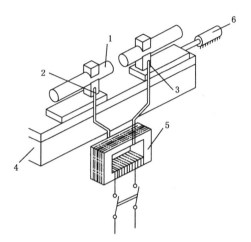

1—焊接的钢筋；2—固定电极；3—可动电极；
4—机座；5—变压器；6—手动顶压机构。

图4-3 钢筋闪光对焊

常用的钢筋闪光对焊工艺有连续闪光焊、预热闪光焊和闪光-预热-闪光焊（图4-4）。对RRB400钢筋，有时在焊接后还进行通电热处理。

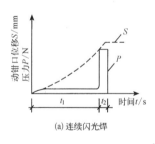

(a) 连续闪光焊

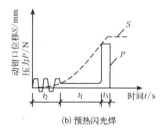

(b) 预热闪光焊

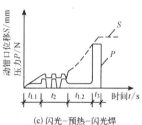

(c) 闪光-预热-闪光焊

图4-4 钢筋闪光对焊工艺过程

（2）电弧焊

电弧焊是利用电弧焊机使焊条与焊件之间产生高温，电弧使焊条和电弧燃烧范围内的焊件熔化，待其凝固便形成焊缝或接头。电弧焊广泛用于钢筋接头、钢筋骨架焊接、装配式结构节点的焊接、钢筋与钢板的焊接及各种钢结构焊接。

钢筋电弧焊的接头形式有：搭接焊接头（单面焊缝或双面焊缝）、帮条焊接头（单面焊缝或双面焊缝）、剖口焊接头（平焊或立焊）和熔槽帮条焊接头（图4-5）。

钢筋电弧焊

钢筋焊接接头

电弧焊机有直流与交流之分，常用的为交流电弧焊机。

焊条的种类很多，如E4303，E5003，E5503等，钢筋焊接根据钢材等级和焊接接头形式选择焊条。焊接电流和焊条直径

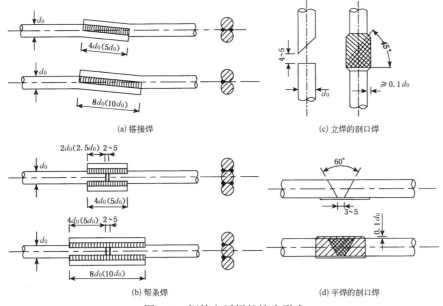

(a) 搭接焊

(c) 立焊的剖口焊

(b) 帮条焊

(d) 平焊的剖口焊

图 4-5　钢筋电弧焊的接头形式

根据钢筋级别、直径、接头形式和焊接位置进行选择。

焊接接头质量检查除外观外,亦需抽样做拉伸试验。如对焊接质量有怀疑或发现异常情况,还可进行非破损检验,如 X 射线、γ 射线、超声波探伤等。

（3）电渣压力焊

电渣压力焊在施工中多用于现浇混凝土结构构件中垂直或倾斜度在 4：1 的范围内的斜向钢筋的焊接接长。电渣压力焊有自动和手工两类。与电弧焊比较,它工效高、成本低,可进行竖向连接,故在工程中应用较普遍。

钢筋电渣
压力焊

进行电渣压力焊应选用合适的焊接变压器。夹具（图 4-6）需灵巧,上、下钳口同心,保证上、下钢筋的轴线最大偏移不得大于 $0.1d$,并不得大于 2 mm。

焊接时,先将钢筋端部约 120 mm 范围内的铁锈除尽,将夹具夹牢在下部钢筋上,并将上部钢筋扶直夹牢于活动电极中。当采用自动电渣压力焊时,在上、下钢筋间放置引弧用的钢丝圈等,装上药盒,装满焊药,接通电路,用手柄使电弧引燃（引弧）。然后稳定一定时间,使之形成渣池并使钢筋熔化（稳弧）,随着钢筋的熔化,用手柄将上部钢筋缓缓下送。当稳弧达到规定时间后,在断电同时用手柄进行加压顶锻（顶锻）,以排除夹渣和气泡,形成接头。待冷却一定时间后,即可拆除药盒、回收焊药、拆除夹具和清除焊渣。焊接时引弧、稳弧、顶锻三个过程应连续进行。

电渣压力焊

电渣压力焊的工艺参数为焊接电流、渣池电压和通电时间,应根据钢筋直径选择。当钢筋直径不同时,根据较小直径的钢筋选择参数。电渣压力焊的接头,应按规定检查外观质量和进行试件拉伸试验。

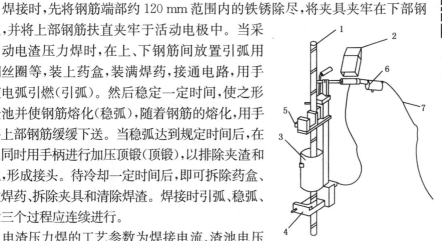

1—钢筋；2—监控仪表；3—焊剂盒；
4—固定夹具；5—活动夹具；
6—操作手柄；7—控制电缆。

图 4-6　电渣压力焊构造原理图

（4）电阻点焊

电阻点焊主要用于小直径钢筋的交叉连接,如钢筋网片、钢筋骨架等。电阻点焊的生产效率高、节约材料,应用广泛。

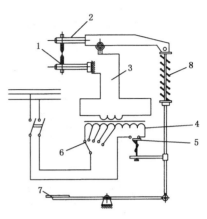

当钢筋交叉点焊时,接触点只有一点,且接触电阻较大。在通电接触的瞬间,电流产生的全部热量都集中在一点上,使金属受热而熔化,同时电极加压使焊点金属得到焊合。电阻点焊的工作原理如图4-7所示。

常用的点焊机有单点点焊机、多头点焊机(一次可焊数点,用于焊接宽大的钢筋网)、悬挂式点焊机(可焊接钢筋骨架或钢筋网)和手提式点焊机(用于施工现场)。

电阻点焊的主要工艺参数为变压器级数、通电时间和电极压力。在焊接过程中,应保持一定的预压和顶压时间。

电阻点焊的通电时间根据钢筋直径和变压器级数而定。电极压力则根据钢筋级别和直径选择。

1—电极;2—电极臂;3—变压器次级线圈;4—变压器初级线圈;5—断路器;6—变压器调节开关;7—踏板;8—加压机构。

图4-7 点焊机工作原理

焊点完成后应进行外观检查和强度试验。热轧钢筋的焊点应进行抗剪试验。冷加工钢筋的焊点除了进行抗剪试验外,还应进行拉伸试验。

（5）气压焊

气压焊接钢筋是利用乙炔-氧混合气体燃烧的高温火焰对已有初始压力的两根钢筋端面接合处加热,使钢筋端部产生塑性变形,并促使钢筋端面的金属原子互相扩散,当钢筋加热到约1 250～1 350℃(相当于钢材熔点的80%～90%)时进行加压顶锻,使钢筋焊接在一起。

钢筋气压焊接属于热压焊。在焊接加热过程中,加热温度只为钢材熔点的80%～90%,且加热时间较短,所以不会出现钢筋材质劣化倾向。另外,气压焊接设备轻巧、使用灵活、效率高、节省电能、焊接成本低,可进行全方位(竖向、水平和斜向)焊接,所以在我国逐步得到推广。

气压焊接设备(图4-8)主要包括加热系统与加压系统两部分。

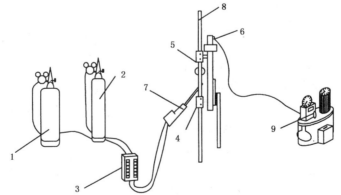

1—乙炔;2—氧气;3—流量计;4—固定卡具;5—活动卡具;6—压接器;7—加热器与焊炬;8—被焊接的钢筋;9—加压油泵。

图4-8 气压焊接设备示意图

加热系统中加热能源是氧和乙炔,加热器将氧和乙炔混合后,从喷火嘴喷出火焰加热钢筋,要求火焰能均匀加热钢筋,有足够的温度和功率。施工中通过流量计来控制氧和乙炔的输入量,以适应焊接不同直径的钢筋要求。

加压系统中的压力源为电动油泵,使加压顶锻的压力平稳。压接器是气压焊的主要设备之一,要求能准确、方便地将两根钢筋固定在同一轴线上,并将油泵产生的压力均匀地传递给钢筋,以达到焊接牢固的目的。

气压焊接的钢筋要用砂轮切割机断料,要求端面与钢筋轴线垂直。焊接前应打磨钢筋端面,清除氧化层和污物,使之现出金属光泽,并即喷涂一薄层焊接活化剂以保护端面不再氧化。

4.1.2.2 钢筋机械连接

钢筋机械连接包括挤压连接和螺纹套管连接,它是近年来大直径钢筋现场连接的主要方法。

（1）钢筋挤压连接

钢筋挤压连接亦称钢筋套筒冷压连接。它适用于竖向、横向及其他方向较大直径的变形钢筋的连接。与焊接相比,它具有节省电能、不受钢筋可焊性及气候影响、无明火、施工简便和接头可靠度高等特点。连接时将钢筋插入特制钢套筒内,利用液压驱动的挤压机进行径向或轴向挤压,使钢套筒产生塑性变形,紧紧咬住钢筋实现连接(图4-9)。

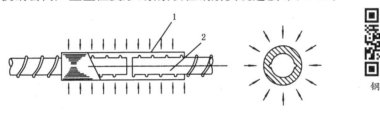

1—钢套筒;2—被连接的钢筋。

图4-9　钢筋径向挤压连接

钢筋挤压连接的工艺参数主要是压接顺序、压接力和压接道数。压接顺序应从中间逐道向两端压接。压接力要能保证套筒与钢筋紧密咬合,压接力和压接道数取决于钢筋直径、套筒型号和挤压机型号。

（2）钢筋螺纹套管连接

螺纹套管连接分锥螺纹连接与直螺纹连接两种。

用于这种连接的钢套管内壁,用专用机床加工成锥螺纹或直螺纹,钢筋的对接端头亦在套丝机上加工有与套管匹配的螺纹。连接时,螺纹经过检查无油污和损伤后,先用手旋入钢筋,然后用扭矩扳手紧固至规定的扭矩即完成连接(图4-10)。钢筋螺纹套管连接施工速度快,不受气候影

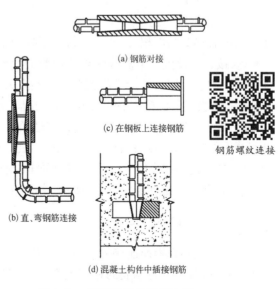

(a) 钢筋对接

(c) 在钢板上连接钢筋

(b) 直、弯钢筋连接

(d) 混凝土构件中插接钢筋

图4-10　钢筋锥螺纹套管连接

响,质量稳定,易对中,已在我国广泛应用。

由于钢筋的端头在套丝机上加工有螺纹,截面有所削弱,为达到连接接头与钢筋等强的目的,目前有两种方法:一种是将钢筋端头先镦粗后再套丝,使连接接头处截面不削弱;另一种是采用冷轧的方法轧制螺纹,接头处经冷轧后强度有所提高,达到等强的目的。

(3) 钢筋机械连接中的搭接

钢筋机械连接的接头根据抗拉强度、残余变形以及高应力和大变形条件下反复拉压性能的差异,分为下列 3 个性能等级:Ⅰ级、Ⅱ级和Ⅲ级。

Ⅰ级、Ⅱ级、Ⅲ级接头的抗拉强度必须符合表 4-1 中的要求。

表 4-1 接头的抗拉强度

接头等级	Ⅰ级	Ⅱ级	Ⅲ级
抗压强度	$f_{mst}^0 \geqslant f_{stk}$,拉断钢筋 或 $f_{mst}^0 \geqslant 1.10 f_{stk}$,连接件拉断	$f_{mst}^0 \geqslant f_{stk}$	$f_{mst}^0 \geqslant 1.25 f_{yk}$

Ⅰ级、Ⅱ级、Ⅲ级接头的变形性能应符合表 4-2 中的要求。

表 4-2 接头的变形性能

接头等级		Ⅰ级	Ⅱ级	Ⅲ级
单向拉伸	残余变形/mm	$u_0 \leqslant 0.10(d \leqslant 32)$ $u_0 \leqslant 0.14(d > 32)$	$u_0 \leqslant 0.14(d \leqslant 32)$ $u_0 \leqslant 0.16(d > 32)$	$u_0 \leqslant 0.14(d \leqslant 32)$ $u_0 \leqslant 0.16(d > 32)$
	最大力下总伸长率	$A_{sgt} \geqslant 6.0\%$	$A_{sgt} \geqslant 6.0\%$	$A_{sgt} \geqslant 3.0\%$
高应力反复拉压	残余变形/mm	$u_{20} \leqslant 0.3$	$u_{20} \leqslant 0.3$	$u_{20} \leqslant 0.3$
大变形反复拉压	残余变形/mm	$u_4 \leqslant 0.3$ 且 $u_8 \leqslant 0.6$	$u_4 \leqslant 0.3$ 且 $u_8 \leqslant 0.6$	$u_4 \leqslant 0.6$

结构构件中纵向受力钢筋的接头宜相互错开。钢筋机械连接的连接区段长度应按 $35d$(d 为被连接钢筋直径)计算,当不同直径的钢筋连接时,按直径较小的钢筋计算。在同一连接区段内有接头的面积百分率,应符合下列规定:

① 接头宜设置在结构构件受拉钢筋应力较小部位,在高应力部位设置接头时,在同一连接区段内Ⅲ级接头的接头面积百分率不应大于 25%,Ⅱ级接头的接头面积百分率不应大于 50%,Ⅰ级接头的接头面积百分率除情况②和④外可不受限制。

② 接头宜避开有抗震设防要求的框架的梁端、柱端箍筋加密区,当无法避开时,应采用Ⅱ级或Ⅰ级接头,且接头面积百分率不应大于 50%。

③ 受拉钢筋应力较小部位或纵向受压钢筋接头面积百分率不受限制。

④ 对直接承受重复荷载的结构构件,接头面积百分率不应大于 50%。

4.1.2.3 钢筋绑扎

目前绑扎仍为钢筋连接的主要手段之一。钢筋绑扎时,钢筋交叉点用铁丝扎牢;板和墙的钢筋网,除外围两行钢筋的相交点全部扎牢外,中间部分的交叉点可相隔交错扎牢,保证受力钢筋位置不产生偏移;梁和柱的箍筋应与受力钢筋垂直设置,弯钩叠合处应与受力钢筋方向错开设置。受拉钢筋和受压钢筋接头的搭接长度及接头位置应符合施工质量验收规范的规定。

同一构件中相邻纵向受力钢筋的绑扎搭接接头宜相互错开。绑扎搭接接头中钢筋的横向净距 s 不应小于钢筋直径,且不应小于 25 mm。纵向受力钢筋绑扎搭接接头还应满足最小搭接长度的要求。

在同一连接区段内的纵向受拉钢筋绑扎搭接接头面积百分率(图 4-11)对梁、板及墙类构件不宜超过 25%;基础筏板不宜超过 50%;柱类构件不宜超过 50%。当工程中确有必要增大接头面积百分率时,对梁类构件,不应大于 50%;对其他构件,可根据实际情况适当放宽。在梁、柱类构件的纵向受力钢筋搭接长度范围内还应按设计要求配置箍筋。

所谓钢筋绑扎搭接"接头连接区段"是指接头搭接长度(l_l)1.3 倍的范围,而搭接接头中点位于 $1.3\,l_l$ 内的搭接接头均属于"同一连接区段"。

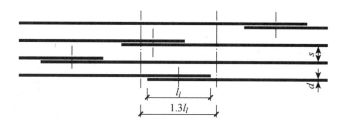

图 4-11　钢筋绑扎搭接接头连接区段及接头面积百分率

注:图中所示搭接接头在同一连接区段内的搭接钢筋为两根,
当各钢筋直径相同时,接头面积百分率为 50%。

4.2　模　板　工　程

模板是新浇混凝土成形用的模型,在设计与施工中要求能保证结构和构件的形状、位置、尺寸的准确;具有足够的承载力、刚度,并保证其整体稳定性;便于装拆和混凝土浇筑及养护;接缝严密不漏浆。模板系统包括模板、支撑和紧固件。模板工程量大,材料和劳动力消耗多,正确选择其材料、形式及合理组织施工,对加速混凝土工程施工和降低造价有显著效果。

4.2.1　模板形式

4.2.1.1　木模板

木模板、胶合板模板在一些工程上仍有广泛应用。这类模板一般采用散装散拆方式施工,也有的加工成基本元件(拼板),在现场进行拼装,拆除后亦可周转使用。

木模板

拼板由板条用拼条钉拼而成,如采用多层胶合板模板则用整块板块。板条厚度一般为 20~30 mm,宽度根据不同材料及构件尺寸而定。板块的小肋的间距取决于新浇混凝土的侧压力和板条(块)的厚度,多为 400~500 mm。

建筑物施工用的木模板,其构造如下:

(1) 基础模板

基础模板安装时,要保证上、下模板不发生相对位移(图 4-12)。如有杯口,还要在其中放入杯口模板。

(2) 柱子模板

柱模的拼板用拼条连接,两两相对组成矩形。为承受混凝土侧压力,拼板外要设柱箍,其间距与混凝土侧压力、板条(块)厚度有关,因而柱模板下部的柱箍较密。

柱模板底部开有清理孔,沿高度每隔约 2 m 开有浇筑孔。柱底的混凝土上一般设有木框,用以固定柱模板的位置。柱模板顶部根据需要开设与梁模板连接的缺口(图4-13)。

(3) 梁、楼板模板

梁模板由底模板和侧模板组成。底模板承受垂直荷载,一般较厚,下面有支撑或桁架承托。支撑多为伸缩式,可调整高度,底部应支承在坚实地面或楼面上,下垫木楔。如地面松软,则底部应垫以通长槽钢或木板。在多层建筑施工中,应保留若干层的楼板支撑,并使上、下层的支撑在同一条竖向直线上,否则,要采取措施保证上层支撑的荷载能传到下层支撑上。支撑间应用水平和斜向拉杆拉结,以增强整体稳定性。当层间高度大于 5 m 时,宜用桁架支模或多层支架支模。

梁跨度在 4 m 或 4 m 以上时,底模板应起拱,如设计无具体规定,一般可取结构跨度的 1/1 000～3/1 000,木模板可取偏大值,钢模板可取偏小值。

梁侧模板承受混凝土侧压力,下侧用钉固定在支撑顶部的夹条上;上侧由支承楼板模板的搁栅固定,或用斜撑固定。

楼板模板多用定型模板或胶合板,它放置在搁栅上,搁栅与梁侧模的横楞固定,如图 4-14 所示。

桥梁墩台木模板如图 4-15 所示。墩台一般向上收小,其模板为斜面和斜圆锥面,由面板、楞木、立柱、支撑、拉杆等组成。立柱安放在基础枕梁上,两端用钢拉杆拉紧,以保证模板刚度并防止模板位移,楞木(直线形和拱形)固定在立柱上,面板则竖向布置在楞木上。如桥墩较高,需加设斜撑、横撑木和拉索(图4-16)。

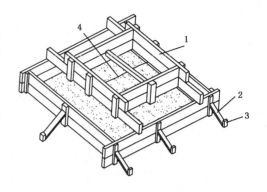

1—拼板;2—斜撑;3—木桩;4—铁丝。
图 4-12 阶梯形基础模板

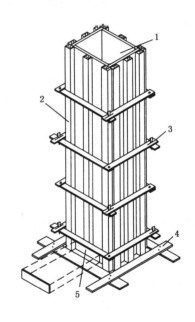

1—内拼板;2—拼条;3—柱箍;
4—定位木框;5—清理孔。
图 4-13 柱子模板

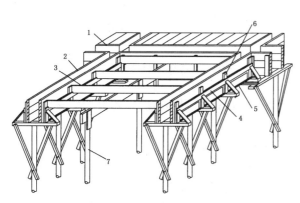

1—楼板模板;2—梁侧模板;3—搁栅;
4—横楞;5—夹条;6—小肋;7—支撑。

图 4-14　梁及楼板模板

1—拱形肋木;2—立柱;3—面板;
4—水平楞木;5—拉杆。

图 4-15　桥梁墩台模板

4.2.1.2　组合模板

组合模板是一种工具式模板,也是工程施工使用
较多的一种模板。它由一定模数的若干类型的板块、
角模、支撑和连接件组成(图 4-17),可以拼出不同尺
寸和几何形状,以适应多种类型建(构)筑物的施工的
需要,也可用它组拼成大模板、隧道模和台模等。施
工时可以在现场直接组装,也可以预拼装成大块模板
或构件模板用起重机吊运安装。组合模板的板块有
全钢和钢框木(竹)胶合板两大类。组合模板在建筑
工程、桥梁工程、地下工程和市政工程中广泛应用。

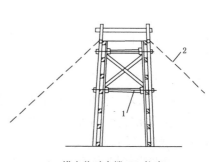

1—横向临时支撑;2—拉索。

图 4-16　稳定桥墩模板的措施

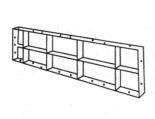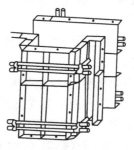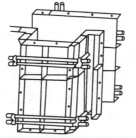

组合钢模板

(a)基本板块　　　(b)拼装的附壁柱模板

图 4-17　组合钢模板

（1）板块与角模

板块是定型组合模板的主要组成构件，由边框、面板和纵横肋构成。我国所用的全钢组合模板多以2.75～3.0 mm厚的钢板为面板，以55 mm或70 mm高和3 mm厚的扁钢为纵、横肋，边框高度与纵、横肋相同。钢框木（竹）胶合模板（图4-18）的板块，由钢边框内镶可更换的木胶合板或竹胶合板组成。胶合板两

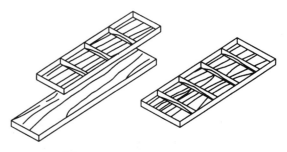

图4-18　钢框木（竹）胶合板模板

面涂塑，经树脂覆膜处理，所有边缘和孔洞均经有效的密封材料处理，以防吸水受潮变形。

钢框木（竹）胶合板模板的型号尺寸基本与全钢组合模板相同，其转角模板和异形模板由钢材压制成形，配件与全钢组合模板也相同。由于钢框木（竹）胶合板模板的自重轻，其平面模板的长度最大可达2 400 mm，宽度最大可达1 200 mm，板块尺寸大、拼缝少，所以拼装和拆除效率高，浇出的混凝土表面平整光滑，因此，近年来得到推广应用。

板块的模数尺寸关系到模板的使用范围，是定型组合模板设计的基本要素之一。模板应以数理统计方法确定结构各种尺寸使用的频率，充分考虑我国的模数制，并使最大尺寸板块的重量适合工人安装。目前我国应用的组合钢模板板块长度为1 500 mm，1 200 mm，900 mm等；板块的宽度为600 mm，300 mm，250 mm，200 mm，150 mm，100 mm等。配板设计时，如出现不足50 mm的空缺，可用木方补缺，用钉子或螺栓将木方与板块边框上的孔洞连接。

全钢组合模板的面板和肋是焊接的，面板一般按四面支承形式计算，纵、横肋视其与面板的焊接情况，确定是否考虑其与面板共同工作，如果边框与面板一次轧成，则边框可按与面板共同工作进行计算。钢框木（竹）胶合板的面板，则不考虑纵、横肋与其的共同作用。

为便于板块之间的连接，边框上设有连接孔，边框不论长向或短向其孔距都为150 mm，以便横竖都能拼接。孔形一般为长圆形，可便于偏差调整。板块的连接件有钩形螺栓、U形卡、L形插销、紧固螺栓等。

角模有阴、阳角模和Z形角模之分，使混凝土结构的阴、阳角成形，也可作为两块或三块板拼装成90°角的连接件。

定型组合模板虽然具有较大灵活性，但对特殊部位仍需在现场配制少量木模填补。

（2）支承件

支承件包括支承墙模板的支承梁（多用钢管和冷弯薄壁型钢）和斜撑；支承梁、板模板的支撑桁架和顶撑等。

梁、板的支撑有梁托架、支撑桁架和顶撑（图4-19），还可用多功能门架式脚手架支撑。桥梁工程中由于高度大，多用工具式支撑架。梁托架可用钢管或角钢制作。支撑桁架的种类很多，一般由角钢、扁铁和钢管焊成的整榀式桁架或由两个半榀桁架组成的拼装式桁架，还有可调节跨度的伸缩式桁架，使用更加方便。

顶撑常用不同直径的钢套管，通过套管的抽拉可调整高度。工程中采用的模板快拆体系是在顶撑顶部设置早拆柱头（图4-20），使楼板混凝土浇筑后模板可以提早拆除，而顶撑仍撑在楼板底面的支撑体系。

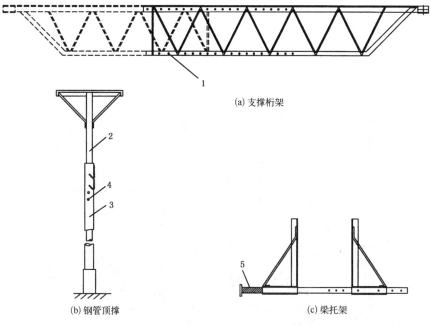

(a) 支撑桁架

(b) 钢管顶撑　　　　　(c) 梁托架

1—桁架伸缩销孔；2—内套钢管；3—外套钢管；4—插销孔；5—调节螺栓。

图 4-19　定型组合模板的支撑

对整体式多层房屋，分层支模时，上层支撑应对准下层支撑，并铺设垫板。

采用定型组合模板需进行配板设计。由于同一模板可以用不同规格的板块和角模组成各种配板方案，配板设计就是从中找出最佳组配方案，尽可能减少拼缝及零星的补缺板块。进行配板设计之前，先绘制结构构件的展开图，据此作构件的配板图。在配板图上要表明所配板块和角模的规格、位置和数量。

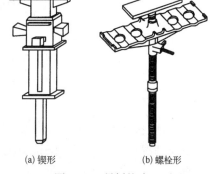

(a) 锲形　　　　(b) 螺栓形

图 4-20　早拆柱头

4.2.1.3　大模板

大模板在建筑、桥梁及地下工程中广泛应用，它是一种大尺寸的工具式模板，如建筑工程中一面墙仅用一块模板。由于大模板重量大，因此装拆皆需起重机械，可提高机械化程度，减少用工量和缩短工期。目前大模板是我国剪力墙和筒体结构的高层建筑、桥墩、筒仓等施工中普遍采用的一种模板，已形成工业化模板体系。

大模板

大模板由面板、次肋、主肋、支撑桁架、稳定机构等组成(图 4-21)。

面板要求平整、刚度好，可用钢板或胶合板制作。钢面板厚度一般为 3～5 mm，可重复使用 200 次以上。胶合板面板常用七层或九层胶合板，板面用树脂处理，可重复使用 50 次以上。面板设计一般由刚度控制，按照加劲肋布置的方式，分单向板和双向板。图 4-21 所示为单向板，它加工容易，但刚度较小、耗钢量大；双向板刚度较大、结构合理，但加工复杂、焊缝多、加工时易变形。对单向板的大模板，计算面板时取 1 m 宽的板条为计算单元，次肋

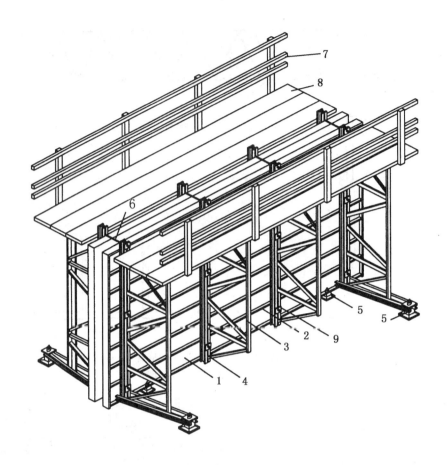

1—面板;2—次肋;3—支撑桁架;4—主肋;5—调整螺旋;6—卡具;

7—栏杆;8—脚手板;9—对销螺栓。

图 4-21　大模板构造

视作支承,按连续板计算。对双向板的大模板,计算面板时取一个区格作为计算单元,其四边支承情况取决于混凝土浇筑情况,在实际工程中,一般取三边固定、一边简支的情况进行计算。

　　单向板次肋的作用是固定面板,将混凝土侧压力传递给主肋(面板若按双向板计算,则不分主、次肋)。单向板的次肋一般用∟65 角钢或[65 槽钢。间距一般为 300～500 mm。次肋受面板传来的荷载,主肋为其支承,按连续梁计算。为降低耗钢量,设计时应将次肋与面板充分焊接,使之与面板共同作用,按组合截面计算截面抵抗矩,验算强度和挠度。当采用胶合板做面板时,常采用方木作为次肋,不考虑次肋与面板的共同工作。主肋承受的荷载由次肋传来,由于次肋一般布置较密,可视为均布荷载以简化计算。主肋的支承为对销螺栓。主肋一般用相对的两根[65 或[80 槽钢,间距为1～1.2 m,按连续梁计算。

　　大模板亦可由组合模板拼装而成,用完后拆卸组合模板,仍可用于其他构件,组拼的大模板虽然重量较大但机动灵活,目前应用较多。

　　大模板的转角处多用小角模方案(图 4-22)。

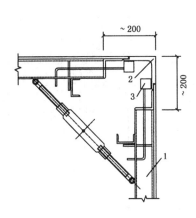

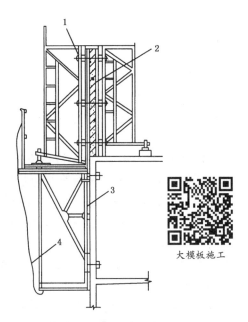

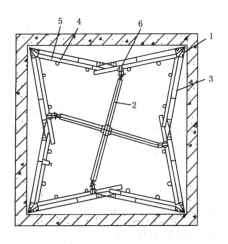

1—大模板;2—小角模;3—偏心卡块。

图 4-22 小角模的连接

1—外墙的外模;2—外墙的内模;
3—附墙支承架;4—安全网。

图 4-23 建筑外墙大模安装

大模板之间的固定,相对的两块平模是用对销螺栓连接的,顶部的对销螺栓亦可用卡具代替(图4-21)。建筑物外墙及桥墩等单侧大模板通常是将大模板支承在附墙式支承架上(图4-23)。

对于电梯井、小直径的筒体结构等的浇筑,有时利用由大模板组成的筒模(图 4-24),即四面模板用铰链连接,可整体安装和脱模,支模时旋转花篮螺丝脱模器,使相对两片大模板向外推移,单轴铰链伸张,达到支模的目的。脱模时反转花篮螺丝脱模器,拉动相对两片大模板向内移动,使单轴铰链折叠收缩,模板脱离墙体。

大模板堆放时要防止倾倒伤人,故应将板面后倾一定角度。大模板板面须喷涂脱模剂以利脱模,常用的有海藻酸钠脱模剂、油类脱模剂、甲基树脂脱模剂和石蜡乳液脱模剂等。

1—单轴铰链;2—花篮螺丝脱模器;3—平面
大模板;4—主肋;5—次肋;6—连接板。

图 4-24 筒模

4.2.1.4 滑升模板

滑升模板是一种工业化模板,用于现场浇筑高耸构筑物和建筑物等竖向结构,如烟囱、筒仓、高桥墩、电视塔、竖井、沉井、双曲线冷却塔和高层建筑墙体等。

滑升模板

滑升模板的施工是在构筑物或建筑物底部,沿其墙、柱、梁等构件的周边组装高 1.2 m 左右的模板,随着向模板内不断地分层浇筑混凝土,用液压提升设备使模板沿埋在混凝土中的支承杆连续向上滑升,直到需要浇筑的高度为止。滑升模板施工可以节约模板和支撑材料,加快施工速度,保证结构的整体性。但模板一次性投资多、耗钢量大,对立面造型和构件断面变化有一定的限制。施工时需连续作业,施工组织要求较严。

1. 滑升模板的组成

滑升模板(图4-25)由模板系统、操作平台系统和液压系统三部分组成。模板系统包括模板、围圈和提升架等。模板用于成型混凝土,承受新浇混凝土的侧压力,多用钢模或钢木组合模板。模板的高度取决于滑升速度和混凝土达到出模强度($0.2 \sim 0.4 \, N/mm^2$)所需的时间,一般高 $1.0 \sim 1.2 \, m$。两侧模板组合成上口小下口大的锥形,单面锥度约 $0.2\% \sim 0.5\%$,以模板上口以下 2/3 模板高度处的净间距为结构断面的厚度。围圈用于支承和固定模板。一般情况下,模板上、下各布置一道围圈,以承受模板传来的混凝土侧压力和浇筑混凝土时的水平冲击力以及由摩阻力、模板与围圈自重、平台自重和施工荷载等竖向力。围圈可视为以提升架为支承的双向弯曲的多跨连续梁,以其受力最不利情况计算确定其截面。围圈材料多用角钢或槽钢。提升架的作用是固定围圈,将模板系统和操作平台系统连成整体,承受整个模板系统和操作平台系统的全部荷载并将其传递给液压千斤顶。提升架分单横梁式与双横梁式两种,多用型钢制作,其截面按计算确定。

操作平台系统包括操作平台、内外吊脚手架和外挑脚手架,是施工操作的场所。操作平台系统的承重构件根据其受力情况按钢结构平台桁架、钢梁、铺板、吊杆等进行整体和构件计算。

液压系统包括支承杆、液压千斤顶和操纵装置等,是使滑升模板向上滑升的动力装置。支承杆既是液压千斤顶向上爬升的轨道,又是滑升模板的承重支柱,它承受施工过程中的全部荷载。支承杆的规格应与选用的千斤顶相适应。采用钢珠作卡头的千斤顶,支承杆需用 HPB235 圆钢筋;采用楔块作卡头的千斤顶,各类钢筋皆可作为支承杆;如采用体外滑模(支承杆在浇筑墙体的外面,不埋在混凝土内),支承杆多用钢管。

2. 滑升原理

目前滑升模板所用的液压千斤顶,有以钢珠作卡

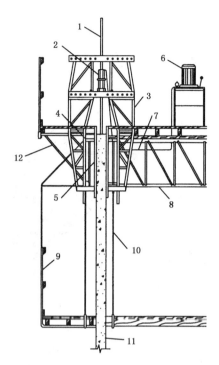

1—支承杆;2—液压千斤顶;3—提升架;4—围圈;5—模板;6—高压油泵;7—油管;8—操作平台桁架;9—外吊脚手架;10—内脚手架吊杆;11—混凝土墙体;12—外挑脚手架。

图 4-25 滑升模板

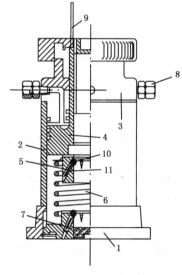

1—底座;2—缸体;3—缸盖;4—活塞;5—上卡头;6—排油弹簧;7—下卡头;8—油嘴;9—行程指示杆;10—钢珠;11—卡头小弹簧。

图 4-26 液压千斤顶

头的 GYD-35 型和以楔块作卡头的 QYD-35 型等小型液压千斤顶,起重力为 35 kN。还有起重力为 60 kN 及 100 kN 的 YL50-10 型中型液压千斤顶等。GYD-35 型(图 4-26)目前应用较为广泛。滑升模板的滑升原理如图 4-27 所示。施工时,将液压千斤顶安装在提升架横梁上与之连成一体,支承杆穿入千斤顶的中心孔内。当液压油压入活塞与缸盖之间时,在油压作用下,由于上卡头(与活塞相连)内的小钢珠与支承杆产生自锁作用,使上卡头与支承杆锁紧,活塞不能下行,迫使缸体连带底座和下卡头一起向上升起,由此带动提升架等整个滑升模板上升。当上升到下卡头紧碰着上卡头时,即完成一个工作进程。此时排油弹簧处于压缩状态,上卡头承受滑升模板的全部荷载。当回油时,油压消失,在排油弹簧的弹力作用下,把活塞与上卡头一起向上推,液压油即从进油口排出。在排油开始的瞬间,下卡头的小钢珠与支承杆间的自锁作用,与支承杆锁紧,使缸筒和底座不能下降,接替上卡头所承受的荷载。当活塞上升到极限后,排油工作完毕,千斤顶便完成一个上升的工作循环。排油时,千斤顶保持不动,只是活塞和上卡头在缸体内上移。如此不断循环,千斤顶就沿着支承杆不断上升,模板也就被带着不断向上滑升。每次上升的行程为 20～30 mm。

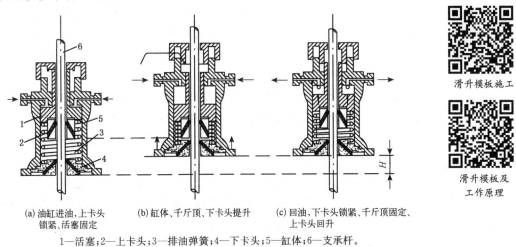

(a) 油缸进油,上卡头　　　(b) 缸体、千斤顶、下卡头提升　　　(c) 回油,下卡头锁紧、千斤顶固定、
　　锁紧、活塞固定　　　　　　　　　　　　　　　　　　　　　　　　上卡头回升

1—活塞;2—上卡头;3—排油弹簧;4—下卡头;5—缸体;6—支承杆。

图 4-27　液压千斤顶工作原理

采用钢珠式的上、下卡头,其优点是体积小、结构紧凑、动作灵活,但钢珠对支承杆的压痕较深,这样不仅不利于支承杆拔出重复使用,而且会出现千斤顶上升后的"回缩"现象,此外,钢珠还有可能被杂质卡死在斜孔内,导致卡头失效。楔块式卡头则利用四瓣楔块锁固支承杆,具有加工简单、起重量大、卡头下滑量小、锁紧能力强、压痕小等优点,它不仅适用于光圆钢筋支承杆,亦可用于螺纹钢筋支承杆。

4.2.1.5　爬升模板

爬升模板简称爬模,是施工剪力墙和筒体结构的混凝土结构高层建筑和桥墩、桥塔等的一种有效的模板体系,我国已推广应用。由于模板能自爬,不需要起重运输机械吊运,减少了施工中的起重运输机械的工作量,能避免大模板受大风的影响。由于自爬的模板上还可悬挂脚手架,所以可省去结构施工阶段的外脚手架,因此其经济效益较好。

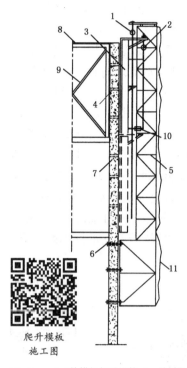

爬升模板
施工图

1—外模板提升机构;2—外爬架
提升机构;3—爬升模板;4—预
留孔;5—外爬架(支承架和附墙
架);6—对销螺栓;7—外墙;8—
楼板模板;9—楼板模板支撑;
10—模板校正器;11—安全网。

图4-28　爬升模板

爬模分有爬架爬模和无爬架爬模两类。有爬架爬模由爬升模板、爬架和爬升设备三部分组成(图4-28)。

爬架一般采用格构式钢架,用来提升外爬模,由下部附墙架和上部支承架两部分组成,总高度应大于每次爬升高度的3倍。附墙架用螺栓固定在下层墙壁上;上部支承架高度大于两层模板的高度,固定在附墙架上,与之成为整体。支承架上端有挑横梁,用以悬吊提升爬升模板用的提升机构,如手拉葫芦、千斤顶等,通过提升动力机构提升模板。

模板顶端装有提升外爬架用的提升机构。在模板固定后,通过它提升爬架。由此,爬架与模板相互提升,向上施工。爬升模板的背面还可悬挂外脚手架。

提升机构可为手拉葫芦、电动葫芦或液压千斤顶、电动千斤顶。手拉葫芦简单易行,由人力操纵。如用液压千斤顶,则爬架、爬升模板各用一台油泵供油。爬杆可采用φ25的圆钢,用螺母和垫板固定在模板或爬架的挑横梁上。

桥墩和桥塔混凝土浇筑用的模板,也可用有爬架的爬模,如桥墩和桥塔为斜向的,则爬架与爬升模板也应斜向布置,进行斜向爬升以适应桥墩和桥塔的倾斜及截面变化的需要。

无爬架爬模取消了爬架,模板由甲、乙两类模板组成,爬升时,两类模板间隔布置,互为支承,通过提升设备使两类相邻模板交替爬升。

甲、乙两类模板中甲型模板为窄板,高度大于两倍提升高度;乙型模板按混凝土浇筑高度配置,与下层墙体应有搭接,以免漏浆。两类模板间隔布置。在转角处或较长的墙中部,宜采用甲型模板。内、外模板用对销螺栓拉结固定。

爬升装置由三角爬架、爬杆和液压千斤顶组成。三角爬架插在模板上口两端的套筒内,套筒与背楞连接,三角爬架可自由回转,用以支承爬杆。爬杆可用φ25的圆钢,上端固定在三角爬架上。每块模板上装有两台液压千斤顶,乙型模板装在模板上口两端,甲型模板安装在模板中间偏上处。

爬升模板施工

爬升时,先放松附墙对销螺栓,并使墙外侧的甲型模板与混凝土脱离。调整乙型模板上三角爬架的角度,装上爬杆,爬杆下端穿入甲型模板中间的液压千斤顶中,然后拆除甲型模板的穿墙螺栓,起动千斤顶将甲型模板爬升至预定高度,待甲型模板爬升结束并固定后,再调整甲型模板三角爬架的角度,将爬杆穿入乙型模板上端千斤顶,拆除乙型模板的附墙对销螺栓,爬升乙型模板(图4-29)。

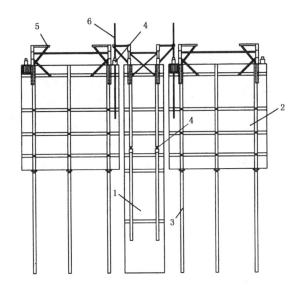

1—甲型模板;2—乙型模板;3—背楞;

4—液压千斤顶;5—三角爬架;6—爬杆。

图 4-29　无爬架爬模的构造

4.2.1.6　其他模板

近年来,随着各种土木工程和施工机械化的发展,新型模板不断出现,除上述模板外,国内外目前常用的还有以下几种。

1. 台模(飞模、桌模)

台模是一种大型工具式模板,主要用于浇筑平板式或带边梁的水平结构,如用于建筑施工的楼面模板,它是一个房间用一块台模。按台模的支承形式可将其分为支腿式(图 4-30)和无支腿式两类。前者又有伸缩式支腿和折叠式支腿之分;后者是悬架于墙上或柱顶,故也称悬架式。支腿式台模由面板(胶合板或钢板)、支撑框架、檩条等组成。支撑框架的支腿底部一般带有轮子,以便移动。浇筑后待混凝土达到规定强度,落下台面,将台模推出墙面放在临时挑台上,再用起重机整体吊运至上层或其他施工段。亦可不用挑台,推出墙面后直接转运。

2. 隧道模

隧道模是可整体浇筑竖向结构和水平结构的大型工具式模板,用于建筑、隧道等墙体与楼板的同步施工,它能将沿水平方向逐段整体浇筑,故施工的结构整体性好,抗震性能好,施工速度快。但模板的一次性投资大,模板起吊和转运需较大的起重机。

隧道模有全隧道模(整体式隧道模)和双拼式隧道模(图 4-31)两种。前者自重大,推移时多需铺设轨道,目前已很少使用。后者由两个半隧道模对拼而成,两个半隧道模的宽度可以不同,再增加一块插板,即可以组合成各种开间需要的宽度。

台模

台模的转层

隧道模

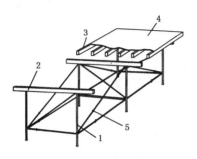

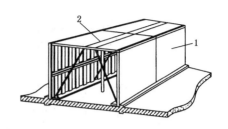

1—支腿;2—可伸缩的横梁;3—檩条;
4—面板;5—斜撑。

图 4-30　支腿式台模

1—隧道模;2—插板。

图 4-31　双拼式隧道模

3. 永久式模板

永久式模板

塑料壳模

永久式模板是一些在施工时起模板作用而在浇筑混凝土后又是结构本身组成部分之一的预制模板。目前国内外常用的有波形、密肋形的金属压型钢板、预应力混凝土薄板、玻璃纤维水泥模板、小梁填块(小梁为倒 T 形,填块放在梁底凸缘上,再浇筑混凝土)、钢桁架型混凝土板等。压型钢薄板在我国土木工程施工中广泛应用,施工简便、速度快,但耗钢量较大。预应力混凝土薄板在我国一些高层建筑中也有应用。压型钢板或预应力薄板等铺设后设置少量支撑,即可在其上铺放钢筋浇筑混凝土形成楼板,施工简便,效果较好。

模板是混凝土工程中的一个重要组成部分,国内外都十分重视,新型模板亦不断出现,除上述各种类型的模板外,还有各种玻璃钢模板、塑料模板、艺术模板和专门用途的模板。

4.2.2　模板设计

定型模板和常用的模板拼板在其适用范围内一般不需要进行设计或验算,但其支撑系统应进行设计计算。重要结构的模板、特殊形式的模板或超重、超高的模板及支撑系统,必须进行专项设计,以确保安全,保证质量。

模板及支架的设计应包括以下内容:① 模板及支架的选型及构造;② 荷载及其效应计算;③ 模板及支架的承载力和刚度验算;④ 模板及支架的抗倾覆验算;⑤ 绘制模板及支架施工图。

以下介绍模板设计的荷载及有关规定。

4.2.2.1　荷载

模板设计中参与组合的永久荷载包括:模板及支架自重(G_1)、新浇筑混凝土自重(G_2)、钢筋自重(G_3)及新浇筑混凝土对模板的侧压力(G_4)等。参与组合的可变荷载包括施工人员及施工设备产生的荷载(Q_1)、混凝土下料产生的水平荷载(Q_2)、泵送混凝土或不均匀堆载等因素产生的附加水平荷载(Q_3)及风荷载(Q_4)等。

作用在模板、支架上的荷载标准值包括:

(1) 模板及支架自重标准值(G_1)

模板及支架的自重应按图纸或实物计算确定,可参考表 4-3。

表 4-3 楼板模板自重标准值

模板构件	木模板/(kN·m⁻²)	定型组合钢模板/(kN·m⁻²)
无梁楼板的模板及小楞	0.30	0.50
有梁楼板的模板(包括梁的模板)	0.50	0.75
楼板模板及支架自重(楼层高度 4 m 以下)	0.75	1.10

（2）新浇筑混凝土自重标准值（G_2）

普通混凝土的重力密度采用 24 kN/m³，其他混凝土根据实际重力密度确定。

（3）钢筋自重标准值（G_3）

钢筋自重标准值根据设计图纸确定。一般梁板结构的钢筋自重标准值：楼板可取 1.1 kN/m³；梁可取 1.5 kN/m³。

（4）新浇筑混凝土对模板的侧压力标准值（G_4）

影响混凝土侧压力的因素很多，如与混凝土组成有关的骨料种类、配筋数量、水泥用量、外加剂、坍落度等都有关。此外还有外界影响，如混凝土的浇筑速度、混凝土的温度、振捣方式、模板情况、构件厚度等。

混凝土的浇筑速度是一个重要影响因素，最大侧压力一般与其成正比。但当浇筑速度达到一定值后，再提高浇筑速度，则对最大侧压力的影响就不明显。混凝土的温度影响混凝土的凝结速度，温度低，凝结慢，混凝土侧压力的有效压头高，最大侧压力就大，反之，最大侧压力就小。模板情况和构件厚度影响拱作用的发挥，因此对侧压力也有影响。

由于影响混凝土侧压力的因素很多，仅用一个计算公式全面反映众多影响因素是有一定困难的。国内外研究混凝土侧压力，都是抓住几个主要影响因素，通过典型试验或现场实测取得数据，再用数学分析方法归纳后提出公式。

我国采用的计算公式如下：当采用插入式振动器且浇筑速度不大于 10 m/h，混凝土坍落度不大于 180 mm 时，新浇筑的混凝土作用于模板的侧压力按式（4-1）和式（4-2）计算，并取两式中的较小值。当浇筑速度大于 10 m/h，或混凝土坍落度大于 180 mm 时，按式（4-2）计算。混凝土侧压力计算分布图如图 4-32 所示。

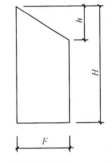

h—有效压头高度，$h = F/\gamma_c$；
H—模板内混凝土总高度；
F—最大侧压力。

图 4-32　混凝土侧压力计算分布图

$$F = 0.28\gamma_c t_0 \beta v^{\frac{1}{2}} \tag{4-1}$$

$$F = \gamma_c H \tag{4-2}$$

式中　F——新浇混凝土对模板的最大侧压力标准值（kN/m²）；

γ_c——混凝土的重力密度（kN/m³）；

t_0——新浇混凝土的初凝时间（h），可按实测确定。

当缺乏试验资料时，可采用 $t_0 = 200/(t+15)$ 计算（t 为混凝土的温度，℃）；

v——混凝土的浇筑速度，取混凝土浇筑高度（厚度）与浇筑时间的比值（m/h）；

H——混凝土的侧压力计算位置处至新浇混凝土顶面的总高度（m）；

β——混凝土坍落度影响修正系数：

> 当坍落度大于 50 mm 且不大于 90 mm 时,β 取 0.85;
> 当坍落度大于 90 mm 且不大于 130 mm 时,β 取 0.9;
> 当坍落度大于 130 mm 且不大于 180 mm 时,β 取 1.0。

（5）施工人员及设备产生的荷载标准值（Q_1）

施工人员及设备产生的荷载标准值可按实际情况计算,且不应小于 2.5 kN/m²。

（6）混凝土下料产生的水平荷载标准值（Q_2）

混凝土下料产生的水平荷载标准值可按表 4-4 采用,其作用范围为新浇混凝土侧压力有效压头高度 h 之内。

（7）泵送混凝土或不均匀堆载等因素产生的附加水平荷载标准值（Q_3）

泵送混凝土或不均匀堆载等因素产生的附加水平荷载标准值可取计算工况下竖向永久荷载标准值的 2%,该荷载在验算时,应作用在模板支架的上端。

（8）风荷载标准值（Q_4）

风荷载标准值按国家《建筑结构荷载规范》（GB 50009—2012）有关规定确定。基本风压可按 10 年一遇的风压取值,多年基本风压不应小于 0.2 kN/m²。

模板及支架的设计应根据实际情况计算不同工况下的各项荷载及其组合。按最不利的荷载基本组合进行设计,其承载力计算的各项荷载列于表 4-5。

表 4-4   混凝土下料产生的水平荷载标准值（kN/m²）

下料方式	水平荷载
溜槽、串筒、导管或泵管下料	2
吊车配备斗容器下料或小车直接倾倒	4

表 4-5   参与模板及支架承载力计算的各项荷载

计算内容		参与荷载项
模板	底面模板的承载力	$G_1+G_2+G_3+Q_1$
	侧面模板的承载力	G_4+Q_2
支架	支架水平杆及节点的承载力	$G_1+G_2+G_3+Q_1$
	立杆的承载力	$G_1+G_2+G_3+Q_1+Q_4$
	支架结构的整体稳定性	$G_1+G_2+G_3+Q_1+Q_3$ $G_1+G_2+G_3+Q_1+Q_4$

注:表中的"+"仅表示各项荷载参与组合,而不表示代数相加。

模板及支架结构构件按短暂设计状况下的承载能力极限状态进行设计,应符合式（4-3）的要求:

$$\gamma_0 S \leqslant \frac{R}{\gamma_R} \qquad (4\text{-}3)$$

式中 γ_0——结构重要性系数,对于重要的模板及支架宜取 $\gamma_0 \geqslant 1.0$,对于一般的模板及支

架应取 $\gamma_0 \geqslant 0.9$；

R——模板及支架结构构件的承载力设计值；

γ_R——承载力设计值调整系数，应根据模板及支架重复使用情况取值，且不应小于1.0；

S——荷载基本组合的效应设计值，按式(4-4)计算：

$$S = 1.35\alpha \sum_{i \geqslant 1} S_{G_{ik}} + 1.4\psi_{cj} \sum_{j \geqslant 1} S_{Q_{jk}} \qquad (4\text{-}4)$$

式中　$S_{G_{ik}}$——第 i 个永久荷载标准值产生的效应值；

　　　$S_{Q_{jk}}$——第 j 个可变荷载标准值产生的效应值；

　　　α——模板及支架的类型系数，对侧面模板，取 0.9，对底面模板及支架，取 1.0；

　　　ψ_{cj}——第 j 个可变荷载的组合值系数，宜取 $\psi_{cj} \geqslant 0.9$。

4.2.2.2　模板及支架的变形及稳定性

模板及支架的变形限制应根据工程要求确定，并不应大于下列规定：

① 对结构表面外露的模板，其挠度限值为模板构件计算跨度的 1/400；

② 对结构表面隐蔽的模板，其挠度限值为模板构件计算跨度的 1/250；

③ 对支架的轴向压缩变形限值或侧向挠度限值，为计算高度或计算跨度的 1/1 000。

支架、立柱或桁架应保持稳定，支架的高宽比不应大于 3，当高宽比大于 3 时，应采取加固整体稳定性的措施。支架的抗倾覆稳定性应考虑混凝土浇筑前和浇筑两种工况。支架结构中的钢构件长细比应予以控制：对受压构件的支架立柱及桁架容许长细比不应大于 180；对受压构件的斜撑、剪刀撑不应大于 200；对受拉构件的钢杆件不应大于 250。

4.2.3　模板拆除

模板拆除应遵循"先支的后拆、后支的先拆，先拆非承重模板、后拆承重模板"的顺序，并应从上而下进行拆除。

现浇结构的模板及支架拆除时的混凝土强度，应符合设计要求；当设计无具体要求时，侧模可在混凝土强度能保证其表面及棱角不因拆除模板而受损坏后拆除；底模拆除时所需的混凝土强度如表 4-6 所示。

表 4-6　　　　　　　　　　**底模拆除时的混凝土强度要求**

构件类型	构件跨度/m	达到设计混凝土强度等级值的百分率
板	≤2	≥50%
	>2,≤8	≥75%
	>8	≥100%
梁、拱、壳	≤8	≥75%
	>8	≥100%
悬臂构件	—	≥100%

4.3 混凝土工程

混凝土施工工艺

混凝土工程包括混凝土制备、运输、浇筑捣实和养护等施工过程,各个施工过程相互关联和影响,任一施工过程处理不当都会影响混凝土工程的最终质量。近年来,混凝土外加剂发展很快,它们的应用改善了混凝土的性能和施工工艺。此外,自动化、机械化的发展和新的施工机械和施工工艺的应用,也大大改变了混凝土工程的施工面貌。

4.3.1 混凝土的制备

4.3.1.1 混凝土施工配制强度确定

混凝土配合比设计应经试验确定,并应在满足混凝土强度、耐久性和工作性要求的前提下,减少水泥和水的用量。配合比设计应计入环境条件对施工及工程结构的影响,试配所用的原材料应与实际施工使用的原材料一致。

混凝土的工作性,应根据结构形式、运输方式和距离、泵送高度、浇筑和振捣方式以及工程所处环境条件等确定。

当设计强度等级小于 C60 时,混凝土的配制强度应按式(4-5)计算;当设计强度等级大于或等于 C60 时,混凝土的配制强度应大于等于 $1.15 f_{cu,k}$。

$$f_{cu,0} \geqslant f_{cu,k} + 1.645\sigma \tag{4-5}$$

式中　$f_{cu,0}$——混凝土的配制强度(MPa);

　　　$f_{cu,k}$——混凝土立方体抗压强度标准值(MPa);

　　　σ——混凝土的强度标准差(MPa),按以下方法确定:

① 当具有近期(如前 1~3 月内)的同一品种混凝土的强度资料时,其混凝土强度标准差 σ 可按式(4-6)计算:

$$\sigma = \sqrt{\frac{\sum_{i=1}^{n} f_{cu,i}^2 - n m_{f_{cu}}^2}{n-1}} \tag{4-6}$$

式中　$f_{cu,i}$——第 i 组试件的强度(MPa);

　　　n——试件组数,n 值不应小于 30;

　　　$m_{f_{cu}}$——n 组试件的强度平均值(MPa)。

② 按式(4-6)计算混凝土强度标准差时,对于强度等级大于等于 C30 的混凝土,计算得到的 σ 小于 3.0 MPa 时,σ 应取 3.0 MPa;对于强度等级大于 C30 且小于 C60 的混凝土,计算得到的 σ 小于 4.0 MPa 时,σ 应取 4.0 MPa。

③ 当没有近期的同品种混凝土强度资料时,其混凝土强度标准差 σ 可按表 4-7 取用。

表 4-7　　　　　　　　　　　混凝土强度标准差 σ 值(MPa)

混凝土强度等级	≤C20	C25—C45	C50—C55
σ	4.0	5.0	6.0

4.3.1.2　混凝土搅拌机选择

混凝土制备是指将各种组成材料拌制成质地均匀、颜色一致、具备一定流动性的混凝土拌合物。由于混凝土配合比是按照细骨料填满粗骨料的间隙,而水泥浆又均匀地分布在粗细骨料表面的原理设计的。如混凝土制备得不均匀,就不能获得密实的混凝土,也会影响混凝土的质量,所以混凝土制备是混凝土施工工艺过程中很重要的一道工序。

混凝土
搅拌机　　　重力式搅拌机
工作原理

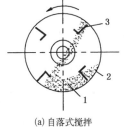

(a) 自落式搅拌　　　(b) 强制式搅拌(卧轴)

1—混凝土拌合物;2—搅拌筒;3—叶片。

图 4-33　混凝土搅拌原理

混凝土制备的方法,除工程量很小且分散的场合用人工拌制外,皆应采用机械搅拌,大力推广搅拌站预拌混凝土。混凝土搅拌机按搅拌原理分为自落式和强制式两类(图 4-33)。

自落式搅拌机是以重力机理设计的,其搅拌筒内壁焊有弧形叶片,当搅拌筒绕水平轴旋转时,弧形叶片不断将物料提高一定高度,然后自由落下而互相混合。在自落式搅拌机中,物料的运动轨迹是这样的:未处于叶片带动范围内的物料,在重力作用下沿拌合料的倾斜表面自动滚下;处于叶片带动范围内的物料,在被提升到一定高度后,先自由落下再沿倾斜表面下滚。由于下落时间、落点和滚动距离不同,从而使物料颗粒相互穿插、翻拌、混合而达到均匀。自落式搅拌机宜用于搅拌普通流动性较大的混凝土。

双锥反转出料式搅拌机(图 4-34)是自落式搅拌机中较好的一种。双锥反转出料式搅拌机的搅拌筒由两个截头圆锥组成,搅拌筒每转一周,物料在筒中的循环次数多,效率较高。其叶片布置较好,一方面物料被提升后靠自落进行拌合,另一方面又迫使物料沿轴向左右窜动,搅拌作用强烈。双锥反转出料式搅拌机正转搅拌,反转出料,构造简单,制造容易。

双锥倾翻出料式搅拌机适合大容量、大骨料、大坍落度混凝土搅拌,在我国多用于水电工程、桥梁工程和道路工程。

强制式搅拌机(图 4-35)是根据剪切机理设计的。在这种搅拌机中有转动的叶片,这些不同角度和位置的叶片转动时通过物料,克服了物料的惯性、摩擦力和黏滞力,强制物料产生环向、径向、竖向运动。这种由叶片强制物料产生剪切位移而达到均匀混合的机理,称为剪切搅拌机理。

强制式搅拌机的搅拌作用比自落式搅拌机强烈,不仅适用于普通混凝土,也适用于搅拌干硬性混凝土和轻骨料混凝土。但强制式搅拌机的转速比自落式搅拌机高,动力消耗大,叶片、衬板等磨损也大。

强制式搅拌机分为立轴式与卧轴式。立轴式又分为涡桨式和行星式,而卧轴式有单轴、双轴之分(表 4-8)。

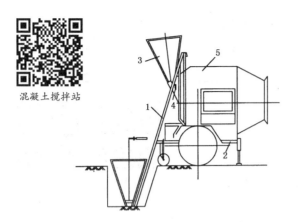

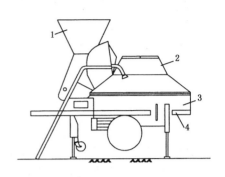

1—上料架;2—底盘;3—料斗;4—下料口;5—锥形搅拌筒。

图 4-34　双锥反转出料式搅拌机

1—进料口;2—拌筒罩;3—搅拌筒;4—出料口。

图 4-35　强制式立轴搅拌机

表 4-8　　　　　　　　　　　混凝土搅拌机类型

双锥自落式		强制式			
		立轴式			卧轴式 (单轴、双轴)
		涡桨式	行星式		
反转出料	倾翻出料		定盘式	盘转式	

立轴式搅拌机是通过盘底部的卸料口卸料,卸料迅速。但如卸料口密封不好,水泥浆易漏失,所以立轴式搅拌机不宜搅拌流动性大的混凝土。卧轴式搅拌机具有适用范围广、搅拌时间短、搅拌质量好等优点,是目前国内外大力发展的机型。

选择搅拌机时,要根据工程量大小、混凝土的坍落度、骨料尺寸等确定。既要满足技术上的要求,亦要考虑经济效益和节约能源。

我国规定混凝土搅拌机以其出料容量(m^3)×1 000为标定规格,故我国混凝土搅拌机的系列为:250,350,500,750,1 000,1 500 和 3 000,分别表示 0.25 m^3、0.35 m^3 等。

4.3.1.3　搅拌制度确定

为了获得质量优良的混凝土拌合物,除正确选择搅拌机外,还必须正确确定搅拌制度,即搅拌时间、投料顺序和进料容量等。

1. 搅拌时间

搅拌时间是指从混凝土的原材料全部投入搅拌筒起,到开始卸料为止所经历的时间。混凝土搅拌质量与搅拌时间密切相关。搅拌时间随搅拌机类型和混凝土的和易性的不同而变化。在一定范围内,混凝土强度随搅拌时间的延长而有所提高,但过长时间的搅拌既不经济也不合理。因为搅拌时间过长,不坚硬的粗骨料在大容量搅拌机中会因脱角、破碎等而影响混凝土的质量。加气混凝土也会因搅拌时间过长而使含气量下降。为了保证混凝土搅拌均匀,宜采用强制式搅拌机搅拌,且应控制混凝土搅拌的最短时间(表 4-9)。当搅拌强度等级为 C60 及以上的混凝土时,搅拌时间应适当延长。

对自落式搅拌机,搅拌时间宜延长 30 s。当采用其他形式的搅拌设备时,搅拌的最短时间也可按设备说明书的规定或经试验确定。

表 4-9　　　　　　　　　　强制式搅拌机混凝土搅拌的最短时间(s)

混凝土坍落度/mm	搅拌机出料量/L		
	<250	250~500	>500
≤40	60	90	120
>40,且<100	60	60	90
≥100	60		

注:当掺有外加剂与矿物掺合料时,搅拌时间应适当延长。

2. 投料顺序

投料顺序应从提高搅拌质量、减少叶片和衬板的磨损、减少拌合物与搅拌筒的黏结、减少水泥飞扬、改善工作环境等方面综合考虑确定。常用的有一次投料法和两次投料法。一次投料法是在上料斗中先装石子,再加水泥和砂,然后一次投入搅拌机。对自落式搅拌机应在搅拌筒内先加部分水,投料时石子盖住水泥,水泥不致飞扬,且使水泥和砂先进入搅拌筒形成水泥砂浆,缩短包裹石子的时间。对立轴强制式搅拌机,因出料口在下部,不能先加水,应在投入原料的同时,缓慢均匀分散地加水。

3. 进料容量

进料容量是将搅拌前各种材料的体积累积起来的容量,又称干料容量。进料容量 V_j 与搅拌机搅拌筒的几何容量 V_g 有一定的比例关系,一般 V_j/V_g 为 0.22 ~ 0.40。如任意超载,例如进料容量超过 10%,就会使材料在搅拌筒内无充分的空间进行拌合,影响混凝土拌合物的均匀性。反之,如装料过少,又不能充分发挥搅拌机的效能。

对拌制好的混凝土,应检查其均匀性与和易性,如有异常情况,应检查其配合比和搅拌情况,及时加以纠正。

预拌混凝土能保证混凝土的质量,节约材料,减少施工临时用地,实现文明施工,是混凝土施工的发展方向,我国已广泛应用,并已有相当的规模。我国大部分城市已规定在一定范围内必须采用预拌混凝土,不得现场拌制。

4.3.2　混凝土的运输

对混凝土拌合物运输的基本要求是:不产生离析现象、保证浇筑时规定的坍落度和在混凝土初凝之前能有充分时间进行浇筑和捣实。

匀质的混凝土拌合物为介于固体和液体之间的弹塑性物体,其中的骨料,由于作用在其上的内摩阻力、黏着力和重力处于平衡状态,而能在混凝土拌合物内均匀分布和处于固定位置。在运输过程中,由于运输工具的颠簸振动等动力作用,黏着力和内摩阻力将明显削弱,由此骨料失去平衡状态,在自重作用下向下沉落,质量越大,向下沉落的趋势越强,由于粗、细骨料和水泥浆的质量各异,因而各自聚集在一定深度,形成分层离析现象,这对混凝土质量是有害的。

为此,运输道路要平坦,运输工具要选择恰当,运输距离要限制,以防止分层离析。如已产生离析,在浇筑前要进行二次搅拌。此外,运输混凝土的工具要不吸水、不漏浆,且运输时间应予以控制。混凝土运输分为地面水平运输、垂直运输和高空水平运输三种情况。

(1)地面水平运输

预拌混凝土的长距离运输均采用混凝土搅拌运输车。如混凝土来自工地搅拌站,则可用小型机动翻斗车,少量的近距离运输则可用双轮手推车。

(2)垂直运输

垂直运输多用移动式混凝土泵(泵车)或固定式混凝土泵,混凝土泵的输送高度可达数十米至数百米不等。塔式起重机也是常用的垂直运输设备,通过料斗进行混凝土的吊运。

(3)高空水平运输

移动式混凝土泵及塔式起重机均可兼作水平运输。当采用固定式混凝土泵作垂直运输时,其高空水平运输一般采用布料机。对高空少量的混凝土水平运输也可采用手推车。

混凝土搅拌运输车(图4-36)为长距离运输混凝土的有效工具,它是将一双锥式搅拌筒斜放在汽车底盘上,在混凝土搅拌站装入混凝土后,通过搅拌筒内设的两

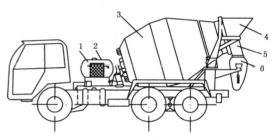

1—水箱;2—外加剂箱;3—搅拌筒;4—进料斗;
5—固定卸料溜槽;6—活动卸料溜槽。

图4-36 混凝土搅拌运输车

混凝土搅拌运输车

条螺旋状叶片,在运输过程中慢速转动进行拌合,以防止混凝土离析。运至浇筑地点后,搅拌筒反转即可迅速卸出混凝土。搅拌筒的容量一般为 $2\sim10\ m^3$。

混凝土泵是一种高效的混凝土运输和浇筑工具,它以泵为动力,沿管道输送混凝土,将混凝土直接输送到浇筑地点,是一种先进的混凝土运输方法。道路工程、桥梁工程、地下工程、工业与民用建筑施工皆可应用,在我国城市建设中已普遍使用,并取得较好的效果。

我国目前主要采用活塞泵,活塞泵用液压驱动。它主要由料斗、液压缸、活塞、混凝土缸、分配阀、Y形输送管、冲洗设备、液压系统和动力系统等组成(图4-37)。活塞泵工作时,搅拌机卸出的混凝土或由混凝土搅拌运输车卸出的混凝土倒入料斗4,吸入水平分配阀5开启,排出垂直分配阀6关闭,在液压作用下通过活塞杆带动活塞2后移,料斗内的混凝土在重力和吸力作用下进入混凝土缸1。然后,液压系统中压力油的进出反向,活塞2向前推压,同时吸入水平分配阀5关闭,而排出垂直分配阀6开启,液压缸前端的混凝土拌合物就通过Y形输送管压入输送管。由于两个液压缸交替进料和出料,因而能连续稳定地排料。不同型号的混凝土泵,其排量不同,水平运距和垂直运距亦不同。常用者,混凝土排量为 $30\sim90\ m^3/h$,水平运距为 $200\sim900\ m$,垂直运距为 $50\sim300\ m$。目前我国已能一次垂直泵送达600 m。如一次泵送困难时,可用接力泵送。

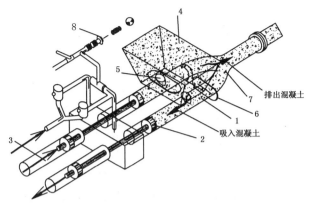

混凝土泵

混凝土泵
工作原理

1—混凝土缸;2—活塞;3—液压缸;4—料斗;5—吸入水平分配阀;

6—排出垂直分配阀;7—Y形输送管;8—冲洗系统。

图4-37 液压活塞式混凝土泵工作原理图

移动式混凝土泵是将混凝土泵装在汽车上可随车行走,也称为混凝土泵车(图4-38)。在车上还可装有可以伸缩或曲折的布料杆,其末端是一软管,可将混凝土直接送至浇筑地点,使用十分方便。目前混凝土泵车的最大泵送高度可达80 m以上。

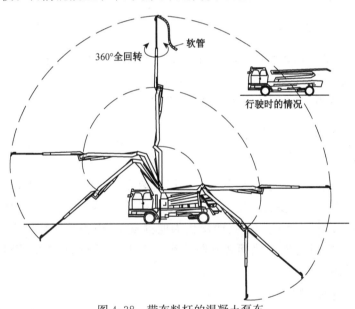

混凝土泵
送施工

图4-38 带布料杆的混凝土泵车

固定式混凝土泵通过牵引车移动,在混凝土浇筑点布置泵管,进行泵送。其功率较移动式混凝土泵更大,长距离及超高的泵送一般都采用固定泵。

常用的混凝土输送管为钢管、橡胶软管和塑料软管。直径为75~200 mm,每段长约3 m,还配有45°,90°等弯管和锥形管。

泵送混凝土的配合比应满足以下要求:碎石最大粒径与输送管内径之比不宜大于1:3;卵石可为1:2.5,泵送高度在50~100 m时,宜为1:3~1:4;泵送高度在100 m以上时,宜为1:4~1:5,以免堵塞。如用轻骨料,则以吸水率小者为宜,并应用水预湿,以免在压力作用下强烈吸水,使坍落度降低而在管道中形成阻塞。砂宜用中砂,通过0.315 mm

筛孔的砂应不少于 15%。砂率宜控制在 38%～45%,当粗骨料为轻骨料时,还可适当提高。水泥用量不宜过少,否则泵送阻力会增大,水泥用量不应小于 300 kg/m³。水灰比宜为0.4～0.6。泵送混凝土的坍落度根据不同泵送高度可参考表 4-10 选用。

表 4-10　　　　　　　　混凝土入泵坍落度与泵送高度关系表

最大泵送高度/m	50	100	200	400	400 以上
入泵坍落度/mm	100～140	150～180	190～220	230～260	—
入泵扩展度/mm	—	—	—	450～590	600～740

混凝土泵应与混凝土搅拌运输车配套使用,且应使混凝土搅拌站的供应能力和混凝土搅拌运输车的运输能力大于混凝土泵的泵送能力,以保证混凝土泵的连续工作,防止泵送管道堵塞。进行输送管布置时,应尽可能直线布管,转弯要缓,少用锥形管,以减少压力损失。如输送管向下倾斜,要防止因自重流动使管内混凝土中断、混入空气而引起混凝土离析,产生阻塞。为减小泵送阻力,使用前应先泵送适量的水和水泥浆或水泥砂浆以润滑输送管内壁,然后进行正常的泵送。在泵送过程中,泵的受料斗内应充满混凝土,防止吸入空气形成阻塞。浇筑大面积混凝土时,宜用布料机进行布料,泵送结束后要及时清洗泵体和管道。

4.3.3　混凝土的浇捣和养护

浇筑混凝土要保证混凝土的均匀性和密实性,要保证结构的整体性、尺寸准确和钢筋、预埋件的位置正确,拆模后混凝土表面要平整、光洁。

浇筑前应检查模板、支架、钢筋和预埋件的正确性,并进行隐蔽工程验收,及时填写施工记录。

4.3.3.1　混凝土浇筑应注意的问题

1. 防止离析

浇筑混凝土时,混凝土拌合物由料斗、漏斗、混凝土输送管、运输车内卸出时,如自由倾落高度过大,由于粗骨料在重力作用下,克服黏着力后的下落动能大,下落速度较砂浆快,因而可能形成混凝土离析。为此,对柱、墙模板内的混凝土,当粗骨料粒径大于 25 mm 时,混凝土的倾落高度不应超过 3 m;当粗骨料粒径小于等于 25 mm 时,不应超过 6 m,否则应沿串筒、斜槽或振动溜管等下料。

2. 施工缝与后浇带施工

(1) 施工缝

混凝土结构一般要求整体浇筑,如因技术或组织上的原因不能连续浇筑,且停顿时间有可能超过混凝土的初凝时间时,则应事先确定在适当的位置设置施工缝。由于混凝土的抗拉强度约为其抗压强度的 1/10,因而施工缝是结构中的薄弱环节,宜留在结构剪力较小而且施工方便的部位。例如建筑工程中柱子的施工缝宜留在基础顶面、梁或吊车梁牛腿的下面、吊车梁的上面、无梁楼盖柱帽的下面(图 4-39)。和板连成整体的大截面梁的施工缝应留在板底面以上 20～30 mm 处,当板下有梁托时,应留置在梁托下部。单向板的施工缝应留在平行于板短边的任何位置。有主次梁的楼盖宜顺着次梁方向浇筑,施工缝应留在次梁跨度的中间 1/3 梁跨长度范围内(图 4-40)。楼梯的施工缝应留在楼梯长度中间 1/3 长度范围内。

104

墙的施工缝可留在门洞口过梁跨中 1/3 范围内,也可留在纵、横墙的交接处。双向受力的楼板、大体积混凝土结构、拱、薄壳、多层框架及其他复杂的结构,应按设计要求留置施工缝。

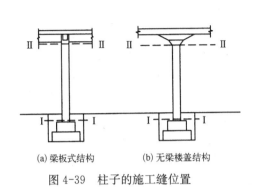

(a) 梁板式结构　　(b) 无梁楼盖结构

图 4-39　柱子的施工缝位置

1—楼板;2—柱;3—次梁;4—主梁。

图 4-40　主次梁楼盖的施工缝位置

在施工缝处浇筑混凝土时,应注意:将结合面做成粗糙面,并应清除浮浆、松动的石子及软弱混凝土层;应将混凝土结合面洒水湿润,但不得有积水;后续浇筑时,已浇筑的混凝土强度不应小于 1.2 MPa;柱、墙的水平施工缝应采用水泥砂浆接浆,接浆层厚度不应小于 30 mm,水泥砂浆应与混凝土浆液成分相同。

（2）后浇带

后浇带是施工中为防止混凝土自身收缩及温度引起的收缩或结构沉降可能导致的有害裂缝而设置的临时结构缝。后浇带分为温度后浇带和沉降后浇带。梁板的后浇带一般采用平接式,其钢筋一般临时断开,后续施工采用机械连接;基础底板后浇带的钢筋与基础底板钢筋通常连续贯通。

混凝土
后浇带

基础底板的后浇带有多种形式,如平接式、企口式及台阶式等(图 4-41)。图 4-42 是企

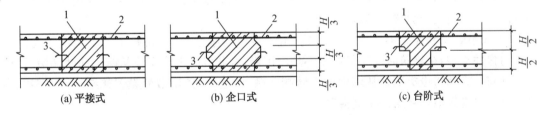

(a) 平接式　　(b) 企口式　　(c) 台阶式

1—后浇带;2—底板钢筋;3—止水带。

图 4-41　后浇带形式

口式后浇带的支模方法,该后浇带两侧的侧模采用双层钢板网,大孔网与小孔网各一层,大孔网放置在靠近先浇混凝土的一侧,小孔网放置在后浇的一侧。钢板网上的孔洞可使底板钢筋穿过,再用铁丝将网片与钢筋绑牢,使钢板网就位。为了防止钢板网在混凝土浇筑时侧向变形,在两侧的网片间设置木对撑。

超长结构留设的后浇带封闭时间应由设计确定,并不得小于 14d,超长整体基础中调节沉降的后浇带封闭时间

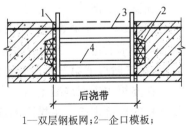

1—双层钢板网;2—企口模板;
3—底板钢筋;4—对撑。

图 4-42　企口式后浇带支模

应通过监测确定,应在沉降稳定后封闭。后浇带封闭混凝土强度及性能应符合设计要求,当设计无具体要求时,后浇带混凝土强度等级宜比两侧混凝土提高一级,并宜采用减少收缩的技术措施。后浇带处的混凝土浇筑要求与施工缝处相同。

4.3.3.2 混凝土浇筑方法

1. 混凝土框架结构浇筑

浇筑框架结构首先要划分施工层和施工段,施工层一般按结构层划分,而每一施工层如何划分施工段,则要考虑工序数量、技术要求、结构特点等。尽量做到各工种的流水施工并注意各层施工应保证下层的混凝土强度达到允许工人在上面操作的强度($1.2 N/mm^2$)。

混凝土浇筑前应做好必要的准备工作,如模板、钢筋和预埋管线的检查和清理以及隐蔽工程的验收;浇筑用的脚手架、走道的搭设和安全检查;根据试验室下达的混凝土配合比准备和检查材料;施工用具的准备等。

混凝土浇筑时宜先浇筑竖向结构构件,后浇筑水平结构构件。当浇筑区域结构平面有高差时,宜先浇筑低区部分,后浇筑高区部分。浇筑柱子时,一施工段内的每排柱子应对称浇筑,不宜由一端向另一端推进,以防柱子模板逐渐受到水平推力而倾斜。

梁和板一般同时浇筑,从一端开始向前推进。当梁高大于 1 m 时可将梁单独浇筑,此时的施工缝留在楼板板面以下 20~30 mm 处。当楼面与柱、墙连续浇筑时,柱子浇筑后应间隔 1~1.5 h,待混凝土拌合物初步沉实,再浇筑上面的梁板结构。

2. 桥梁结构浇筑

(1) 梁式桥混凝土浇筑

无论哪一种形式的梁式桥,在考虑主梁现浇混凝土浇筑顺序时,均应采取措施防止模板和支架产生下沉,并应采取分层浇筑。当在斜坡或曲拱上浇筑混凝土时,一般从低处开始。

简支梁桥混凝土的浇筑方法有水平分层浇筑、斜面分层浇筑和分段分层浇筑。

当桥梁跨径较大时,可先浇筑梁、后浇筑板;待纵横梁浇筑完成后,再沿桥的全宽浇筑桥面混凝土,在桥面与纵横梁间设置施工缝。

对于悬臂梁和连续梁桥的上部结构,由于桥墩为刚性支点,桥跨下的支架设于地基土上,为弹性支撑,在浇筑时支架易产生不均匀沉降,因此混凝土浇筑应从跨中向两端墩、台进行。同时,其邻跨也类似地从跨中或悬臂端向墩、台进行,在桥墩处设置接缝。待支架沉降稳定后,再浇筑墩顶处梁的接缝混凝土。

(2) 拱桥混凝土浇筑

① 上承式拱桥

在支架上浇筑拱桥可分三个阶段进行。第一阶段浇筑拱圈或拱肋;第二阶段浇筑拱上立柱、联系梁及横梁等;第三阶段浇筑桥面系。后一阶段混凝土应在前一阶段混凝土强度达到设计要求后进行。拱圈或拱肋的拱架的拆除,可在拱圈混凝土强度达到设计强度的 75% 以上、第二阶段或第三阶段开始施工前进行,但应对拆除后拱圈的稳定性进行验算。

在浇筑主拱圈混凝土时,立柱的底座应与拱圈或拱肋同时浇筑,钢筋混凝土拱桥应预留与立柱的连接钢筋。主拱圈的浇筑方法根据桥梁跨径选定,其浇筑方法有连续浇筑法、分段浇筑法和分环、分段浇筑法。

由于各环混凝土龄期不同,受混凝土的收缩和温差的影响,分环浇筑在环面间会产生剪力和结构的次应力,容易造成环间裂缝。因此,分环浇筑的程序、养护时间和各环间的结合必须按计算确定。

上承式拱桥的立柱,宜从拱脚到拱顶一次浇筑。当立柱与横梁不能同时浇筑时,立柱上端的工作缝应设在横梁承托的底面。现浇桥面板两相邻伸缩缝间宜一次浇筑完成。

② 中、下承式拱桥

中、下承式拱桥按拱肋、桥面系及吊杆三个阶段进行施工。在拱肋混凝土浇筑之前应先安装吊杆钢筋或钢束,并与拱肋的钢筋骨架固定在一起。当拱肋浇筑完成拆除拱架后,安装桥面系支架,浇筑桥面系混凝土。在桥面混凝土达到强度后,拆除桥面系支架,在吊杆钢筋或钢束产生应有的应力状况下,对称浇筑吊杆混凝土。

大跨径钢筋混凝土拱桥,还可采用劲性骨架浇筑法。先将拱圈的全部钢筋骨架按设计形状和尺寸制成并安装就位,然后用挂在钢筋骨架上面的吊篮逐段浇筑混凝土。国内曾用这种施工方法建造过一些大跨径拱桥。

3. 混凝土路面浇筑

公路水泥混凝土路面的技术标准高、工程量大,为保证施工进度和工程质量,宜采用机械化施工。

水泥混凝土路面浇筑可选用下列方法之一进行:小型机具摊铺和振实;滑模式摊铺机摊铺和振实;平地机摊铺和振动压路机碾压。以下简述轨道式摊铺机摊铺和振实。

轨道式摊铺机施工是机械化施工中最普通的一种方法,其施工顺序与小型机具施工方法的工序相同,只是各工序由一种或几种机械按相应的工艺要求进行操作。轨道式摊铺机施工方法各工序可选用的机械列于表4-11。

表 4-11　　　　　　　　　　　　轨道式摊铺机施工各工序可选用的机械

工　序	可选用的机械
混凝土搅拌	搅拌机,装载机,称量设备
混凝土运输	自卸汽车,搅拌运输车
卸料	侧面卸料机,纵向卸料机
摊铺	刮板式匀料机,箱式摊铺机,螺旋式摊铺机
振捣	振捣机,内部振动式振捣机
接缝施工	钢筋(传力杆、拉杆)插入机,切缝机
表面修整	修整机,纵向表面修整机,斜向表面修整机
修整粗糙面	拉毛机,压(刻)槽机

摊铺机械可以选用刮板式、箱式或螺旋式。用轨道式摊铺机施工时,运来的混凝土可直接卸在基层上或用卸料机在侧向和纵向卸到箱式或螺旋式摊铺机内。通过摊铺机将摊铺机箱内的混凝土按摊铺厚度均匀地摊铺,也可采用刮板式摊铺机将倾倒在基层上的混凝土摊铺抄平。

道路混凝土未振实前的厚度(称为松铺厚度)必须大于板厚。松铺厚度与板厚的比值称为松铺系数,一般在1.15~1.30之间。它与混凝土的配合比、集料粒径和坍落度等因素有关,主要取决于坍落度。松铺系数初选可参考表4-12,实际施工时还应按各工程的配合比情况由试验确定。

表 4-12	松 铺 系 数				
坍落度/mm	10	20	30	40	50
松铺系数	1.25	1.22	1.19	1.17	1.15

4. 大体积混凝土结构浇筑

大体积混凝土结构在土木工程中常见,如工业建筑中的设备基础;高层建筑中的地下室底板、结构转换层;各类结构的厚大桩基承台以及桥梁的墩台等。大体积混凝土结构承受荷载大,整体性要求高,往往要求一次连续浇筑完毕,不允许留施工缝。另外,大体积混凝土结构在浇筑后水泥的水化热量大,水化热聚积在内部不易散发,浇筑初期混凝土内部温度显著升高,而表面散热较快,这样形成较大的里表温差,混凝土内部产生压应力,而表面产生拉应力,如温差过大则易在混凝土表面产生裂缝。混凝土的硬化过程会产生体积收缩,因而在浇筑后期,混凝土内部逐渐冷却产生收缩,由于受到基底、模板或已浇筑混凝土的约束,接触处将产生很大的剪应力,在混凝土正截面形成拉应力。当拉应力超过混凝土当时龄期的极限抗拉强度时,便会产生裂缝,甚至会贯穿整个混凝土断面,由此将带来严重的危害。在大体积混凝土结构浇筑中,上述两种裂缝(尤其是后一种裂缝)都应设法防止。

大体积
混凝土施工

要防止大体积混凝土结构浇筑后产生裂缝,就应降低混凝土的温度应力,这就必须减少浇筑后混凝土的升温和里表温差。为此应优先选用水化热低的水泥,降低水泥用量,掺入适量的粉煤灰,降低浇筑速度,减小浇筑层厚度。浇筑后采取蓄水法或覆盖法进行保温或人工降温措施。大体积混凝土施工中宜进行测温,控制里表温差不宜超过 25℃。必要时,经过计算和取得设计单位同意后可留施工缝而分块分层浇筑。

如要保证混凝土的整体性,则要求保证每一浇筑层在初凝前就被上一层混凝土覆盖并捣实成为整体。为此要求混凝土单位时间的浇筑量应满足式(4-7)的要求:

$$Q \geqslant \frac{FH}{T} \tag{4-7}$$

式中　Q——混凝土单位时间浇筑量(m³/h);

　　　F——混凝土浇筑区的面积(m³);

　　　H——浇筑层厚度(m),取决于混凝土捣实方法;

　　　T——下层混凝土从开始浇筑到初凝为止所容许的时间间隔(h),可取混凝土初凝时间减去运输时间。

大体积混凝土结构的浇筑方案,可分为全面分层、分块分层和斜面分层三种(图 4-43)。全面分层法单位时间的浇筑量较大,斜面分层法单位时间的浇筑量较小。工程中可根据结构物的具体尺寸、捣实方法和混凝土供应能力等通过计算确定。目前建筑物基础底板等大面积的混凝土整体浇筑应用较多的是斜面分层法。分层浇筑的坡度由混凝土自然流淌形成,坍落度较小的混凝土坡度为 1/7~1/3;坍落度较大的混凝土坡度为 1/10~1/7。分层厚度不宜大于 500 mm。

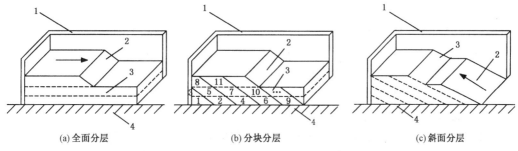

(a) 全面分层　　　　　(b) 分块分层　　　　　(c) 斜面分层

1—模板；2—新浇筑的混凝土；3—已浇筑的混凝土。

图 4-43　大体积混凝土浇筑方案

大体积混凝土也可留设施工缝进行分仓浇筑而不设后浇带。分仓施工是利用混凝土在浇筑初期(5~10 d)的应力释放,减小温度应力,避免施工引起裂缝。分仓浇筑的时间间隔不得少于 7 d。为加快施工进度,混凝土浇筑可跳仓进行,遵循分块规划、隔块施工、分层浇筑、整体成型的原则(图 4-44)。跳仓法施工在超长、超大的混凝土施工中十分有效。

大体积混凝土
浇筑方案

5. 水下混凝土浇注

深基础、沉井与沉箱的封底等,常需要进行水下混凝土浇注,地下连续墙及钻孔灌注桩则是在泥浆中浇注混凝土。在水下或泥浆中浇注混凝土,目前多用导管法(图 4-45)。

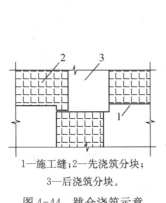

1—施工缝；2—先浇筑分块；
3—后浇筑分块。

图 4-44　跳仓浇筑示意

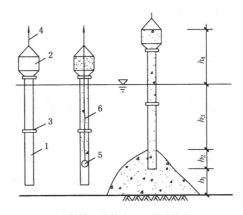

1—导管；2—料斗；3—快速接头；
4—吊索；5—隔水塞；6—铁丝。

图 4-45　导管法水下混凝土浇注

导管法施工工艺及技术要求可参见 2.2.2.3 节。

在大面积水下混凝土浇注过程中,应避免在水平方向移动导管,应在混凝土顶面接近设计标高时,才可将导管提起,换插到另一浇注点。一旦发生堵管,如半小时内不能排除,应立即换插备用导管。待混凝土浇注完毕,应清除顶面与水或泥浆接触的一层松软部分。

4.3.3.3　混凝土密实成型

混凝土拌合物浇筑之后,需经密实成型才能赋予混凝土一定的外形和内部结构。强度、抗冻性、抗渗性、耐久性等皆与密实成型的质量有关。

混凝土拌合物密实成型的途径有三种：一是借助机械外力(如机械振动)来克服拌合物内部的剪应力而使之液化并密实；二是在拌合物中适当多加水以提高其流动性，使之便于成型，成型后用分离法、真空作业法等将多余的水分和空气排出，达到密实效果；三是在拌合物中掺入高效减水剂，使其坍落度大大增加，可自流密实成型。此处仅讨论前两种方法。

1. 混凝土振动密实成型

(1) 混凝土振动密实原理

混凝土振动密实的原理：振动机械将振动能量通过某种方式传递给混凝土拌合物时，受振混凝土拌合物中的骨料颗粒受到强迫振动，使混凝土拌合物保持塑性状态的黏着力和内摩擦力随之大大降低，呈现出"重质液体状态"，混凝土拌合物中的骨料犹如悬浮在液体中，在其自重作用下向新的稳定位置沉落，同时，排除混凝土拌合物中的气体，消除孔隙，使骨料和水泥浆得到致密的排列。

振动密实的效果和生产率，与振动机械的结构形式和工作方式(插入振动或表面振动)、振动机械的振动参数(振幅、频率、激振力)以及混凝土拌合物的性质(骨料粒径、坍落度等)密切相关。混凝土拌合物的性质影响着混凝土的固有频率，它对各种振动的传播呈现出不同的阻尼和衰减，因此，应选择与混凝土固有频率相适应的振动机械。振动机械的结构形式和工作方式，决定了它对混凝土传递振动能量的能力，也决定了它的有效作用范围和生产率。

(2) 振动机械的选择

振动机械按其工作方式分为插入式振动棒、平板振动器和附着振动器(图4-46)。

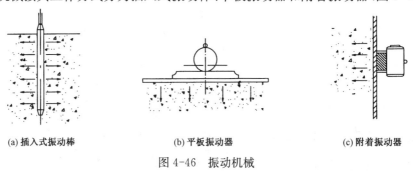

(a) 插入式振动棒   (b) 平板振动器   (c) 附着振动器

图 4-46　振动机械

插入式振动棒(图4-47)的工作部分是一棒状空心圆柱体，内部装有偏心振子，在电动机带动下高速转动而产生高频微幅的振动。插入式振动棒多用于振实梁、柱、墙、厚板和大体积混凝土结构等。

用插入式振动棒振捣混凝土时，应垂直插入，并插入下层尚未初凝的混凝土的深度不应小于50 mm，以使上下层良好结合。插点的分布有行列式和交错式两种(图4-48)。插点间距，对普通混凝土，不大于1.4R(R为振动棒作用半径)；对轻骨料混凝土而言，则不大于1.0R。振动棒与模板的距离不应大于0.5R。

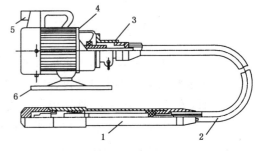

1—振动棒；2—软轴；3—防逆装置；
4—电动机；5—电器开关；6—支座。

图 4-47　插入式振动棒

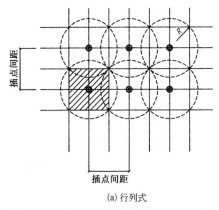 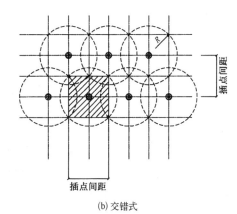

(a) 行列式   (b) 交错式

图 4-48   插点的分布

平板振动器由带偏心块的电动机和平板(木制或钢制)等组成。其作用深度较小,多用在混凝土表面进行振捣,适用于楼板、地面、道路、桥面等薄型水平构件。

附着式振动器用螺栓或夹钳等固定在模板外部,通过模板将振动传给混凝土拌合物,因而被附着的模板应有足够的刚度。它适用于振捣断面小且钢筋密的构件,如薄腹梁、箱型桥面梁,以及地下密封的结构,无法采用插入式振动棒等场合。其有效作用范围可通过实测确定。

混凝土分层振捣最大厚度应与采用的振捣设备相匹配(表 4-13),以避免因振捣设备原因而产生漏振、欠振或过振的情况。分层浇筑时,上层混凝土也应在下层混凝土初凝之前浇筑完毕。

表 4-13   **混凝土分层振捣的最大厚度**

振捣方法	混凝土分层振捣最大厚度
振动棒	振动棒作用部分长度的 1.25 倍
平板振动器	200 mm
附着振动器	根据设置方式,通过试验确定

2. 混凝土真空作业法

混凝土真空作业法是借助于真空负压,将水从刚浇筑成型的混凝土拌合物中吸出,并使混凝土密实的一种成型方法(图 4-49),在道路工程、建筑工程中都有应用。

按真空作业的方式可分为表面真空作业与内部真空作业。表面真空作业是在混凝土构件的上、下表面或侧表面布置真空腔进行吸水。上表面真空作业应用最多,它适用于楼板、预制混凝土平板、

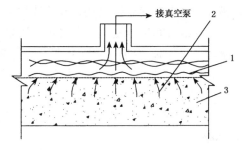

1—真空腔;2—吸出的水;3—混凝土拌合物。

图 4-49   混凝土真空作业法原理图

道路、机场跑道等;下表面真空作业适用于薄壳、隧道顶板等;墙壁、水池、桥墩等则宜用侧表面真空作业。有时还将上述几种方法结合使用。内部真空作业是利用插入混凝土内部的真

空腔进行,其构造比较复杂,实际工程中应用较少。

进行真空作业的主要设备有:真空吸水机组、真空腔和吸水软管。真空吸水机组由真空泵、真空室、排水管及滤网等组成。真空腔有刚性吸盘和柔性吸垫两种。

4.3.3.4 混凝土养护

混凝土浇筑后应及时进行保湿养护,如洒水养护、覆盖养护、喷涂养护剂养护、带模养护等。

混凝土的养护时间:对硅酸盐水泥、普通硅酸盐水泥及矿渣硅酸盐水泥配置的混凝土不应少于 7 d;采用其他品种的水泥时,养护时间应根据水泥性能确定;采用缓凝型外加剂、大掺量矿物掺合料配置的混凝土不应少于 14 d;抗渗混凝土、强度等级大于 C60 及以上的混凝土不应少于 14 d。后浇带混凝土的养护时间不应少于 14 d,地下室底层墙、柱和上部结构首层墙、柱宜适当增加养护时间。大体积混凝土养护时间应根据施工方案确定。

洒水养护宜在混凝土裸露表面覆盖麻袋或草帘后进行,应保持混凝土表面处于湿润状态,也可采用蓄水养护方法。当日最低温度低于 5℃时,不应采用洒水养护。

覆盖养护宜在混凝土裸露表面覆盖塑料薄膜、塑料薄膜加草帘等。塑料薄膜应紧贴混凝土裸露表面,覆盖物应严密,并在薄膜内保持有凝结水。覆盖层数应根据工程实际确定。

喷涂养护剂养护是在混凝土裸露表面喷涂致密的养护剂进行养护的一种方法。要求养护剂均匀喷涂覆盖在结构构件表面,不得漏喷。养护剂的保湿效果应通过试验检验。

带模养护是竖向混凝土结构养护的一种行之有效的方法,它可以防止混凝土表面过快失水,也可以解决混凝土温差控制问题。柱、墙混凝土等均可采用带模养护,养护时间不宜少于 3 d,带模养护结束后应继续采用洒水方式进行养护,必要时也可采用覆盖或喷涂养护剂方式继续养护。

混凝土必须养护至其强度达到 1.2 N/mm² 以上,方可在其上行人、堆放物料或安装模板和支架。

4.3.3.5 混凝土质量的检查

混凝土质量检查包括拌制以及浇筑过程中和养护后的质量检查。在施工前期,水泥进场(厂)时应对其品种、级别、包装或散装仓号、出厂日期等进行检查,并对水泥的强度、安定性和凝结时间进行复验。当对水泥质量有怀疑,或水泥出厂超过三个月,或快硬硅酸盐水泥超过一个月时,应进行复验并按复验结果使用。检查的数量按同一生产厂家、同一等级、同一品种、同一批号且连续进场(厂)的水泥,袋装不超过 200 t 为一批,散装不超过 500 t 为一批,每批抽样数量不应少于一次。

对外加剂、矿物掺合料、粗骨料、细骨料及搅拌和养护用水也应按有关规定进行检验检测。

预拌混凝土进场时应检查混凝土质量的证明文件,包括配合比通知单、混凝土抗压强度报告、质量合格证和运输单等。

混凝土在浇筑前应保持良好的工作性,预拌混凝土的坍落度检查应在交货地点进行。混凝土坍落度、维勃稠度的允许偏差应符合表 4-14 的规定。对坍落度大于 220 mm 的混凝土,可根据需要测定其坍落扩展度,扩展度的允许偏差为 30 mm。

112

表 4-14 　　　　　　　　　　　　坍落度、维勃稠度的允许偏差

指标	坍落度/mm			维勃稠度/s		
设计值	≤40	50～90	≥100	≥11	10～6	≤5
允许偏差	±10	±20	±30	±3	±2	±1

混凝土养护后的质量检查,主要指抗压强度检查,如设计上有特殊要求,则还需对其抗冻性、抗渗性等进行检查。混凝土的抗压强度是根据边长为 150 mm 的标准立方体试块在标准条件下[(20±2)℃的温度和相对湿度 95％以上]养护 28 d 的抗压强度来确定。评定强度的试块,应在浇筑处或制备处随机抽样制成,不得挑选或特殊制作。建筑工程中目前确定同一配合比的混凝土取样和试件留置要求如下:

① 每拌制 100 盘且不超过 100 m³,取样不得少于 1 次;

② 每个工作班拌制不足 100 盘时,取样不得少于 1 次;

③ 每次连续浇筑超过 1 000 m³ 时,每 200 m³ 取样不得少于 1 次;

④ 每一楼层取样不得少于 1 次;

⑤ 每次取样应至少留置一组试件。

对有耐久性要求的混凝土应在施工现场对试件进行随机抽样检查耐久性能。对有抗冻要求的混凝土则应现场检查混凝土的含气量。

若有其他需要,如为了检查结构或构件的拆模、出池、出厂、吊装、张拉、放张及施工期间临时负荷的需要等,还应留置与结构或构件同条件养护的试件,试件组数按实际需要确定。试验组的 3 个试件应在同盘混凝土中取样制作。

混凝土强度应分批验收。同一验收批次的混凝土应由强度等级相同、龄期相同以及生产工艺和配合比基本相同的混凝土组成。按单位工程的验收项目划分验收批次,每个验收项目应按有关规定确定。同一验收批次的混凝土强度,应以同一批次内全部标准试件的强度代表值评定。

4.3.3.6　混凝土冬期施工

1. 混凝土冬期施工原理

混凝土之所以能凝结、硬化并得到一定强度,是由于水泥和水进行水化作用的结果。水化作用的速度在一定湿度条件下主要取决于温度,温度愈高,强度增长也愈快,反之则慢。当温度降至 0℃ 以下时,水化作用基本停止,温度再继续降至 -2～-4℃ 时,混凝土内的水开始结冰,水结冰后体积增大 8％～9％,在混凝土内部产生冰晶应力,使强度很低的水泥石结构内部产生微裂纹,同时也减弱了水泥与砂石和钢筋之间的黏结力,使混凝土的最终强度降低。

受冻的混凝土在解冻后,其强度虽然能继续增长,但已不能达到原设计强度等级。试验证明,混凝土遭受冻结带来的危害,与遭冻的早晚、水灰比等有关,遭冻时间愈早,水灰比愈大,则强度损失愈多,反之则损失较少。

经过试验得知,混凝土经过养护达到一定强度后再遭冻结,其最终抗压强度损失就会减少。一般把先预养再冻结后的最终抗压强度损失在 5％以内的预养强度值定为"混凝土受冻临界强度"。

通过试验得知,混凝土受冻临界强度与水泥品种、混凝土强度等级有关。对普通硅酸盐水泥和硅酸盐水泥配制的混凝土,受冻临界强度定为设计的混凝土强度标准值的30%;对矿渣硅酸盐水泥配制的混凝土,受冻临界强度定为设计的混凝土强度标准值的40%。

混凝土冬期施工除上述早期冻害之外,还需注意拆模不当带来的冻害。拆模后混凝土构件表面急剧降温,由于较大的内外温差会产生温度应力,使表面产生裂纹,在冬期施工中也应力求避免这种冻害。

工程中可根据当地多年气象资料统计,当室外日平均气温连续5 d稳定低于5℃时,采取冬期施工措施;当室外日平均气温连续5 d稳定高于5℃时,可解除冬期施工措施。当混凝土未达到受冻临界强度而气温骤降至0℃以下时,应按冬期施工的要求采取应急防护措施。

2. 混凝土冬期施工方法的选择

混凝土冬期施工方法分为三类:非加热法、加热法和综合法。混凝土养护期间非加热法包括蓄热法、掺化学外加剂法;混凝土养护期间加热法包括电极加热法、电器加热法、感应加热法、蒸汽加热法和暖棚法;综合法即把上述两类方法综合应用。目前最常用的是蓄热法和掺外加剂法,也有用这两种方法的组合——综合蓄热法,即在蓄热法的基础上掺加外加剂(早强剂或防冻剂)。

选择混凝土冬期施工方法,要考虑自然气温、结构类型和特点、原材料、工期限制、能源情况和经济指标。对工期不紧和无特殊限制的工程,从节约能源和降低冬期施工费用考虑,应优先选用非加热法或综合法;在工期紧张、施工条件又允许时可考虑选用加热法。一个理想的冬期施工方案,应当是在杜绝混凝土早期受冻的前提下,用最低的施工费用,在最短的施工期限内,获得优良的施工质量。

3. 混凝土冬期施工方法

(1) 蓄热法

① 蓄热法原理

蓄热法是利用加热原材料(水泥除外)或热拌混凝土所预加的热量,提高混凝土出机温度,再用适当的保温材料覆盖,防止热量过快散失,延缓混凝土的冷却速度,使混凝土在正温条件下增加强度以达到预定值,即达到混凝土受冻临界强度。

室外最低气温不低于-15℃,地面以下的工程或表面系数不大于15 m^{-1} 的混凝土结构,应优先采用蓄热法。

② 原材料加热方法

水的比热容比砂石大,且水的加热设备简单,故应首先考虑加热水。如水加热至极限温度而热量尚嫌不足时,再考虑加热砂石。水的加热极限温度视水泥强度等级和品种而定,当水泥强度等级小于52.5级时,不得超过80℃;当水泥强度等级大于或等于52.5级时,不得超过60℃。搅拌时宜将水先与砂石拌合,然后加入水泥以防止水泥假凝。

骨料加热可采用蒸汽通到骨料中的直接加热法或在骨料堆、贮料斗中安设蒸汽盘管进行间接加热。

砂石加热的极限温度亦与水泥强度等级和品种有关,对于强度等级小于52.5级的水泥,不应超过60℃;对于强度等级大于或等于52.5级的水泥,则不应超过40℃。当骨料不作加热时,应除去骨料中的冰棱后再进行搅拌。

114

水泥绝对不允许加热。

③ 热工计算

为保证混凝土在冬期受冻前能达到混凝土受冻临界强度,应对原材料的加热、搅拌、运输、浇筑和养护过程进行热工计算并计入水泥水化热,计算步骤如下:

混凝土拌合物的温度→拌合物的出机温度→成型完成时的温度→蓄热养护过程中任一时刻的温度及从蓄热养护开始至任一时刻的平均温度→蓄热养护至冷却至0℃的时间。根据混凝土强度增长曲线求出混凝土在此养护过程中能达到的强度,看其是否满足混凝土受冻临界强度的要求。如果满足,则制订的施工方案可行,否则,可采取下列措施:

(a) 进一步提高水、砂、石的加热温度,但不能超过加热极限温度;

(b) 改善蓄热法的保温措施,更换或加厚保温材料,使混凝土热量散失减缓,以提高混凝土养护的平均温度;

(c) 掺加外加剂,使混凝土早强,提高抗冻性。

(2) 掺外加剂法

这是一种只需要在混凝土中掺入外加剂,不需采取加热措施就能使混凝土在负温条件下继续硬化的方法。在负温条件下,混凝土拌合物中的水要结冰,随着温度的降低,冰晶逐渐增加,一方面增加了混凝土内部结构的拉应力,使水泥石产生微裂缝;另一方面由于液相减少,使水泥水化反应变得十分缓慢而处于休眠状态。掺外加剂的作用就是对混凝土产生抗冻、早强、催化等效用,降低混凝土的冰点,使之在负温下加速硬化以达到要求的强度。常用的抗冻、早强的外加剂有氯化钠、氯化钙、硫酸钠、亚硝酸钠、碳酸钾、三乙醇胺、硫代硫酸钠、重铬酸钾、氨水、尿素等,其中氯化钠具有抗冻、早强作用,且价廉易得,早从 20 世纪 50 年代开始就得到应用,但对其掺量应有限制,否则易引起钢筋锈蚀。氯盐除去掺量有限制外,在高湿度环境、预应力混凝土结构等情况下禁止使用。

外加剂种类的选择取决于施工要求和材料供应,其掺量应由试验确定。掺外加剂的混凝土凝结速度应考虑混凝土运输和浇筑的时间。采用掺外加剂法进行冬期施工的混凝土最终强度损失不得大于5%,其他物理力学性能不得低于普通混凝土。随着新型外加剂的不断出现,其效果越来越好。目前外加剂已从无机化合物向有机化合物方向发展,而掺加方法也从单一型向复合型发展。

思 考 题

【4-1】 钢筋冷拔的质量应如何控制?

【4-2】 钢筋的连接有哪些方法?在工程中应如何选择?

【4-3】 钢筋机械连接的接头有哪几类?

【4-4】 模板设计与施工的基本要求有哪些?

【4-5】 大模板结构的基本组成包括哪几部分?

【4-6】 试述滑模的组成及其滑升原理。

【4-7】 爬升模板的爬升方法有哪些?其爬升原理是否相同?

【4-8】 试分析柱、梁、楼板、墙等的模板受力状况、荷载及传递路线。

【4-9】 模板和支架的设计荷载应如何考虑?

【4-10】 影响混凝土侧压力的因素有哪些？

【4-11】 混凝土的配制强度如何确定？

【4-12】 混凝土搅拌制度包括哪些内容？

【4-13】 混凝土运输过程中如何控制质量？

【4-14】 泵送混凝土对混凝土质量有何特殊要求？

【4-15】 混凝土结构施工缝留设的原则是什么？对不同的结构构件应如何留设？

【4-16】 梁式桥及道路的混凝土浇筑方法有何特点？

【4-17】 大体积混凝土的裂缝形成原因有哪些？为保证大体积混凝土的整体性，可采用哪些浇筑方法？

【4-18】 混凝土的密实成型有哪些途径？采用插入式振动棒振捣时应注意哪些问题？

【4-19】 混凝土养护有何要求？

【4-20】 混凝土在施工过程中应进行哪几方面的质量检验？

【4-21】 何谓"混凝土受冻临界强度"？什么条件下应采取冬期施工措施？

习　题

【4-1】 某地下室混凝土墙厚 350 mm，采用大模板施工，模板高 4.6 m。已知现场施工条件为：混凝土拌合物温度为 25℃，混凝土浇筑速度为 1.5 m/h，混凝土坍落度为 150 mm，采用泵管下料。试确定该模板设计的荷载及荷载组合。

【4-2】 一块 1.2 m×0.3 m 的组合钢模板，惯性矩 $I_y = 1.29 \times 10^5$ mm^4，截面模量 $W_y = 7.6 \times 10^3$ mm^3，拟用于浇筑 300 mm 厚的楼板（图 4-50），验算其能否满足施工要求。已知模板自重 0.75 kN/m^2，钢材强度设计值为 215 N/mm^2，$E = 2 \times 10^5$ N/mm^2。模板支承形式为简支，楼板底表面外露（即不做抹灰）。

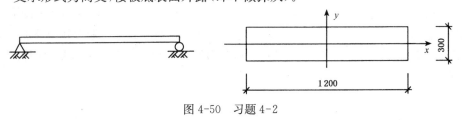

图 4-50　习题 4-2

【4-3】 某钢筋混凝土基础尺寸为 50 m×30 m，厚 1.5 m，要求不留施工缝，采用插入式振动棒捣实，振动棒长 300 mm，混凝土初凝时间为 2.0 h，运输时间为 0.4 h，试比较三种浇筑方案的混凝土最小单位时间浇筑量。

5 预应力混凝土工程

由于预应力混凝土结构的截面小、刚度大、抗裂性和耐久性好,在世界各国的土木工程领域中得到广泛应用。近年来,随着高强度钢材及高强度等级混凝土的出现,促进了预应力混凝土结构的发展,也进一步推动了预应力混凝土施工工艺的成熟和完善。

5.1 概 述

5.1.1 预应力混凝土的特点

普通钢筋混凝土构件的抗拉极限应变只有 $0.0001 \sim 0.00015$。构件混凝土受拉不开裂时,构件中受拉钢筋的应力只有 $20 \sim 30$ MPa。即使允许出现裂缝的构件,因受裂缝宽度限制,受拉钢筋的应力也仅达 $150 \sim 250$ MPa,钢筋的抗拉强度未能充分发挥。

预应力混凝土是解决这一问题的有效方法,即在构件承受外荷载前,预先在构件的受拉区对混凝土施加预压应力。当构件在使用阶段的外荷载作用下产生拉应力时,首先要抵消预压应力,这就推迟了混凝土裂缝的出现并限制了裂缝的开展,从而提高了构件的抗裂强度和刚度。

对混凝土构件受拉区施加预压应力的方法是,张拉受拉区中的预应力钢筋,通过预应力钢筋或钢筋与锚具共同将预应力钢筋的弹性收缩力传递到混凝土构件上,并产生预应力。

5.1.2 预应力钢筋的种类

为了获得较大的预应力,预应力筋常用高强度钢材,目前较常见的有以下几种。

预应力筋

5.1.2.1 预应力螺纹钢筋

预应力螺纹钢筋分为冷拉热轧低合金钢筋和热处理低合金钢筋两种。冷拉钢筋是指经过冷拉提高了屈服强度的热轧低合金钢筋。过去我国采用的冷拉钢筋有:冷拉Ⅱ级、冷拉Ⅲ级、冷拉Ⅳ级钢筋等,现已淘汰。目前在预应力混凝土工程中采用的预应力螺纹钢筋性能可见表 5-1。

预应力钢筋中含碳量和合金含量对钢筋的焊接性能有一定的影响,尤其当钢筋中含碳量达到上限或直径较粗时,焊接质量不稳定。解决这一问题的方法是,在钢筋端部冷轧螺纹,或是钢厂用热轧方法直接生产一种无纵肋的精轧螺纹钢筋(图 5-1),在端部用螺纹套筒连接接长。

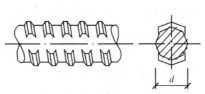

图 5-1 无纵肋精轧螺纹钢筋的外形

表 5-1　　　　　　　　　　　　　　　　预应力螺纹钢筋的强度和弹性模量

符号	公称直径 d /mm	屈服强度标准值 f_{pyk} /(N·mm⁻²)	极限强度标准值 f_{ptk} /(N·mm⁻²)	抗拉强度标准值 f_{py} /(N·mm⁻²)	抗压强度标准值 f'_{py} /(N·mm⁻²)	弹性模量 E_s /(N·mm⁻²)
Φ^T	18,25,32, 40,50	785	980	650	410	2.00
		930	1 080	770		
		1 080	1 230	900		

5.1.2.2　预应力钢丝

1. 中强度钢丝

中强度钢丝是在不改变现有施工设备、工艺的条件下,用 800 MPa,1 000 MPa 和 1 200 MPa 级中强度预应力钢丝代替冷拔低碳钢丝及预应力混凝土管桩、电杆中的高强度钢丝,不仅施工更为方便、工艺更易控制、节省钢材,而且能提高构件质量和结构安全度。中强度钢丝按表面形式分为光面和螺旋肋表面,其力学性能如表 5-2 所列。图 5-2 所示为螺旋肋中强度钢丝。

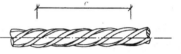

图 5-2　螺旋肋钢丝的外形

表 5-2　　　　　　　　　　　　　　　预应力中强度钢丝的强度和弹性模量

符号		公称直径 d /mm	屈服强度标准值 f_{pyk} /(N·mm⁻²)	极限强度标准值 f_{ptk} /(N·mm⁻²)	抗拉强度标准值 f_{py} /(N·mm⁻²)	抗压强度标准值 f'_{py} /(N·mm⁻²)	弹性模量 E_s/ (N·mm⁻²)
光面	Φ^{PM}	5,7,9	620	800	510	410	2.05
			780	970	650		
螺旋肋	Φ^{HM}		980	1 270	810		

2. 消除应力钢丝

高强度钢丝是由高碳钢盘条经淬火、酸洗、冷拔制成,为了消除钢丝拉拔时产生的内应力,还需经过矫直回火处理。预应力钢丝经矫直回火后,可消除钢丝冷拔过程中产生的残余应力,其比例极限、屈服强度和弹性模量等会有所提高,塑性也有所改善,同时也可解决钢丝的矫直问题。这种钢丝被称为消除应力钢丝。消除应力钢丝的松弛损失虽比消除应力前低一些,但仍然较高,于是又发展了一种叫做"稳定化"的特殊生产工艺,即在一定的温度(如350℃)和拉应力下进行应力消除回火处理,然后冷却至常温。经"稳定化"处理后,钢丝的松弛值仅为普通钢丝的 25%～33%。这种钢丝被称为低松弛钢丝,目前已在国内外广泛应用。我国消除应力钢丝的力学性能如表 5-3 所列。

表 5-3 预应力消除应力钢丝的强度和弹性模量

符号		公称直径 d /mm	极限强度标准值 f_{ptk} /(N·mm^{-2})	抗拉强度标准值 f_{py} /(N·mm^{-2})	抗压强度标准值 f'_{py} /(N·mm^{-2})	弹性模量 E_s /(N·mm^{-2})
光面 螺旋肋	Φ^P Φ^H	5	1 570	1 110	410	2.05
			1 860	1 320		
		7	1 570	1 110		
		9	1 470	1 040		
			1 570	1 110		

5.1.2.3 钢绞线

钢绞线是用钢丝绞扭而成,其方法是在绞线机上以一种稍粗的直钢丝为中心,其余钢丝则围绕其进行螺旋状绞合(图 5-3),再经低温回火处理。钢绞线根据深加工要求的不同又可分为普通松弛钢绞线(消除应力钢绞线)、低松弛钢绞线和镀锌钢绞线、环氧涂层钢绞线和模拔钢绞线等几种。

钢绞线规格有 2 股、3 股、7 股和 19 股等。7 股钢绞线由于面积较大、柔软、施工定位方便,适用于先张法和后张法预应力结构与构件,是目前国内外应用最广的一种预应力筋。表 5-4 给出了我国常用的钢绞线的规格及其强度设计值。

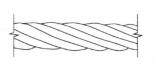

D—钢绞线公称直径;d—外层钢丝直径;
d_0—中心钢丝直径。

图 5-3 预应力钢绞线的截面

表 5-4 预应力钢绞线的强度和弹性模量

符号		公称直径 d /mm	极限强度标准值 f_{ptk} /(N·mm^{-2})	抗拉强度标准值 f_{py} /(N·mm^{-2})	抗压强度标准值 f'_{py} /(N·mm^{-2})	弹性模量 E_s /(N·mm^{-2})
1×3 (三股)	Φ^S	8.6,10.8, 12.9	1 570	1 110	390	1.95
			1 860	1 320		
			1 960	1 390		
1×7 (七股)		9.5,12.7, 15.2,17.8	1 720	1 220		
			1 860	1 320		
			1 960	1 390		
		21.6	1 860	1 320		

119

5.1.2.4 无黏结预应力筋

无黏结预应力筋是一种在施加预应力后沿全长与周围混凝土不黏结的预应力筋,它由预应力钢材、保护油脂和外包层组成(图5-4)。无黏结预应力筋的高强钢材和有黏结预应力筋的要求一样,常用的钢材为7根直径5 mm的碳素钢丝束及由7根5 mm或4 mm的钢丝绞合而成的钢绞线。无黏结预应力筋的制作采用挤塑工艺。外包聚乙烯或聚丙烯套管,套管内涂防腐建筑油脂,经挤压成型,塑料包裹层裹覆在钢丝束或钢绞线上。

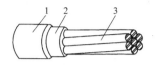

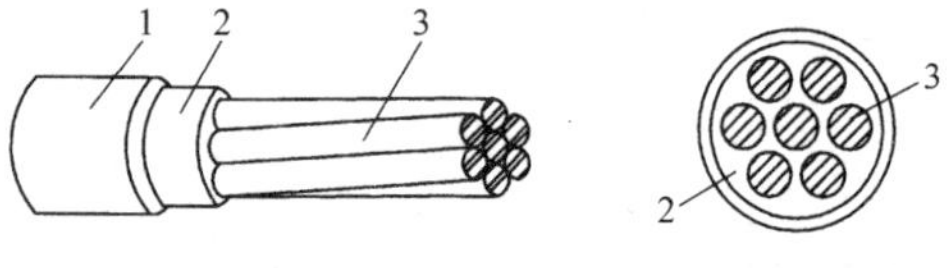

(a) 无黏结预应力筋 　　(b) 截面示意

1—外包层;2—保护油脂;
3—钢绞线或钢丝束。

图 5-4　无黏结预应力筋

5.1.2.5 非金属预应力筋

非金属预应力筋主要指用纤维增强塑料(简称FRP)制成的预应力筋,有玻璃纤维增强塑料(GFRP)、芳纶纤维增强塑料(AFRP)及碳纤维增强塑料(CFRP)预应力筋等几种形式。

5.1.2.6 非预应力筋

预应力混凝土结构中一般也均配置有非预应力钢筋,非预应力钢筋可选用热轧钢筋HRB335以及HRB400,也可采用HPB235或RRB400,箍筋宜选用热轧钢筋HPB235。

5.1.3 连接器和组装件

预应力筋之间的连接装置称为"连接器"。预应力筋与锚具等组合装配而成的受力单元称为"组装件",如预应力筋-锚具组装件、预应力筋-夹具组装件、预应力筋-连接器组装件等。

5.1.4 对混凝土的要求

在预应力混凝土结构中所采用的混凝土应具有高强、轻质和高耐久性的性质,要求强度等级不低于C30,当采用钢绞线、钢丝、热处理钢筋时不宜低于C40。目前,我国在一些重要的预应力混凝土结构中,已开始采用C50～C60的混凝土,最高已达到C80,并逐步向更高强度等级的混凝土发展。国外混凝土的平均抗压强度每10年提高5～10 MPa,现已出现抗压强度高达200 MPa的高强混凝土。

5.1.5 预应力的施加方法

预应力的施加方法根据与构件制作的先后顺序分为先张法和后张法两大类。按钢筋的张拉方法又分为机械张拉和电热张拉。后张法中因施工工艺的不同,又可分为一般后张法、后张自锚法、无黏结后张法等。

5.2 先 张 法

先张法是在浇筑混凝土构件之前张拉预应力筋并临时锚固在台座或钢模上,然后浇筑混凝土构件的施工方法。待混凝土达到一定强度,并与预应力筋有足够黏结力时,放松预应力,预应力筋弹性回缩,借助混凝土与预应力筋间的黏结,对混凝土产生预压应力。

先张法多用于预制构件厂生产定型构件,也常用于现场生产预应力桥跨结构等。图5-5为采用先张法施工工艺生产预应力构件的示意图。先张法生产工艺有台座法和台模法两种。用台座法生产时,预应力筋的张拉、锚固、构件浇筑、养护和预应力筋的放松等工序都在台座上进行,预应力筋的张拉力由台座承受。台模法为机组流水或传送带生产方法,此时预应力筋的张拉力由钢台模承受。

本节主要介绍台座法生产预应力混凝土构件的施工方法。

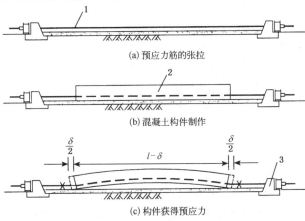

(a) 预应力筋的张拉

(b) 混凝土构件制作

(c) 构件获得预应力

1—预应力筋;2—混凝土构件;3—台座。

图 5-5 先张法生产示意图

先张法预应力张拉　先张法工艺　先张法台座

5.2.1 先张法施工设备

5.2.1.1 台座

用台座法生产预应力混凝土构件时,预应力筋锚固在台座横梁上,台座承受全部预应力的拉力,故台座应有足够的强度、刚度和稳定性,以避免台座变形、倾覆和滑移而引起的预应力损失。

台座由台面、横梁和承力结构等组成。根据承力结构的不同,台座分为墩式台座、槽式台座、桩式台座等。

1. 墩式台座

以混凝土墩作承力结构的台座称为墩式台座,一般用以生产中小型构件。台座长度较长,张拉一次可生产多个构件,从而减少因钢筋滑动而引起的预应力损失。

生产预应力混凝土构件时,可采用图5-6所示的墩式台座。一般将与墩相连的局部区域的台面加厚,以便承受张拉力。

设计墩式台座时,应进行台座的稳定性和强度验算。稳定性是指台座的抗倾覆能力。

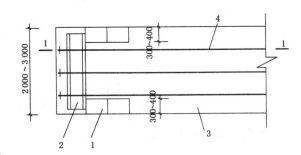

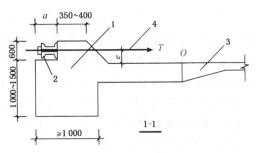

1—混凝土墩;2—横梁;3—加厚的台面;4—预应力筋。

图 5-6 墩式台座

墩式台座抗倾覆验算的计算简图如图 5-7 所示,按式(5-1)计算:

$$K_0 = \frac{M'}{M} \tag{5-1}$$

式中　K_0——台座的抗倾覆安全系数;

　　　M——由张拉力产生的倾覆力矩,$M = Te$;

　　　T——张拉力的合力;

　　　e——T 的作用点到倾覆转动点 O 的力臂;

　　　M'——抗倾覆力矩,如忽略土压力,则 $M' = G_1 l_1 + G_2 l_2$。

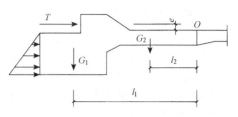

图 5-7　墩式台座的抗倾覆计算简图

进行台座强度验算时,需验算墩式台座与台面接触的外伸部分、台面、横梁及支承横梁的牛腿,台座与台面接触的外伸部分,按偏心受压构件计算;台面按轴心受压杆件计算;横梁按承受均布荷载的简支梁计算,其挠度应控制在 2 mm 以内。

2. 槽式台座

生产吊车梁、屋面梁、桥梁的箱梁等预应力混凝土构件时,由于张拉力及其产生的倾覆力矩都较大,大多采用槽式台座。槽式台座具有通长的钢筋混凝土传力梁,可承受较大的张拉力和倾覆力矩,其上加砌砖墙,加盖后还可进行蒸汽养护(图 5-8)。为方便混凝土运输和蒸汽养护,槽式台座多低于地面。为便于拆迁,台座的传力梁亦可分段浇制。

设计槽式台座时,也应进行抗倾覆稳定性和强度验算。

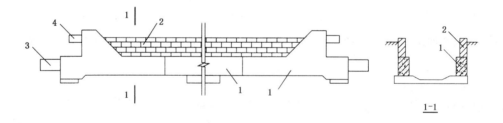

1—混凝土传力梁;2—砖墙;3—下横梁;4—上横梁。

图 5-8　槽式台座

5.2.1.2　夹具和张拉机具

1. 夹具

夹具是在先张法预应力混凝土构件施工时,为保持预应力筋的拉力并将其固定在生产台座(或设备)上的临时锚固装置;或在后张法预应力混凝土结构或构件施工时,张拉千斤顶等设备夹持预应力筋的临时性锚固装置。夹具应与预应力筋相适应。张拉机具应根据不同的夹具和张拉方式选用,预应力钢丝与预应力钢筋张拉所用夹具和张拉机具有所不同。

夹具应具有良好的自锚性能、松锚性能和重复使用性能。主要锚固零件宜采取镀膜防锈。它的静载性能由预应力筋-夹具组装件静载试验测定的夹具效率系数(η_g)确定。夹具效率系数应按式(5-2)计算:

$$\eta_g = \frac{F_{gpu}}{F_{pm}} \tag{5-2}$$

式中　F_{gpu}——预应力筋-夹具组装件的实测极限拉力；

　　　F_{pm}——预应力筋的实际平均极限抗拉力。由预应力钢材试件实测破断荷载平均值计算得出。

夹具的效率系数(η_g)不应小于0.92。

2. 钢丝的夹具和张拉机具

（1）夹具

夹具

先张法中钢丝的夹具分两类：一类是将预应力筋锚固在台座或钢模上的夹具；另一类是张拉时夹持预应力筋用的夹具。锚固夹具与张拉夹具都是重复使用的工具。钢丝夹具的种类繁多，此处仅介绍两种常用的钢丝夹具：锥（楔）式锚固夹具（图5-9）和偏心式张拉夹具（图5-10）。

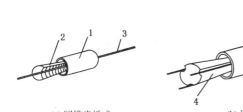
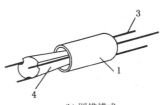
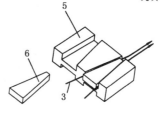

　　(a) 圆锥齿板式　　　　　　(b) 圆锥槽式　　　　　　(c) 楔形

1—套筒；2—齿板；3—钢丝；4—锥塞；5—锚板；6—楔块。

图 5-9　钢丝用锚固夹具

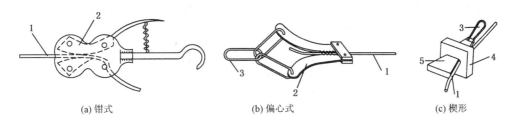

　　(a) 钳式　　　　　　　(b) 偏心式　　　　　　　(c) 楔形

1—钢丝；2—偏心齿条；3—拉钩；4—锚板；5—楔块。

图 5-10　钢丝的张拉夹具

夹具的自锁、
自锚

　　夹具须具备自锁和自锚能力。自锁即锥销、齿板或楔块等打入后不会因反弹而脱出的能力；自锚即预应力筋张拉时能可靠地锚固而不被拉出的能力。

　　以锥销式夹具（图5-11）为例，锥销在顶压力Q的作用下打入套筒，由于顶压力的作用，在锥销侧面产生正压力N及摩擦力$N\mu_1$，根据平衡条件，得

$$Q - nN\mu_1\cos\alpha - nN\sin\alpha = 0 \tag{5-3}$$

式中　n——锚固的预应力筋根数；

　　　μ_1——预应力筋与锥销间的摩擦系数。

　　因为$\mu_1 = \tan\phi_1$（ϕ_1为预应力筋与锥销间的摩擦角），代入式(5-3)，得

$$Q = n\tan\phi_1 N\cos\alpha + nN\sin\alpha \tag{5-4a}$$

所以

$$Q = \frac{nN\sin(\alpha + \phi_1)}{\cos\phi_1} \qquad (5\text{-}4b)$$

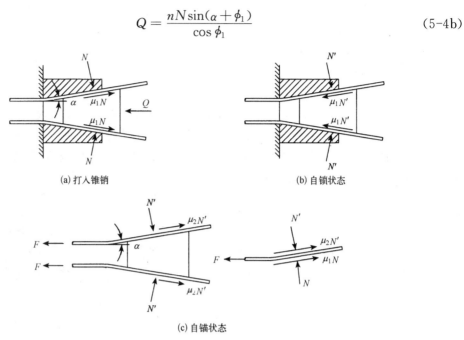

(a) 打入锥销   (b) 自锁状态

(c) 自锚状态

图 5-11　锥销式夹具自锁、自锚计算简图

锚固后，由于预应力筋内缩，正压力变为 N'，由于锥销有回弹趋势，故摩阻力 $N'\mu_1$ 反向以阻止回弹。为使锥销自锁，则需满足式(5-5)：

$$nN'\mu_1\cos\alpha \geqslant nN'\sin\alpha \qquad (5\text{-}5)$$

以 $\mu_1 = \tan\phi_1$ 代入式(5-5)，得

$$n\tan\phi_1 N'\cos\alpha \geqslant nN'\sin\alpha \qquad (5\text{-}6a)$$

即

$$\tan\phi_1 \geqslant \tan\alpha \qquad (5\text{-}6b)$$

故

$$\alpha \leqslant \phi_1 \qquad (5\text{-}6c)$$

因此，要使锥销式夹具能够自锁，α 角必须等于或小于锥销与预应力筋间的摩擦角 ϕ_1。

张拉时预应力筋在拉力 F 的作用下有向孔道内滑动的趋势，由于套筒顶在台座或钢模上不动，又由于锥销的自锁，则预应力筋带着锥销向内滑动，直至平衡为止。根据平衡条件，可知

$$F = \mu_2 N'\cos\alpha + N'\sin\alpha \qquad (5\text{-}7)$$

式中，μ_2 为预应力筋与套筒间的摩擦系数。

夹具如能自锚，则阻止预应力筋滑动的摩阻力应大于预应力筋的拉力 F，如图 5-11(c) 所示。由于 $N \approx N'$，则可得

$$\frac{(\mu_1 N + \mu_2 N)\cos\alpha}{F} = \frac{(\mu_1 N + \mu_2 N)\cos\alpha}{\mu_2 N\cos\alpha + N\sin\alpha} = \frac{\mu_1 + \mu_2}{\mu_2 + \tan\alpha} \geqslant 1 \qquad (5\text{-}8)$$

由此可知，α，μ_2 愈小，μ_1 愈大，则夹具的自锚性能愈好，μ_2 小而 μ_1 大，则对预应力筋的挤压好，锥销向外滑动少。这就要求锥销的硬度（HRC40～HRC45）大于预应力筋的硬度，而预应力筋的硬度要大于套筒的硬度。α 角一般为 $4°\sim6°$，若过大，则自锁和自锚性能差；若过小，则套筒承受的环向张力过大。

（2）张拉机具

钢丝的张拉分单根张拉和多根张拉。

用钢台模以机组流水法或传送带法生产构件多采用多根张拉，图5-12是用油压千斤顶进行张拉的示意图，张拉时要求钢丝的长度尽可能相等，以避免钢丝张拉应力的不均匀性，因此应事先调整初应力。

在台座上生产构件多采用单根张拉，由于张拉力较小，可用小型电动卷扬机张拉，以弹簧、杠杆等设备测力。用弹簧测力时宜设置行程开关，以便张拉到规定的拉力时能自行停车。

选择张拉机具时，为了保证设备、人身安全和张拉力准确，张拉机具的张拉力应不小于预应力筋张拉力的1.5倍；张拉机具的张拉行程应不小于预应力筋张拉伸长值的1.1～1.3倍。

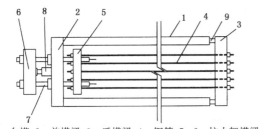

1—台模；2—前横梁；3—后横梁；4—钢筋；5、6—拉力架横梁；
7—螺杆；8—液压千斤顶；9—放松装置。

图5-12　油压千斤顶成组张拉

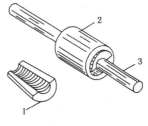

1—销片；2—套筒；3—预应力筋。

图5-13　两片式销片夹具

3. 钢筋和钢绞线的夹具和张拉机具

（1）夹具

钢筋的临时锚固多用镦头和销片夹具，也可采用螺母锚具。张拉时可用连接器与螺丝端杆锚具连接，或用销片夹具等。

钢筋镦头对直径22 mm以下的钢筋可用对焊机热镦或冷镦，大直径钢筋可用压模加热锻打或成型。镦过的钢筋需经镦头强度的检验。

销片式夹具由圆套筒和圆锥形销片组成（图5-13），套筒内壁呈圆锥形，与销片锥度吻合，销片有两片式和三片式，钢筋在销片的凹槽内被夹紧。

先张法用的夹具除应具备静载锚固性能，还应具备下列性能：① 在预应力夹具组装件达到实际破断拉力时，全部零件均不得出现裂缝和破坏；② 良好的自锚性能；③ 良好的放松性能。需用力敲击松开的夹具，必须证明敲击对预应力筋的锚固无影响，且对操作人员的安全不造成危险。

夹具进入施工现场时必须检查其出厂合格证明书，列出有关性能指标，并进行必要的静载试验，符合质量要求后方可使用。

125

（2）张拉机具

先张法粗钢筋的张拉也分为单根张拉和多根成组张拉。由于在长线台座上较小直径的预应力筋的张拉伸长值较大，一般千斤顶行程往往不能满足，故可用卷扬机。张拉直径12~20 mm 的单根钢筋、钢绞线，可用 YC-20 型穿心式千斤顶（图 5-14）。YC-18 型穿心式千斤顶张拉行程可达 250 mm，亦可用于张拉单根钢筋或钢绞线。

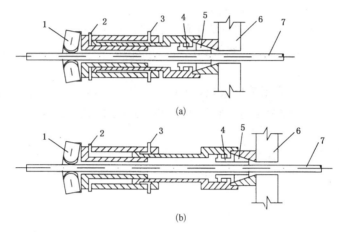

(a)

(b)

1—偏心夹具；2—进油油嘴；3—回油油嘴；4—弹性顶压头；
5—销片夹具；6—台座横梁；7—预应力筋。

图 5-14　YC-20 型穿心式千斤顶

5.2.2　先张法施工工艺

先张法预应力混凝土构件生产的一般工艺流程如图 5-15 所示，施工中可按具体情况适当调整。

先张法构件
施工

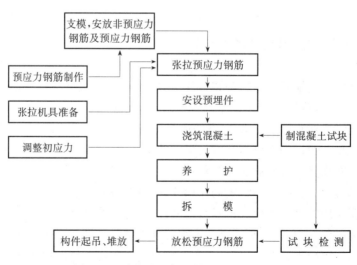

图 5-15　先张法一般工艺流程

5.2.2.1 预应力筋的张拉

预应力筋张拉应根据设计要求进行。当进行多根成组张拉时,应先调整各预应力筋的初应力,使其长度和松紧一致,以保证张拉后各预应力筋的应力一致。

张拉时的控制应力影响预应力的效果,应按设计规定设置。控制应力高,则建立的预应力值大,但控制应力过高,预应力筋处于高应力状态,使构件出现裂缝的荷载与破坏荷载接近,破坏前无明显的预兆。此外,施工中为减少由于松弛等原因造成的预应力损失,一般要进行超张拉。如果原定的控制应力过高,再加上超张拉就可能超过钢筋的流限。为此,《混凝土结构设计规范》(GB 50010—2010)规定预应力钢筋的张拉控制应力值 σ_{con} 不宜超过表 5-5 规定的限值,且消除应力钢丝、钢绞线、中强度预应力钢丝的张拉控制应力值不应小于 $0.4f_{ptk}$;预应力螺纹钢筋的张拉控制应力值不宜小于 $0.5f_{pyk}$。

表 5-5   张拉控制应力限值

预应力钢筋种类	控制应力
消除应力钢丝、钢绞线	$0.75f_{ptk}$
中强度预应力钢丝	$0.70f_{ptk}$
预应力螺纹钢筋	$0.85f_{pyk}$

在下列情况下,表 5-5 中的张拉控制应力限值可提高 $0.05f_{ptk}$ 或 f_{pyk}。

① 为了提高构件在施工阶段的抗裂性能,而在使用阶段受压区内设置的预应力筋;

② 为了部分抵消由于应力松弛、摩擦、钢筋分批张拉以及预应力筋与台座之间的温差等因素产生的预应力损失。

张拉程序一般可按下列程序之一进行:

$$0 \longrightarrow 105\%\sigma_{con} \xrightarrow{\text{持荷 2 min}} \sigma_{con} \tag{5-9a}$$

或

$$0 \longrightarrow 103\%\sigma_{con} \tag{5-9b}$$

式中,σ_{con} 为预应力筋的张拉控制应力。

交通部规范中对粗钢筋及钢绞线的张拉程序分别取

$$0 \rightarrow 初应力(10\%\sigma_{con}) \rightarrow 105\%\sigma_{con} \xrightarrow{\text{持荷 5 min}} 90\%\sigma_{con} \rightarrow \sigma_{con} \tag{5-10}$$

$$0 \rightarrow 初应力 105\%\sigma_{con} \xrightarrow{\text{持荷 5 min}} 0 \rightarrow \sigma_{con} \tag{5-11}$$

建立上述张拉程序的目的是为了减少预应力的松弛损失。所谓"松弛",即钢材在常温、高应力状态下不断产生塑性变形的特性。松弛的数值与控制应力和延续时间有关,控制应力高,松弛亦大。松弛损失还随着时间的延续而增加,但在开始 1 min 内可完成损失总值的 50%左右,24 h 内则可完成 80%。上述张拉程序,如先超张拉 5%σ_{con},再持荷几分钟,则可完成大部分松弛,再恢复到 σ_{con},预应力筋张拉应力的损失可大幅减小。超张拉 3%σ_{con} 亦是为了弥补松弛引起的预应力损失。

用应力控制张拉时,为了校核预应力值,在张拉过程中应测出预应力筋的实际伸长值。施工中,张拉力下预应力筋的实测伸长值与计算伸长值的相对允许偏差不应大于±6%。如实际伸长值大于计算伸长值的10%或小于计算伸长值的5%,应暂停张拉,查明原因并采取措施予以调整后,方可继续张拉。张拉完毕锚固时,张拉端的预应力筋内缩量不得大于设计规定值。

台座法张拉中,为避免台座承受过大的偏心压力,应先张拉靠近台座截面重心处的预应力筋。

此外,预应力张拉施工中必须注意安全,严禁正对张拉钢筋的两端站立人员,以防止断筋回弹伤人。冬季张拉预应力筋,环境温度不宜低于−15℃。

5.2.2.2 混凝土的浇筑与养护

确定预应力混凝土的配合比时,应考虑混凝土的收缩和徐变,以减少预应力损失。收缩和徐变与水泥品种和用量、水灰比、骨料孔隙率等有关。

预应力筋张拉完成后,模板拼装和混凝土浇筑等工作应尽快跟上。混凝土应振捣密实。混凝土浇筑时,振动器不得碰撞预应力筋。混凝土未达到规定强度前,也不允许碰撞或踩动预应力筋。

混凝土养护可采用自然养护或人工湿热养护。但必须注意,当预应力混凝土构件在台座上进行人工湿热养护时,应采取正确的养护制度以减少由温差引起的预应力损失。预应力筋张拉后锚固在台座上,温度升高,预应力筋膨胀伸长,预应力筋的应力减小。在这种情况下,混凝土逐渐硬结,而预应力筋由于温度升高而引起的预应力损失不能恢复。因此,先张法在台座上生产预应力混凝土构件时,其允许的最高养护温度应根据设计规定的允许温差(张拉钢筋时的温度与台座养护温度之差)计算确定。采用钢模制作预应力构件,人工湿热养护时钢模与预应力筋同步伸缩,故不会引起温差预应力损失。

5.2.2.3 预应力筋放松

混凝土达到设计规定的强度(设计无具体要求时,不应小于设计强度的75%)后方可放松预应力筋,这是因为放松过早会由于预应力筋回缩而引起较大的预应力损失。预应力筋放松应根据配筋情况和数量,选用正确的方法和顺序,否则易引起构件翘曲、开裂和断筋等现象。

配筋不多的中小型钢筋混凝土构件,如采用预应力钢丝,则可用砂轮锯或切断机切断方法放松。配筋多的钢筋混凝土构件,钢丝应同时放松。如逐根放松,则最后几根钢丝将由于承受过大的拉力而突然断裂,易使构件端部开裂。长线台座上放松预应力筋的顺序,一般由一端开始,逐次向另一端切断放松。

对预应力螺纹钢筋,不得用电弧切割,可用砂轮锯或切断机切断。数量较大时,也应同时放松。

多根钢丝或钢筋的同时放松,可用油压千斤顶、砂箱、楔块等。采用人工湿热养护的预应力混凝土构件,宜热态放松预应力筋,而不应降温后再放松。

5.3 后 张 法

混凝土构件制作时,在放置预应力筋的部位预留孔道,待混凝土达到规定强度后穿入预应力筋,并用张拉机具夹持预应力筋将其张拉至设计规定的控制应力,然后借助锚具将预应力筋锚固在构件端部,最后进行孔道灌浆(亦有不灌浆者),这种施工方法称为后张法。图 5-16 为预应力后张法构件生产的示意图。

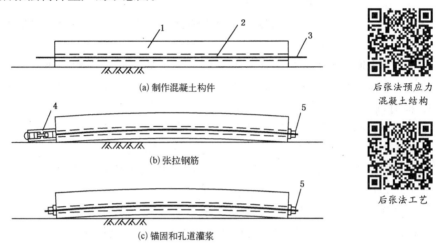

(a)制作混凝土构件

(b)张拉钢筋

(c)锚固和孔道灌浆

后张法预应力混凝土结构

后张法工艺

1—混凝土构件;2—预留孔道;3—预应力筋;4—张拉千斤顶;5—锚具。

图 5-16 预应力混凝土后张法生产示意图

后张法的特点是直接在构件上张拉预应力筋,构件在张拉过程中逐渐完成混凝土的弹性压缩,因此不会影响预应力筋有效预应力的建立。锚具是预应力构件的一个组成部分,永久留在构件上,不能重复使用。

后张法适用于现场生产大型预应力构件、特种结构和构筑物,也可作为预制构件的一种拼装手段。

5.3.1 锚具和预应力筋制作

5.3.1.1 锚具

在后张法预应力混凝土结构或构件中,为保持预应力筋的拉力并将其传递到混凝土上所用的永久性锚固装置称为锚具。

另一类用于后张法施工的夹具称为工具锚,它是在后张法预应力混凝土结构或构件施工时,在张拉千斤顶或设备上夹持预应力筋的临时性锚固装置。

1. 锚具的性能

锚具的性能应满足以下要求:

在预应力筋强度等级已确定的条件下,预应力筋-锚具组装件的静载锚固性能试验结果,应同时满足锚具效率系数(η_a)等于或大于 0.95 和预应力筋总应变(ε_{apu})等于或大于 2.0% 两项要求。

锚具的静载锚固性能,应由预应力筋-锚具组装件静载试验测定的锚具效率系数(η_a)和达到实测极限拉力时组装件受力长度的总应变(ε_{apu})确定。

锚具效率系数(η_a)应按式(5-12)计算:

$$\eta_a = \frac{F_{apu}}{\eta_p F_{pm}} \qquad (5\text{-}12)$$

式中 F_{apu}——预应力筋-锚具组装件的实测极限拉力;

$\quad\quad\eta_p$——预应力筋的效率系数;

$\quad\quad F_{pm}$——预应力筋的实际平均极限抗拉力。由预应力钢材试件实测破断荷载平均值计算得出。

预应力筋的效率系数是指考虑预应力筋根数等因素影响的预应力筋应力不均匀的系数。η_p应按下列规定取用:预应力筋-锚具组装件中预应力钢材为 1～5 根时,$\eta_p = 1$;6～12 根时,$\eta_p = 0.99$;13～19 根时,$\eta_p = 0.98$;20 根以上时,$\eta_p = 0.97$。

预应力筋-锚具组装件的破坏形式应是预应力筋的破断,锚具零件不应碎裂。夹片式锚具的夹片在预应力筋拉应力超过 $0.8f_{ptk}$ 时,不应出现裂纹。

有抗震要求的结构采用的锚具,应满足低周反复荷载性能要求。当锚具使用环境温度低于 $-50℃$ 时,锚具应满足低温锚固性能要求。

锚具还应满足分级张拉、补张拉和放松拉力等张拉工艺的要求。锚固多根预应力筋的锚具,除应具有整束张拉的性能外,还宜具有单根张拉的可能性。

2. 锚具的种类

锚具的种类很多,不同类型的预应力筋所配用的锚具不同。目前,我国采用较多的锚具是支承式锚具和夹片式锚具。以下介绍部分锚具的构造与使用。

(1) 支承式锚具

① 螺母锚具

螺母锚具属支承锚具类,由螺丝端杆、螺母和垫板三部分组成。常用型号有 LM18—LM36,适用于直径为 18～36 mm 的预应力螺纹钢筋,如图 5-17 所示。锚具长度一般为 320 mm,当为一端张拉或预应力筋的长度较长时,螺杆的长度应增加 30～50 mm。

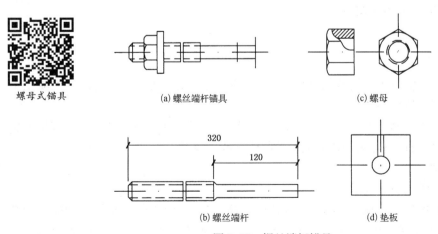

螺母式锚具

(a) 螺丝端杆锚具

(c) 螺母

(b) 螺丝端杆

(d) 垫板

图 5-17 螺丝端杆锚具

螺母锚具用拉杆式千斤顶或穿心式千斤顶张拉。

② 镦头锚具

镦头锚具主要用于锚固单根钢丝和钢丝束。钢丝束的镦头锚具分 A 型和 B 型。A 型由锚环与螺母组成,可用于张拉端;B 型为锚板,用于固定端,其构造如图 5-18 所示。

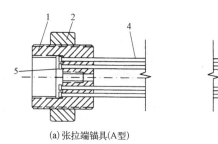 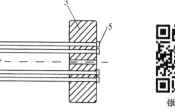

镦头式锚具

(a) 张拉端锚具(A型)　　　　(b) 固定端锚具(B型)

1—锚环;2—锚圈;3—锚板;4—钢丝束;5—镦头。

图 5-18　钢丝束镦头锚具

钢丝束镦头锚具的工作原理是将预应力筋穿过锚环的蜂窝眼后,用专门的镦头机将钢丝的端头镦粗,将镦粗头的预应力束直接锚固在锚环上,待千斤顶拉杆旋入锚环后即可进行张拉,当锚环带动钢丝伸长到设计值时,将锚圈沿锚环旋紧,顶在构件表面,于是构件两端的锚圈和锚板将预压力传到混凝土上。镦头锚具也可用于钢筋束的张拉。

镦头锚具的优点是操作简便迅速,不会出现锥形锚易发生的"滑丝"现象,故不发生由滑丝引起的预应力损失。这种锚具的缺点是下料长度要求很精确,否则,在张拉时因各钢丝应力不均匀甚至会发生断丝现象。

镦头锚具一般也采用拉杆式千斤顶或穿心式千斤顶张拉。

(2) 锥塞式锚具

① 锥形锚具

锥形锚具由钢质锚环和锚塞(图 5-19)组成,采用冷(热)铸方法,用于锚固

锥塞式锚具

钢丝束。锚环内孔的锥度与锚塞的锥度一致,锚塞上刻有细齿槽,夹紧钢丝以防止滑动。

锥形锚具的尺寸较小,便于分散布置。缺点是易产生单根钢丝滑丝现象,回缩量较大,所引起的应力损失亦较大,滑丝后无法重复张拉,应力损失无法补救。此外,钢丝锚固时呈辐射状态,弯折处受力较大。

钢质锥形锚具一般用锥锚式三作用千斤顶进行张拉。

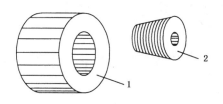 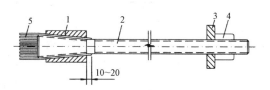

1—锚环;2—锚塞。

图 5-19　钢质锥形锚具

1—套筒;2—锥形螺杆;3—垫板;4—螺母;5—钢丝束。

图 5-20　锥形螺杆锚具

② 锥形螺杆锚具

锥形螺杆锚具用于锚固 14～28 根直径为 5 mm 的钢丝束。它由锥形螺杆、套筒、螺母

等组成(图 5-20)。锥形螺杆锚具一般与拉杆式千斤顶配套使用,亦可采用穿心式千斤顶。

（3）夹片式锚具

① XM 型锚具

夹片式锚具

XM 型锚具属多孔夹片锚具,是一种新型锚具,应用十分广泛。它是在一块锚板上设置若干锥形孔,每个锥形孔安装一副夹片夹持钢绞线的楔紧式锚具。这种锚具的优点是任何一根钢绞线锚固失效,都不会引起整束锚固失效。XM 型锚具锥形孔数量分单个和多个,有诸多系列。

XM 型锚具由锚板与三片夹片组成,如图 5-21 所示。它既适用于锚固钢绞线束,又适用于预应力螺纹筋,又可锚固单根或多根预应力筋。当锚固多根预应力筋时,既可单根张拉、逐根锚固,又可成组张

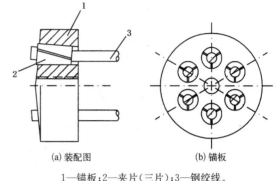

(a) 装配图　　　(b) 锚板

1—锚板;2—夹片(三片);3—钢绞线。

图 5-21　XM 型锚具

拉、成组锚固。另外,它既可用作工作锚具,又可用作工具锚具。近年来,随着预应力混凝土结构和无黏结预应力结构的发展及工程实践表明,XM 型锚具具有通用性强、性能可靠、施工方便、便于作业的特点。

② QM 型及 OVM 型锚具

QM 型锚具也属于多孔夹片锚具,它适用于锚固钢绞线束。该锚具由锚板与夹片组成,如图 5-22 所示。QM 型锚固体系配有专门的工具锚,以便于张拉后退楔,并可减少工具锚的安装时间。OVM 型锚具是在 QM 型锚具的基础上,将夹片改为二片式,并在夹片背部上部设有一条弹性槽,以提高锚固性能。

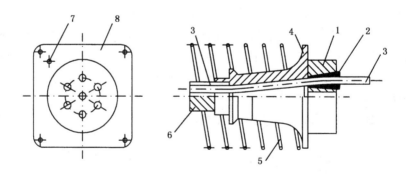

1—锚板;2—夹片;3—钢绞线;4—喇叭形铸铁垫板;5—弹簧;
6—预留孔道用的螺旋管;7—灌浆孔;8—锚垫板。

图 5-22　QM 型锚具及配件

③ BM 型锚具

BM 型锚具是一种新型的扁形夹片式锚具,简称扁锚,由扁锚头、扁形垫板、扁形喇叭管及扁形管道等组成,构造如图 5-23 所示。

132

扁锚的优点是张拉槽口扁小,可适应较薄的混凝土板;可将预应力筋按实际需要切断后锚固,有利于节省钢材;可单根张拉,施工方便。这种锚具特别适用于空心板、箱梁以及桥面等预应力的张拉。

(4)握裹式锚具

钢绞线束固定端的锚具除了可以采用与张拉端相同的锚具外,还可选用握裹式锚具。握裹式锚具有挤压锚具和压花锚具两类。

① 挤压锚具

挤压锚具是利用液压压头机将套筒挤紧在钢绞线端头上的一种锚具。套筒内衬有硬钢丝螺旋圈,在挤压后硬钢丝螺旋圈全部脆断,一半嵌入外钢套,一半压入钢绞线,从而增加钢套筒与钢绞线之间的摩阻力。锚具还设有螺旋筋。这种锚具适用于构件端部的受力较大或端部尺寸受到限制的情况。挤压锚具构造如图 5-24 所示。

挤压式锚具

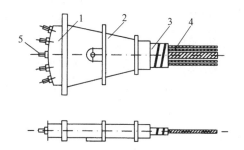

1—扁锚板;2—扁形垫板与喇叭管;
3—扁形波纹管;4—钢绞线;5—夹片。

图 5-23 扁锚的构造

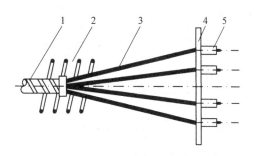

1—波纹管;2—螺旋筋;3—钢绞线;
4—钢垫板;5—挤压锚具。

图 5-24 挤压锚具的构造

② 压花锚具

压花锚具是利用液压压花机将钢绞线端头压成梨形散花状的一种锚具(图 5-25)。梨形头的尺寸对于 φ15 钢绞线不小于 φ95×150。多根钢绞线梨形头应分排埋置在混凝土内。为提高压花锚四周混凝土及散花头根部混凝土抗裂强度,在散花头的头部配置构造筋,在散花头的根部配置螺旋筋,压花锚距构件截面边缘不小于 300 mm。第一排压花锚的锚固长度,对于 φ15 钢绞线不小于 950 mm,每排相隔至少 300 mm。多根钢绞线压花锚具构造如图 5-26 所示。

钢筋连接器

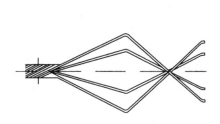

图 5-25 压花锚具

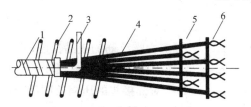

1—波纹管;2—螺旋筋;3—灌浆管;
4—钢绞线;5—构造筋;6—压花锚具。

图 5-26 多根钢绞线压花锚具

133

3. 预应力筋、锚具及张拉机械的配套选用

锚具的选用应根据钢筋种类以及结构要求、产品技术性能和张拉施工方法等选择,张拉机械则应与锚具配套使用。在后张法施工中,锚具及张拉机械的合理选用十分重要,工程中可参考表 5-6 选用。

表 5-6 <td></td> 锚具的选用

预应力筋品种	锚具形式		
	固定端		张拉端
	安装在结构外部	安装在结构内部	
钢绞线	夹片锚具 挤压锚具 压接锚具	压花锚具 挤压锚具	夹片锚具 压接锚具
单根钢丝	夹片锚具 镦头锚具	镦头锚具	夹片锚具 镦头锚具
钢丝束	冷(热)铸锚具	镦头锚具	镦头锚具
预应力螺纹钢筋	螺母锚具	螺母锚具	冷(热)铸锚具 螺母锚具

5.3.1.2 预应力筋的制作

1. 预应力螺纹钢筋

根据构件的长度和张拉工艺的要求,预应力螺纹钢筋可在一端或两端张拉。一般张拉端和固定端均采用螺母锚具。

预应力螺纹钢筋的制作包括配料、对焊等工序。预应力筋的下料长度应计算确定,计算时要考虑对焊接头的压缩量。对焊接头的压缩量包括钢筋与钢筋、钢筋与螺母锚具的对焊压缩,接头的压缩量取决于对焊时的闪光留量和顶锻留量,每个接头的压缩量一般为 $20\sim30$ mm。

螺母锚具的螺丝端杆外露在构件孔道外的长度,根据垫板厚度、螺母高度和拉伸机与螺母锚具连接所需长度确定,一般为 $120\sim150$ mm。

因此,如预应力螺纹钢筋的成品长度为 L_0,则其下料长度 L(图 5-27)为

$$L = L_0 + nL_0 \tag{5-13a}$$

$$L_0 = l + 2l_2 - 2l_1 \tag{5-13b}$$

式中 L_0——预应力螺纹筋的成品长度;

L——预应力螺纹筋的下料长度;

l_0——每个对焊接头的压缩长度(约等于钢筋直径 d);

n——对焊接头的数量;

l——构件的孔道长度;

l_1——螺母锚具的长度;

l_2——螺母锚具的螺丝端杆在构件孔道外露长度。

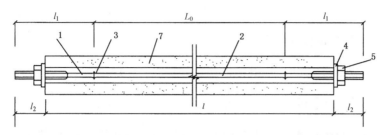

1—螺母锚具；2—预应力螺纹钢筋；3—对焊接头；4—垫板；5—螺母；6—混凝土构件。

图 5-27　预应力螺纹钢筋下料长度计算图

2. 钢丝束

钢丝束的制作，随锚具形式的不同，制作方式也有差异，一般包括调直、下料、编束和安装锚具等工序。

用钢质锥形锚具锚固的钢丝束，其制作和下料长度计算基本同钢筋束。

用镦头锚具锚固的钢丝束，其下料长度应力求精确，以保证多根钢丝应力均匀。对直线或曲率较小的曲线钢丝束，下料长度的相对误差要控制在 $L/5\,000$ 以内（L 为钢丝长度），且不大于 5 mm。为此，要求钢丝在应力状态下切断下料，下料的控制应力可取 300 N/mm²。钢丝下料长度，取决于是 A 型或 B 型锚具以及张拉方式，如一端张拉或两端张拉。

用锥形螺杆锚固的钢丝束，经过矫直的钢丝可以在非应力状态下下料。

为防止钢丝扭结，必须进行编束。在平整场地上先将钢丝理顺平放，然后在钢丝全长中每隔 1 m 左右用细铅丝编成帘子状（图 5-28），再每隔 1 m 放一个衬圈，并将编好的钢丝帘绕衬圈围成圆束，绑扎牢固，形成空心束。

锥形螺杆锚具的安装需经过预紧，即先把钢丝均匀地分布在锥形螺杆的周围，套上套筒，通过工具式套筒将套筒打紧，再用千斤顶和工具式预紧器以 110%～130% 的张拉控制应力预紧，将钢丝束牢固地锚固在锚具内（图 5-29）。

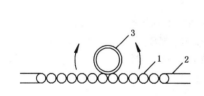

1—钢丝；2—铅丝；3—衬圈。

图 5-28　钢丝束的编束

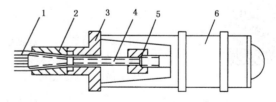

1—钢丝束；2—套筒；3—预紧器；4—锥形螺杆；
5—千斤顶连接螺母；6—千斤顶。

图 5-29　锥形螺杆锚具的预紧

3. 预应力钢绞线束

钢绞线是成盘供应，长度较长，不需要对焊接长。其制作工序是：开盘→下料→编束。

下料时，宜采用切断机或砂轮锯切机，不得采用电弧切割。钢绞线在切断前，在切口两侧各 50 mm 处，应用铅丝绑扎，以免钢绞线松散。编束是将钢绞线理顺后，用铅丝每隔 1.0 m 左右绑扎成束，穿筋时应注意防止扭结。

预应力筋的下料长度，主要与张拉设备和选用的锚具有关。一般为孔道长度加上锚具与张拉设备的长度,并考虑100 mm左右的预应力筋在张拉设备端部的外露长度。

5.3.2 张拉机具设备

张拉设备由液压张拉千斤顶、高压油泵和外接油管组成。

5.3.2.1 张拉千斤顶

预应力用液压千斤顶是以高压油泵驱动,完成预应力筋的张拉、锚固和千斤顶的回程动作。按机型的不同可分为:拉杆式千斤顶、穿心式千斤顶、锥锚式千斤顶等;按使用功能的不同可分为:单作用、双作用和三作用千斤顶;张拉力小于250 kN为小吨位千斤顶,在250~1 000 kN之间为中吨位千斤顶,大于1 000 kN为大吨位千斤顶。

1. 拉杆式千斤顶

拉杆式千斤顶由主油缸、主缸活塞、回油缸、回油活塞、连接器、传力架、活塞拉杆等组成。图5-30是用拉杆式千斤顶张拉时的工作示意图。张拉前,先将连接器7旋在预应力的螺母锚具14上,相互连接牢固。千斤顶由传力架8支承在构件端部的钢板13上。张拉时,高压油通讨讲油嘴3进入主油缸1,推动主缸活塞2及拉杆9,通过连接器7和螺母锚具14,将预应力筋11拉伸。千斤顶拉力的大小可由油泵压力表的读数直接显示。当张拉力达到规定值时,拧紧螺母锚具螺丝端杆上的螺母10,此时,张拉完成的预应力筋被锚固在构件的端部。锚固后回油缸4进油,推动回油活塞5工作,千斤顶脱离构件,主缸活塞、拉杆和连接器回到原始位置。最后将连接器7从螺母锚具上卸掉,卸下千斤顶,张拉结束。

拉杆式千斤顶图

拉杆式千斤顶

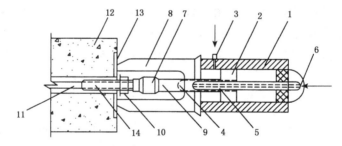

1—主油缸;2—主缸活塞;3—进油嘴;4—回油缸;5—回油活塞;
6—回油嘴;7—连接器;8—传力架;9—拉杆;10—螺母;
11—预应力筋;12—混凝土构件;13—预埋钢板;14—螺母锚具。

图5-30 拉杆式千斤顶张拉原理

目前常用的一种千斤顶是YL60型拉杆式千斤顶,张拉力为600 kN。此外,还有YL400型和YL500型千斤顶,其张拉力分别为4 000 kN和5 000 kN,主要用于张拉力大的钢筋张拉。

2. 穿心式千斤顶

穿心式千斤顶是利用双液压缸张拉预应力筋和顶压锚具的双作用千斤顶。穿心式千斤顶适用于张拉带XM型锚具的钢筋束或钢绞线束,配上撑脚与拉杆后,也可作为拉杆式千斤顶张拉带螺母锚具和镦头锚具的预应力筋。图5-31为XM型锚具和YC60型千斤顶的安装示意图。穿心式千斤顶的系列产品有YC20D型、YC60型和YC120型等。

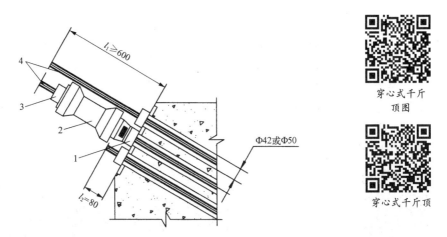

1—工作锚;2—YC60 型千斤顶;3—工具锚;4—预应力筋束。

图 5-31　XM 型锚具和 YC60 型千斤顶的安装示意图

图 5-32 为 YC60 型千斤顶构造图,主要由张拉油缸、张拉活塞、顶压活塞、穿心套、连接器、撑脚、弹簧等组成。该千斤顶具有双作用,即张拉与顶锚两个作用。其工作原理是:张拉预应力筋时,张拉缸油嘴 16 进油、顶压缸油嘴 17 回油,顶压油缸 2、撑脚 10 和连接器 12 连成一体右移顶住锚环;张拉油缸 1、端盖螺母 7 和穿心套连成一体带动工具锚左移张拉预应力筋;顶压锚固时,在保持张拉力稳定的条件下,顶压缸油嘴 17 进油,顶压活塞 4 右移将工作锚 8 的夹片强力顶入锚环内;此时,张拉缸油嘴 16 回油、张拉缸液压回程。最后,张拉缸、顶压缸油嘴同时回油,顶压活塞 4 在弹簧 18 的作用下回程复位。

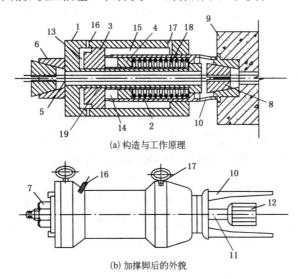

(a) 构造与工作原理

(b) 加撑脚后的外貌

1—张拉油缸;2—顶压油缸;3—张拉活塞;4—顶压活塞;5—预应力筋;6—工具锚;7—螺母;
8—工作锚;9—构件;10—撑脚;11—张拉杆;12—连接器;13—张拉工作油室;
14—顶压工作油室;15—张拉回程油室;16—张拉缸油嘴;17—顶压缸油嘴;18—弹簧;19—穿心套。

图 5-32　YC60 型千斤顶

大跨度结构、长钢丝束等伸长量较大者,宜用穿心式千斤顶。

3. 锥锚式千斤顶

锥锚式千斤顶是具有张拉、顶锚和退楔功能的三作用千斤顶,适用于张拉带钢质锥形锚具的钢丝束。系列产品有 YZ38 型、YZ60 型和 YZ85 型千斤顶。

锥锚式千斤顶由张拉油缸、顶压油缸、退楔装置等组成(图5-33)。其工作原理是当张拉油缸 1 进油时,张拉缸被压移,固定在其上的预应力钢筋 5 被张拉。钢筋张拉后,改由顶压油缸 2 进油,随即由顶压活塞 4 将锚塞 8 顶入锚环 9 中。张拉缸、顶压缸同时回油,则在弹簧11的作用下复位。

锥锚式千斤顶图

锥锚式千斤顶

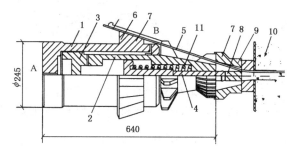

1—张拉油缸;2—顶压油缸;3—张拉活塞;4—顶压活塞;
5—预应力筋;6—楔块;7—对中套;8—锚塞;9—锚环;10—构件;11—弹簧。

图 5-33　锥锚式千斤顶

4. 其他类型的千斤顶

近年来,由于预应力技术的不断发展,大跨度、大吨位预应力工程越来越普遍,出现了许多新型张拉千斤顶,如大孔径穿心式千斤顶、前置内卡式千斤顶、开口式双千斤顶以及扁千斤顶等。

大孔径穿心式千斤顶又称群锚千斤顶,是一种具有一个大口径穿心孔、利用单液缸进行张拉的单作用千斤顶。它适用于大吨位钢绞线束。增加拉杆和撑脚等还可具有拉杆式千斤顶的功能。目前的型号有 YCD 型、YCQ 型和 YCW 型等。

前置内卡式千斤顶也是一种穿心式千斤顶,它将工具锚设置在千斤顶内的前部,可大大减小预应力钢筋预留的外露长度,节约钢筋。这种千斤顶还具有使用方便、作业效率高的优点。

开口式双千斤顶利用一对单活塞杆缸体将预应力筋固定在其开口处,可用于单根超长钢绞线的分段张拉。

扁千斤顶是用于房屋改造、加固或补救工程的一种特殊千斤顶。它是由特殊钢材制成的薄型压力囊,利用液压产生的位移对预应力钢筋施加很大的力。扁千斤顶分为临时式和永久式两种形式。永久式的扁千斤顶在张拉后用树脂材料置换液压油而作为结构的一部分永久保留在结构中。

5.3.2.2　高压油泵

高压油泵是向液压千斤顶各个油缸供油,使活塞按照一定速度伸出或回缩的主要设备。油泵的额定压力应等于或大于千斤顶的额定压力。

高压油泵分手动和电动两类,目前常用的有:ZB 4-500 型、ZB 10/320—ZB 4/800 型、ZB 0.8-500型与 ZB 0.6-630 型等几种,其额定压力为 40～80 MPa。

用千斤顶张拉预应力筋时,张拉力的大小是通过油泵上油压表的读数来控制的。油压表的读数表示千斤顶张拉油缸活塞单位面积的油压力。在理论上如已知张拉力 N,活塞面积 A,则可求出张拉时油表的相应读数 P。但按计算读数张拉得到的实际张拉力往往比理论计算值小。其原因是一部分张拉力被油缸与活塞之间的摩阻力抵消,而摩阻力的大小受多种因素的影响而难以计算确定。为保证预应力筋张拉应力的准确性,应定期校验千斤顶,确定张拉力与油表读数的关系。校验期一般不超过 6 个月。校正后的千斤顶与油压表必须配套使用。

5.3.3 后张法施工工艺

后张法施工步骤是先制作构件,预留孔道;待构件混凝土达到规定强度后,在孔道内穿放预应力筋,预应力筋张拉并锚固;最后孔道灌浆。图 5-34 是后张法的工艺流程图。下面主要介绍孔道的留设、预应力筋的张拉和孔道灌浆三部分内容。

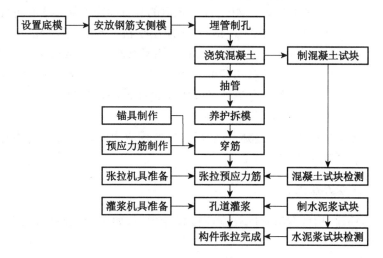

图 5-34 后张法生产工艺流程

5.3.3.1 孔道留设

孔道留设是后张法构件制作中的关键工作。孔道留设方法有钢管抽芯法和预埋波纹管法。在留设孔道的同时应在设计规定的位置留设灌浆孔,一般在构件两端和中间每隔12 m留一个直径 20 mm 的灌浆孔。还应在构件两端各设一个排气孔。

1. 钢管抽芯法

预先将钢管设在模板内孔道位置处,在混凝土浇筑过程中和浇筑之后,每间隔一定时间慢慢转动钢管,使之不与混凝土黏结,待混凝土初凝后、终凝前抽出钢管,即形成孔道。钢管抽芯法只可留设直线孔道。

留设孔道钢管应平直,表面应光滑。钢管安放位置应准确,可用间距不大于 1 m 的钢筋井字架固定钢管。每根钢管的长度不宜超过 15 m,以便于旋转和抽管,较长构件可用多根钢管,中间用等直径套管连接。

掌握抽管时间很重要,过早会坍孔,太晚则抽管困难。一般在初凝后、终凝前,以手指按压混凝土,不黏浆又无明显印痕时则可抽管。为保证顺利抽管,应合理选择混凝土的浇筑顺序。

抽管可用人工或卷扬机作业,抽管顺序宜先上后下,抽管时要边抽边转,速度均匀。

2. 预埋波纹管法

波纹管为特制的带波纹的金属管或塑料管,与混凝土有良好的黏结。波纹管预埋时可用间距不大于 0.8 m 的钢筋井字架加以固定。浇筑混凝土后波纹管不再抽出,在其中穿入钢筋后便可进行预应力张拉。预埋波纹管具有施工方便、无须拔管、孔道摩阻力小等优点,目前在工程中的运用越来越普遍。

金属波纹管

塑料波纹管

后张法预应力筋及预留孔道布置应符合下列规定:

① 预制构件孔道之间的水平净距不宜小于 50 mm,并且不宜小于粗骨料最大粒径的1.25 倍;孔道至构件边缘的净距不宜小于 30 mm,且不宜小于孔道外径的 0.5 倍。

② 在现浇混凝土梁中,预留孔道的竖直净距不应小于孔道外径,水平净距不应小于孔道外径的 1.5 倍,且不应小于粗骨料最大粒径的 1.25 倍。从孔道外壁至构件边缘的净距,梁底不宜小于 50 mm,梁侧不宜小于 40 mm;裂缝控制等级为三级的梁,梁底和梁侧从孔道外径至构件边缘的净距分别不宜小于 60 mm 和 50 mm。

③ 预留孔道的内径宜比预应力束外径及需穿过孔道的连接器外径大 6~15 mm,孔道的截面积宜为穿入预应力筋截面积的 3~4 倍。

④ 当有可靠经验,并能保证混凝土浇筑质量时,预应力筋孔道可水平并列贴近布置,但每一并列束中的孔道数量不应超过 2 个。

5.3.3.2 预应力筋张拉

张拉预应力筋时,构件混凝土的强度应按设计规定,如设计无规定,则不宜低于混凝土标准强度的 75%。

后张法预应力筋的张拉应注意下列问题:

① 后张法预应力筋的张拉程序,与所采用的锚具种类有关。为减少钢筋松弛引起的预应力损失,张拉程序一般与先张法相同。

② 对配有多根预应力筋的构件,应分批、对称地进行张拉。对称张拉是为了避免张拉时构件截面呈过大的偏心受压状态。分批张拉时要考虑后批预应力筋张拉时产生的混凝土弹性压缩,会对先批张拉的预应力筋的张拉应力产生影响。为此,先批张拉的预应力筋的张拉应力应增加 $\alpha_E \sigma_{pci}$:

$$\alpha_E = \frac{E_s}{E_c} \tag{5-14a}$$

$$\sigma_{pci} = \frac{(\sigma_{con} - \sigma_{l1})A_p}{A_n} \tag{5-14b}$$

式中 α_E——预应力筋的弹性模量与混凝土的弹性模量之比;

E_s——预应力筋的弹性模量;

E_c——混凝土的弹性模量;

σ_{pci}——后批预应力筋张拉对已张拉的预应力筋重心处混凝土产生的法向应力;

σ_{con}——张拉控制应力；

σ_{l1}——预应力筋的第一批应力损失(包括锚具变形和摩擦损失)；

A_p——后批张拉的预应力筋的截面积；

A_n——构件混凝土的净截面面积(包括构件钢筋的折算面积)。

③ 对平卧叠浇的预应力混凝土构件,上层构件的重量产生的水平摩阻力,会阻止下层构件在预应力筋张拉时混凝土弹性压缩的自由变形,待上层构件起吊后,由于摩阻力影响消失,混凝土弹性压缩变形增加,从而引起预应力损失。预应力损失值随构件形式、隔离层和张拉方式的不同而不同。为便于施工,可采取逐层加大超张拉的办法来弥补预应力损失,但底层超张拉值与顶层超张拉值之差,不宜大于 5% σ_{con}。根据有关研究和工程实践,对钢筋束,采用不同隔离剂的构件逐层增加的张拉力可按表 5-7 取值。

表 5-7   平卧叠浇构件不同隔离剂逐层增加张拉力的百分数

预应力筋	隔离剂种类	逐层增加张拉力			
		顶层	第二层	第三层	第四层
高强钢筋束	I	0	1.0%	2.0%	3.0%
	II	0	1.5%	3.0%	4.0%
	III	0	2.0%	3.5%	5.0%

注：I 类隔离剂：塑料薄膜、油纸；II 类隔离剂：废机油滑石粉、纸筋灰、石灰水废机油、柴油石蜡；III 类隔离剂：废机油、石灰水、石灰水滑石粉。

④ 为减少预应力筋与预留孔孔壁摩擦而引起的应力损失,对抽芯成型孔道的曲线形预应力筋和长度大于 20 m 的预应力筋,宜采用两端张拉。两端张拉时,宜采用两端同时张拉,如采用一端先张拉,则另一端应补张拉。长度等于或小于 35 m 的直线预应力筋,也可一端张拉,但多根预应力筋的张拉端宜分别设置在构件两端。

预应力布管

⑤ 在预应力筋张拉时,往往需要采取超张拉的方法来弥补各种预应力的损失,此时,预应力筋的张拉应力较大,有时会超过表 5-5 的规定值。例如,多层叠浇的最下一层构件中的先批张拉钢筋,既要考虑钢筋的松弛,又要考虑多层叠浇的摩阻力影响,还要考虑后批张拉钢筋的张拉影响,往往张拉应力会超过规定值,此时,可采取下述方法解决：先采用同一张拉值,而后复位补足；分两阶段建立预应力,即全部预应力张拉到一定数值(如 90%)后,再第二次张拉至控制值。

后张法预应力张拉

⑥ 当采用应力控制方法张拉时,应校核预应力筋的伸长值,如实际伸长值比计算伸长值大 10% 或小 5%,应暂停张拉,在采取措施予以调整后,方可继续张拉。预应力筋的伸长值 Δl(mm),可按式(5-15)计算：

$$\Delta l = \frac{F_p l}{A_p E_s} \tag{5-15}$$

式中 F_p——预应力筋的平均张拉力(kN),直线筋取张拉端的拉力；两端张拉的曲线筋,取张拉端的拉力与跨中扣除孔道摩阻损失后拉力的平均值；

A_p——预应力筋的截面面积(mm^2)；

l——预应力筋的长度(mm)；

E_s——预应力筋的弹性模量(kN/mm²)。

预应力筋的实际伸长值,宜在初应力为张拉控制应力10%左右时开始量测,但必须加上初应力以下的推算伸长值;对后张法,还应扣除混凝土构件在张拉过程中的弹性压缩值。与先张法相同,预应力筋的实测伸长值与计算伸长值的相对允许偏差不应大于±6%。

电热法是利用钢筋热胀冷缩原理来张拉预应力筋。施工时,在预应力筋表面涂以热塑涂料(硫磺砂浆、沥青等)后直接浇筑于混凝土中,然后将低电压、强电流通过钢筋,使钢筋温度升高而伸长,待伸长至规定长度时,切断电流立即加以锚固,钢筋冷却回缩便建立预应力。不得用电热法张拉孔道留设的金属波纹管。

用电热法张拉预应力筋,设备简单、张拉速度快、可避免摩擦损失,对曲线形钢筋张拉或高空进行张拉更有其优越性。电热法是以钢筋的伸长值来控制预应力值的,这种方法对预应力的控制不如千斤顶张拉对预应力的控制精确,当材质掌握不准时会直接影响预应力值的准确性。故成批生产时应用千斤顶进行抽样校核,对理论电热伸长值加以修正。因此,电热法不宜用于抗裂要求较高的构件。

电热法钢筋伸长率等于控制应力和电热后钢筋弹性模量的比值。计算中应考虑钢筋的长度、电热后产生的塑性变形及锚具、台座或钢模等的附加伸长值等多种因素。由于电热法施加预应力较难准确控制,且施工中电能消耗量较大,目前已很少采用。

5.3.3.3 孔道灌浆

后张法孔道
灌浆

预应力筋张拉后,应随即进行孔道灌浆,尤其是钢丝束,张拉后应尽快进行灌浆,以防钢筋锈蚀,增加结构的抗裂性和耐久性。

灌浆水泥浆的水泥强度等级不宜低于42.5级,宜用普通硅酸盐水泥和硅酸盐水泥,水泥浆的抗压强度不应低于30 N/mm²。采用普通灌浆工艺时,水泥浆的稠度宜控制在12~20 s;采用真空灌浆时,宜控制在18~25 s。水灰比不应大于0.45。

灌浆前,用压力水冲洗和润湿孔道。灌浆过程中,可用电动或手动灰浆泵进行灌浆,水泥浆应均匀缓慢地注入,不得中断。灌满孔道并封闭气孔后,宜再继续加压至0.5~0.7 MPa,并稳定一段时间(1~2 min),以确保孔道灌浆的密实性。对不掺外加剂的水泥浆,可采用二次灌浆法来提高灌浆的密实性,两次压浆的时间间隔宜为30~45 min。

灌浆顺序应先下后上。曲线孔道灌浆宜由最低点注入水泥浆,至最高点排气孔排尽空气并溢出浓浆为止。

5.4 无黏结预应力混凝土

无黏结预应力施工方法是后张法预应力混凝土的发展。它在国外发展较早,近年来在我国也得到了较大的推广。

在普通后张法预应力混凝土中,预应力筋与混凝土是通过灌浆建立黏结力的,在使用荷载作用下,构件的预应力筋与混凝土不会产生纵向的相对滑动。无黏结预应力的施工方法是在预应力筋表面刷涂料并包塑料布(管)后,如同普通钢筋一样先铺设在安装好的模板内,然后浇筑混凝土,待混凝土达到设计要求强度后,进行预应力筋张拉,并在钢筋末端锚固,预应力筋与混凝土之间没有黏结。无黏结预应力工艺的优点是不需要预留孔道和灌浆,施工简单,张拉时摩阻力较小,预应力筋易弯成曲线状,适用于曲线配筋的结构。在双向连续平板和密肋板中应用无黏结预应力束更为经济合理,在多跨连续梁中也很有发展前途。

5.4.1 无黏结预应力束的制作

无黏结预应力束由预应力钢丝、防腐涂料和外包层以及锚具组成。

5.4.1.1 原材料的准备

1. 结构混凝土

无黏结预应力混凝土结构的混凝土强度等级,对于板不应低于C30,对于梁及其他构件不应低于C40。

2. 无黏结预应力筋

制作无黏结预应力筋宜选用高强度低松弛预应力钢绞线,其性能应符合现行国家标准《预应力混凝土用钢绞线》(GB/T 5224—2014)的规定。

无黏结预应力筋需长期保护,使之不受腐蚀,其表面保护油脂应符合下列要求:① 在 $-20\sim+70℃$ 温度范围内不流淌、不裂缝变脆,并有一定韧性;② 使用期内化学稳定性高;③ 对周围材料无侵蚀作用;④ 不透水、不吸湿;⑤ 防腐性能好;⑥ 润滑性能好,摩擦阻力小。

根据上述要求,目前一般选用1号或2号建筑油脂作为无黏结预应力筋的表面涂料。

无黏结预应力筋外包层的包裹物必须具有一定的抗拉强度、防渗漏性能,同时还须符合下列要求:① 在使用温度范围内($-20\sim+70℃$),低温不脆化,高温化学性能稳定;② 具有足够的韧性、抗磨性;③ 对周围材料无侵蚀作用;④ 保证预应力束在运输、储存、铺设和浇筑混凝土过程中不发生不可修复的破坏。

无黏结预应力筋的制作都是采用挤塑成型工艺。该工艺主要是钢绞线通过涂油装置涂油,涂油钢绞线再通过塑料挤压机成型塑料外包层。这种挤塑成型工艺与电线、电缆包裹塑料套管的工艺相似,具有效率高、质量好、设备性能稳定的特点。

5.4.1.2 锚具及锚固区保护

无黏结预应力构件中的锚具是将预应力束的张拉力传递给混凝土的工具,外荷载引起的预应力束内力全部由锚具承担。无黏结预应力筋的锚具不仅受力比有黏结预应力筋的锚具大,而且承受的是重复荷载,因而无黏结预应力筋的锚具应有更高的要求。无黏结预应力筋-锚具组装件的锚固性能及抗疲劳性能均应符合规范要求。

无黏结预应力筋锚具的选用,应根据无黏结预应力筋的品种、张拉力值及工程应用的环境类别选定。对常用的单根钢绞线无黏结预应力筋,其张拉端宜采用夹片锚具,即圆套筒式或垫板连体式夹片锚具;埋入式固定端宜采用挤压锚具或经预紧的垫板连体式夹片锚具。

图5-35所示是无黏结预应力束的一种锚固方式。

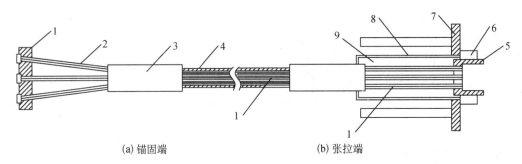

(a) 锚固端　　　　　　　　　　　　(b) 张拉端

1—锚板；2—钢丝束；3—塑料外包层；4—涂料层；5—锚环；6—螺母；7—构件预埋件；8—塑料套筒；9—防腐油脂。

图 5-35　无黏结预应力钢丝束的锚固

5.4.2　无黏结预应力施工工艺

下面主要叙述无黏结预应力构件制作工艺中的几个主要问题，即无黏结预应力束的铺设、张拉和锚头端部处理。

无黏结预应力
钢筋铺设

5.4.2.1　无黏结预应力筋的铺设

无黏结预应力筋在平板结构中一般为双向配置，且常有曲线形，因此其铺设顺序很重要。施工中需根据双向钢筋交点的标高差，绘制无黏结预应力钢筋的铺设顺序图，钢筋波峰低的底层钢筋先行铺设，然后依次铺设波峰高的上层钢筋，这样可以避免钢筋之间的相互穿插。无黏结预应力钢筋铺设波峰的形成可用钢筋制成的"马凳"来架设。一般施工顺序是依次放置钢筋"马凳"，然后按顺序铺设无黏结预应力钢筋，就位后调整波峰高度及其水平位置。经检查无误后，用铅丝将无黏结预应力钢筋与非预应力钢筋绑扎牢固，防止无黏结预应力钢筋在浇筑混凝土施工过程中发生位移。

板中单根无黏结预应力筋的水平间距不宜大于板厚的 6 倍，且不宜大于 1 m；带状束无黏结预应力筋不宜多于 5 根，束间距不宜大于板厚的 12 倍，并不宜大于 2.4 m。

梁中集束布置的无黏结预应力筋，束的水平净距不宜小于 50 mm，束至构件边缘的净距不宜小于 40 mm。

5.4.2.2　无黏结预应力筋的张拉

无黏结预应力筋的张拉与普通后张法带有螺母锚具的有黏结预应力钢丝束张拉方法相似。张拉程序一般采用 $0 \rightarrow 103\% \ \sigma_{con}$ 进行锚固。当无黏结预应力筋长度不大于 40 m 时，可一端张拉；长度大于 40 m 时，应采用两端张拉。无黏结预应力筋张拉的先后顺序，应根据其铺设顺序，先铺设的先张拉，后铺设的后张拉。

无黏结预应力筋一般长度大，有时又呈曲线形布置，如何减少其摩阻损失是一个重要的问题。影响摩阻损失值的主要因素是保护油脂、外包层和预应力筋的截面形式。摩阻损失值可用标准测力计或传感器等测力装置进行测定。施工时，为降低摩阻损失，宜采用多次重复张拉工艺。

5.4.2.3 锚头端部保护

无黏结预应力筋采用锚具的锚头外径比较大,因此,预应力筋两端应在构件上预留一定长度的孔道。由于孔道的直径大于锚具的外径,预应力筋张拉锚固以后,其端部便留下缝隙,又因该部分预应力筋已去除了保护油脂,为此应加以密封处理,保护预应力钢筋。当采用凹进混凝土表面布置时,宜先切除无黏结预应力筋的多余长度,在夹片及无黏结预应力筋端部外露部分涂专用防腐材料,并用防护罩帽封闭。防护罩帽应与锚具可靠连接。最后用微膨胀混凝土或专用密封砂浆进行封闭。

锚固区也可用后浇混凝土外包圈梁进行封闭。对不能使用混凝土或砂浆包裹的部位,应涂防腐油脂,并用保护罩将锚具全部封闭。图 5-36 是锚固区保护的示意图。

对处于二类、三类环境条件下的无黏结预应力锚固系统应采用连续封闭的防腐蚀体系:应使锚固端的预应力锚固系统处于全封闭保护状态;封闭端及各连接部位应能承受 10 kPa 的静水压力而不透水;有电绝缘防腐要求时应形成整体电绝缘。

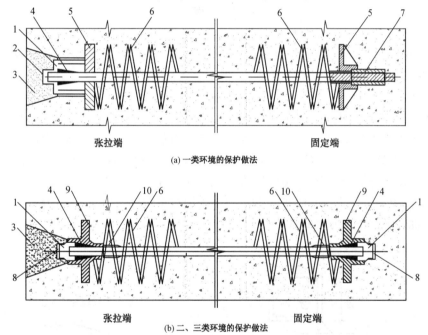

(a) 一类环境的保护做法

(b) 二、三类环境的保护做法

1—防腐油脂或环氧树脂;2—塑料帽;3—微膨胀混凝土或密封砂浆;
4—夹片;5—承压板;6—螺旋筋;7—挤压锚具;8—密封盖;
9—连体锚板盖;10—塑料密封套。

图 5-36　锚固区保护

思　考　题

【5-1】　常用的预应力筋有几种?

【5-2】　试述先张法的施工工艺特点。

【5-3】　试分析夹(锚)具的自锁与自锚。

【5-4】 先张法钢筋张拉与放张时应注意哪些问题?

【5-5】 预应力锚具分为哪几类? 锚具的效率系数的含义是什么?

【5-6】 试述各种后张法锚具的性能。

【5-7】 预应力钢筋、锚具、张拉机械应如何配套使用?

【5-8】 如何计算预应力筋下料长度? 计算时应考虑哪些因素?

【5-9】 孔道留设有哪些方法? 分别应注意哪些问题?

【5-10】 如何确定预应力筋张拉力和钢筋的伸长值?

【5-11】 后张法预应力钢筋张拉时有哪些预应力损失? 分别应采取何种方法来弥补?

【5-12】 预应力筋张拉后,为什么必须及时进行孔道灌浆? 孔道灌浆有何要求?

【5-13】 无黏结预应力的施工工艺如何? 其锚头端部应如何处理?

【5-14】 先张法与后张法的最大控制张拉应力如何确定?

【5-15】 先张法与后张法的张拉程序如何? 为什么要采用该张拉程序?

习　题

【5-1】 某车间采用 6 m 长预应力钢筋混凝土吊车梁,配置直线预应力钢绞线束 2 束 7Φ^{s}15.2,采用 YC60 型千斤顶一端张拉,XM 锚具锚固,试计算钢绞线束的下料长度。

【5-2】 某24 m 跨预应力屋架下弦截面及配筋如图 5-37 所示。已知混凝土强度等级为 C50,弹性模量 $E_c = 3.45 \times 10^4$ N/m^2 预应力筋为 16 Φ^P 5 碳素钢丝,强度标准值 $f_{ptk} = 1570$ N/mm^2,$E_s = 2.05 \times 10^5$ N/mm^2,Φ^P 5 单根预应力筋面积为 19.6 mm^2。每束预应力筋张拉力为 310 kN,预应力筋第一批预应力损失(即锚具变形和孔道摩阻)设为 $\sigma_{l1} = 80$ N/mm^2,四束预应力筋采用对角对称张拉的顺序,分两批进行,求第一批先张拉预应力束的张拉力。

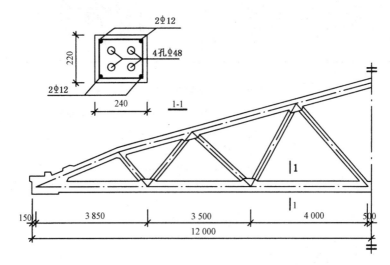

图 5-37　习题 5-2

6 砌 筑 工 程

砌筑工程是指普通黏土砖、硅酸盐类砖、石块和各种砌块的施工。

工程实例

砖石建筑在我国有悠久的历史,目前在土木工程中仍占有相当的比重。这种结构虽然取材方便、施工简单、成本低廉,但它的施工仍以手工操作为主,劳动强度大、生产率低,而且烧制黏土砖占用大量农田,因而采用新型墙体材料、改善砌体施工工艺是砌筑工程改革的重点。

6.1 砌 筑 材 料

砌筑工程所用材料主要是砖、砌块或石等块材以及砌筑砂浆。

常用的砖有烧结普通砖、烧结多孔砖、蒸压灰砂砖、蒸压粉煤灰砖、蒸压粉煤灰多孔砖、烧结空心砖、混凝土实心砖及混凝土多孔砖等。应注意砌体工程中不得采用非蒸压粉煤灰砖及未掺加水泥的各类非蒸压砖。

砖

砌筑工程中的砌块主要有普通混凝土小型空心砌块、轻集料混凝土小型空心砌块及蒸压加气混凝土砌块。

石材分毛石和料石。毛石是指形状不规则的乱毛石或形状不规则但有两个平面大致平行的平毛石。而料石是经过加工,长、宽及厚度有一定比例关系的规则石块。

砌块

砌筑砂浆有水泥砂浆和混合砂浆。砂浆种类的选择及其等级应根据设计要求而定。对于基础,一般只用水泥砂浆。

砂浆所用水泥宜采用通用硅酸盐水泥及砌筑水泥,对 M15 以上强度等级的砌筑砂浆宜选用 42.5 级普通硅酸盐水泥。砌筑砂浆用砂宜选用中砂,对毛石砌体宜用粗砂。砂中的含泥量应予以控制,对水泥砂浆及强度等级不小于 M5 的混合砂浆,含泥量不应超过 5%;强度等级小于 M5 时,含泥量不应超过 10%。含泥量过高,对砂浆强度、干缩性能及耐久性会产生不利影响。

石

制备混合砂浆所用的石灰膏,应经孔径不大于 3 mm×3 mm 的筛网过滤并在化灰池中熟化不少于 7 d,严禁使用脱水硬化的石灰膏。建筑生石灰粉的熟化时间不应少于 2 d。脱水硬化的石灰膏及消石灰粉不得直接用于砂浆中,因为它们不能起到塑化作用并将影响砂浆强度。

砌体结构工程施工中所用的砌筑砂浆宜选用预拌砂浆。

预拌砂浆分湿拌砂浆、干混砂浆及专用砂浆。湿拌砂浆应采用专用搅拌车运输,运至施工现场后应进行稠度检验,存放过程中出现少量泌水时,应拌合均匀后使用。干混砂浆及其他专用砂浆储存期不应超过 3 个月,超过 3 个月的干混砂浆在使用前应重新检验,合格后方可使用。

当采用现场拌制砂浆时,应按砌筑砂浆设计配合比配制。

砂浆的拌制一般用砂浆搅拌机,要求拌合均匀。为改善砂浆的保水性,可掺入电石膏、粉煤灰等塑化剂。砂浆应随拌随用,常温下,水泥砂浆和混合砂浆必须分别在搅拌后 3 h 和 4 h 内使用完毕,如气温在 30℃以上,则必须分别在 2 h 和 3 h 内用完。

砂浆稠度的选择主要根据墙体材料、砌筑部位及气候条件而定。一般烧结普通砖砌体, 砂浆的稠度宜为 70～90 mm;烧结多孔砖、空心砖砌体、轻骨料小型空心砌块及蒸压加气混 凝土砌块砌体宜为 60～80 mm;混凝土实心砖和混凝土多孔砖砌体、普通混凝土小型空心砌 块砌体、蒸压灰砂砖及蒸压粉煤灰砖砌体宜为 50～70 mm;石砌体宜为 30～50 mm。

6.2 砌筑施工工艺

6.2.1 砖砌体施工

6.2.1.1 砖墙砌筑工艺

砌体结构
施工

砖砌体砌筑
施工

砌砖施工通常包括抄平、放线、摆砖样、立皮数杆、挂准线、铺灰、砌砖等工序。如是清水 墙,则还要进行勾缝。下面以房屋建筑砖墙砌筑为例,说明各工序的具体做法。

1. 抄平

砌砖墙前,先在基础面或楼面上按标准的水准点定出各层标高,并用水泥砂浆或细石混 凝土找平。

2. 放线

建筑物底层墙身可以龙门板上的轴线定位钉为准拉麻线,沿麻线挂下线锤,将墙身中心 轴线放到基础面上,以此墙身中心轴线为准弹出纵、横墙身边线,并定出门洞口位置。为保 证各楼层墙身轴线重合,并与基础定位轴线一致,可利用预先引测在外墙面上的墙身中心轴 线,借助经纬仪将墙身中心轴线引测到楼层上去;或用线锤挂线,对准外墙面上的墙身中心 轴线,从而向上引测。轴线引测是放线的关键,必须按图纸要求的尺寸用钢皮尺进行校核。 然后,按楼层墙身中心线,弹出各墙边线,划出门窗洞 口位置。

3. 摆砖样

按选定的组砌方法,在墙基顶面放线位置试摆砖 样(生摆,即不铺灰),尽量使门窗垛符合砖的模数,偏 差较小时可通过竖缝调整,以减少斩砖数量,并保证砖 及砖缝排列整齐、均匀,以提高砌砖效率。摆砖样在清 水墙砌筑中尤为重要。

4. 设立皮数杆

设立皮数杆(图 6-1)可以控制每皮砖砌筑的竖向 尺寸,并使铺灰、砌砖的厚度均匀,保证砖皮水平。皮 数杆上划有每皮砖和灰缝的厚度,以及门窗洞、过梁、 楼板等的标高。皮数杆立于墙的转角处,其基准标高 用水准仪校正。如墙的长度较大,可间隔 10～20 m 处 再立一根。

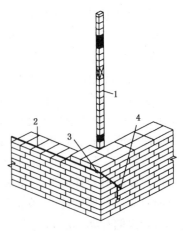

1—皮数杆;2—准线;
3—竹片;4—圆铁钉。

图 6-1 皮数杆示意图

5. 砌砖

混凝土砖、蒸压砖的生产龄期应达到 28 d 后方可用于砌体施工。

砌筑时不得采用干燥或吸水已达到饱和状态的砖。施工中应提前 1~2 d 进行适度湿润,砖的含水率对烧结类砖宜为 60%~70%;其他非烧结砖宜为 40%~50%。对混凝土实心砖及多孔砖不宜浇水湿润,但在干燥炎热的情况下,可提前浇水湿润。

砌筑施工时,现场搅拌的砂浆应随拌随用,拌制的砂浆应在 3 h 内使用完毕;当施工期间最高气温超过 30℃时,应在 2 h 内使用完毕。对掺用缓凝剂的砂浆,其使用时间可根据缓凝时间的试验结果确定。

铺灰砌砖的操作方法很多,与各地区的操作习惯、使用工具有关。常用的有"三一"砌筑法、铺浆法和挤浆法等。"三一"砌筑法就是一铲灰、一块砖、一挤浆(竖缝),它对保证砂浆的饱满度和砂浆与砖的黏结力较为有利,工程中宜采用这种施工方法。当采用铺浆法施工时,铺浆长度不得大于 750 mm;当气温高于 30℃时,铺浆长度不得大于 500 mm。砖砌体可采用一顺一丁、三顺一丁、梅花丁等组砌方法(图 6-2)。砖柱不得采用包心砌法。每层承重墙的最上一皮砖或楼板、梁、柱及屋梁的支承处,或砖砌体的台阶水平面上及挑出层的砖均应采用丁砌层砌筑。

"三一"砌砖法

砖墙砌筑
(一顺一丁)

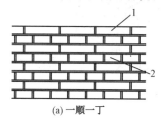

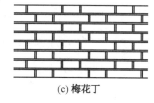

砖的组砌方法

(a) 一顺一丁　　(b) 三顺一丁　　(c) 梅花丁

1—顺砌砖;2—丁砌砖。

图 6-2　砖的组砌方式

砖砌通常先在墙角以皮数杆控制标高进行盘角,然后将准线挂在墙侧,作为两角中间墙身砌筑的依据,每砌 1~2 皮,准线向上移动一次。为保证墙面的平整度和垂直度,施工时均应挂线砌筑。对厚度小于等于 240 mm 的墙体一般采用单面挂线砌筑;厚度为 370 mm 及以上的墙体及夹心复合墙应双面挂线砌筑。

土木工程中其他砌体的施工工艺与房屋建筑砌筑工艺基本一致。

6.2.1.2　砌筑质量要求

砌体组砌质量的基本要求是:横平竖直、砂浆饱满、灰缝均匀、上下错缝、内外搭砌、接槎牢固。

对砌砖工程,要求每一皮砖的灰缝横平竖直、砂浆饱满。上面砌体的重量主要通过砌体之间的水平灰缝传递到下面,水平灰缝的饱满度直接影响到砌体的强度。为此,要求实心砖砌体水平灰缝的砂浆饱满度不得低于 80%。竖向灰缝的饱满度还影响砌体抗透风和抗渗水的性能。规范规定水平缝厚度和竖缝宽度为(10±2)mm,过厚的水平灰缝容易使砖块浮滑,墙身侧倾;过薄的水平灰缝会影响块体之间的黏结能力。

上下错缝是指砌体上下两皮砖的竖缝应当错开,以避免上下通缝。在垂直荷载的作用下,砌体会由于"通缝"丧失整体性。同时,内外搭砌使同皮的里外砌体通过相邻上、下皮的砖块搭砌而组砌得牢固。

"接槎"是指相邻砌体不能同时砌筑而设置的临时间断的缝。为保证先砌砌体与后砌砌体之间可靠接合,一般情况下砖墙的转角处和交接处应同时砌筑,严禁无可靠措施的内外墙分砌施工。对不能同时砌筑而又必须留置临时间断处应砌成斜槎,普通砖砌体斜槎水平投影长度不应小于高度的 2/3[图 6-3(a)],多孔砖砌体斜槎长高比不应小于 1/2。斜槎高度不得超过一步脚手架高度。非抗震设防及抗震设防烈度为 6 度、7 度地区临时间断处,当不能留斜槎时,除转角处外,可留直槎,但必须做成凸槎。留直槎处应加设拉结钢筋。拉结钢筋的数量为每 120 mm 墙厚设置 1Φ6 的钢筋(120 mm 厚墙放置 2Φ6 拉结钢筋);间距沿墙高不应超过 500 mm;埋入长度从留槎处算起每边均不应小于 500 mm,对抗震设防烈度为 6 度、7 度的地区,不应小于 1 000 mm;末端应有90°弯钩[图 6-3(b)]。

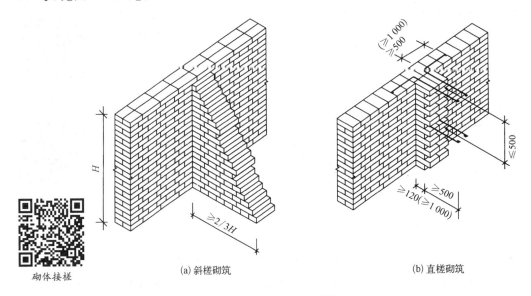

砌体接槎

(a)斜槎砌筑　　　　　　　　　　(b)直槎砌筑

图 6-3　接槎

砖墙或砖柱顶面尚未安装楼板或屋面板时,如有可能遇到大风,其允许自由高度不得超过表 6-1 的规定,否则应采取可靠的临时加固措施。对砌块砌体、石砌体等也应遵守这一规定。

表 6-1　　　　　　　　　　墙和柱的允许自由高度(m)

墙(柱)厚 /mm	砌体密度>1 600 kg/m³			砌体密度为 1 300~1 600 kg/m³		
	风载/(kN·m⁻²)			风载/(kN·m⁻²)		
	0.3 (约 7 级风)	0.4 (约 8 级风)	0.5 (约 9 级风)	0.3 (约 7 级风)	0.4 (约 8 级风)	0.5 (约 9 级风)
190	—	—	—	1.4	1.1	0.7
240	2.8	2.1	1.4	2.2	1.7	1.1
370	5.2	3.9	2.6	4.2	3.2	2.1

墙(柱)厚/mm	砌体密度>1 600 kg/m³			砌体密度为1 300~1 600 kg/m³		
	风载/(kN·m⁻²)			风载/(kN·m⁻²)		
	0.3 (约7级风)	0.4 (约8级风)	0.5 (约9级风)	0.3 (约7级风)	0.5 (约8级风)	0.5 (约9级风)
490	8.6	6.5	4.3	7.0	5.2	3.5
620	14.0	10.5	7.0	11.4	8.6	5.7

注：① 本表适用于施工处标高(H)在10 m范围内的情况,当10 m<H≤15 m,15 m<H≤20 m时,表内的允许自由高度值应分别乘以系数0.9,0.8;当H>20 m时,应通过抗倾覆验算确定允许自由高度。
② 当所砌筑的墙有横墙或其他结构与之连接,而且间距小于表列限值的2倍时,砌筑高度可不受本表的限制。

砖砌体的位置及垂直度允许偏差应符合表6-2的规定。此外,砌体的顶面标高、表面平整度、水平灰缝的平直度、门窗洞口的尺寸与位置等,都应符合规范的规定。

表6-2 砖砌体的位置及垂直度允许偏差

项目			允许偏差/mm
轴线位置偏移			10
垂直度	每层		5
	全高	≤10 m	10
		>10 m	20

砌体质量检查

构造柱与圈梁是为增强砌体结构的整体性和抗震性能而设置的构造措施。在构造柱施工时,应注意以下问题:应先砌墙体,后浇筑混凝土构造柱;构造柱与墙应沿高度方向每500 mm设置拉结钢筋,拉结钢筋的数量及伸入墙内的长度应满足设计要求。构造柱应与圈梁连接;砖墙应砌成马牙槎,每一马牙槎沿高度方向的尺寸不大于300 mm,马牙槎从每层柱脚开始,应先退后进(图6-4),由此可使构造柱与圈梁形成的"箍"加强砌体结构整体性。

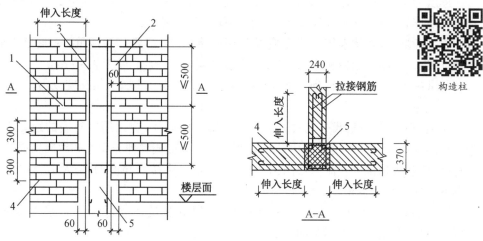

构造柱

1—拉结钢筋;2—马牙槎;3—构造柱钢筋;4—墙;5—构造柱。

图6-4 构造柱

151

6.2.2 小型砌块施工

小型砌块是块体主规格高度为 115～380 mm 的砌块,其中以普通混凝土小型空心砌块应用最广,本节介绍其施工工艺和技术要求。

混凝土小型空心砌块的产品龄期不应小于 28 d。承重墙体使用的小砌块应完整、无破损、无裂缝,施工前应提前 1～2 d 浇水湿润。小砌块不得在雨天施工,表面有浮水时不得使用。小砌块墙内不得混砌黏土砖或其他墙体材料。当局部需嵌砌时,应采用强度等级不低于 C20 的适宜尺寸的配套预制混凝土砌块。

防潮层以上混凝土小型空心砌块砌体所用砂浆砌体应采用专用砂浆砌筑,当采用其他砂浆砌筑时,应采取改善砂浆和易性和黏结性的措施。底层室内地面以下或防潮层以下的砌体,应采用水泥砂浆,小砌块的孔洞应采用强度等级不低于 Cb20(Cb 是混凝土砌块灌孔混凝土的强度代号)或 C20 的混凝土灌实。

6.2.2.1 砌筑工艺

1. 砌块砌筑

砌块砌筑　　砌块砌筑施工

小砌块施工前应按房屋设计图编绘小砌块的平、立面排列图,作为砌筑排布的依据。

砌筑时应设立皮数杆,并挂线砌筑,当砌筑厚度大于 190 mm 的小砌块墙体时,宜在墙体内外侧双面挂线。

由于小砌块底面的肋较宽,且多数有毛边,底面朝上将易于铺放砂浆,因此,小砌块应将生产时的底面朝上反砌于墙上,以保证水平灰缝砂浆的饱满度。

砌筑小砌块时,宜使用专用铺灰器铺放砂浆,且应随铺随砌。一次铺灰长度不宜大于 2 块主规格块体的长度。水平灰缝应满铺下皮小砌块的全部壁肋或单排、多排孔小砌块的封底面,而竖向灰缝则应将小砌块一个端面朝上满铺砂浆,上墙应挤紧,并应加浆插捣密实。

厚度为 190 mm 的自承重小砌块墙体宜与承重墙同时砌筑;厚度小于 190 mm 的自承重小砌块墙体宜后砌,并按设计要求预留拉结筋或钢筋网片。

对一般墙面,墙体砌筑完成后应及时用原浆勾缝,勾缝宜为凹缝,深度为 2 mm 左右。对装饰夹心复合墙,则应采用加浆勾缝,做成凹圆或 V 形,深度为 4～5 mm。

正常施工条件下,每日砌筑高度宜控制在 1.4 m 或一步脚手架高度以内。

2. 芯柱

小型空心砌块一般设置芯柱。砌筑芯柱部位的墙体,应采用不封底的通孔小砌块。每根芯柱的柱脚部位应采用带清扫口的 U 形、E 形、C 形或其他异型小砌块砌留操作孔。砌筑芯柱时,应随砌随刮去孔洞内壁凸出的砂浆,直至一个楼层高度,并应及时清除芯柱孔洞内掉落的砂浆及其他杂物。

芯柱混凝土施工前应清除孔洞内的杂物,并用水冲洗,湿润孔壁。当采用模板封闭操作孔时,应采取防止混凝土漏浆的措施。

当砌筑砂浆强度达到 1.0 MPa 后,可浇筑芯柱混凝土。浇筑芯柱混凝土前,在柱底先浇 50 mm 厚、与芯柱混凝土配比相同的去石水泥砂浆,再浇筑混凝土,每次浇筑的高度控制在

500 mm 左右,边浇筑边用插入式振捣器捣实。每层的芯柱混凝土应连续浇筑。

预制楼盖处的芯柱混凝土应贯通,并不得削弱芯柱截面尺寸。芯柱与圈梁交接处,可在圈梁下 50 mm 处留置施工缝。

砌块构造

6.2.2.2 砌筑质量要求

小砌块砌体的砌筑也应做到横平竖直、砂浆饱满、上下错缝、内外搭接等基本要求,此外,砌筑中还有一些具体要求。

小砌块砌体的水平灰缝和竖向灰缝宽度宜为 10 mm,但不应小于 8 mm,也不应大于 12 mm。

小砌块砌筑时应对孔错缝搭砌。单排孔小砌块的搭接长度应为块体长度的 1/2,多排孔小砌块的搭接长度不宜小于砌块长度的 1/3。当个别部位不能满足搭砌要求时,应在此部位的水平灰缝中设置钢筋网片。

墙体竖向通缝不得超过 2 皮小砌块,独立柱不得有竖向通缝。

墙体转角处和纵横交接处应同时砌筑。临时间断处应砌成斜槎,斜槎水平投影长度不应小于斜槎高度。

临时施工洞口可预留直槎,但在补砌洞口时,应在直槎上下搭砌的小砌块孔洞内用强度等级不低于 Cb20 的混凝土灌实(图 6-5),灌孔混凝土应随砌随灌。用混凝土灌注小砌块砌体的孔洞是一构造措施,主要目的是提高砌体的耐久性及结构整体性。

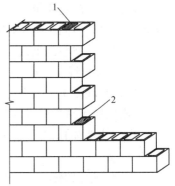

1—先砌洞口灌孔混凝土;
2—后砌洞口灌孔混凝土。

图 6-5 临时洞口的直槎砌筑

6.2.3 填充墙体的施工

填充墙砌体一般有三种常见的砌筑材料:烧结空心砖、轻骨料混凝土小型空心砌块和蒸压加气混凝土砌块。轻骨料混凝土小型空心砌块和蒸压加气混凝土砌块的产品龄期应大于 28 d。一般情况下,填充墙施工前 1~2 d,应对块体材料进行浇水湿润,不同材料的含水率可按表 6-3 予以控制。

表 6-3　　　　　　　　　　　　不同材料的含水率控制

块体材料	含水率控制		
	一般情况	块体材料吸水率较小	薄层砂浆砌筑法
烧结空心砖	60%~70%	—	—
轻骨料混凝土小型空心砌块	40%~50%	不应浇水湿润(当气候干燥炎热时,砌筑前浇水湿润)	—
蒸压加气混凝土砌块		—	不应浇水湿润

对室内厨房、卫生间及浴室等需设防水部位的填充墙,如采用轻骨料混凝土小型空心砌块或蒸压加气砌块砌筑,墙体的底部应现浇高度为 150 mm 的混凝土挡水坎台。

6.2.3.1 施工工艺

填充墙施工前应对主体结构进行验收,合格后方可进行墙体的砌筑。填充墙顶部与承重结构之间的空隙部位,应在填充墙砌筑后 14 d 施工,并应顶紧砌筑。

1. 烧结空心砖砌体

烧结空心砖墙应侧立砌筑,孔洞应呈水平方向。空心砖墙底部应砌筑 3 皮普通砖,且门窗洞口两侧一砖范围内应采用烧结普通砖砌筑。

砌筑时,墙体的第一皮空心砖应进行试摆砖样。排砖时,不够半砖处应采用普通砖或配砖补砌,半砖以上的非整砖宜采用无齿锯加工制作。

烧结空心砖砌体组砌时,应上下错缝,交接处应咬槎搭接;掉角严重的空心砖不宜使用;转角及交接处应同时砌筑,不得留直槎,留斜槎时,斜槎高度不宜大于 1.2 m。

外墙采用空心砖砌筑时,应采取防雨水渗漏的措施。

2. 轻骨料混凝土小型空心砌块砌体

轻骨料混凝土小型空心砌块砌体砌筑的基本要求与混凝土小型空心砌块砌体相同。其上、下皮砌块应错缝搭接,搭接长度不应小于 90 mm,竖向通缝不应大于 2 皮。

小砌块墙体孔洞中需填充隔热或隔声材料时,应砌一皮填充一皮,且应填满,不得捣实。

当砌筑带保温夹心层的小砌块墙体时,应将保温夹心层一侧靠置室外,并应对孔错缝。左右相邻小砌块中的保温夹心层应互相衔接,上下皮保温夹心层间的水平灰缝处宜采用保温砂浆砌筑。

轻骨料混凝土小型空心砌块填充墙砌体,在纵横墙交接处及转角处应同时砌筑;当不能同时砌筑时,应留成斜槎,斜槎水平投影长度不应小于高度的 2/3。

3. 蒸压加气混凝土砌块砌体

蒸压加气混凝土砌块砌体砌筑时应上下错缝,搭接长度不宜小于砌块长度的 1/3,且不应小于 150 mm。不能满足时,在水平灰缝中应设置 2Φ6 钢筋或 Φ4 钢筋网片加强,加强筋从砌块搭接的错缝部位起,每侧搭接长度不宜小于 700 mm。

拉结筋设置应在相应位置的砌块表面预先开设凹槽,砌筑时,钢筋应居中放置在凹槽砂浆内。砌筑中如发生水平面和垂直面上有超过 2 mm 的错边量时,应采用钢齿磨板和磨砂板磨平,方可进行下道工序施工。

6.2.3.2 质量要求

施工中应注意,不同强度等级的同类砌块不得混砌,也不应与其他墙体材料混砌。

砌块施工
质量检查

烧结空心砖、小砌块和砌筑砂浆的强度等级应符合设计要求。填充墙砌体应与主体结构可靠连接,其连接构造应符合设计要求。拉结筋竖向位置偏差不应超过一皮高度。

填充墙与承重墙、柱、梁的连接钢筋,当采用化学植筋的连接方式时,应进行实体拉拔检测,以确保其性能达到规定要求。

此外,要求填充墙砌体的尺寸、位置准确,砂浆饱满,拉结钢筋或网片的位置和埋置长度符合要求,灰缝宽度符合表 6-4 的规定。

表 6-4　　　　　　　　　　　　　　　　　　　　　　不同砌体的填充墙灰缝宽度

砌体类型		水平灰缝宽度/mm	竖向灰缝宽度/mm
烧结空心砖砌体		8～10	—
轻骨料混凝土小型空心砌块		8～10	8～10
蒸压加气混凝土砌块	普通砂浆	≤15	≤15
	专用黏结砂浆	2～4	2～4

6.2.4　石砌体施工

石砌体应采用铺浆法砌筑,砂浆应饱满,叠砌面的粘灰面积不应小于80%。石砌体每天的砌筑高度不得大于1.2 m。石砌体的转角处和交接处应同时砌筑。对不能同时砌筑而又需留置的临时间断处,应砌成斜槎。

6.2.4.1　毛石砌体

毛石砌体所用毛石应无风化剥落和裂纹,无细长扁薄和尖锥,毛石应呈块状,其中部厚度不宜小于150 mm。

毛石砌体宜分皮卧砌,错缝搭砌,搭接长度不得小于80 mm,内外搭砌时,不得采用外面侧立石块中间填心的砌筑方法,中间不得有铲口石、斧刃石和过桥石(图 6-6);毛石砌体的第一皮及转角处、交接处和洞口处,应采用较大的平毛石砌筑。

砌石施工

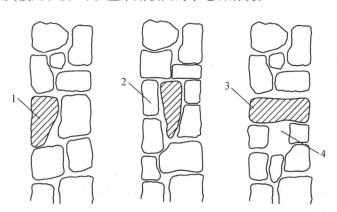

1—铲口石;2—斧刃石;3—过桥石;4—空洞。

图 6-6　铲口石、斧刃石、过桥石示意图

毛石基础砌筑时应拉垂线及水平线。砌筑第一皮毛石时,应先在基坑底铺设砂浆,并将大面向下。阶梯形毛石基础的上级阶梯的石块应至少压砌下级阶梯的1/2,相邻阶梯的毛石应相互错缝搭砌。

毛石砌体的灰缝应饱满密实,表面灰缝厚度不宜大于40 mm,石块间不得有相互接触的现象。石块间较大的空隙应先填塞砂浆,后用碎石块嵌实,不得采用先摆碎石后塞砂浆或干填碎石块的方法。

砌筑时,不应出现通缝、干缝、空缝和孔洞。

毛石砌体应设置拉结石。拉结石应均匀分布,相互错开,毛石基础同皮内宜每隔 2 m 设置一块;毛石墙应每 0.7 m² 墙面内至少设置一块,且同皮内的中距不应大于 2 m。在毛石基础中,当宽度或墙厚不大于 400 mm 时,拉结石的长度应与基础宽度或墙厚相等;当基础宽度或墙厚大于 400 mm 时,可用两块拉结石内外搭接,搭接长度不应小于 150 mm,且其中一块的长度不应小于基础宽度或墙厚的 2/3。

毛石、料石和实心砖的组合墙中(图 6-7),毛石、料石砌体与砖砌体应同时砌筑,并应每隔 4～6 皮砖用 2～3 皮丁砖与毛石砌体拉结砌合,毛石与实心砖的咬合尺寸应大于 120 mm,两种砌体间的空隙应采用砂浆填满。

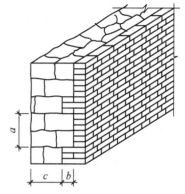

a—拉结砌合高度;b—拉结砌合宽度;
c—毛石墙的设计厚度。

图 6-7　毛石与实心砖组合墙示意图

6.2.4.2　料石砌体

各种砌筑用的料石的宽度、厚度均不宜小于 200 mm,长度不宜大于厚度的 4 倍。

料石砌体的水平灰缝应平直,竖向灰缝应宽窄一致,其中细料石砌体灰缝不宜大于 5 mm,粗料石和毛料石砌体灰缝不宜大于 20 mm。

料石墙的砌筑方法可采用丁顺叠砌、二顺一丁、丁顺组砌、全顺叠砌。料石墙的第一皮及每个楼层的最上一皮应丁砌。

下面以桥梁石砌墩台为例,简述其施工方法。

在砌筑前应按设计图放出实样,挂线砌筑。砌筑基础的第一层砌块时,如基底为土质,不需座浆;如基底为石质,应先座浆再砌石。砌筑斜面墩台时,斜面应逐层放坡,并满足设计的坡度。砌块间用砂浆铺满并保持一定缝厚,所有砌缝要求砂浆饱满。形状比较复杂的工程,应先作出配料设计图(图 6-8),注明石料尺寸;形状比较简单的,也要根据砌体高度、尺寸、错缝等,先进行放样,配好料石再砌筑。

砌筑方法:同一层石料及水平灰缝的厚度要均匀一致,每层按水平砌筑,丁顺相间,灰缝宽度和错缝应符合有关规定。砌石顺序为先角石,再镶面,后填腹。填腹石的分层高度应与镶面相同,并逐镶面石逐层砌筑。圆端、尖端及转角形砌体的砌石顺序,应自顶点开始,按丁顺排列接砌镶面石。

石砌体的轴线位置及垂直度允许偏差应符合表 6-5 的规定。

表 6-5　　　　　　　石砌体的轴线位置及垂直度允许偏差(mm)

项目		允许偏差						
		毛石砌体		料石砌体				
		基础	墙	毛石料		粗料石		细料石
				基础	墙	基础	墙	墙、柱
轴线位置		20	15	20	15	15	10	10
墙面垂直度	每层	—	20	—	20	—	10	7
	全高	—	30	—	30	—	25	10

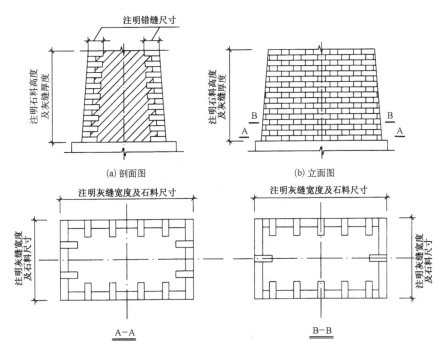

图 6-8　桥墩配料大样图

6.3　砌体的冬期施工

当室外日平均温度连续 5 d 稳定低于 5℃,或当日最低温度低于 0℃时,砌体工程应采取冬期施工措施。

砌体工程冬期施工应编制完整的冬期施工方案。冬期施工所用的材料应符合如下规定:

① 石灰膏、电石膏等应防止受冻,如遭冻结应融化后使用;

② 拌制砂浆所用的砂,不得含有冰块和直径大于 10 mm 的冻结块;

③ 砌筑时砂浆温度不应低于 5℃;

④ 冬期施工时,除应按常温规定要求外,还应增设一组与砌体同条件养护的试块;

⑤ 拌合砂浆宜采用两步投料法,水的温度不得超过 80℃,砂的温度不得超过 40℃。冬期施工的砖砌体应采用"三一"砌筑法。

砖基础的施工和回填土前,均应防止地基遭受冻结。

烧结普通砖和多孔砖、蒸压灰砂砖、蒸压粉煤灰砖、烧结空心砖、吸水率较大的轻骨料混凝土小型空心砌块在正温度条件下砌筑应适当浇水润湿,在 0℃ 及 0℃ 以下条件下砌筑,可不浇水湿润,但须适当加大砂浆的稠度。普通混凝土小型空心砌块、混凝土多孔砖、混凝土实心砖以及采用薄灰砌筑法的蒸压加气混凝土砌块施工时,则不应对其浇水湿润。

冬期施工可采用一些技术措施,如外加剂法、暖棚法等。

砌筑砂浆应选用外加剂法,当气温不高于 −15℃ 时,砌筑承重墙的砂浆强度应比常温施工时提高一级。砌筑时砖与砂浆的温度差宜控制在 20℃ 以内,并不高于 30℃。

对面积较小且又急需砌筑的结构,可采用暖棚法施工。暖棚法施工时,块体和砂浆的温度不应低于 15℃。距离所砌筑结构地面 0.5 m 处的棚内温度也不应低于 5℃。暖棚法养护时间由钢筋棚内温度确定,当棚内温度在 5~20℃ 时,养护时间为 6~3 d,温度较低时,养护时间取大值。

思 考 题

【6-1】 砌筑砂浆有哪些要求?

【6-2】 砖砌体的质量要求有哪些?

【6-3】 砌体结构砌筑时,块体材料的含水率应如何控制?

【6-4】 各种砌体结构临时间断处的接槎分别有何要求?

【6-5】 构造柱施工应注意哪些问题? 小型砌块的芯柱施工又应注意哪些问题?

【6-6】 石砌体的组砌应注意哪些问题?

【6-7】 砌体的冬期施工应注意哪些问题?

7 钢结构工程

钢结构工程从广义上讲是指以钢铁为基材,经过机械加工组装而成的结构。一般意义上的钢结构仅限于工业厂房、高层建筑、塔桅、桥梁等钢结构。由于钢结构具有强度高、结构轻、施工周期短和精度高等特点,因而在建筑、桥梁等土木工程中被广泛采用。

钢结构构件

7.1 钢结构加工工艺

7.1.1 钢结构的放样、号料与下料

放样和号料是整个钢结构制作工艺中的第一道工序,其工作的准确性将直接影响到整个结构的质量,至关重要。为了提高放样和号料的精度和效率,应采用计算机辅助设计。

7.1.1.1 放样

放样是根据产品施工详图或零部件图样要求的形状和尺寸,按照1∶1的比例把产品或零部件的实形画在放样台或平板上,求取实长并制成样板的过程。对比较复杂的壳体零部件,还需要作图展开。放样过程中,应与设计部门协调;放样结束,应对照图纸进行自查;最后编写构件号料明细表。

7.1.1.2 号料

号料就是根据放样的样板在钢材上画出构件的实样,并打上各种加工记号,为钢材的切割下料作准备。

目前国内大部分加工已采用数控加工设备,省略了放样和号料工序。

放样和号料时应预留余量,一般包括制作和安装时的焊接收缩余量,构件的弹性压缩量,切割、刨边和铣平等加工余量,以及厚钢板展开时的余量等,

号料

7.1.1.3 切割下料

切割的目的就是将号料的零件形状从原材料上进行下料分离。钢材的切割可以通过切削、冲剪、摩擦机械力和热切割来实现。常用的切割方法有:气割、机械剪切和等离子切割三种方法。

气割法是利用氧气与可燃气体混合产生的预热火焰加热金属表面达到燃烧温度并使金属发生剧烈的氧化,放出大量的热,促使下层金属也自行燃烧,同时通以高压氧气射流,将氧化物吹除而引起一条狭小而整齐的割缝。随着割缝的移动切割出所需的形状。这种切割方法设备灵活、费用低廉、精度较高,是目前使用最广泛的切割方法。气割法能够切割各种厚度的钢材,特别是带曲线的零件或厚钢板。气割前,应将钢材切割区域表面的铁锈、污物等清除干净,气割后,

气割切割

机械切割

等离子切割

钢材的切割

应清除熔渣和飞溅物。

机械切割法可利用上下两刀具的相对运动来切断钢材,或利用锯片的切削运动把钢材分离,或利用锯片与工件间的摩擦发热使金属熔化而切断钢材。

等离子切割法是利用高温高速的等离子焰流将切口处金属及其氧化物熔化并吹去来完成切割,所以能切割任何金属,特别是熔点较高的不锈钢及有色金属铝、铜等。

切割方法可参考表 7-1 选用。

表 7-1　　钢材的切割方法

类别	选用设备	适用范围
气割	自动或半自动切割机、多头切割机、数控切割机、仿形切割机、多维切割机	适用于中厚钢板
	手工切割	小零件板及修正下料,或机械操作不便时
机械切割	剪板机、型钢冲剪机	适用于板厚<12 mm 的钢板、压型钢板、冷弯型钢
	砂轮锯	适用于切割厚度<4 mm 的薄壁型钢及小型钢管
	锯床	适用于切割各种型钢及梁柱等构件
等离子切割	等离子切割机	适用于较厚钢板(厚度为 20～30 mm)、钢条及不锈钢

7.1.2　构件加工

钢结构矫正

7.1.2.1　矫正

由于存放、运输、吊运不当等原因,或加工成型过程中操作和工艺原因,或构件连接过程中会存在焊接应力都可能引起钢材或构件的变形。为了保证钢结构的制作及安装质量,必须对变形较大、不符合技术标准的材料、构件进行矫正。钢结构的矫正就是通过外力或加热作用,使钢材较短部分的纤维伸长,或使较长的纤维缩短,以迫使钢材反变形,使材料或构件达到技术标准的工艺方法。矫正的形式主要有矫直、矫平和矫形三种,可采用机械矫正、加热矫正、加热与机械联合矫正等方法。

钢材的机械矫正是在专用矫正机上进行的。机械矫正是使弯曲的钢材在外力作用下产生反向的塑性变形,以达到整平调直的目的。它的优点是作用力大、劳动强度小、效率高。

钢材的机械矫正有拉伸机矫正、压力机矫正、多辊矫正机矫正等。拉伸机矫正(图 7-1)适用于薄板扭曲、型钢扭曲、钢管、带钢和线材等的矫正。压力机矫正适用于板材、钢管和型钢的局部矫正。多辊矫正机可用于型材、板材等的矫正,如图 7-2 所示。

多辊矫正机

图 7-1　拉伸矫正机

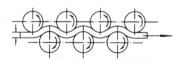
图 7-2　多辊矫正机矫正板材

7.1.2.2 弯卷成型

1. 钢板卷曲

钢板卷曲是通过旋转辊轴对板料进行连续三点弯曲所形成的。当制件曲率半径较大时,可在常温状态下卷曲;当制件曲率半径较小或钢板较厚时,则需在钢板加热后进行。钢板卷曲按卷曲类型可分为单曲率卷制和双曲率卷制。

2. 型材弯曲

(1) 型钢的弯曲

型钢弯曲时,由于截面重心线与力的作用线不在同一平面上,同时型钢除受弯曲力矩外还受扭矩的作用,所以型钢断面会产生畸变。畸变程度取决于应力的大小,而应力的大小又取决于弯曲半径。弯曲半径越小,则畸变程度越大。为了控制型钢的畸变,应控制最小弯曲半径。如果制件的曲率半径较大,一般采用冷弯;反之则采用热弯。

(2) 钢管的弯曲

管材在外力的作用下弯曲时,其截面会发生变形,且外侧管壁会减薄,内侧管壁会增厚。在自由状态下弯曲时,截面会变成椭圆形。钢管的弯曲半径对热弯法不小于钢管外径的 3.5 倍;对冷弯法不应小于钢管外径的 4 倍。在弯曲过程中,为了尽可能地减少钢管在弯曲过程中的变形,弯制时可采用下列方式:在管材中加进填充物(装砂或弹簧);用滚轮和滑槽"箍"在管材外壁;用芯棒穿入管材内部。

3. 边缘加工

在钢结构制造中,经过剪切或气割的钢板边缘内部结构会发生硬化和变态。为了消除切割对主体钢材加工的冷作硬化和热影响,需要对边缘进行加工。可采用刨削方式进行边缘加工,刨削量不应小于2.0 mm。此外,为了保证焊缝质量,考虑到装配的准确性,将钢板边缘刨成或铲成坡口,往往还要将边缘刨直或铣平。

一般需要作边缘加工的部位包括:承受动力荷载的构件直接传递承压力的部位,如支座部位、加劲肋、腹板端部等;受力较大的钢柱底端部位;钢柱现场对接连接部位;高层钢结构核心筒与钢框架梁的连接板端部;对构件或连接精度要求高的部位等。

7.1.2.3 其他工艺

1. 折边

在钢结构制造过程中,把构件的边缘压弯成一定角度或一定形状的加工过程称为折边。折边广泛用于薄板构件,可折成较长的弯曲边和很小的弯曲半径。经折边后的薄板刚度大大提高。这类工件的弯曲折边常利用折边机进行。

2. 制孔

钢结构板材制孔中包括铆钉孔、普通螺栓连接孔、高强度螺栓孔、地脚螺栓孔等。制孔有一次制孔和二次制孔。一次制孔包括钻孔和冲孔。二次制孔是在一次制孔的基础上进行二次加工的方法,铣孔、绞孔、镗孔和锪孔属于二次制孔。

圆筒弯卷　　螺旋卷管

钢板卷曲

型钢弯曲

钢管弯曲

板料折边

钢材钻孔

161

钢结构的钻孔

（1）钻孔

钻孔是钢结构制造中普遍采用的方法，适用于各种规格的钢板、型钢的孔加工。钻孔是通过钻具切削，故孔壁损伤较小，孔的精度较高。钻孔在钻床上进行，当受场地限制或加工部位特殊而不便于使用钻床加工时，则可用电钻、风钻等加工。

（2）冲孔

冲孔是在冲孔机（冲床）上进行，一般适用于较薄的钢板和壁厚较小的型钢，亦可用于不重要的节点板、垫板和角钢拉撑等小件加工。对采用冲孔加工的钢板厚度应控制在12 mm以内。冲孔的孔径一般不小于钢材的厚度。

3. 索节点加工

索节点可采用铸造、锻造、焊接等方法制成毛坯，再经车削、铣削、刨削、钻孔、铣孔等加工而成。毛坯加工工艺有三种方式：

① 铸造工艺，包括模型制作、检验、浇筑、清理、热处理、打磨、修补、机械加工、检验等工序；

② 锻造工艺，包括下料、加热、锻压、机械加工、检验等工序；

③ 焊接工艺，包括下料、组装、焊接、机械加工、检验等工序。

4. 螺栓球和焊接球加工

螺栓球是网架杆件互相连接的受力部件，采用热锻成型，质量容易保证，一般采用45号圆钢热锻成型。若采取恰当的工艺并能确保螺栓球的锻制质量，也可用钢锭热锻而成。

焊接空心球宜采用钢板热压成半圆球，并经机械加工坡口后焊接成圆球。焊接后成品球表面应光滑平整，不应有局部凸起或褶皱。

7.2 钢结构的拼装

钢结构预拼装

由于受运输、吊装等条件的限制，有时构件要分成两段或若干段出厂，为了保证现场安装的顺利进行，应根据构件或结构的复杂程度和设计文件或合同要求，在出厂前进行预拼装。除管结构为立体预拼装，其他结构一般均为平面拼装。预拼装的构件应处于自由状态，不得强行固定。预拼装的允许偏差应符合表7-2的规定。

计算机辅助模拟预拼装具有预拼装速度快、精度高、节能环保、经济实用的特点。钢结构组件的计算机模拟预拼装，是对已制造完成的构件进行三维测量，用测量数据在计算机中构造结构模型，进行模拟拼装，并检查拼装干涉和分析拼装精度，得到构件连接件加工所需要的信息。计算机辅助预拼装包括两方面的模拟，一是按照构件的预拼装图纸，将结构的构件模型在计算机中按照理论位置进行预拼装，然后逐个检查构件间的连接关系是否满足要求，最后反馈检查结果和后续作业需要的信息；二是以保证构件在自重作用下不发生超过工艺允许变形的条件下，将结构构件模型在计算机中进行模拟预拼装，确定构件间的连接，并反馈有关信息。采用计算机辅助模拟预拼装，要求输入的所有构件尺寸能准确反映实际状况，因此，模拟拼装构件或单元外形均应严格测量。测量时可采用全站仪或三维扫描仪和相关软件配合进行。

表 7-2 钢结构预拼装的允许偏差

构件类型	项目		允许偏差	检查方法
多节柱	预拼装单元总长		±5.0 mm	用钢尺检查
	预拼装单元弯曲矢高		$l/1\,500$,且不大于 10.0 mm	用拉线和钢尺检查
	接口错边		2.0 mm	用焊缝量规检查
	预拼装单元柱身扭曲		$h/200$,且不大于 5.0 mm	用拉线、吊线和钢尺检查
	顶紧面至任一牛腿距离		±2.0 mm	
梁、桁架	跨度最外两端安装孔或两端支承面最外侧距离		正偏差:+5.0 mm 负偏差:−10.0 mm	用钢尺检查
	接口截面错位		2.0 mm	用焊缝量规检查
	拱度	设计要求起拱	$±l/5\,000$	用拉线和钢尺检查
		设计未要求起拱	$l/2\,000$	
	节点处杆件轴线错位		4.0 mm	画线后用钢尺检查
管构件	预拼装单元总长		±5.0 mm	用钢尺检查
	预拼装单元弯曲矢高		$l/1\,500$,且不大于 10.0 mm	用拉线和钢尺检查
	对口错边		$t/10$,且不大于 3.0 mm	用焊缝量规检查
	坡口间隙		正偏差:+2.0 mm 负偏差:−1.0 mm	
构件平面总体预拼装	各楼层柱距		±4.0 mm	用钢尺检查
	相邻楼层梁与梁之间的距离		±3.0 mm	
	各层间框架两对角线之差		$H/2\,000$,且不大于 5.0 mm	
	任意两对角线之差		$\Sigma H/2\,000$,且不大于 8.0 mm	

注:表中 l—单元长度;t—截面高度;H—柱高度。

7.3 钢结构的连接

构件的连接方法主要有焊接和紧固件连接两种。

7.3.1 焊 接

7.3.1.1 概 述

焊接是将需要连接的构件在连接部位加热到熔化状态并连接起来的加工方法。有时也可在半熔化状态下加压力使它们连接,或在其间加入其他熔化状态的金属使它们连成一体。焊接的优点是在构件上不需要钻孔,加工容易、费用较低,而且不会削弱构件截面。

1. 钢结构焊接的一般要求

钢结构焊接时应考虑以下问题:

① 根据焊接构件的材质和厚度、接头的形式和焊接设备选择焊接方法;

163

② 焊接的效率和经济性；

③ 焊接质量的稳定性。

2. 焊接从业人员

钢结构焊工属于特殊工种，包括手工操作焊工和机械操作焊工。焊工的资格和操作技能对工程质量起到关键作用，必须予以充分重视。从事钢结构焊接工作的焊工必须经考试合格并取得合格证书，持证焊工必须在其考试合格项目及认可范围内施焊。

3. 焊接工艺评定

首次采用的钢材、焊接材料、焊接方法、接头形式、焊接位置、焊后热处理等各种参数及参数的组合，应在钢结构制作及安装前进行焊接工艺评定试验。

焊接工艺评定的目的是验证施焊单位拟定的焊接工艺的正确性和评定施焊单位的能力。焊接工艺评定应以可靠的钢材焊接性能为依据，并在工程施工前完成。焊接工艺评定的设备、仪表应处于正常工作状态，钢材、焊接材料必须符合相应标准，并由本单位技能熟练的焊接人员使用本单位焊接设备焊接试件。

焊接工艺评定的一般程序：拟定焊接工艺指导书→施焊试件、制取试样→检验试件和试样→测定焊接接头使用性能→提出焊接工艺评定报告→对焊接工艺指导书进行评定。

4. 焊接作业条件

焊接作业区的环境温度、相对湿度和风速对焊接质量影响很大，施工时应满足下列环境条件：

① 作业环境温度不应低于－10℃；

② 焊接作业区的相对湿度不应大于90%；

③ 焊接作业区的最大风速对于手工电弧焊和自保护药芯焊丝电弧焊，不应超过 8 m/s；对于气体保护电弧焊，不应超过 2 m/s。

当焊接作业环境温度低于 0℃且不低于－10℃时，应采取加热或者防护措施，应将焊接接头和焊接表面各方向大于或等于钢板厚度的 2 倍且不小于 100 mm 范围内的母材，加热到规定的最低预热温度且不低于20℃后再施焊。实际作业条件不符合上述规定而又必须进行焊接时，应编制专项方案。

现场高空焊接作业应搭设稳固的操作平台和防护棚。

焊接前还应对构件的表面进行处理，采用钢丝刷、砂轮等工具清除待焊接处表面的氧化皮、铁锈、油污等杂物，焊缝坡口应按照有关规定进行检查。

手工电弧焊

自动电弧焊

7.3.1.2 焊接施工

钢结构的焊接方法按焊接的自动化程度分为手工焊接、半自动焊接及自动化焊接，如表 7-3 所示。

表 7-3   **常用焊接方法及特点**

焊接方法		特　点	适用范围
手工焊	交流焊机	设备简易，操作灵活，可进行各种位置的焊接	普通钢结构
	直流焊机	焊接电流稳定，适用于各种焊条	要求较高的钢结构

焊接方法	特　点	适用范围
埋弧自动焊	生产效率高,焊接质量好,表面成型光滑美观,操作容易,焊接时无弧光,有害气体少	长度较大的对接或贴角焊缝
埋弧半自动焊	与埋弧自动焊基本相同,但操作较灵活	长度较小的对接或弯曲焊缝
CO_2 气体保护焊	利用 CO_2 气体或其他惰性气体保护的光焊丝焊接,生产效率高,焊接质量好,成本低,易于自动化,可进行全位置焊接	薄钢板

电弧焊是工程中应用最普遍的焊接形式,本节主要讨论电弧焊的施工方法。

1. 焊接接头

钢结构常用的焊接接头按焊接方法分为熔化接头和电渣焊接头两大类。在手工电弧焊中,熔化接头根据焊件的厚度、使用条件、结构形状的不同又分为对接接头、角接接头、T形接头和搭接接头等形式。为了提高焊接质量,接头中较厚的构件往往要开坡口。开坡口的目的是保证电弧能深入焊缝的根部使其焊透,并可清除熔渣,获得较好的焊缝形态。焊接接头形式如表7-4所示。

表 7-4　　　　　　　　　　　　焊接接头形式

序号	名称	图示	接头形式	特点
1	对焊接头		不开坡口 V,X,U 形坡口	应力集中较小,有较高的承载力
2	角焊接头		不开坡口	适用于厚度在 8 mm 以下的构件
			V,K 形坡口	适用于厚度在 8 mm 以下的构件
3	T 形接头		不开坡口	适用于厚度不大于 30 mm 的不受力构件
			V,K 形坡口	适用于厚度在 30 mm 以上的只承受较小剪应力的构件
4	搭接接头		不开坡口	适用于厚度在 12 mm 的钢板
			塞焊	适用于双层钢板的焊接

2. 焊缝形式

按施焊的空间位置分,焊缝形式可分为平焊缝、横焊缝、立焊缝及仰焊缝四种(图7-3)。平焊的熔滴靠自重过渡,操作简单,质量稳定[图 7-3(a)];横焊时,由于重力作用,熔化的金属容易下淌,易产生焊缝上侧咬边、下侧焊瘤或未焊透等缺陷[图 7-3(b)];立焊焊缝成形较为困难,易产生咬边、焊瘤、夹渣、表面不平等缺陷[图 7-3(c)];仰焊则更困难,施工时必须保持最短的弧长,否则易出现未焊透、凹陷等质量问题[图 7-3(d)]。

165

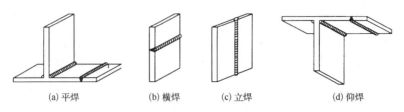

(a) 平焊 　　(b) 横焊 　　(c) 立焊 　　(d) 仰焊

图 7-3　各种位置的焊缝形式示意图

按结合形式分,焊缝可分为对接焊缝、角焊缝和塞焊缝三种,如图 7-4 所示。对接焊缝的主要尺寸有:焊缝有效高度 S、焊缝宽度 c、余高 h。角焊缝主要以高度 K 表示。塞焊缝常以熔核直径 d 表示。

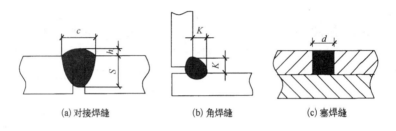

(a) 对接焊缝 　　(b) 角焊缝 　　(c) 塞焊缝

图 7-4　焊缝形式

3. 焊接工艺参数的选择

手工电弧焊的焊接工艺参数主要有焊条直径、焊接电流、电弧电压、焊接层数、电源种类及极性等。

(1) 焊条直径

焊条直径的选择主要取决于焊件厚度、接头形式、焊缝位置和焊接层次等因素。一般可根据表 7-5 按焊件厚度选择焊条直径,并宜选择较大直径的焊条。平焊焊条直径可大一些;立焊所用焊条直径不超过 5 mm;横焊和仰焊时,所用直径不超过 4 mm。开坡口多层焊接时,为了防止产生未焊透的缺陷,第一层焊缝宜采用直径为 3.2 mm 的焊条。

表 7-5　　　　　　　　　　　　　焊条直径与焊件厚度的关系

焊件厚度/mm	≤2	3~4	5~12	>12
焊条直径/mm	2	3.2	4~5	≥15

(2) 焊接电流

焊接电流过大或过小都会影响焊接质量,所以焊接电流的选择应根据焊条的类型、直径、焊件的厚度、接头形式、焊缝空间位置等因素来考虑,其中焊条直径和焊缝空间位置最为关键。在钢结构的焊接中,焊接电流可根据焊条直径用经验公式(7-1)进行试选:

$$I = 10\,d^2 \tag{7-1}$$

式中　I——焊接电流(A);

　　　d——焊条直径(mm)。

166

横焊和仰焊的电流应比平焊的小10%～15%；立焊的电流应比平焊的小15%～20%。

（3）电弧电压

根据电源特性，由焊接电流决定相应的电弧电压，而电焊中，电弧电压还与电弧长度有关。电弧电压高则电弧长；电弧电压低则电弧短。一般要求电弧长度小于或等于焊条直径，即短弧焊。使用酸性焊条焊接时，为了预热焊接部位或降低熔池温度，有时也将电弧稍微拉长进行焊接，即所谓的长弧焊。电弧电压应根据设定的焊接电流及电弧长度确定。

（4）焊接层数

焊接层数应视焊件的厚度而定。除薄板外，一般采用多层焊。对较厚的板材，如焊接层数过少，则每层焊缝的厚度较大，对焊缝金属的塑性有不利的影响。施工中每层焊缝的厚度取4～5 mm为宜。

（5）电源种类及极性

直流电源由于电弧稳定、飞溅小、焊接质量好，一般用在重要的焊接结构或厚板等结构上。其他情况下，应考虑交流电焊机。

根据焊条的形式和焊接特点的不同，利用电弧中阳极温度比阴极高的特点，选用不同的极性来焊接各种不同的构件。用碱性焊条或焊接薄板时，采用直流反接（工件接负极）；而用酸性焊条时，通常采用正接（工件接正极）。

4. 焊接前的准备

焊前准备包括坡口制作、预焊部位清理、焊条烘干、预热、预变形及高强度钢切割表面探伤等。

5. 引弧与熄弧

引弧有碰击法和划擦法两种。碰击法是将焊条垂直于工件进行碰击，然后迅速保持一定距离；划擦法是将焊条端头轻轻划过工件，然后保持一定距离。施工中，严禁在焊缝区以外的母材上打火引弧。在坡口内引弧的局部面积应熔焊一次，不得留下弧坑。

6. 运条方法

电弧引燃之后就进入正常的焊接过程，这时，运条有三种基本动作。

① 向下送进。焊条被电弧熔化逐渐变短。为保持一定的弧长，应使焊条沿其中心线向下送进，否则会发生断弧。

② 纵向移动。为了形成线形焊缝，焊条要沿焊缝方向移动，移动速度的快慢要根据焊条直径、焊接电流、工件厚度和接缝装配情况及所在位置而定。移动速度太快，焊缝熔深小，易造成未焊透；移动速度太慢，焊缝过高，工件过热，会引起变形增加或烧穿。

③ 横向摆动。为了获得一定宽度的焊缝，焊条必须横向摆动。在做横向摆动时，焊缝的宽度一般是焊条直径的1.5倍左右。

根据不同的接缝位置、接头形式、焊条直径和性能、焊接电流、工件厚度等情况，将以上三个基本动作密切组合，可形成各种运条方式（表7-6），适应各种焊接要求，获得优质的焊缝。

7. 焊接完工后的处理

焊接结束后的焊缝及两侧，应彻底清除飞溅物、焊渣和焊瘤等。无特殊要求时，应根据焊接工艺指导书确定是否需要焊后热处理。

人工电弧焊
作业

自动电弧焊
作业

钢结构的
焊接

表 7-6 常用运条方法及适用范围

运条方法	图例	适用范围	运条方法	图例	适用范围
直线形	→	焊缝很小的薄小构件	下斜线形		横焊
带火形			椭圆形		
折线形		普通焊缝	三角形		加强焊缝的中心加热
正半月形			圆圈形		角焊或平焊的堆焊
反半月形			一字形		
斜折线形		边缘堆焊			

焊接质量检验

7.3.1.3 焊缝的质量验收

钢构件焊接工程质量验收的主要依据是《钢结构工程施工质量验收规范》（GB 50205—2001）、《钢结构焊接规范》（GB 50661—2011）等国家标准。

焊接工程质量的验收项目分为主控项目和一般项目。

1. 主控项目

① 焊条、焊丝、焊剂、电渣焊熔嘴等焊接材料与母材的匹配应符合设计要求及国家现行行业标准的规定。焊条、焊丝、焊剂、熔嘴等在使用前,应按产品说明及焊接工艺文件的规定进行烘焙和存放。

② 焊工必须经考试合格并取得合格证书。持证焊工必须在其考试合格项目及认可范围内施焊。

③ 施工单位对其首次采用的钢材、焊接材料、焊接方法、焊后热处理等,应进行焊接工艺评定,并根据评定报告确定焊接工艺。

④ 设计要求全焊透的一级、二级焊缝应采用超声波探伤进行内部缺陷的检查,当超声波探伤不能对缺陷作出判断时,应采用射线探伤。焊缝内部缺陷分级及探伤方法应符合国家现行标准的规定。

一级、二级焊缝的质量等级及缺陷分级应符合表 7-7 的规定。

表 7-7 一级、二级焊缝的质量等级及缺陷分级

焊缝质量等级		一级	二级
内部缺陷超声波探伤	评定等级	Ⅱ	Ⅲ
	检验等级	B 级	B 级
	探伤比例	100%	20%
内部缺陷射线探伤	评定等级	Ⅱ	Ⅲ
	检验等级	AB 级	AB 级
	探伤比例	100%	20%

注:探伤比例的计数方法应按以下原则确定:
① 对工厂制作焊缝,应按每条焊缝计算百分比,且探伤长度应不小于 200 mm,当焊缝长度不足 200 mm 时,应对整条焊缝进行探伤。
② 对现场安装焊缝,应按同一类型、同一施焊条件的焊缝条数计算百分比,探伤长度应不小于 200 mm,并应不少于 1 条焊缝。

⑤ T形接头、十字接头、角接接头等要求熔透的对接和角接组合焊缝,其焊脚尺寸不应小于$t/4$[图7-5(a),(b),(c)];设计有疲劳验算要求的吊车梁或类似构件的腹板与上翼缘连接焊缝的焊脚尺寸为$t/2$[图7-5(d)],且不应大于10 mm。焊脚尺寸的允许偏差为0~4 mm。

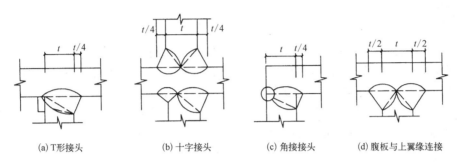

(a) T形接头　　　(b) 十字接头　　　(c) 角接接头　　　(d) 腹板与上翼缘连接

t—连接钢板的厚度。

图7-5　焊接接头形式

⑥ 焊缝表面不得有裂纹、焊瘤等缺陷。一级、二级焊缝不得有表面气孔、夹渣、弧坑裂纹、电弧擦伤等缺陷,且一级焊缝不得有咬边、未满、根部收缩等缺陷。

2. 一般项目

① 对于需要进行焊前预热或焊后热处理的焊缝,其预热温度或焊后温度应符合国家现行有关标准的规定或通过工艺试验确定。预热区在焊道两侧,每侧宽度均应大于焊件厚度的1.5倍,且不应小于100 mm;焊后热处理应在焊后立即进行,保温时间应根据板厚按每25 mm板厚保温1 h的标准确定。

② 二级、三级焊缝外观质量标准应符合相关规定。三级对接焊缝应按二级焊缝标准进行外观质量检验。

③ 焊缝尺寸的允许偏差应符合相应的规定。

④ 焊成凹形的角焊缝,焊缝金属与母材间应平缓过渡;加工成凹形的角焊缝,不得在其表面留下切痕。

⑤ 焊缝感观应外形均匀、成型较好,焊道与焊道、焊道与基本金属间过渡较平滑,焊渣和飞溅物基本清除干净。

7.3.2　紧固连接

紧固连接是指用连接紧固件对构件进行连接、固定和定位。钢结构中的紧固连接包括普通螺栓、扭剪型高强度螺栓、高强度大六角头螺栓、钢网架螺栓球节点用高强度螺栓及拉铆钉、自攻钉、射钉等紧固件连接工程的施工。

紧固连接前应进行连接件加工及摩擦面处理。连接件螺栓孔的精度、孔壁表面粗糙度、孔径及孔距的允许偏差等,应符合国家现行标准的有关规定。

7.3.2.1　普通紧固件

普通紧固件是钢结构常用的紧固件之一,用于钢结构中构件的连接、固定,或将钢结构固定到基础上,使之成为一个整体。

普通紧固件有普通螺栓(六角螺栓、双头螺栓、地脚螺栓),薄钢板紧固件(拉铆钉、自攻钉、射钉)等。

普通螺栓

1. 普通螺栓

普通螺栓的分类和用途如下:

(1) 六角螺栓

六角螺栓按其头部支承面大小及安装位置尺寸分大六角头与六角头两种;按制造质量和产品等级则分为 A,B,C 三种。

A 级螺栓通称为精制螺栓,B 级螺栓为半精制螺栓。A,B 级适用于拆装式结构或连接部位需传递较大剪力的重要结构的安装中。C 级螺栓通称为粗制螺栓,由未加工的圆杆压制而成。C 级螺栓适用于钢结构安装中的临时固定,或只承受钢板间的摩擦阻力。在重要的连接中,采用粗制螺栓连接时必须另加特殊支托(牛腿或剪力板)来承受剪力。

(2) 双头螺栓

双头螺栓一般又称螺柱。多用于连接厚板和不便使用六角螺栓连接的地方,如混凝土屋架、屋面梁悬挂单轨梁吊挂件等。

地脚螺栓

(3) 地脚螺栓

地脚螺栓分为一般地脚螺栓、直角地脚螺栓、锤头螺栓和后锚固地脚螺栓。

一般地脚螺栓和直角地脚螺栓是混凝土基础浇筑时,预埋在基础中用以固定钢柱等上部构件。锤头螺栓是地脚螺栓的一种特殊形式,一般在混凝土基础浇筑时将特制模箱(锚固板)预埋在基础内。后锚固地脚螺栓是在已成型的混凝土基础上经钻机制孔后,再浇筑固定的一种地脚螺栓。

2. 薄钢板紧固件

薄钢板一般采用拉铆钉、自攻钉、射钉等连接。拉铆钉、自攻钉、射钉的规格尺寸应与被连接件钢板相匹配,其间距、边距等应符合设计文件的要求。钢拉铆钉和自攻螺钉的钉头部分应靠在较薄的板件一侧。自攻螺钉、钢拉铆钉、射钉等与连接板应紧固密贴,外观应排列整齐。

3. 普通螺栓的施工

(1) 连接要求

普通螺栓在连接时应符合下列要求:

① 永久螺栓的螺栓头和螺母的下面应放置平垫圈。垫置在螺母下面的垫圈不应多于 2 个,垫置在螺栓头部下面的垫圈不应多于 1 个;

② 螺栓头和螺母应与结构构件的表面及垫圈密贴;

③ 对于槽钢和工字钢翼缘之类倾斜面的螺栓连接,则应放置斜垫片垫平,以使螺母和螺栓的头部支承面垂直于螺杆,避免螺栓紧固时螺杆受到弯曲力;

④ 同一连接接头螺栓数量不应少于 2 个;

⑤ 对于动荷载或重要部位的螺栓连接,应在螺母的侧面按设计要求放置弹簧垫圈,或采用有防松动装置的螺母;

⑥ 紧固后外露丝扣不应小于 2 扣,紧固质量可采用锤敲检验;

⑦ 使用螺栓等级和材质应符合施工图纸的要求。

(2) 长度选择

连接螺栓的长度可按式(7-2)计算:

$$L = \delta + H + nh + C \tag{7-2}$$

式中 δ ——连接板约束厚度(mm);

H ——螺母的高度(mm);

h ——垫圈的厚度(mm);

n ——垫圈的个数(个);

C ——螺杆的余长(5~10 mm)。

（3）紧固轴力

考虑到螺栓受力应均匀,尽量减少连接件变形对紧固轴力的影响,保证各节点连接螺栓的质量,螺栓紧固必须从中心开始,对称施拧,施拧时的紧固轴力应不超过相应的规定。大型接头宜进行复拧。永久螺栓的拧紧质量采用锤敲或用力矩扳手检验,要求螺栓不颤头、不偏移。

7.3.2.2 高强度螺栓

高强度大六
角头螺栓

高强度扭
剪型螺栓

高强度螺栓是用优质碳素钢或低合金钢材料制成的一种特殊螺栓,具有强度高的特点。高强螺栓连接是继铆接之后发展起来的新型钢结构连接形式,已经成为当今钢结构连接的主要手段。

高强度螺栓按照连接形式可分为张拉连接、摩擦连接和承压连接三种。

高强度螺栓连接具有安装简便迅速、受力性能好、安全可靠等优点。因此,高强度螺栓普遍应用于大跨度结构、工业厂房、桥梁结构、高层钢结构等工程。

钢结构用高强度大六角头螺栓为粗牙普通螺纹,分 8.8 S 和 10.9 S 两种等级,一个连接副为一个螺栓、一个螺母和两个垫圈。高强度螺栓连接副应同批制造,保证扭矩系数稳定,同批连接副扭矩系数平均值为 0.110~0.150,扭矩系数标准偏差应不大于 0.010。

1. 高强度螺栓的施工工具

（1）手动扭矩扳手

各种高强度螺栓在施工中以手动紧固时,都要使用标明扭矩值的扳手施拧,以达到高强度螺栓连接副规定的扭矩。常用的手动扭矩扳手有指针式、音响式和扭剪型三种(图 7-6)。

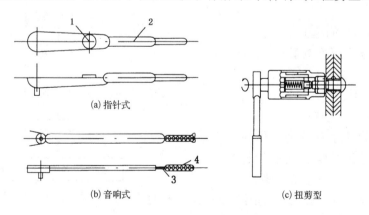

(a) 指针式

(b) 音响式

(c) 扭剪型

1—千分表;2—扳手;3—主刻度;4—副刻度。

图 7-6 手动扳手

① 指针式扭矩扳手

指针式扭矩扳手的端部设有一个指示盘,当给扭矩扳手预加扭矩,套筒紧固六角螺栓时,指示盘即示出扭矩值。

② 音响式扭矩扳手

这是一种附加棘轮机构预调式的手动扭矩扳手,配合套筒可紧固各种直径的螺栓。音响扭矩扳手在手柄的根部带有力矩调整的主、副两个刻度,施拧前,可按需要调整预定的扭矩值。当施拧到预调的扭矩值时,便有明显的音响和手上触感。这种扳手操作简单、效率高,适用于进行大规模的组装作业和螺栓紧固扭矩值的检测。

③ 扭剪型手动扳手

这是一种紧固扭剪型高强度螺栓使用的手动力矩扳手。这种扳手设有内套筒弹簧、内套筒和外套筒,靠螺栓尾部的卡头得到紧固反力,使紧固的螺栓不同时转动。内套筒可根据所紧固的扭剪型高强度螺栓直径而更换相适应的规格。当扭剪型高强度螺栓卡头在颈部被剪断,所施加的扭矩可以视为合格,紧固完毕。

(2) 电动扳手

钢结构用高强度大六角头螺栓紧固时使用的电动扳手有 NR-9000A,NR-12 和双重绝缘定扭矩、定转角电动扳手等。安装和拆卸高强度螺栓时可以自动控制扭矩和转角,适用于钢结构桥梁、厂房建设、化工、发电设备安装,以及对螺栓紧固件的扭矩或轴力有严格要求的场合。可进行大六角头高强度螺栓施工的初拧、终拧和扭剪型高强度螺栓的初拧作业。

扭剪型电动扳手是用于扭剪型高强度螺栓终拧紧固的电动扳手,常用的扭剪型电动扳手有 6922 型和 6924 型两种。6922 型电动扳手适用于紧固 M16,M20,M22 三种规格的扭剪型高强度螺栓。6924 型扭剪型电动扳手则可以紧固 M16,M20,M22 和 M24 四种规格的扭剪型高强度螺栓。

2. 高强度螺栓的施工

钢结构高强度螺栓施工流程如图7-7所示。

(1) 准备工作

① 工具的调整与检查

大六角头高强度螺栓施工用的扭矩扳手在使用前应进行校正,其扭矩相对误差不得大于±5%;校正用的扭矩扳手,其扭矩相对误差不得大于±3%。用于大六角头高强度螺栓施工终拧值检测以及校核施工扭矩的扳手必须经过计量单位的标定,并在有效期内使用,检测与校核用的扳手应为同一把扳手。

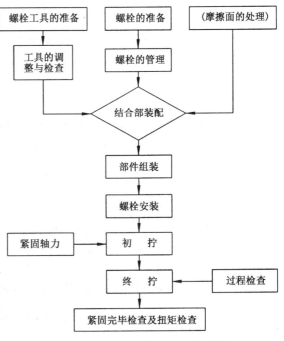

图 7-7 高强度螺栓施工工艺流程图

扭剪型高强度螺栓连接副施工应采用专用的电动扳手。

② 螺栓的保管

加强高强度螺栓储运和保管的目的是防止螺栓、螺母、垫圈组成的连接副的扭矩系数发生变化,这是高强度螺栓连接的一项重要工作。所以,对螺栓的包装、运输、现场保管等过程都要保持它的出厂状态,直到安装使用前才能开箱检查合格后方可投入使用。

③ 摩擦面处理

高强度螺栓摩擦面应进行表面处理,经表面处理后的高强度螺栓连接摩擦面应符合下列规定:连接摩擦面应保持干燥、清洁,不应有飞边、毛刺、焊接飞溅物、焊疤、氧化铁皮、污垢等;经处理后的摩擦面应采取保护措施,不得在摩擦面上作标记;摩擦面采用生锈处理方法时,安装前应以细钢丝刷垂直于构件受力方向除去摩擦面上的浮锈。

（2）高强度螺栓安装

高强度螺栓现场安装时应能自由穿入螺栓孔,不得强行穿入。螺栓不能自由穿入时,可采用铰刀或锉刀修整螺栓孔,不得采用气割扩孔,扩孔数量应征得设计单位同意,修整后或扩孔后孔径不应超过螺栓直径的1.2倍。

高强度螺栓安装时应先使用安装螺栓和冲钉。每个节点上穿入的安装螺栓和冲钉的数量,应根据安装过程中所承受的荷载计算确定,同时确保安装螺栓和冲钉的数量不少于安装孔总数的1/3。安装螺栓数量不应少于2个,冲钉穿入数量不宜多于安装螺栓数量的30%。不得用高强度螺栓兼作安装螺栓。

扭剪型高强度螺栓安装时,螺母带圆台面的一侧应朝向垫圈有倒角的一侧;大六角头高强度螺栓安装时,螺栓头下垫圈有倒角的一侧应朝向螺栓头,螺母带圆台面一侧应朝向垫圈有倒角的一侧。

（3）施拧

① 高强度螺栓

高强度螺栓应在构件安装精度调整后进行拧紧。高强度大六角头螺栓连接副施拧可采用扭矩法或转角法施工。施拧时,应在螺母上施加扭矩。施拧应分为初拧和终拧,大型节点宜在初拧和终拧间增加复拧。初拧扭矩可取终拧扭矩的50%,复拧扭矩应等于初拧扭矩。高强度大六角头螺栓初拧或复拧后应对螺母涂画颜色标记。

② 扭剪型高强度螺栓

扭剪型高强度螺栓施拧分为初拧和终拧,大型节点宜在初拧和终拧间增加复拧。初拧扭矩可取终拧扭矩的50%。复拧扭矩应等于初拧扭矩。扭剪型高强度螺栓终拧应以拧掉螺栓尾部梅花头为准,初拧或复拧后应对螺母图画颜色标记。

高强度螺栓
连接

③ 高强度螺栓连接节点螺栓群

高强度螺栓连接节点螺栓群分为初拧、复拧和终拧,施工时应采用合理的施拧顺序。施拧顺序的原则应以接头刚度较大的部位向约束较小的方向、螺栓群中央向四周的顺序。图7-8—图7-10是常见节点的施拧顺序。图7-8所示为一般节点的施拧顺序,从中心向两端;图7-9所示是箱型节点的施拧顺序(A—B—C—D);工字梁节点螺栓群可按图7-10所示①—⑥的顺序进行施拧。对H形截面柱对接节点,应采用先翼缘后腹板的施拧顺序,而两个节点组成的螺栓群则可按先主要构件节点,后次要构件节点的顺序。

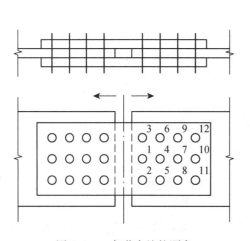

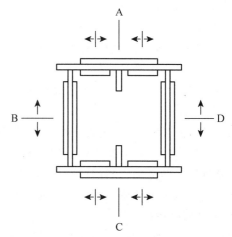

图 7-8　一般节点施拧顺序　　　　　图 7-9　箱型节点施拧顺序

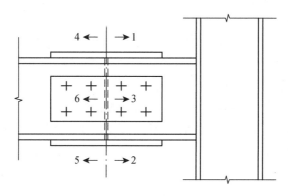

图 7-10　工字梁节点施拧顺序

（4）终拧质量检查

① 扭矩法

高强度大六角头螺栓连接采用扭矩法施工紧固时,应进行下列质量检查:

检查终拧颜色标记,并用 0.3kg 重小锤敲击螺母,对高强度螺栓进行逐个检查。

终拧扭矩应按节点数 10% 抽查,且不应少于 10 个节点;对每个被抽查的节点应按螺栓数的 10% 抽查,且不应少于 2 个螺栓。

检查时应先在螺杆端面和螺母上画一直线,然后将螺母拧松约 60°;再用扭矩扳手重新拧紧,使两线重合,测得此时的扭矩应为(0.9～1.1)倍的检查力矩。若发现不合格,应再扩大 1 倍检查数量检查,仍有不合格者时,则整个节点的高强度螺栓应重新施拧。

扭矩检查宜在螺栓终拧 1h 以后、24h 之前完成。检查用的扭矩扳手,其相对误差不得大于 ±3%。

② 转角法

高强度大六角头螺栓连接采用转角法施工紧固时,应进行下列质量检查:

检查终拧颜色标记,并用 0.3kg 重小锤敲击螺母,对高强度螺栓进行逐个检查。

174

终拧转角应按节点数 10% 抽查,且不应少于 10 个节点;对每个被抽查的节点应按螺栓数的 10% 抽查,且不应少于 2 个螺栓。

检查时,应在螺杆端面和螺母相对位置画线,然后全部卸松螺母,再按规定的初拧扭矩和终拧扭矩重新拧紧螺栓,测量终止线与原终止线间的角度,应符合规范要求,误差在 ±30% 以内为合格。若发现不合格,应再扩大 1 倍检查数量检查,仍有不合格者时,则整个节点的高强度螺栓应重新施拧。

转角检查宜在螺栓终拧 1 h 以后、24 h 之前完成。

③ 扭剪型高强度螺栓

扭剪型高强度螺栓终拧检查,应以目测尾部梅花头拧断为合格。

思 考 题

【7-1】 钢结构构件的加工工艺有哪些?

【7-2】 钢结构预拼装的依据是什么?如何进行质量控制?

【7-3】 钢结构焊接有哪些方法?焊接工作对从业人员有什么要求?

【7-4】 什么是焊接工艺评定?焊接工艺评定对焊接质量有什么影响?

【7-5】 高强度螺栓分哪几类?在施工工艺上有什么区别?

8　结构吊装工程

在现场或工厂预制的结构构件或构件组合,用起重机械在施工现场把它们吊起并安装在设计位置上,这样形成的结构称为装配式结构。结构吊装工程就是有效地完成装配式结构构件的吊装任务。

结构吊装工程是装配式结构施工的主导工种工程,其施工特点如下:

① 受预制构件的类型和质量影响大。预制构件的外形尺寸、埋件位置、构件强度以及预制构件类型,都直接影响吊装进度和工程质量。

② 正确选用起重机具是完成吊装任务的主要因素。构件的吊装方法取决于所采用的起重机械。

③ 施工中构件应力状态变化多。构件在运输和吊装时,因吊点或支承点不同,其应力状态也会不一致,甚至完全相反,必要时,应对构件进行吊装验算,并采取相应措施。

④ 高空作业多,容易发生事故,必须采取可靠措施,并加强安全教育。

8.1　起重机具和起重机

8.1.1　索具设备

8.1.1.1　卷扬机

卷扬机又称绞车。按驱动方式可分为手动卷扬机和电动卷扬机。卷扬机是结构吊装最常用的工具。

用于结构吊装的卷扬机多为电动卷扬机。电动卷扬机主要由电动机、卷筒、电磁制动器和减速机构等组成,如图8-1所示。按运绳速度,卷扬机分快速和慢速两种。快速电动卷扬机主要用于垂直运输和打桩作业;慢速电动卷扬机主要用于结构吊装、钢筋冷拉、预应力筋张拉等作业。

卷扬机

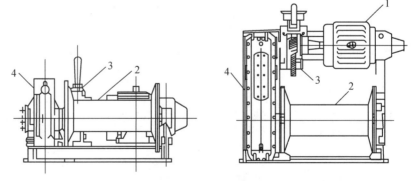

1—电动机;2—卷筒;3—电磁制动器;4—减速机构。

图8-1　电动卷扬机

176

选用卷扬机的主要技术参数是卷筒牵引力、运绳速度和卷筒容绳量。

使用卷扬机时应当注意：

① 为使钢丝绳能自动、整齐地在卷筒上往复缠绕，卷扬机的安装位置应使距第一个导向滑轮的距离 l 为卷筒长度 a 的 15 倍，即当钢丝绳在卷筒边时，钢丝绳与卷筒中垂线的夹角不大于 $2°$，如图 8-2 所示。

② 钢丝绳引入卷筒时应接近水平，并应从卷筒的下面引入，以减少卷扬机的倾覆力矩。

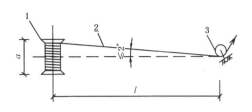

1—卷筒；2—钢丝绳；3—第 1 个导向滑轮。

图 8-2　卷扬机与第一个导向滑轮的布置

③ 卷扬机在使用时必须作可靠的锚固，如作基础固定、设锚碇固定或利用已有构筑物等作固定。

8.1.1.2　钢丝绳

钢丝绳是起重机械中用于悬吊、牵引或捆缚重物的挠性件。它是由许多根直径为 $0.4\sim2\ \text{mm}$、抗拉强度为 $1\,200\sim2\,200\ \text{MPa}$ 的钢丝按一定规则捻制而成。按照捻制方法的不同，分为单绕、双绕和三绕钢丝绳，土木工程施工中常用的是双绕钢丝绳，它是由钢丝捻成股，再由多股围绕绳芯绕成绳。双绕钢丝绳按照捻制方向分为同向绕、交叉绕和混合绕三种，如图 8-3 所示。同向绕是钢丝捻成股的方向与股捻成绳的方向相同，这种绳的挠性好、表面光滑、磨损小，但易松散和扭转，不宜用来悬吊重物。交叉绕是指钢丝捻成股的方向与股捻成绳的方向相反，这种绳不易松散和扭转，宜作起吊绳，但挠性差。混合绕是指相邻两股钢丝的绕向相反，性能介于同向绕和交叉绕之间，制造复杂，用得较少。

(a) 同向绕　　　　　　(b) 交叉绕　　　　　　(c) 混合绕

图 8-3　双绕钢丝绳的绕向

钢丝绳

钢丝绳按每股钢丝数量的不同又可分为 6×19，6×37 和 6×61 三种。6×19 钢丝绳在绳的直径相同的情况下，钢丝粗，比较耐磨，但较硬，不易弯曲，一般用作缆风绳；6×37 钢丝绳比较柔软，可用作穿滑车组和吊索；6×61 钢丝绳质地软，主要用于重型起重机械中。

钢丝绳应按其用途选用，并应考虑多根钢丝的受力不均匀性，在确定钢丝绳的允许拉力 $[F_g]$ 时应引入考虑多根钢丝受力不均匀性的换算系数 α，钢丝绳的允许拉力按式(8-1)计算：

$$[F_g] = \frac{\alpha F_g}{K} \tag{8-1}$$

式中　F_g——钢丝绳的钢丝破断拉力总和（kN）；

α——换算系数，可参考表 8-1 选用；

K——安全系数，可参考表 8-2 选用。

表 8-1	钢丝绳破断拉力换算系数
钢丝绳结构	换算系数
6×19	0.85
6×37	0.82
6×61	0.80

表 8-2		钢丝绳的安全系数	
用途	安全系数	用途	安全系数
作缆风绳	3.5	作吊索、无弯曲时	6~7
用于手动起重设备	4.5	作捆绑吊索	8~10
用于电动起重设备	5~6	用于载人的升降机	14

8.1.1.3 锚碇

锚碇又叫地锚,是用来固定缆风绳和卷扬机,保证系缆构件稳定的重要组成部分。锚碇有桩式锚碇和水平锚碇两种。桩式锚碇是用型钢或木桩打入土中而成。水平锚碇是通过埋置一定深度的横梁传力,可承受较大荷载,分无板栅水平锚碇和有板栅水平锚碇两种(图 8-4)。

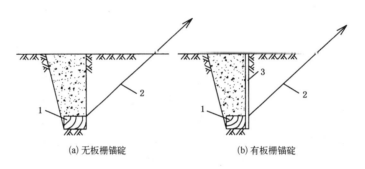

(a) 无板栅锚碇　　　　　　　(b) 有板栅锚碇

1—横梁;2—钢丝绳(或拉杆);3—板栅。

图 8-4　水平锚碇

8.1.1.4 滑轮和滑轮组

滑轮和滑轮组

滑轮是可绕中心轴转动、周边设有用于柔索(钢索绳、链条等)跨绕圆盘的凹槽的轮子,是提升重物并能省力或转向的简单机械。滑轮组是由一定数量的定滑轮和动滑轮以及绕过它们的绳索组成。滑轮和滑轮组是起重机械的重要组成部分。滑轮组中共同承担构件重量的绳索根数称为工作绳数 n(图 8-5)。滑轮组的名称通常以组成滑轮组的定滑轮和动滑轮的数目来表示,如由 4 个定滑轮和 4 个动滑轮组成的滑轮组称为"四四滑轮组"。

8.1.1.5 横吊梁

横吊梁常用于较长的构件,如柱、屋架和桥面板等构件的吊装。横吊梁有滑轮横吊梁、钢板横吊梁、型钢横吊梁等形式。滑轮横吊梁由吊环、滑轮和轮轴等部分组成[图 8-6(a)]。钢板横吊梁由 Q235 钢板制作而成[图 8-6(b)]。型钢横吊梁一般长 6~12 m[图 8-6(c)],用横吊梁吊长度较大的构件时可降低起吊高度,并可加大吊索与水平面的夹角,减少吊索的水平分力对构件产生的压力。

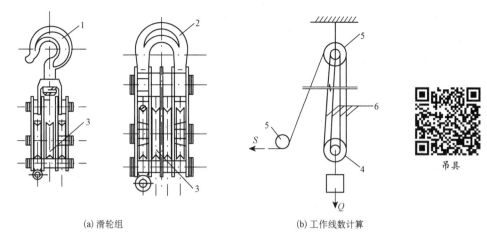

(a) 滑轮组　　　　　　　　(b) 工作线数计算

1—开口吊钩;2—闭口吊环;3—滑轮;4—动滑轮;

5—定滑轮;6—工作绳(本图中 $n=4$)。

图 8-5　滑车组

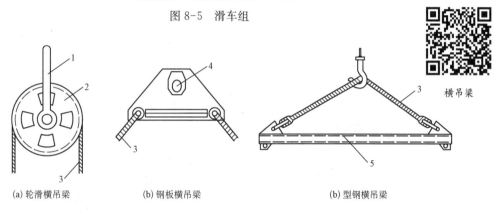

(a) 轮滑横吊梁　　　　(b) 钢板横吊梁　　　　(b) 型钢横吊梁

1—吊环;2—滑轮;3—吊索;4—挂钩孔;5—型钢。

图 8-6　横吊梁

8.1.2　起重机械

结构吊装工程常用的起重机械主要有桅杆式起重机、自行式起重机、塔式起重机及浮吊起重机、缆索起重机等。后两种常用于桥梁工程的施工。

8.1.2.1　桅杆式起重机

桅杆式起重机具有制作简单、装拆方便、起重量大、受地形限制小等特点。但它的机动性较差、工作半径小、移动较困难,并需要拉设较多的缆风绳,故一般只适用于安装工程量比较集中的工程。

桅杆式起重机可分为独脚把杆、人字把杆、悬臂把杆和牵缆式桅杆起重机。

1. 独脚把杆

独脚把杆由把杆、起重滑轮组、卷扬机、缆风绳和锚碇等组成,如图 8-7(a)所示。吊装作业时,把杆应保持不小于 80°的倾角,以便吊装构件时不致撞击把杆。把杆底部要设置滑动底座以便移动。把杆的稳定主要依靠缆风绳,绳的一端固定在桅杆顶端,另一端固定在锚碇上,缆风绳一般设 4~8 根。根据制作材料的不同,把杆类型有:

179

（1）木独脚把杆

木独脚把杆常用独根圆木做成，圆木梢径为 200～320 mm，起重高度一般为8～15 m，起重量为 30～100 kN。

（2）钢管独脚把杆

钢管独脚把杆常用直径为 200～400 mm，壁厚 8～12 mm 的钢管制成，起重高度可达 30 m，起重量可达 450 kN。

（3）金属格构式独脚把杆

金属格构式独脚把杆的起重高度可达 75 m，起重量可达 1 000 kN 以上。格构式独脚把杆一般用四个角钢作主肢，并由横向和斜向缀条联系而成，截面多呈正方形，常用截面为 450 mm×450 mm～1 200 mm×1 200 mm 不等，整个把杆由多段拼成。

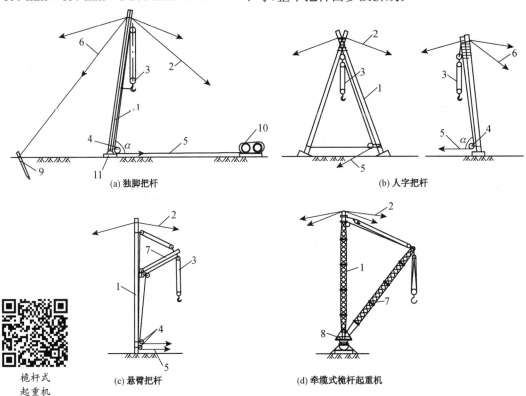

桅杆式
起重机

(a)独脚把杆　　　(b)人字把杆

(c)悬臂把杆　　　(d)牵缆式桅杆起重机

1—把杆；2—缆风绳；3—超重滑轮组；4—导向滑轮；5—拉索；
6—主缆风绳；7—起重臂；8—回转盘；9—锚碇；10—卷扬机；11—滑动底座。

图 8-7　桅杆式起重机

2. 人字把杆

人字把杆是由两根圆木或两根钢管以钢丝绳绑扎或铁件铰接而成，如图 8-7(b)所示。两杆在顶部相交成 20°～30°角，底部设有拉杆或拉绳，以平衡把杆本身的水平推力。其中一根把杆的底部装有一导向滑轮组，起重索通过它连到卷扬机，另用一钢丝绳连接到锚碇，以保证起重时底部稳固。人字把杆是前倾的，但倾角 α 不宜小于 80°，并在前、后各用两根缆风绳拉结。

人字把杆的优点是侧向稳定性较好，缆风绳较少；缺点是起吊高度小、构件的活动范围小,故一般仅用于安装重型柱或其他重型构件。

3. 悬臂把杆

在独脚把杆的中部或 2/3 高度处装上一根起重臂,即成悬臂把杆。起重杆可以回转和起伏变幅,如图 8-7(c)所示。

悬臂把杆的特点是能够获得较大的起重高度,起重杆能左右摆动 120°~270°,宜用于吊装重量较小,但高度较大的构件。

4. 牵缆式桅杆起重机

这种起重机在独脚把杆的下端装上一根可以 360° 回转和起伏的起重杆而成,如图 8-7(d)所示。它具有较大的起重半径,能把构件吊送到有效起重半径内的任何位置。格构式截面的桅杆起重机,起重量可达 1 000 kN,起重高度可达 80 m,其缺点是缆风绳较多。

8.1.2.2　自行式起重机

自行式起重机分为履带式起重机和轮胎式起重机两种,轮胎式起重机又分为汽车起重机和轮胎起重机两种。

自行式起重机的优点是灵活性大,移动方便;缺点是稳定性较差。

1. 履带式起重机

履带式起重机是一种具有履带行走装置的转臂起重机,其起重量和起重高度均较大。常用的起重量为 500~1 000 kN,目前最大起重量达 40 000 kN,最大起重力矩达 800 000 kN·m,起重机臂长达 140 m。由于履带接地面积大,起重机能在较差的地面上行驶和工作,可负载移动,并可原地回转,故多用于重型工业厂房及旱地桥梁等结构吊装。但其自重大,行走速度慢,远距离转移时,需要其他车辆运载。

履带式起重机主要由底盘、机身和起重臂三部分组成,如图 8-8 所示。

履带式
起重机

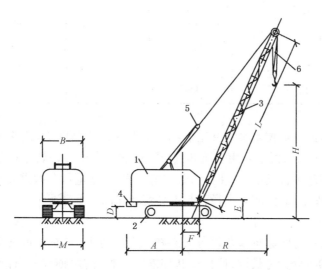

B—机身宽度;M—履带总宽度;D—机身尾部至停机面的净高;E—起重杆底铰至停机面的高度;
F—起重机旋转中心至起重杆底铰的水平距离;A—起重机旋转中心至机身尾部的水平距离;
R—起重半径;H—起重高度;L—起重杆长度。
1—机身;2—履带行走装置;3—起重杆;4—平衡重;5—变幅滑轮组;6—起重滑轮组。

图 8-8　履带式起重机

181

表 8-3 是我国生产的几种履带式起重机的主要技术性能参数。

表 8-3   **我国生产的几种履带式起重机的主要技术性能参数**

项目		单位	QY550	QY900	QY1500
主臂工况	最大额定起重量	kN	550	900	1 500
	最大额定起重力矩	kN·m	2 035	900×4	1 125×8
	主臂长度	m	13～53	13～61	18～81
	主臂变幅角度	°	30～60	30～80	30～80
固定副臂工况	最大额定起重量	kN	—	80	—
	最大额定起重力矩	kN·m	—	80×24	—
	最长主臂＋最长副臂	m	43+15.25	52+18	69+31/75+13
	主副臂夹角	°	10/30	—	13/30
变幅副臂工况	最大额定起重量	kN	—	184	—
	最大额定起重力矩	kN·m	—	150×14	—
	最长主臂＋最长副臂	m	—	43.3+31	—
	主臂变幅角度	°	—	60～90	—
	副臂变幅角度	°	—	15～75	—
工作速度	主卷扬机绳速	m/min	0～120	0～120	0～125
	副卷扬机绳速	m/min	0～50	0～58	0～125
	回转速度	rpm	0～2	0～3.2	0～1.8
	行走速度	km/h	0～1.2	0～1.5	0～1.2/0～0.6
平均接地比压		kPa	59	85	90

履带式起重机的主要技术参数有三个：起重量 Q，起重高度 H，起重半径 R。表 8-4 为 QY550 型起重机的工作性能表，由表可知：起重量、起重高度和回转半径的大小与起重臂长度均相互有关。当起重臂长度一定时，随着仰角的增大，起重量和起重高度增加而回转半径减小；当起重臂长度增加时，起重半径和起重高度增加而起重量减小。

2. 汽车起重机

汽车起重机是一种将起重作业设备安装在汽车底盘上、具有载重汽车行驶性能的起重机。根据吊臂结构可分为定长臂、接长臂和伸缩臂三种，前两种多采用桁架式结构臂，后一种采用箱形结构臂。根据传动动力，又可分为机械传动和液压传动两种。因汽车起重机机动性好，能够迅速转移场地，广泛用于土木工程。

现在普遍使用的汽车起重机多为液压伸缩臂汽车起重机，液压伸缩臂一般有 2～4 节，最下（最外）一节为基本臂，吊臂内装有液压伸缩机构控制其伸缩。

表 8-4　　　　　　　　　　　**QY550 型起重机工作性能**

半径/m	起重臂杆长/m														半径/m
	13	16	19	22	25	28	31	34	37	40	43	46	49	52	
	起重量/kN														
3.7	550														3.7
4	502	482													4
4.5	425	418	402												4.5
5	375	360	350	332											5
5.5	325	319	310	302	282										5.5
6	285	283	275	272	262	252									6
7	229	227	225	222	217	212	205								7
8	192	190	187	185	185	180	175	171	167						8
9	161	157	157	156	155	154	148	142	140	132	128				9
10	142	140	139	139	137	137	135	132	128	125	121	117	113		10
12	113	112	111	110	109	108	108	105	103	100	96	93	92	92	12
14		93	92	91	90	88	88	86	85	82	80	77	74	74	14
16			78	77	76	75	74	72	71	69	69	64	62	62	16
18			66	66	66	65	64	62	61	59	58	55	53	51	18
20				56	56	55	55	53	52	49	49	47	44	43	20
22					50	48	46	45	43	42	41	39	37	36	22
24						42	40	39	37	36	35	33	32	30	24
26						36	36	34	33	32	30	29	27	25	26
28							30	30	29	27	25	24	23	21	28
30								26	25	23	21	20	19	17	30
32									21	20	18	17	16	14	32
34									18	17	15	14	13	12	34
36										13	11	10	9		36

　　图 8-9 所示为 QY-8 型汽车起重机的外形,该起重机采用黄河牌 JN150C 型汽车底盘,由起升、变幅、回转、吊臂伸缩和支腿机构等组成,全部采用液压传动。

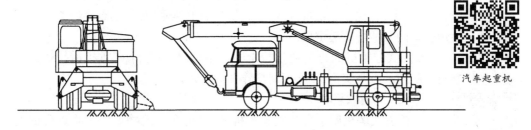

汽车起重机

图 8-9　QY-8 型汽车起重机

汽车起重机作业时,必须先设置自带的支腿,以增大起重机的支承面积,保证必要的稳定性。因此,汽车起重机不能负荷行驶。

汽车起重机的主要技术性能参数有最大起重量、整机质量、吊臂全伸长度、吊臂全缩长度、最大起升高度、最小工作半径、起升速度、最大行驶速度等。

8.1.2.3 塔式起重机

塔式起重机(简称"塔机"),在土木工程,尤其在高层建筑和高耸结构施工中得到了广泛应用,适用于物料的垂直与水平运输和构件的安装。

根据塔式起重机在工地上架设的方式,可分为行走式、附着式和爬升式三种。行走式塔机路基工作量大、占用施工场地大,起重高度和起重量较小,因此,目前已很少使用。附着式和爬升式塔机可随结构施工逐渐升高,在一定高度下,也可以独立的悬臂状态进行作业,是工程中常用的机型。塔式起重机按起重变幅方式可分为小车变幅式、动臂式和折臂式三种。折臂式塔机安全性较差,也逐渐被淘汰。

小车变幅式
起重机

塔机组装

塔机的小车
变幅方式

1. 塔式起重机的架设方式

图 8-10 所示是塔式起重机在工地上不同的架设方式。

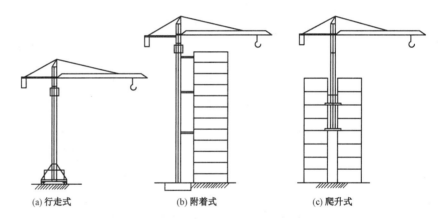

(a) 行走式　　　　　(b) 附着式　　　　　(c) 爬升式

图 8-10　塔式起重机的不同架设方式

(1) 行走式塔机

行走式塔机可带重物行走,作业范围大,非生产时间少,生产效率高。其主要性能参数有吊臂长度、起重半径、起重量、起升速度及行走速度等。图 8-11 所示为 QT-60/80 型起重机,它是一种上旋行走式塔机,起重量为 30～80 kN,采用动臂变幅,起重半径为7.5～20 m,是工地上使用较多的一种塔式起重机。

QT-60/80 型塔式起重机的行走通过行走驱动平台,带动整个起重机沿轨道运行。行走式塔机轨道下的地基应坚实稳定,必要时应作加固处理。

附着式塔机

(2) 附着式塔机

附着式塔机属于自升式起重机,它固定在建筑物或构筑物近旁的混凝土基础上,随着结构的升高,不断自行接高塔身,使起重高度不断增大。为了塔身稳定,塔身每隔 20 m 高度左右用附墙杆与结构锚固。

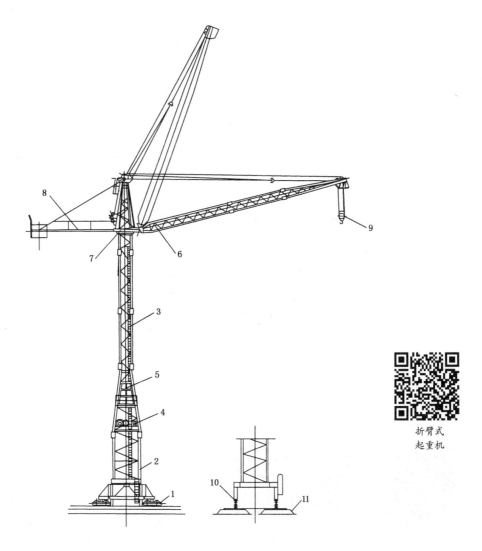

1—行走从动台车；2—下节塔身；3—上节塔身；4—卷扬机构；5—操纵室；
6—起重臂；7—上旋机构；8—平衡臂；9—吊钩；10—行走驱动台车；11—路基。

图 8-11　QT-60/80 型塔式起重机

附着式塔机多为小车变幅，起重半径变化幅度大。此外，可通过自身的起吊机构进行塔身顶升、安装与拆卸。

① 顶升原理

附着式塔机的顶升接高主要利用液压缸顶升，采用较多的是外套架液压缸侧顶式。图 8-12 所示为 QT_4-10 型起重机顶升过程，可分为以下五个步骤：

（a）将标准节吊到摆渡小车上，并将过渡节与塔身标准节相连的螺栓松开，准备顶升[图 8-12(a)]。

（b）开动液压千斤顶，将塔机上部结构包括顶升套架向上顶升一个标准节加安装间隙的高度，然后用定位销将套架固定。此时，塔机上部结构通过定位锁传递到塔身[图 8-12(b)]。

(c) 液压千斤顶回缩,形成引进空间,将装有标准节的摆渡小车开到引进空间内[图 8-12(c)]。

(d) 利用液压千斤顶稍微提起标准节,退出摆渡小车,然后将标准节平稳地落在下面的塔身上,并用螺栓加以连接[图 8-12(d)]。

(e) 拔出定位销,下降过渡节,使之与已接高的塔身连成整体[图 8-12(e)]。

如一次要接高若干节塔身标准节,则可重复以上工序。

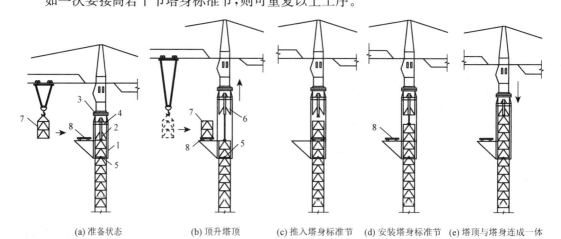

(a) 准备状态　　(b) 顶升塔顶　　(c) 推入塔身标准节　　(d) 安装塔身标准节　　(e) 塔顶与塔身连成一体

1—顶升套架;2—液压千斤顶;3—承座;4—顶升横梁;5—定位销;
6—过渡节;7—标准节;8—摆渡小车。

图 8-12　QT₄-10 型起重机的顶升过程

附着式塔机
顶升过程

附着式塔机
顶升

塔式起重机
拆除

② 技术性能参数

图 8-13 所示为 QTZ80 型附着式塔机,最大起重量为 6 t,最大起重半径下的起重量为 1.2 t,最大起重力矩为 840 kN·m,最大臂长为 55 m,悬臂高度为 40 m。

附着式塔机选择时主要依据如下技术性能参数:起重臂长度、起重半径、起重量、起升速度、顶升速度及附着间距等。

(3) 爬升式塔机

爬升式塔机又称内爬式起重机,通常安装在建筑物或构筑物上,也可安装在筒形结构内。依靠爬升机构,起重机可随着结构的升高而升高,一般是每建造 3~8 m,起重机就爬升一次。塔身高度只有 20 m 左右,因此整机重量小,施工十分方便。

① 爬升原理

图 8-14(a)所示是爬升式塔机的液压爬升机构,由爬升梯、液压千斤顶、上下横梁、支腿和支承架等组成。上、下支承架(梁)相隔两作业层,工作时,用螺栓固定在筒形结构的墙或边梁上,爬升梯两侧设有横梁搁置口。支承架(梁)对应于起重机塔身的四根主肢,装有 8 个导向滚轮,在爬升时起导向作用。塔身套装在爬升梯内,顶升液压缸的缸体铰接于塔身横梁上,而下端(活塞杆端)铰接于活动的下横梁中部。依靠上、下支腿轮流支撑在爬梯踏步上,使塔身上升。

186

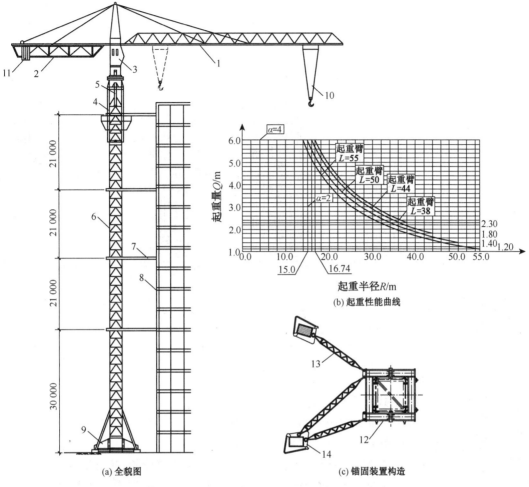

（a）全貌图

（b）起重性能曲线

（c）锚固装置构造

1—起重臂；2—平衡臂；3—操纵室；4—顶升套架；5—液压千斤顶；
6—塔身标准节；7—锚固装置；8—建筑；9—基础；10—起重小车；
11—平衡重；12—附着套箍；13—附墙杆；14—附墙杆。

图 8-13　QTZ80 型附着式塔机

液压爬升机构的爬升过程如下：下支腿 6 支承在爬升梯 7 下面的踏步上［图 8-14（a）］，顶升液压千斤顶 2 进油，将塔身 13 向上顶升［图 8-14（b）］，顶到高度 h 以后，上支腿 5 支承在爬梯的上面横梁搁置口上［图 8-14（c）］，液压缸回缩，将爬升下横梁 4 提升一级，并张开下支腿 6 支承于上一级横梁搁置口上［图 8-14（d）］，于是爬升了一个高度 h。如此重复，使起重机上升。

爬升式塔机的优点是：起重机以建筑物或构筑物作支承，塔身短，起重高度大，而且不占用建筑物外围空间；缺点是施工结束后拆卸复杂，一般需设辅助起重机拆卸。

② 技术性能参数

常用的爬升式塔机为上旋式塔机，也可作为附着式或固定式塔机使用。主要技术性能参数包括起重半径、起重量、起升速度、爬升速度等。

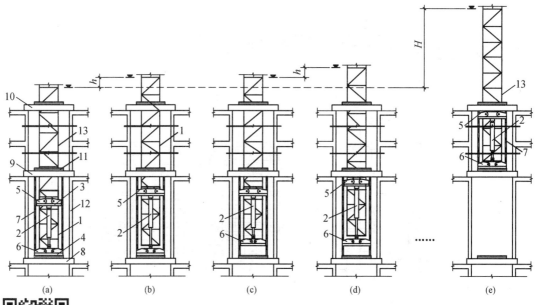

爬升式起重机

爬升式塔机
顶升过程

1—爬升节；2—液压千斤顶；3—上横梁；4—下横梁；5—上伸缩支腿；
6—下伸缩支腿；7—爬升梯；8—下支承架（梁）；9—中支承架（梁）；
10—上支承架（梁）；11—套架；12—主体结构；13—塔身。

图 8-14　爬升式塔机的爬升机构及其爬升过程

2. 塔式起重机的变幅方式

塔式起重机按照变幅方式可分为小车变幅式和吊臂变幅式。

小车变幅式塔机工作平稳、最小起重半径小，可同时进行起升、旋转和小车行走（变幅）三个动作，作业效率高。但其平衡臂较长，起重量较小。

折臂式是吊臂变幅的一种形式，它普遍用于履带式起重机和汽车式起重机，但在塔式起重机中采用折臂式，其工作平稳性和安全性均较差，因此，现已基本被淘汰。

伴随着城市建设的迅速发展，动臂塔式起重机得到广泛应用。动臂式起重机也属于吊臂变幅。大型动臂塔式起重机已不是传统意义上的下回转、非自升式起重机，而是以大起重量、大起升高度、大起升速度为特征的现代重型建筑起重机。动臂塔式起重机除具备外爬、内爬功能外，还具有如下特点：

（1）大起重量

现代大型工程普遍采用了钢或钢筋混凝土组合结构，吊装单元的重量大大提高，异型、组合结构通常达到 30 多吨，最大达到 80 余吨。因此，大型动臂塔式起重机配置重型主起升系统，最大起重量可达 100 t。

（2）大起升高度

由于采用了特殊的爬升体系，起重机可随建筑结构整体爬高，起升高度大幅度提高。

（3）大起升速度

动臂塔式起重机的起升结构功率大，特别是采用了自备的内燃机拖动方案，负荷起升速度可达 100 m/min。

图 8-15 所示是某高层建筑多台动臂塔式起重机作业的照片。

动臂塔式起重机还具有作业灵活、效率高的特点，主要体现在以下两个方面：

（1）吊臂起伏角度大，平衡臂长度小

大型动臂塔式起重机吊臂起伏角度在 17°～83°，大大拓宽了设备的能力和工作范围。相对于小车变幅式塔机，吊臂较大的仰角变幅相当于增加了塔身的高度，也有效地扩展了起重半径，其作业范围几乎覆盖了以吊臂长度为半径的半球体空间。

动臂塔式起重机的平衡臂长度远小于小车变幅式塔机，平衡臂的回转半径仅 8～11 m，这使其为城市狭小空间施工、群塔作业提供了更多的选择。

图 8-15 某高层建筑动臂塔式起重机

（2）吊臂稳定性好，臂长可变换

大型动臂塔式起重机吊臂设计采用"杆"结构，相对于水平臂塔式起重机"梁"结构，其稳定性能更好，吊臂结构质量占整机结构质量的比例更小，起重量得到提升。此外，这种"杆"结构，也大大方便了吊臂长度的变换，这为使用提供了更灵活的臂长选择。不同工程可选用不同臂长的吊臂，也可在同一工程的不同阶段根据需要调整。

动臂变幅式起重机

动臂塔式起重机与小车变幅式塔机相比，也有其不足之处，如动臂式起重机吊臂的迎风面增大，无论其处于工作状态还是非工作状态、吊臂处于最大仰角还是最小仰角，吊臂迎风面增加 3～4 倍，吊臂底端铰点受力较小车变幅式塔机大大增加。因此，对安全性影响较大，而且风载荷的影响是变化的、动态的，应予以足够的重视。

此外，虽然吊臂臂长可变换，但是安装不同的臂长对起重特性的影响很大，不同臂长作业时对吊臂底端产生的力矩变化也很大。为此，从有效利用大型动臂塔式起重机"起重特性"的角度讲，在超高工程结构施工阶段，宜选择较短的吊臂。

3. 塔式起重机的基础

（1）基础形式

塔式起重机除了爬升式不需要设置基础外，行走式或附着式都需要设置基础。塔式起重机的基础形式应根据工程地质、荷载大小与起重机稳定性要求和现场条件、技术经济指标并结合起重机制造商提供的使用说明书的要求确定。常见的塔式起重机基础形式有以下几种。

① 浅埋混凝土基础

施工场地地基土的承载力较高，塔式起重机基础可采用浅埋的混凝土基础。一般采用现浇混凝土基础，也可采用装配式混凝土基础。混凝土基础可做成板式或十字式。板式基础一般采用边长为 6～8 m 的正方形，厚度为 1.2～1.5 m 的块体。十字式基础可做成分离式承台，或由两个相互垂直等分且节点加腋的混凝土条形基础组成。

塔机浅基础

② 桩基础

当地基土为软弱土层,或地基处理后采用浅基础仍不能满足起重机对地基承载力和变形的要求时,则可采用桩基础。桩基中的桩数通常为 4 根,其上设承台。桩型可选择预制混凝土桩、预应力混凝土管桩、混凝土灌注桩或钢桩等。实际工程中宜选择与工程桩同类型的桩型,以方便施工。

③ 组合基础

组合式基础主要在基坑内使用,它由桩、钢立柱及承台组成。一般采用混凝土灌注桩,以便于钢立柱的插入。钢立柱多采用格构式,与钢立柱上端连接的承台可采用混凝土承台或钢承台(图 8-16)。

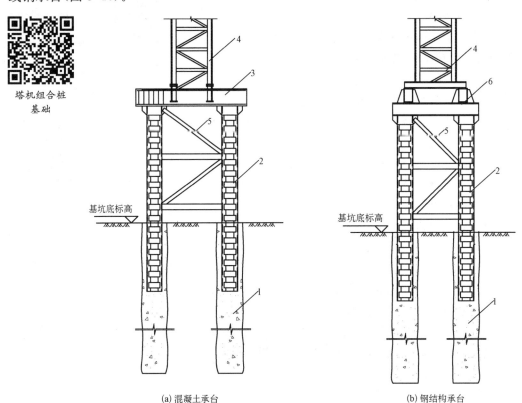

塔机组合桩基础

(a) 混凝土承台　　　　　　　　　　(b) 钢结构承台

1—灌注桩;2—格构式钢立柱;3—混凝土承台;4—塔身;5—系杆;6—钢承台。

图 8-16　基坑内塔式起重机的设置

(2) 塔式起重机基础设计

塔式起重机基础设计前应进行资料收集和场地踏勘。应了解起重机工作状态及非工作状态下对基础的作用力,并了解场地的工程地质状况,在此基础上进行塔式起重机基础的设计计算。

① 作用在塔式起重机基础上的荷载

塔式起重机基础设计应按独立状态下的工作状态和非工作状态的荷载分别计算。独立状态是指塔式起重机与邻近建(构)筑物无任何连接的状态。

190

工作状态的荷载包括起重机和基础的自重荷载、起重荷载、风荷载,并应考虑可变荷载的组合系数,其中起重荷载不考虑动力系数。非工作状态下的荷载应包括起重机和基础的自重荷载、风荷载。

塔式起重机工作状态的基本风压应按 0.20 kN/m² 取用,风荷载作用方向应按起重力矩同向计算;非工作状态的基本风压按《建筑结构荷载规范》(GB 50009—2012)给出的 50 年一遇的风压取用,并不小于 0.35 kN/m²,风荷载的方向应从平衡臂吹向起重臂。

图 8-17 所示是塔式起重机在独立状态时作用于基础的荷载,包括起重机作用于基础顶面的竖向荷载标准值(F_{vk}),水平荷载标准值(F_{hk}),基础及其上覆土的自重荷载标准值(G_k),起重机自重、起重荷载、风荷载等引起的倾覆力矩荷载标准值(M_k)以及扭矩荷载标准值(T_k)。

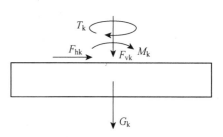

图 8-17 塔式起重机基础荷载

塔式起重机基础可采用制造商提供的"使用说明书"的基础荷载,如非工作状态的起重机现场的基本风压大于"使用说明书"提供的基本风压,则应按规范进行换算。

② 浅埋混凝土基础

浅埋的混凝土基础一般根据地质条件及现场实际状况直接利用塔式起重机制造商提供的"使用说明书"有关资料进行选用,但特殊情况下应经过专门设计计算。当天然地基承载力较低时,可采用地基处理或采用桩基础。

浅基础的地基应满足承载力、地基变形及地基稳定性要求。当地基主要受力层的承载力特征值 f_{ak} 不小于 130 kPa 或小于 130 kPa 但有地区经验时,且黏性土的状态不低于可塑(液性指数 I_L 不大于 0.75)、砂土的密实度不低于稍密,可不进行天然地基的变形验算。但当基础附近有可能引起地基产生过大不均匀沉降的堆载或地基持力层下有软弱下卧层或厚度较大的填土时,仍应进行地基变形验算。

(3) 桩基础

桩基计算应包括桩顶作用效应计算、桩基竖向抗压、抗拔承载力计算、桩身承载力计算、承台计算等,可不计算桩基的沉降变形。

桩基承台则应进行受弯、受剪承载力计算,此外,承台的厚度应满足桩基对承台的冲切承载力要求。

(4) 组合式基础

当塔式起重机安装于地下工程基坑中,根据地下工程结构设计、围护结构的布置及工程地质条件以及施工方便的原则,起重机基础可设置于地下室底板下、顶板上或底板与顶板之间。设置于地下室底板下的基础可参考混凝土基础设计,而设置在顶板上或底板与顶板之间的基础应按组合式基础设计。

组合式基础的桩及承台计算与桩基础类似,其中混凝土承台基础的计算可视格构式钢柱为桩基,进行受弯、受剪承载力计算。格构式钢柱则按轴心受压构件设计。

8.1.2.4 其他起重机

1. 门式起重机

门式起重机是一种最常用的垂直起吊设备。在门式起重机顶部横梁上设行车时,可横向运输重物、构件;在门式起重机两立柱下缘设有滚轮并置于铁轨上时,可在轨道上进行纵向运输;如在两立柱下设能转向的滚轮时,则可改变水平运输的方向。门式起重机通常设于构件预制场吊移构件;或设在桥墩顶、桥墩旁安装大梁构件。常用的门式起重机有工厂制作的钢结构门式起重机,也有用装配式贝雷架拼制的门式起重机。图8-18所示是利用公路装配式贝雷架拼制的门式起重机示例。

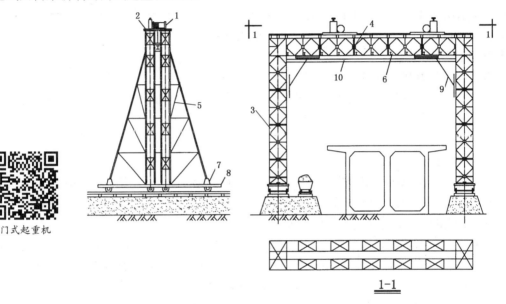

门式起重机

1—卷扬机;2—行道板;3—立柱;4—横梁;5—斜撑;

6—单轨;7—底梁;8—轨道平车;9—角撑;10—加强吊杆。

图8-18 利用公路装配式贝雷架拼制的门式起重机

2. 浮吊

浮吊船是通航河流上施工重要的工作船。常用的浮吊有铁驳船浮吊,也有用木船、型钢及人字扒杆等拼成的简易浮吊。我国目前使用的最大浮吊船的起重量已达5 000 kN。

简单浮吊可以利用两只木船组拼成门船,用木料加固底舱,舱面上安装由型钢组成的底板构架,上铺木板,其上安装人字把杆制成。起重动力可使用双筒电动卷扬机,安装在门船后部中线上。人字把杆的材料可用钢管或圆木,并用钢丝绳固定在木船尾端两舷旁的结构上。此外还需配备电动卷扬机、钢丝绳、锚链、铁锚用于移动及固定船位。

3. 缆索起重机

缆索起重机适用于高差较大的垂直吊装和架空运输,起吊量从数吨至数十吨,运距从几十米至几百米。

缆索起重机由主索、天线滑车、起重索、牵引索、主索地锚、塔架、风缆、电动卷扬机及链滑车等组成。缆索吊装布置方式如图8-19所示。

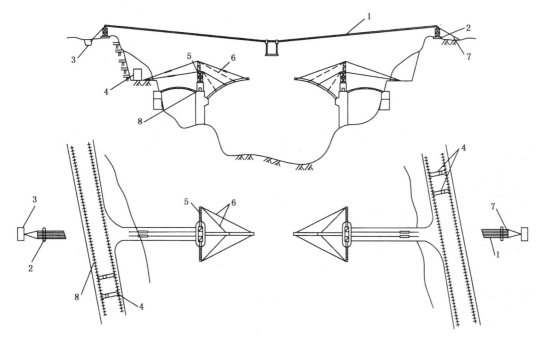

1—主索;2—主索塔架;3—主索地垄;4—门式起重机;5—缆风架;
6—扣索;7—主索张紧装置;8—门式起重机轨道。

图 8-19 缆索吊装布置

缆索起重机

8.2 构件吊装工艺

8.2.1 预制构件的制作、运输和堆放

8.2.1.1 构件的制作和运输

预制构件如柱、屋架、梁、桥面板等一般在现场或工厂预制。混凝土构件的预制应尽可能采用叠浇法,重叠层数由地基承载能力和施工条件确定,一般不超过 4 层,上、下层间应做好隔离层,上层构件的浇筑应等到下层构件混凝土达到设计强度的 30% 以后才可进行。预制场地应平整夯实,不可因受荷、浸水而产生不均匀沉陷。

预制构件制作

工厂预制的钢构件或混凝土构件需在吊装前运至工地,构件运输宜选用载重量较大的载重汽车和半拖式或全拖式的平板拖车,将构件直接运到工地构件堆放处。在运输过程中,构件的支承位置和方法应根据设计的吊(垫)点设置,不应引起超应力和使构件损伤。叠放运输时构件之间必须用隔板或垫木隔开。上、下垫木应保持在同一垂直线上,支垫数量要符合设计要求以免构件受折。运输道路要有足够的宽度和转弯半径,图 8-20 为构件运输示意图。

混凝土构件运输时的强度要求是:当设计无规定时,不应低于设计的混凝土强度标准值的 75%。

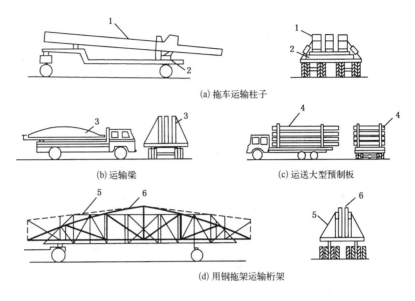

(a) 拖车运输柱子

(b) 运输梁　　　(c) 运送大型预制板

(d) 用钢拖架运输桁架

1—柱子；2—垫木；3—大型梁；4—预制板；5—钢支架；6—大型桁架。

图 8-20　构件运输示意图

构件运输

构件堆放

8.2.1.2　吊装前的构件堆放

预制构件的堆放应考虑便于吊升及吊升后的就位，特别是大型构件，如房屋建筑中的柱、屋架，桥梁工程中的箱梁、桥面板等，应做好构件堆放的布置图，以便一次吊升就位，减少起重设备负荷开行。对于小型构件，则可考虑布置在大型构件之间，也应以便于吊装、减少二次搬运为原则。小型构件还可采用随吊随运的方法，以便减少对施工场地的占用。下面以单层厂房屋架为例说明预制构件的临时堆放原则。

预制混凝土屋架布置在跨之内，以 3～4 榀为一叠，为了满足在吊装阶段吊装屋架的工艺要求，首先需要用起重机将屋架由平卧转为直立，这一过程称为屋架的扶直（或称翻身、起扳）。

屋架扶直后，随即用起重机将屋架吊起并转移到吊装前的堆放位置。屋架的堆放方式一般有两种，即屋架的斜向堆放（图 8-21）和纵向堆放（图 8-22）。各榀屋架之间保持不小于 200 mm 的间距，各榀屋架都必须支撑牢靠，防止倾倒。对于纵向堆放的屋架，要避免在已吊装好的屋架下面进行绑扎和吊装。屋架布置以斜向堆放为宜，由于扶直后堆放的屋架放在 PQ 线之间，屋架扶直后的位置可保证屋架吊升后直接放置在对应的轴线上，如②轴屋架的吊升，起重机位于 O_2 点处，吊钩位于 PQ 线之间的②轴屋架中点，起升后转向②轴，即可将屋架安装至②轴的柱顶（图 8-21）。如采用纵向堆放，则屋架在起吊后不能直接转向安装轴线就位，需起重机负荷开行一段后再安装就位，不如斜向堆放法方便，但纵向堆放法占地较小。

小型构件运到现场后，按平面布置图安排的部位，依编号、吊装顺序进行就位和集中堆放。小型构件的就位位置，一般在其安装位置附近，有时也可从运输车上直接起吊。采用叠放的构件，如屋面板、箱梁等，可以多件为一叠，以减少堆场用地。

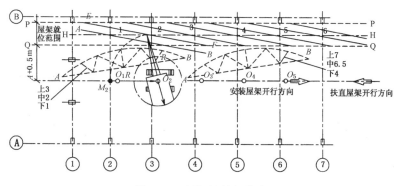

图 8-21　屋架的斜向堆放

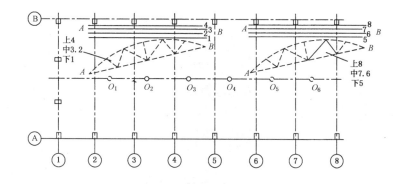

图 8-22　屋架的纵向堆放

8.2.2　构件的绑扎和吊升

预制构件的绑扎和吊升对于不同构件各有特点和要求,现就单层工业厂房预制柱和钢筋混凝土屋架的绑扎和吊升进行阐明,其他构件的施工方法与此类似。

8.2.2.1　柱的绑扎和起吊

1. 柱的绑扎

柱身的绑扎点和绑扎位置要保证柱身在吊装过程中受力合理,不发生变形和裂断。一般中、小型柱绑扎一点;重型柱、配筋少的柱或细长柱绑扎两点甚至两点以上,以减少柱的吊装弯矩。必要时,需经吊装应力和裂缝控制计算后确定。绑扎位置一般由设计确定。

构件绑扎

按柱吊起后柱身是否能保持垂直状态,分为斜吊法和直吊法,相应的绑扎方法有:斜吊绑扎法(图 8-23)和直吊绑扎法(图 8-24)。斜吊绑扎法对起重机起重高度要求较低,当柱的宽面抗弯能力满足吊装要求时,此法也无须将预制柱翻身,但因起吊后柱身与杯底不垂直,对线就位较难。直吊绑扎法适用于柱宽面抗弯能力不足的情况,起吊前必须将预制柱翻身后窄面向上,以增大刚度,再绑扎起吊,此法因吊索须跨过柱顶,需要较大的起重高度。

2. 柱的起吊

柱的起吊方法,按采用起重机的数量,分单机起吊和多机抬吊;按吊升过程中柱身运动的特点,分旋转法和滑行法。

构件吊升

195

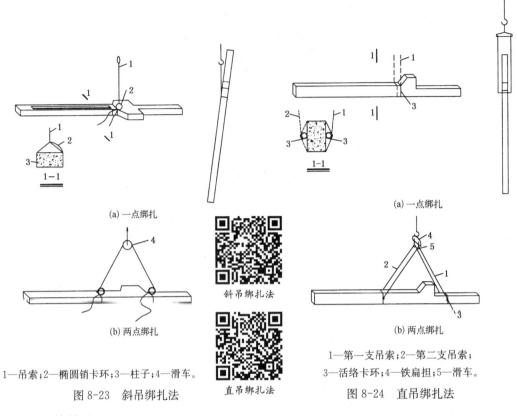

(a) 一点绑扎

(b) 两点绑扎

1—吊索；2—椭圆销卡环；3—柱子；4—滑车。

图 8-23　斜吊绑扎法

斜吊绑扎法

直吊绑扎法

(a) 一点绑扎

(b) 两点绑扎

1—第一支吊索；2—第二支吊索；
3—活络卡环；4—铁扁担；5—滑车。

图 8-24　直吊绑扎法

（1）旋转法

起重机边起钩、边旋转，使柱身绕柱脚旋转而逐渐起吊的方法称为旋转法。其要点是保持柱脚位置不动，并使柱的柱脚中心、吊点和杯口中心三点共圆。其特点是柱在吊升过程中所受震动较小，但构件布置要求高，占地较大，对起重机的机动性要求高，需同时进行起升与回转两个动作。一般须采用自行式起重机（图 8-25）。

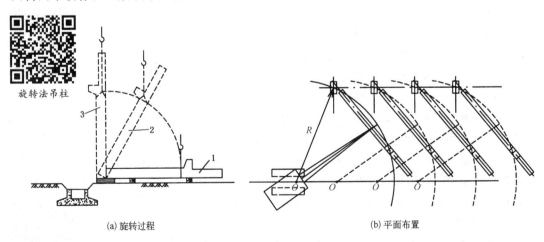

旋转法吊柱

(a) 旋转过程

(b) 平面布置

1—平卧的柱子；2—起吊过程中的柱子；3—直立后的柱子。

图 8-25　旋转法吊柱

196

（2）滑行法

起吊时起重机不旋转，只起升吊钩，使柱脚在吊钩上升过程中沿着地面逐渐向吊钩位置滑行，直到柱身直立的方法称为滑行法。其要点是柱的吊点布置在杯口旁，并与杯口中心两点共圆弧。滑行法起吊时起重机只需起升吊钩即可将柱吊直，然后稍微转动吊杆，便可将柱子就位，构件布置方便，占地小，对起重机机动性要求较低，但滑行过程中柱子受到一定震动。故通常在起重机及场地受限时才采用滑行法（图8-26）。

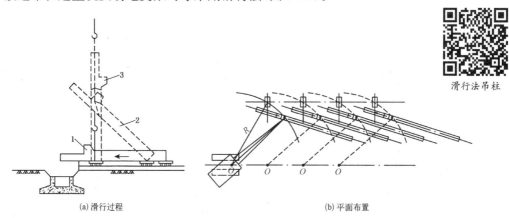

滑行法吊柱

(a) 滑行过程　　　　　　　　(b) 平面布置

1—平卧的柱子；2—起吊过程中的柱子；3—直立后的柱子。

图 8-26　滑行法吊柱

8.2.2.2　屋架的绑扎与吊升

对平卧叠浇的混凝土预制屋架，吊装前先要翻身扶直，然后起吊移至预定地点堆放。扶直时的绑扎点一般设在屋架上弦的节点位置上，宜设置在起吊、就位的吊点处。钢屋架则从工厂运至工地，可直接卸车放置在临时就位处。屋架的绑扎点与绑扎方式与屋架的形式和跨度有关，绑扎的位置及吊点的数量一般由设计确定。如实际吊点与设计位置不一致时，应进行吊装验算。屋架绑扎时，吊索与水平面的夹角 α 不宜小于 $45°$，以免屋架上弦杆承受过大的水平力而使构件受损。通常跨度小于 18 m 的屋架可采用两点绑扎法，大于 18 m 的屋架可采用三点或四点绑扎法。如屋架跨度很大或因加大 α 角，使吊索过长，起重机的起重高度不够时，可采用横吊梁。图 8-27 为屋架绑扎方式示意图。

屋架吊升至柱顶后，屋架端部两个方向的轴线应与柱顶轴线重合，屋架临时固定后起重机才能脱钩。

其他形式的桁架结构在吊装时都应考虑绑扎点及吊索与水平面的夹角，以防止桁架弦杆在受力平面外的破坏。必要时，还应在桁架两侧用型钢、圆木作临时加固。

8.2.3　构件的就位与临时固定

8.2.3.1　柱的对位和临时固定

混凝土柱脚插入杯口后，使柱的安装中心线对准杯口的安装中心线，然后将柱四周的8只楔子打入加以临时固定。吊装重型、细长柱时，除采用以上措施进行临时固定外，必要时，增设缆风绳拉锚。

197

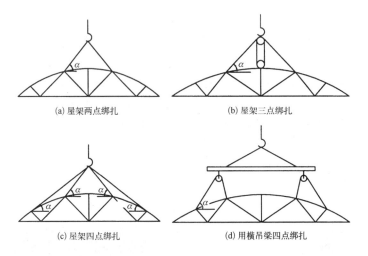

(a) 屋架两点绑扎　　　　　　　(b) 屋架三点绑扎

(c) 屋架四点绑扎　　　　　　　(d) 用横吊梁四点绑扎

图 8-27　屋架绑扎方式示意图

钢柱吊装时,首先进行试吊,吊起离地 100～200 mm 高度时,检查索具和吊车情况后,再进行正式吊装。调整柱底板在基础上的位置时,吊车应缓慢下降,当柱底距离基础位置40～100 mm时,调整柱底与基础两个方向的轴线,对准位置后再下降就位,并拧紧基础全部的螺栓螺母,钢柱就位如图 8-28 所示。

8.2.3.2　桁架的就位和临时固定

桁架类构件一般高度大、宽度小,受力平面外刚度很小,就位后易倾倒。因此,桁架就位的关键是使桁架端头两个方向的轴线与柱顶轴线重合后,及时进行临时固定。

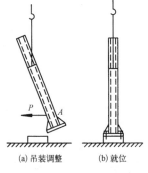

(a) 吊装调整　　(b) 就位

图 8-28　钢柱吊装就位

第一榀桁架的临时固定必须可靠,因为它是单片结构,侧向稳定性差;同时,它是第二榀桁架的支撑。第一榀屋架至少采用四根缆风绳从两边将桁架固定,其后各榀桁架可用屋架校正架及工具式支撑依次搁置在前面一榀桁架上进行校正和临时固定。图 8-29 是一屋架就位的示意图。

构件的就位
和临时固定

钢屋架吊装

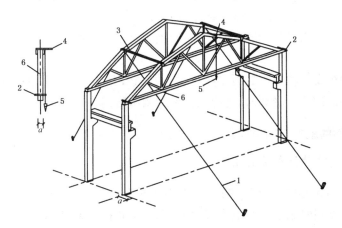

1—缆风绳;2,4—挂线木尺;3—屋架校正器;5—线锤;6—屋架。

图 8-29　屋架的临时固定

8.2.4 构件的校正与最后固定

8.2.4.1 柱的校正与最后固定

1. 柱的校正

柱的校正包括平面定位轴线、标高和垂直度的校正。柱平面定位轴线在临时固定前进行对位时已校正好。混凝土柱标高则在柱吊装前通过调整基础杯底的标高来控制,以保证其偏差在规范允许的范围以内。钢柱则通过在柱子基础表面浇筑标高块(图 8-30)的方法进行校正。标高块用强度不低于 $30\,\text{N/mm}^2$ 的无收缩砂浆立模浇筑。垂直度偏差可用经纬仪和钢管校正器或千斤顶(柱较重时)进行校正。如图8-31和图 8-32 所示。

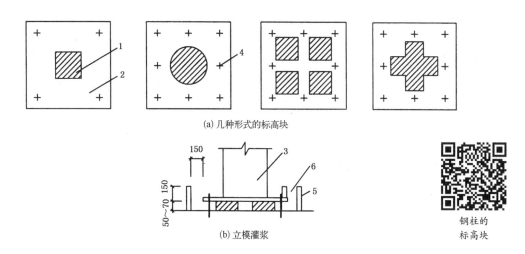

(a) 几种形式的标高块

(b) 立模灌浆

1—标高块;2—基础表面;3—钢柱;4—地脚螺栓;5—模板;6—灌浆口。

图 8-30　钢柱标高块的设置

钢柱的
标高块

柱的校正与
最后固定

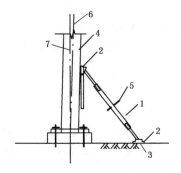

1—钢管校正器;2—端部摩擦板;
3—底板;4—钢柱;5—转动手柄;
6—柱中线;7—铅垂线。

图 8-31　钢管校正器校正法

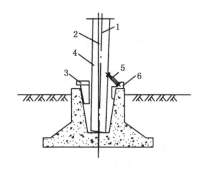

1—柱中线;2—铅垂线;3—楔块;
4—柱;5—千斤顶;6—卡座。

图 8-32　千斤顶校正法

2. 柱的最后固定

校正完成后应及时进行最后固定。待混凝土柱校正完毕即在柱底部四周与基础杯口的空隙之间浇筑细石混凝土,捣固密实,使柱的底脚完全嵌固在基础内作为最后固定。细石混凝土浇筑分两次进行,第一次浇至楔块底面,待混凝土强度达到25%设计强度后,拔去楔块再第二次灌注混凝土至杯口顶面。

钢柱校正后即用螺栓固定,并进行钢柱柱底灌浆。灌浆前,应在钢柱底板用水清洗基础表面,排除积水,四周立模板、灌注砂浆。砂浆应具有良好的流动性,从一边至另一边进行连续灌注。灌注后用湿草包等覆盖养护。

8.2.4.2 桁架的校正与最后固定

桁架的校正
与最后固定

桁架主要校正垂直度偏差。如建筑工程的有关规范规定:屋架上弦(在跨中)通过两个支座中心的垂直面偏差不得大于$h/250$(h为屋架高度)。检查时,可用线锤或经纬仪。下面以屋架为例说明桁架的校正方法(图8-29)。将经纬仪安置在被检查屋架的跨外距柱轴线为a的位置,观测屋架上弦挑出的三个挂线木卡尺上的标志(一个安装在屋架上弦中央,两个安装在屋架上弦两端,标志距屋架上弦轴线均为a)是否在同一垂直面上,如偏差超出规定数值,则转动屋架校正器上的螺栓进行校正,并在屋架端部支承面垫入薄钢片。校正无误后,用电焊焊牢作为最后固定。电焊时,应在屋架两端的不同侧施焊,以防因焊缝收缩导致屋架倾斜,其他形式的桁架校正方法也与此类似。

8.2.5 小型构件的吊装

8.2.5.1 梁的吊装

梁的校正与
最后固定

梁的吊装应在下部支承结构达到设计强度后进行,装配式结构的柱子安装须在柱子最后固定、杯口灌注的混凝土达到70%设计强度或螺栓固定、灌浆完成后进行。梁的绑扎应对称,吊钩对准重心,起吊后使构件保持水平。梁在就位时应缓慢落下,力争使梁的中心线与支承面的中心线一次对准,并使两端搁置位置正确。梁的校正内容有:安装中心线与定位纵、横向轴线的偏差、标高和垂直度。

8.2.5.2 其他构件的吊装

单层厂房中常设计有天窗架,天窗架可与屋架拼装组合成整体一起吊装,也可单独吊装。单独吊装时,采用两点或四点绑扎(图8-33),并应待天窗架两侧的屋面板吊装后进行,吊装方法与屋架基本相同。

对于屋面板、桥面板等的吊装,如起重机的起重能力许可,为加快施工速度,可采用多块叠吊的方法(图8-34)。板的吊装应由屋架或两边左右对称地逐块向中央开展,避免支承结构承受半边荷载,以利于下部结构的稳定。板就位、校正后,应立即与支承构件电焊固定。

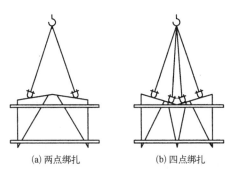

(a) 两点绑扎   (b) 四点绑扎

图 8-33　天窗架的绑扎

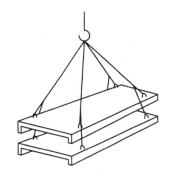

图 8-34　板的多块叠吊

思　考　题

【8-1】 叙述钢丝绳构造与种类,它的允许拉力如何确定?

【8-2】 常用起重机械分哪几类? 各有何特点? 其适用范围如何?

【8-3】 塔式起重机基础有哪几种类型? 分别适用于什么场合?

【8-4】 柱子吊装方法有哪几种? 各有何特点?

【8-5】 覆带式起重机单机吊升柱子时,可采用旋转法或滑行法,它们各有什么特点?

【8-6】 柱子在临时固定后,其垂直度如何校正?

【8-7】 屋架绑扎应注意哪些问题?

【8-8】 桁架的临时固定应注意哪些问题?

习　　题

【8-1】 某工程采用一台 QT80 塔式起重机,拟采用浅埋的混凝土基础。产品说明书提供的工作状态及非工作状态对基础的作用力如表 8-5 所列。场地地基承载力特征值为 150 kPa,不考虑地基的变形,基础顶面位于自然地面下 1.0 m。试说明混凝土基础的设计内容及步骤(请搜索查阅有关同类塔式起重机产品建议的浅埋混凝土基础形式和构造)。

如该塔式起重机安装于开挖深度为 9 m 的基坑内,应采用哪种形式的基础? 其计算包括哪些内容?

表 8-5　　　　　　　　　　　　　　QT80 塔式起重机对基础的荷载

基础所受的荷载标准值	工作状态	非工作状态	组合
竖向荷载 F_{vk}/kN	600	520	800
水平荷载 F_{hk}/kN	40	80	80
倾覆力矩 M_k/(kN·m)	1 450	2 200	2 200
扭矩 T_k/(kN·m)	250	0	250

9 脚手架工程

脚手架是土木工程施工必须使用的重要设施,是为保证高处作业安全、顺利进行而搭设的工作平台或作业通道。在结构施工、装修施工和设备的安装施工中,都需要按照作业需要搭设脚手架。

我国脚手架工程的发展大致经历了三个阶段。第一阶段是解放初期到 20 世纪 60 年代,脚手架主要利用竹、木材料。60 年代末到 70 年代,出现了钢管扣件式脚手架、各种钢制工具式里脚手架与竹木脚手架并存的第二阶段。从 80 年代至现在,随着土木工程的发展,国内一些研究、设计、施工单位在引入国外新型脚手架的基础上,经多年研究与实践,开发出一系列新型脚手架,从而进入了多种脚手架并存的第三阶段。

脚手架的种类很多,按用途和功能分为作业脚手架和支撑脚手架;按搭设位置分为外脚手架和里脚手架两大类;按所用材料分为木脚手架、竹脚手架与金属脚手架;按构造形式分为多立杆式、框式、桥式、升降式以及用于层间操作的工具式脚手架;按搭设高度分为高层脚手架和普通脚手架。本章主要讨论各种作业脚手架的构造及施工要求。脚手架的发展趋势是高强轻质、多功能、组合式,可以满足不同作业的需求。

作业脚手架设计与施工的基本要求是:应满足工人操作、材料堆置和运输的需要;坚固稳定;装拆简便;能多次周转使用。

9.1 扣件式钢管脚手架

扣件式钢管
脚手架图

扣件式钢管
脚手架

扣件式钢管脚手架是指为建筑施工而搭设的、承受荷载的由扣件和钢管等构成的脚手架。

多立杆式外脚手架由立杆、横杆、斜杆、脚手板等组成(图 9-1)。其特点是可根据施工需要灵活布置、适应性强,搭拆方便,可周转使用。

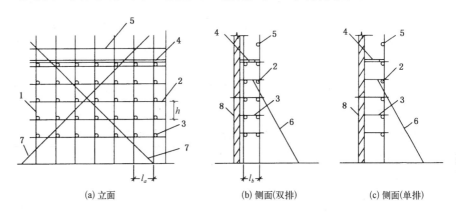

(a) 立面　　　　(b) 侧面(双排)　　　　(c) 侧面(单排)

1—立杆;2—纵向水平杆;3—横向水平杆;4—脚手板;5—栏杆;6—抛撑;7—剪刀撑;8—墙体
l_a—纵距;l_b—横距;h—步距。

图 9-1　多立杆式脚手架

扣件式钢管脚手架是属于多立杆式外脚手架中的一种。其特点是:杆配件数量少;装卸方便,利于施工操作;搭设灵活,搭设高度大;坚固耐用,使用方便。

9.1.1　构配件

9.1.1.1　钢管杆件

钢管杆件一般采用外径 48 mm、壁厚 3.6 mm 的 Q235 级焊接钢管或无缝钢管。用于立杆、纵向水平杆、斜杆的钢管最大长度不宜超过 6.5 m,最大重量不宜超过 250 N,以便人工搬运。用于横向水平杆的钢管长度宜为 1.5～2.2 m,以适应脚手板的宽度。

9.1.1.2　扣件

扣件采用可锻铸铁或铸钢制成,其基本形式有三种(图 9-2):供任意角度相交的两根钢管连接的旋转扣件;供垂直相交的两根钢管连接的直角扣件和供两根对接钢管连接用的对接扣件。扣件质量应符合有关的规定,当扣件螺栓拧紧力矩达 65 N·m 时扣件不得破坏。

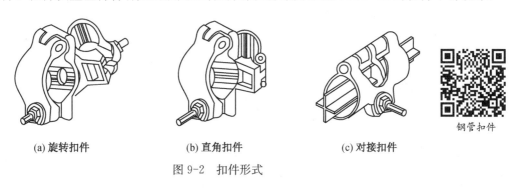

(a) 旋转扣件　　　　(b) 直角扣件　　　　(c) 对接扣件

钢管扣件

图 9-2　扣件形式

9.1.1.3　脚手板

脚手板一般用厚 2 mm 的钢板压制而成,长度 2～4 m,宽度 250 mm,表面应有防滑措施。也可采用厚度不小于 50 mm 的杉木板或松木板,长度 3～6 m,宽度 200～250 mm;或者采用竹脚手板,有竹笆板和竹串片板两种形式。

9.1.1.4　悬挑架

当结构高度较大,扣件式脚手架需要分段悬挑搭设。悬挑架可采用附墙三角架或型钢悬挑梁,其截面需通过设计计算确定,常用 16～20 号工字钢或槽钢。悬挑梁与结构的固定采用 U 形钢筋拉环或锚固螺栓。应注意,如采用后锚固方式固定附墙三角架或悬挑梁,则应对后锚固螺栓进行抗拔试验,符合设计要求后方可使用。

9.1.1.5　连墙件

连墙件将脚手架架体与主体结构连接在一起,传递拉力和压力,可用钢管、型钢或粗钢筋等。通过与主体结构连接,加强脚手架的稳定性,防止倾倒。连墙件按其受力特点可分为柔性连墙件和刚性连墙件。柔性连墙件只承受拉力,可防止脚手架外倾,而对脚手架的稳定性贡献较小,只用于较低的脚手架。工程中一般采用刚性连墙件,它既可承受拉力,又可承受压力。

9.1.1.6 底座

底座一般采用厚 8 mm、边长 150～200 mm 的钢板作底板,上面焊接高 150 mm 的承插钢管。底座形式有内插式和外套式两种(图 9-3),内插式的外径 D_1 比立杆内径小 2 mm;外套式的内径 D_2 比立杆外径大 2 mm。

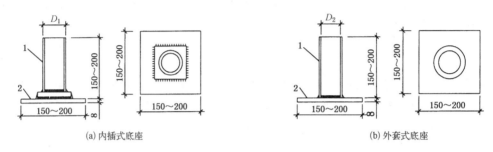

(a) 内插式底座　　　　　　　　　　　(b) 外套式底座

1—承插钢管;2 钢板底座。

图 9-3　扣件钢管架底座

9.1.2 搭设基本要求

9.1.2.1 搭设高度

单排脚手架搭设高度不应超过 24 m;双排脚手架搭设高度不宜超过 50 m。若高度超过50 m,应采用分段搭设等措施。单、双排脚手架搭设必须配合施工进度,一次搭设高度不超过相邻连墙件以上两步,如果超高,应采取撑拉固定等措施与建筑结构拉结。

扣件式钢管
脚手架搭设

　　钢管扣件脚手架的地基应平整坚实,设置垫板和底座,并设排水措施,防止积水浸泡地基。

9.1.2.2 纵距、横距及步距

脚手架纵向相邻立杆之间的纵向轴线距离称为立杆纵距;双排脚手架横向相邻立杆之间的轴线距离或单排脚手架外立杆轴线至结构面的距离称为立杆横距;上、下水平杆轴线之间的距离称为步距。

脚手架的纵距、横距及步距应根据施工荷载、搭设高度和连墙件的设置通过计算确定。

脚手架立杆的纵距一般为 1.2～2.0 m。双排脚手架的立杆横距一般为 1.05 m,1.30 m,1.55 m,里排立杆离墙 0.4～0.5 m;单排脚手架的立杆横距一般为 1.2 m 或1.4 m。

双排脚手架常用步距为 1.6 m 或 1.8 m;单排脚手架的步距为 1.2 m 或 1.4 m。一般仅用于砌筑工程的脚手架步距较小,而用于装饰施工的步距较大,需考虑工人在脚手架间作业时的通行。

9.1.3 设计计算

9.1.3.1 荷载分类及效应组合

作用在脚手架的荷载可分为永久荷载(恒荷载)与可变荷载(活荷载)。

脚手架的永久荷载包括架体结构(如立杆、水平杆、剪刀撑、扣件等)的自重,以及构件、配件(如脚手板、栏杆、挡脚板、安全网等)的自重。

脚手架的可变荷载包括施工荷载(作业层上的人员、器具和材料的自重)和风荷载。施工荷载标准值不应低于表9-1中的规定。

表9-1　　　　　　　　　　　　施工均布荷载标准值

类别	标准值/(kN·m^{-2})
装修脚手架	2.0
混凝土、砌筑结构脚手架	3.0
轻型钢结构及空间网格结构脚手架	2.0
普通钢结构脚手架	3.0

脚手架构件设计时,应根据使用过程中可能出现的荷载及其最不利组合进行计算,荷载效应组合如表9-2所列。

表9-2　　　　　　　　　　　　荷载效应组合

计算项目		荷载效应组合
纵向、横向水平杆承载力与变形		永久荷载＋施工荷载
立杆地基承载力 型钢悬挑梁的承载力、稳定与变形	①	永久荷载＋施工荷载
	②	永久荷载＋0.9×(施工荷载＋风荷载)
立杆稳定	①	永久荷载＋可变荷载(不含风荷载)
	②	永久荷载＋0.9×(可变荷载＋风荷载)
连墙件承载力与稳定		单排架:风荷载＋2.0 kN 双排架:风荷载＋3.0 kN

9.1.3.2 设计基本要求

1. 设计内容

脚手架的承载能力应按概率极限状态设计法的要求,采用分项系数设计表达式进行设计,需进行下列设计计算:

① 纵、横向水平杆等受弯构件的强度和连接扣件的抗滑承载力;

② 立杆的稳定性;

③ 连墙件的强度、稳定性和连接强度;

④ 立杆地基承载力。

2. 荷载分项系数

计算构件的强度、稳定性与连接强度时,应采用荷载效应基本组合的设计值。永久荷载分项系数应取 1.2,可变荷载分项系数应取 1.4。

脚手架中的受弯构件,还应根据正常使用极限状态的要求验算变形。验算构件变形时,应采用荷载效应标准组合的设计值,各类荷载分项系数均应取 1.0。

当纵向或横向水平杆的轴线与立杆轴线的偏心距不大于 55 mm 时,立杆稳定性计算中可忽略此偏心距的影响。

当采取规范规定的常规构造尺寸及使用荷载时,相应的杆件可不再进行设计计算,但连墙杆、立杆地基承载力等应根据实际荷载进行设计计算。

9.1.4 基本构造

9.1.4.1 立杆

立杆底部宜设置底座或垫板。脚手架下面必须设置扫地杆,并用直角扣件设置在与底部不大于 200 mm 处的立杆上。

当立杆基础不在同一高度上时,必须将高处的纵向扫地杆向低处延长两跨与立杆固定,高低差不应大于 1 m。靠边坡上方的立杆轴线到边坡的距离不应小于 500 mm(图 9-4)。

1—横向扫地杆;2—纵向扫地杆。

图 9-4　纵、横向扫地杆构造

立杆的接长除顶层顶步外,其余各层各步必须采用对接扣件连接。

采用对接连接时,立杆的对接扣件应交错布置,两根相邻立杆的接头不应设置在同步内,同步内隔一根立杆的两个接头在高度方向错开的距离不宜小于 500 mm,各接头中心至主节点的距离不宜大于步距的 1/3。采用搭接接长时,搭接长度不应小于 1 m,并应采用不少于 2 个旋转扣件固定。

9.1.4.2 水平杆

纵向水平杆应随立杆按步搭设,并采用直角扣件与立杆固定。纵向水平杆应设置在立杆内侧,单根杆长度不应小于 3 跨,其接长应采用对接扣件或搭接,并应符合以下规定:

① 两根相邻纵向水平杆的接头不应设置在同步或同跨内;不同步或不同跨的两个相邻接头在水平方向错开的距离不应小于 500 mm;各接头中心至最近主节点的距离不应大于纵距的 1/3;

② 搭接长度不应小于 1 m,并应等间距设置 3 个旋转扣件固定。在封闭型脚手架的同

一步高中,纵向水平杆应四周交圈设置,并用直角扣件与内外角部立杆固定。

横向水平杆在作业层非主节点处,宜根据支承脚手板的需要等间距布置,最大间距不应大于纵距的 1/2。双排脚手架横向水平杆靠墙的一端至墙装饰面的距离不应大于 100 mm。

纵向与横向水平杆的上下放置方式应根据脚手板的形式确定。当采用冲压钢脚手板、木脚手板等长形脚手板时,应将横向水平杆置于纵向杆件之上;当采用竹笆等脚手板时,应将纵向水平杆置于横向杆件之上,并在中间增加纵向水平杆,纵向水平杆间距不大于 400 mm。纵、横水平杆均应用直角扣件可靠固定。

9.1.4.3 连墙件

脚手架连墙件设置一般采用两步三跨或三步三跨,设置的位置、数量应根据结构外立面确定,并应符合表 9-3 的规定,且每个连墙件的覆盖面积不应大于 40 m²。

表 9-3　　　　　　　　　　　连墙件布置的最大间距

脚手架高度/m		竖向间距	水平间距	每根连墙件覆盖面积/m²
双排落地	≤50	$3h$	$3l_a$	≤40
双排悬挑	>50	$2h$	$3l_a$	≤27
单排	≤24	$3h$	$3l_a$	≤40

注:h 为步距;l_a 为纵距。

连墙件宜靠近主节点设置,偏离主节点的距离不应大于 300 mm;宜优先采用菱形布置,也可采用方形、矩形布置。连墙件应从底部第一步纵向水平杆处开始设置,与结构的连接应牢固,通常采用预埋件连接。

开口型脚手架的两端必须设置连墙件,连墙件的垂直间距不应大于建筑物的层高,并且不应大于 4 m。

9.1.4.4 剪刀撑与横向斜撑

双排脚手架和单排脚手架均应设置剪刀撑。

每道剪刀撑跨越立杆的数量根据剪刀撑斜杆与水平面夹角(45°～60°)不应大于 5～7 根,剪刀撑宽度不应小于 4 跨,且不应小于 6 m,斜杆与地面的倾角应在 45°～60°之间。高度在 24 m 及以上的双排脚手架应在外侧全立面连续布置剪刀撑。高度小于 24 m 的单、双排脚手架必须在外侧两端、转角及中间间隔不超过 15 m 的立面上设置剪刀撑,并应从底到顶连续设置。

双排脚手架还应设置“之”字形横向斜撑。横向斜撑应布置在拐角部位、中间部位每隔 6 m 的位置以及开口型脚手架的两端。横向斜撑在同一节内由底到顶连续布置。

9.2　悬挑脚手架

在高层建筑或高耸结构施工中,扣件式钢管脚手架搭设的落地脚手架的高度一般不应超过 50 m,对 50 m 以上的结构施工应考虑分段搭设。分段搭设一般采用悬挑式脚手架,即在第一段落地式脚手架以上的脚手架采用悬挑方式;悬挑部分每段高度不应大于 20 m。

脚手架的
分段搭设

挑脚手架是将脚手架设置在结构上的悬挑支承结构上,将脚手架的荷载全部或部分传递给建(构)筑物的结构部分。挑脚手架根据悬挑支承结构的不同,分为附墙三角架和悬挑梁式脚手架两类。

悬挑的附墙三角架一般用型钢制成(图9-5),通过附墙螺栓固定在主体结构上,因此,在结构施工时应在附墙三角架固定的部位预留螺栓孔。附墙三角架固定部位有门、窗或其他洞口时,应附设窗间固定架,在固定架上安装附墙三角架。

型钢悬挑梁的构造和要求如图9-6所示。

型钢悬挑脚手架的悬挑型钢宜采用双轴对称的材料,如工字钢,挑梁的截面高度不宜小于160 mm。锚固悬挑梁的U形钢筋拉环或锚固螺栓应采用冷弯成型,其直径不宜小于16 mm。悬挑梁的固定段长度不应小于悬臂段长度的1.25倍,固定段应采用2个及以上U形钢筋拉环或锚固螺栓[图9-6(a)]。

当型钢悬挑梁需要穿墙时,墙体施工时应预留孔道,并在型钢放置后用木楔楔紧[图9-6(b)]。

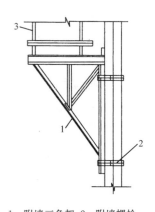

1—附墙三角架;2—附墙螺栓;
3—脚手架。
图9-5　附墙三角架悬挑
　　　　脚手架

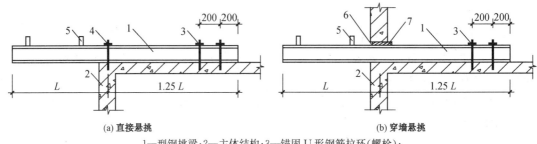

(a) 直接悬挑　　　　　　　　　　　　　(b) 穿墙悬挑

1—型钢挑梁;2—主体结构;3—锚固U形钢筋拉环(螺栓);
4—限位拉环(螺栓);5—脚手架定位杆;6—预留洞口;7—木楔。
图9-6　型钢悬挑梁的构造

此外,扣件式钢管脚手架还应在门洞口、斜道等部位做好构造处理,以保证脚手架结构的整体性。

9.3　碗扣式钢管脚手架

碗扣式钢管脚手架是一种多功能脚手架,其杆件节点处采用碗扣连接,由于碗扣是固定在钢管上的,构件全部轴向连接,力学性能好,连接可靠,组成的脚手架整体性好,近年来在我国发展较快,现已广泛应用于房屋、桥梁、涵洞、隧道、烟囱、水塔、大坝、大跨度棚架等多种工程施工中,取得了显著的经济效益。

碗扣式脚手架

9.3.1　基本构造

碗扣式钢管脚手架由钢管立杆、横杆、碗扣接头等组成。其基本构造和搭设要求与扣件式钢管脚手架类似,不同之处主要在于碗扣接头。

碗扣接头(图9-7)是由上碗扣、下碗扣、横杆接头和上碗扣的限位销等组成。在立杆上焊接下碗扣和上碗扣的限位销,将上碗扣套入立杆内。在横杆和斜杆上焊接插头。组装时,将横杆和斜杆插入下碗扣内,压紧并旋转上碗扣,利用限位销固定上碗扣。碗扣间距600 mm,碗扣处可同时连接4根横杆。横杆可以互相垂直或偏转一定角度,由此组成直线形、曲线形、直角交叉形等多种形式。

碗扣接头具有很好的强度和刚度,下碗扣轴向抗剪的极限强度可达 170 kN,横杆接头的抗弯能力在跨中集中荷载作用下可达 6~9 kN·m。

(a) 连接前　　　(b) 连接后

1—立杆;2—上碗扣;3—下碗扣;
4—限位销;5—横杆;6—横杆接头。

图 9-7　碗扣接头

9.3.2　搭设要求

碗扣式脚手架采用工厂化生产,其碗扣间距有一定模数,因此搭设时立杆的纵、横间距及步高均应按一定模数布设。

碗扣式钢管脚手架立柱横距一般为 1.2 m,纵距根据脚手架荷载可为 1.2 m,1.5 m,1.8 m,2.4 m,步距为 1.8 m,2.4 m。搭设时立杆的接长缝应错开,第一层立杆应用长 1.8 m和 3.0 m的立杆错开布置,往上均用 3.0 m的长杆,至顶层再用 1.8 m和 3.0 m 两种长度找平。高 30 m以下脚手架的垂直度偏差不应大于 1/200,高 30 m 以上脚手架的垂直度偏差应控制在 1/400~1/600 以内,总高垂直度偏差应不大于 100 mm。

9.4　承插型盘扣式钢管脚手架

目前,在建筑工程和市政工程等施工中有一种新型脚手架——承插型盘扣式钢管脚手架,它也是一种工业化的产品,也可用于模板支撑。承插型盘扣式钢管脚手架具有质量稳定、结构整体性好以及施工方便等优点。

盘扣式钢管
脚手架构件

9.4.1　基本构造

承插型盘扣式钢管支架由立杆、水平杆、斜杆、连接盘、可调底座及可调托座等组成。根据用途分为脚手架和模板支架两类。立杆采用套管承插连接,水平杆和斜杆采用杆端和接头卡入连接盘,用楔形插销连接,形成结构几何不变体系。盘扣节点由焊接在立杆上的连接盘、水平杆杆端扣接头和斜杆杆端扣接头组成,如图 9-8 所示。

9.4.2　搭设要求

用承插型盘扣式钢管脚手架搭设双排脚手架时,搭设高度不宜大于 24 m。

承插型盘扣式钢管脚手架的盘扣位置及杆件长度也有一定模数,搭设时可根据使用要

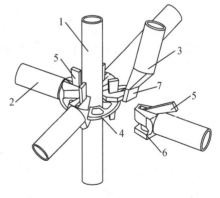

1—立杆;2—横杆;3—斜杆;4—盘扣;5—插销;
6—水平杆端扣接头;7—斜杆端扣接头。

图 9-8　盘扣式脚手架的盘扣节点

盘扣式钢管
脚手架搭设

求选择架体的几何尺寸。相邻水平杆步距宜选用 2 m，立杆纵距宜选用 1.5 m 或 1.8 m，且不宜大于 2.1 m，立杆横距宜选用 0.9 m 或 1.2 m。脚手架首层立杆应采用不同长度的立杆交错布置，错开节点的竖向距离不应小于 500 mm。沿架体外侧纵向每 5 跨每层应设置一根竖向斜杆或每 5 跨间应设置扣件钢管剪刀撑，端跨的横向每层应设置竖向斜杆。由于承插型盘扣式钢管脚手架的杆件截面与扣件式钢管脚手架的相同，因此可用扣件式连接。

承插型盘扣式钢管脚手架连墙件的基本要求与扣件式钢管脚手架类似，但必须采用可承受拉压荷载的刚性杆件。连墙件与脚手架立面及墙体应保持垂直；同一层的连墙件宜在同一平面，水平间距不应大于 3 跨；与主体结构外侧面距离不宜大于 300 mm。连墙件应设置在有水平杆的盘扣节点旁，连接点至盘扣节点距离不应大于 300 mm。采用钢管扣件作连墙杆时，连墙杆应采用直角扣件与立杆连接。

9.5　门式钢管脚手架

门式钢管脚手架是一种工厂生产、现场搭设的脚手架，是当今国际上应用最普遍的脚手架之一。它不仅可作为外脚手架，也可作为内脚手架或满堂脚手架。门式钢管脚手架因几何尺寸标准化、结构合理、受力性能好、安全可靠、施工中装拆容易、经济实用等特点，广泛应用于建筑、桥梁、隧道、地铁等工程施工。若在门架下部安放轮子，也可以作为机电安装、油漆粉刷、设备维修、广告制作的活动工作平台。

门式钢管脚手架的搭设一般只要根据产品目录所列的使用荷载和搭设规定进行施工，不必再进行验算。如果实际使用情况与规定有不同，则应采取相应的加固措施或进行验算。通常落地式门式脚手架的搭设高度在 55 m 以内，悬挑式的搭设高度在 24 m 以内。施工荷载取值为：当脚手架用于结构工程施工时，均布荷载为 3.0 kN/m²；当脚手架用于装修工程施工时，均布荷载为 2.0 kN/m²。

9.5.1　基本构造

门式钢管脚手架基本单元是由一副门架、两副交叉支撑、一副水平加固杆和四个锁臂组合而成［图 9-9(a)］。再以水平加固杆、剪刀撑、扫地杆加固，并用连墙件与建筑物主体结构相连［图 9-9(b)］。

9.5.2　搭设要求

9.5.2.1　搭设

搭设场地应进行清理、平整，并做好排水。搭设前应先在基础上弹线定位门架立杆位置，垫板、底座安放位置应准确，标高应一致。

门式脚手架的搭设应与工程施工进度同步，一次搭设的高度不超过最上层连墙件两步，且自由高度不大于 4 m。门架应自一端向另一端延伸、自下而上按步架设，并逐层改变搭设方向。不应自两端相向搭设或自中间向两端搭设。交叉支撑、脚手板、水平加固杆、剪刀撑、连墙件等必须与门架同步搭设。

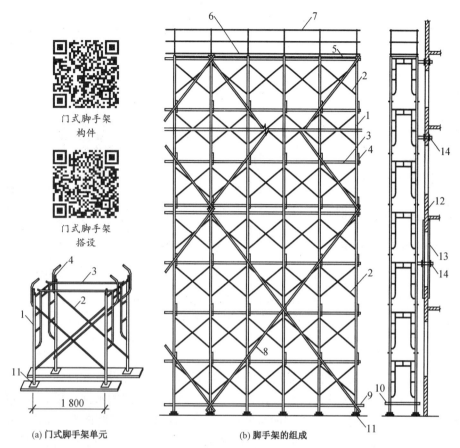

（a）门式脚手架单元　　　　　（b）脚手架的组成

1—门架;2—交叉支撑;3—加固杆;4—锁臂;5—脚手板;
6—挡脚板;7—栏杆;8—剪刀撑;9—纵向扫地杆;10—横向扫地杆;
11—底座;12—主体结构;13—窗间固定架(用于连墙件);14—连墙件。

图 9-9　门式脚手架

9.5.2.2　加固杆

1. 剪刀撑

当搭设高度在 24 m 及以下时,必须在脚手架的转角处、两端及中间间隔不超过 15 m 的外侧立面各设置一道剪刀撑,并应由底至顶连续设置;当搭设高度超过 24 m 时,必须在脚手架全外侧立面上设置连续的剪刀撑。

每道剪刀撑的宽度应在 4～6 跨(6～10 m),连续剪刀撑的斜杆水平间距宜为 6～8 m。

2. 纵向水平加固杆

为保证门式脚手架的整体性,需要在脚手架两侧的立杆上设置纵向水平加固杆。纵向水平加固杆设置的要求如下:

① 在顶层及连墙件设置层必须设置水平加固杆。当脚手架每步铺设挂扣式脚手板时,应至少每 4 步设置 1 道。

② 当脚手架搭设高度小于或等于 40 m 时,至少每 2 步门架设置 1 道;当搭设高度大于 40 m 时,每步门架均应设置 1 道。

211

③ 在脚手架的转角处、开口型脚手架端部的两个跨距内,每步门架应设置1道。在建筑物的转角处,门式脚手架的内、外两侧立杆上应按步设置水平加固杆、斜杆,将转角处的门架连成一体(图9-10)。

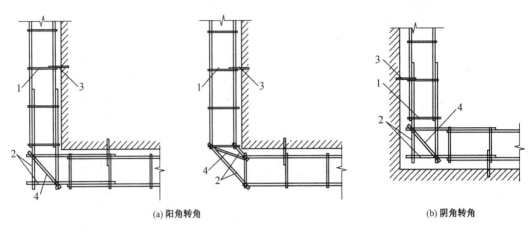

(a) 阳角转角　　　　　　　　　　　　　　(b) 阴角转角

1—门架;2—水平加固杆;3—连墙件;4—斜杆。

图9-10 转角处门架的连接

9.5.2.3 连墙件

连墙件固定在门架的立杆上,靠近门架的横杆设置。连墙件设置的具体位置、数量应按专项施工方案确定,并应按确定的位置设置预埋件。连墙件的间距根据搭设方式(落地或悬挑)、脚手架的高度等确定,一般采用两步两跨、两步三跨或三步三跨的形式,最大覆盖面积按脚手架高度及连墙件间距应控制在 20～40 m^2 以内。此外,在门式脚手架的转角处或开口型脚手架端部,必须增设连墙件,其垂直间距不应大于建筑物的层高,且不应大于 4.0 m。

9.6 升降式脚手架

落地式脚手架是沿结构外表面满搭的脚手架,在结构和装修工程施工中应用都较为方便,但费料耗工,一次性投资大,工期亦长。因此,近年来在高层建筑及筒仓、竖井、桥墩等施工中发展了多种形式的外挂脚手架,其中应用较为广泛的是升降式脚手架,包括附着升降式和脚手架-模板组合升降体系两种类型。

升降式脚手架的主要特点如下:① 脚手架不需要满搭,只需搭设满足施工操作及相关安全要求的高度;② 不需要做支承脚手架的坚实地基,也不占用施工场地;③ 脚手架及其承担的荷载传给与之相连的结构,对这部分结构的强度有一定要求;④ 脚手架可随施工进程沿外墙升降,结构施工时由下往上逐层提升,装修施工时由上往下逐层下降。

9.6.1 附着式升降脚手架

附着式升降脚手架是指搭设一定高度并附着于工程结构上、依靠自身的升降设备和装置、可随工程结构逐层爬升或下降的外脚手架,具有防倾覆、防坠落的功能。

常见的附着式升降脚手架有两种形式,一种是连跨升降的整体式附着升降脚手架;还有一种是独自升降的附着升降脚手架,包括自升式和互升式。

9.6.1.1 整体式附着升降脚手架

1. 基本构造

附着式升降脚手架由竖向主框架、水平支承桁架、架体结构、附着支承结构、防倾装置、防坠装置等组成。

竖向主框架是附着式升降脚手架的主要承力结构,附着在主体结构上,高度与架体相同、与墙面垂直。竖向主框架与水平支承桁架和架体结构等组成具有足够承载力和支撑刚度的空间稳定结构。竖向主框架有两种形式:平面桁架式和空间桁架式,如图 9-11 所示。

整体式升降　　整体式提升
脚手架图　　　脚手架

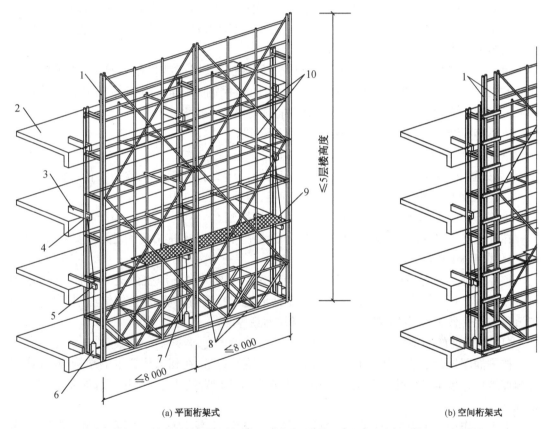

(a) 平面桁架式　　　　　　　　　(b) 空间桁架式

1—竖向主框架;2—主体结构混凝土楼面;3—附着支承结构;4—导向及防倾覆装置;5—悬臂梁;
6—液压升降装置;7—防坠落装置;8—水平支承结构;9—作业脚手板;10—架体结构。

图 9-11 整体式升降脚手架总装示意图

2. 架体尺寸

附着式升降脚手架的架体高度一般不大于 5 倍施工层(或楼层)高,宽度不大于 1.2 m,架体全高和支承跨度的乘积不应大于 110 m²。竖向主框架的悬臂高度不得大于 6 m 或架体高度的 2/5;若架体两端有悬挑段,则水平悬挑长度不应大于跨度的 1/2,且不得大于 2 m。

单元架体直线布置的支承跨度不应大于 8 m;折线或曲线布置的中心线处支承跨度不应大于 5.4 m。

脚手架立杆应采用双排布置,宽度以 0.8~1.0 m 为宜,里排立杆离建筑物净距为 0.4~0.6 m。当两主框架之间架体的立杆作承重架时,纵距不应大于 1.5 m,脚手架纵向水平杆的步距不应大于 1.8 m。通常将一个施工层分为 2 步距高,以此步距为基数确定架体横、立杆的间距。

竖向主框架下设置的水平支承结构的宽度应与竖向主框架相同,高度不宜小于1.8 m。

3. 防坠落、防倾覆装置

附着式升降脚手架的每个机位都必须设置防坠落装置,防坠落装置的制动距离不得大于 8 mm。防坠落装置的受力杆件必须与主体结构可靠连接。

为防止脚手架倾覆,脚手架必须设置防倾覆装置,防倾覆装置应具有防止前后、左右倾覆的功能,其导轨应与竖向主框架可靠连接。在升降工况下,竖向主框架位置的最上与最下的附墙支承之间的最小距离不得小于 2.8 m 或 1/4 架体高度;在使用工况下,这二者之间的最小间距不得小于 4.8 m 或 1/2 架体高度。

附着式升降脚手架还应采用升降同步控制系统。采用荷载控制系统时,当荷载超过 30% 或失载 70% 时应能自动停机并报警;采用同步控制系统时,当相邻机位的高差达到 30 mm,或整体架体升降差大于 80 mm 时应能自动停机并报警。

防坠落、防倾覆等装置安装时还应注意以下问题:

① 架体的垂直偏差不应大于架体总高的 5‰;

② 安全控制系统的设置和试运行效果应符合设计要求,升降动力设备工作正常;

③ 连接处的结构混凝土强度应由计算确定,但不应低于 C10;

④ 安全装置的安装需采取防雨、防砸、防尘等措施。

在首层安装前应设置安装平台,安装平台的水平精度和承载能力应满足架体安装的要求。

4. 脚手架的施工

整体升降式外脚手架常见的提升方式有电动倒链提升和液压整体提升两种,通过电动倒链或液压千斤顶等升降装置将整体外脚手架沿建(构)筑物外墙或柱整体向上提升。其施工流程包括准备工作、架体安装、爬升、下降和拆除等。

(1)施工前的准备

按平面图先确定承力架及升降装置安装的位置和数量,在相应位置上的结构墙、柱或梁内预埋螺栓或预留螺栓孔。各层的预留螺栓或预留孔位置要求上下相一致,误差不应大于 10 mm。

加工制作型钢承力架、挑梁、斜拉杆。准备电动倒链、钢丝绳、脚手管、扣件、安全网、木板等材料。

整体升降式脚手架的高度一般为 4~5 个施工层层高。在建筑物施工时,由于建筑物的最下几层层高往往与标准层不一致,且平面形状也往往与标准层不同,所以,一般在建筑物主体施工到 3~5 层时开始安装整体脚手架。下面几层施工时,可采用落地外脚手架。

(2)安装

先安装附着支承结构,附着支承结构内侧用 M25~M30 的螺栓与主体结构固定,并将附着支承结构调平;在附着支承结构上面搭设脚手架主框;然后搭设下面的水平支承结构;

再逐步搭设架体结构,随搭随设置拉结点和剪刀撑;最后安装升降装置。在架体上每个层高满铺脚手板,架体外面挂安全网。

（3）爬升

先短暂开动升降装置,将其与附着支承结构之间的吊链拉紧,使各提升点受力均匀地处在初始状态。松开附着支承结构与结构相连的螺栓和斜拉杆,开动升降装置开始爬升。爬升过程中,应随时观察脚手架的同步情况,如发现不同步应及时停机进行调整。爬升到位后,安装上层附着支承结构,然后安装架体上部与结构的各拉结点。待检查符合安全要求后,可开始进行上一层的主体结构施工。

（4）下降

与爬升操作顺序相反,利用升降装置顺着爬升用的结构预留孔倒行,脚手架即可逐层下降,在脚手架下降的同时把留在墙面上的预留孔修补完毕,最后脚手架返回最下层。

（5）拆除

爬架拆除前应清理脚手架上的杂物。拆除爬架有两种方式:第一种方式与常规脚手架拆除类似,采用自上而下的顺序,逐步拆除;另一种方式用起重设备将脚手架整体吊至地面后再进行拆除。

5. 施工注意事项

附着式升降脚手架施工应按专项施工方案及安全操作规程的有关要求进行,应对安装和拆除作业人员进行安全技术交底。升降操作应严格按照作业程序和操作规程完成,操作人员不得停留在架体上,升降过程中脚手架上不得有人员和物料,所有妨碍升降的障碍物、影响升降作业的约束均应拆除或解除。

升降过程中应实行统一指挥、统一指令,当有异常情况出现时,应立即发出停止指令。架体升降到位后,应及时按使用要求进行附着固定。到位固定后,应对有关检测项目逐一验收,合格后方可使用。

施工中,附着式升降脚手架的施工荷载应符合设计规定,不得超载,不得在脚手加上集中堆载。在使用中不得进行可能影响架体安全的作业。附着式升降脚手架的螺栓连接件、升降设备、防倾装置、防坠落装置、电控设备、同步控制装置等应每月进行维护保养。

拆除时应有可靠的防止人员或物料坠落的措施,拆除的材料及设备不得向下抛掷。

9.6.1.2 自升降式脚手架

自升降式脚手架的升降运动是通过手动或电动倒链交替对活动架和固定架进行升降来实现的。从升降架的构造来看,活动架和固定架之间能够进行上下相对运动。当脚手架工作时,活动架和固定架均用附墙螺栓与主体结构锚固,两架之间无相对运动;当脚手架需要升降时,活动架与固定架中的一个架子仍然锚固在主体结构上,使用倒链对另一个架子进行升降,两架之间便产生相对运动。通过活动架和固定架交替附着主体结构,互相升降,脚手架即可沿着主体结构上的预留孔逐层升降(图9-12)。

自升降式脚手架可以一个升降单元进行提升和回降,因此,可作为局部结构的脚手架,施工方便。若采用独立单元或若干单元脚手架施工,应特别注意单元两端的封闭。如将自升降式脚手架沿主体结构外侧整体封闭,由于各单元依然是独立的升降体系,因此要做好各单元之间的安全措施,防止人员或物件坠落。

自升降式及互升降式脚手架

自升降式脚手架的提升

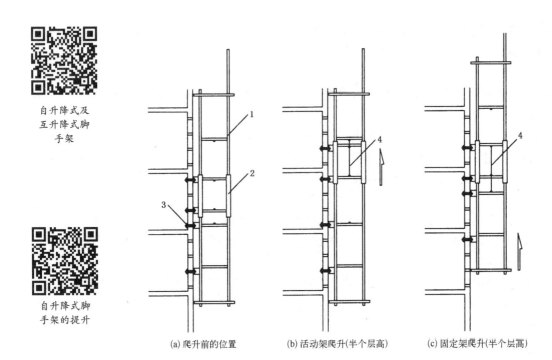

(a) 爬升前的位置　(b) 活动架爬升(半个层高)　(c) 固定架爬升(半个层高)

1—固定架；2—活动架；3—附墙螺栓；4—倒链。

图 9-12　自升降式脚手架爬升过程

9.6.1.3　互升降式脚手架

互升降式脚手架将脚手架分为甲、乙两种单元，通过倒链交替对甲、乙两单元进行升降。当脚手架工作时，甲单元与乙单元均用附墙螺栓与墙体锚固，两架之间无相对运动；当脚手架需要升降时，甲(或乙)单元仍然锚固在墙体上，使用倒链对相邻乙(或甲)架子进行升降，两架之间便产生相对运动。通过甲、乙两单元交替附着，相互升降，脚手架即可沿着主体结构逐层升降(图 9-13)。互升降式脚手架的性能特点如下：① 结构简单，易于操作控制；② 架子搭设高度低，用料省；③ 操作人员不在被升降的架体上，增加了操作人员的安全性；④ 脚手架结构刚度较大，附着的跨度大。互升降式脚手架适用于框架剪力墙结构的高层建筑、水坝、筒体等施工。

互升降式脚手架的提升

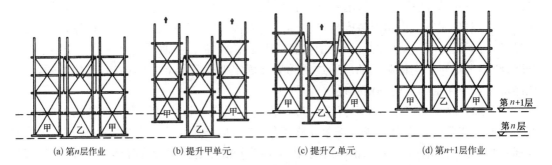

(a) 第n层作业　(b) 提升甲单元　(c) 提升乙单元　(d) 第n+1层作业

图 9-13　互升降式脚手架爬升过程

9.6.2 脚手架-模板组合升降体系

在超高建(构)筑物结构施工中,脚手架-模板组合升降体系(亦称钢平台体系)具有明显的优越性,它结构整体性好、升降快捷方便、机械化程度高、经济效益显著,是一种很有推广价值的超高建(构)筑脚手架,是建设部重点推广的10项新技术之一。

脚手架-模板组合升降体系通过设置在建(构)筑内部的支承钢立柱及钢平台,利用机械提升机(升板机)或长行程的液压千斤顶提升钢平台,并将悬挂在钢平台上的脚手架、模板等一并提升,就位后进行混凝土浇筑。然后再以主体结构为支承,通过提升机或千斤顶的逆向作业提升支承钢立柱,完成一个提升过程。由此逐渐向上,完成整个结构的施工。图9-14是脚手架-模板组合升降体系的总装图。

脚手架-模板组合升降体系的提升过程如下(图9-15):

(a)安装支承钢立柱、组装钢平台、安装脚手架及模板(仅起始层有);

(b)提升支承钢立柱,绑扎上一施工层的钢筋;

(c)提升钢平台(带动脚手架及模板提升);

(d)浇筑上层楼板混凝土;

(e)调整墙体模板、浇筑墙体混凝土。

重复(b)—(e)的过程。

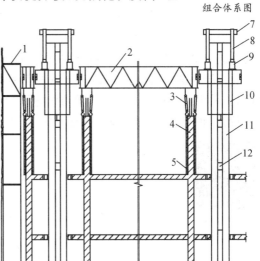

1—吊脚手;2—平台桁架;3—手拉倒链;4—墙板;
5—大模板;6—楼板;7—支承挑架;8—提升支承杆;
9—千斤顶;10—提升导向架;11—支承立柱;
12—连接板;13—螺栓;14—底座。
图9-14 脚手架-模板组合升降体系

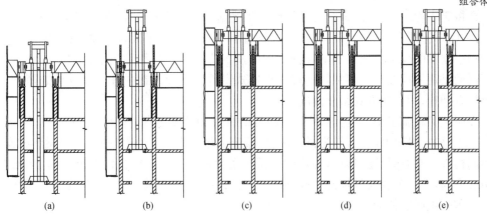

(a)　　　(b)　　　(c)　　　(d)　　　(e)

图9-15 脚手架-模板组合升降体系的提升过程

217

9.7　里脚手架

里脚手架是用于建筑内部的砌筑施工及装饰工程的小型脚手架。一般施工完成一层墙体或装饰工程后,便将其转移到上一楼层。

里脚手架的装拆、移动较为频繁,因此要求里脚手架轻便灵活、装拆方便。里脚手架通常做成工具式,结构形式有折叠式、支柱式和门架式(图9-16)。

里脚手架也可用各类钢管脚手架搭设,形成局部区域作业的里脚手架或满堂脚手架。此外,采用门式脚手架组合的活动作业平台也是常用的一种里脚手架(图9-17),它搭设高度较大,底部可设置行走轮,移动方便,运用于高度较大的局部区域作业。

里脚手架

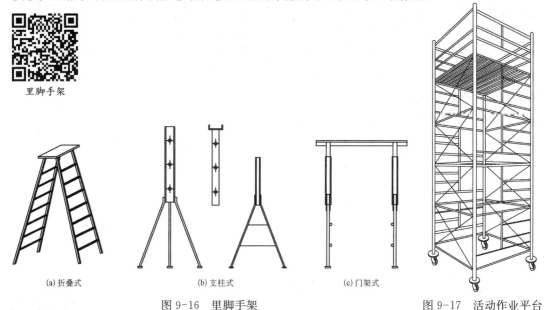

(a) 折叠式　　　　　　(b) 支柱式　　　　　　(c) 门架式

图9-16　里脚手架　　　　　　　　　　图9-17　活动作业平台

9.8　桥梁工程的脚手架

在桥梁工程中,可采用钢管脚手架作为桥梁施工时的模板支架(图9-18)。常用的形式有扣件式、螺栓式和承插式三种。扣件式钢管脚手架的特点是装拆方便、搭设灵活,能适应结构物平立面的变化。螺栓式钢管脚手架的基本构造形式与扣件式钢管脚手架大致相同,所不同的是用螺栓连接代替扣件连接。承插式钢管脚手架是在立杆上焊以承插短管,在横杆上焊以插栓,用承插方式组装而成。

在桥梁工程施工中,还经常利用钢制万能杆件组拼成墩架、塔架(图9-19)、浮式吊架(图9-20)和龙门架等形式,作为桥梁墩台、索塔的施工脚手架,或作为吊车主梁形式安装各种预制构件。必要时,还可以作为临时的桥梁墩台和桁架。万能杆件装拆容易、运输方便、利用效率高,可以节省大量辅助结构所需的材料、劳动力和工期,适用范围较广。图9-21所示为贝雷架组成的桥梁桁架,图9-22所示为贝雷架片。

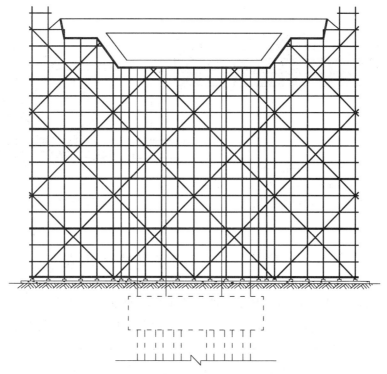

图 9-18　桥梁钢管脚手架示意图

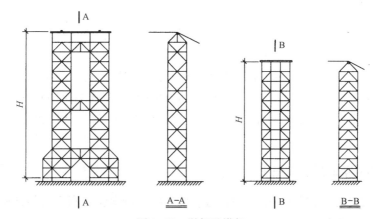

图 9-19　墩架及塔架

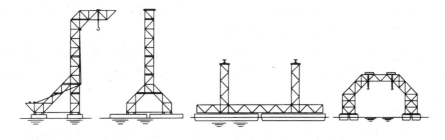

图 9-20　浮式吊架

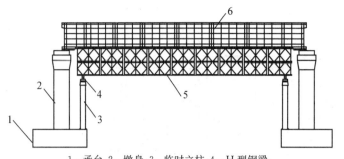

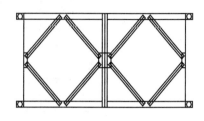

1—承台;2—墩身;3—临时立柱;4—H型钢梁;
5—贝雷架;6—桥面结构。

图 9-21　贝雷架组成的桁架　　　　　　图 9-22　贝雷架片

9.9　脚手架工程的安全技术要求

脚手架虽然是临时设施,但对其安全性应给予足够的重视。脚手架的施工方案编制应注意下列问题:① 重视脚手架施工方案设计,对超常规的脚手架应编制专项方案;② 重视外脚手架连墙件的设置及地基基础的处理;③ 脚手架的承载力和稳定性应根据施工荷载进行设计计算。此外,脚手架的搭设还应严格遵守相关安全技术要求。

9.9.1　一般要求

架子工在作业时,必须戴安全帽,系安全带,穿软底鞋。脚手材料应堆放平稳,工具应放入工具袋内,不得采用抛掷方法传递物件。

不得使用腐朽和严重开裂的竹、木脚手板以及虫蛀、枯脆、劈裂的材料。

在雨、雪、冰冻的天气施工,脚手架上要有防滑措施,并在施工前将积雪、冰碴清除干净。

复工工程应对脚手架进行仔细检查,发现立杆沉陷、悬空、节点松动、架子歪斜等情况,应及时处理。

9.9.2　脚手架的搭设和使用

脚手架的搭设要求在前面几节已有所述,搭设中应特别注意脚手架与结构之间的拉结,不得随意加大脚手架杆件和连墙件的距离。

脚手架的地基应具有足够的承载力,应整平并加设垫板,以防止发生整体或局部沉陷。

脚手架必须设置 1 m 高的安全栏杆和 200 mm 高的挡脚板,挂设封闭式防护立网。

脚手板应满铺、铺平、铺稳,不得有悬挑板。

脚手架在搭设过程中,要及时设置连墙杆、剪刀撑,避免搭设过程中发生变形、倾倒。

整体提升脚手架还应执行我国《建设工程安全生产管理条例》的相关规定,主要有以下几点:

1. 安装与拆卸

安装与拆卸整体提升脚手架等自升式架设设施,必须由具有相应资质的单位承担,应当编制专项技术方案、制订安全施工措施,并由专业技术人员现场监督。

220

安装完毕后,安装单位应当自检,出具自检合格证明,并向施工单位进行安全使用说明,办理验收手续并签字。

有关设施的使用达到国家规定的检验检测期限的,必须经具有专业资质的检验检测机构检测。经检测不合格的,不得继续使用。检验检测机构对检测合格的自升式架设设施,应当出具安全合格证明文件,并对检测结果负责。

2. 使用

使用前应当组织有关单位进行验收,也可以委托具有相应资质的检验检测机构进行验收。

对于承租的机械设备和施工机具及配件,由施工总承包单位、分包单位、出租单位和安装单位共同进行验收。验收合格后方可使用。

9.9.3 防电、避雷和防火

脚手架与架空高压输电线路必须保持安全距离,同时应有隔离防护措施。施工照明通过钢脚手架时,应使用 12 V 以下的低压电源。

脚手架应有良好的防电避雷装置。钢管脚手架、钢塔架应有可靠的接地装置,每 50 m 长应设一处,经过钢脚手架的电线要严格检查,谨防破皮漏电。

各类脚手架的防火措施应与施工现场的防火措施密切配合,主要应做好以下几点:

① 脚手架附近按有关消防规定应放置灭火器和相关消防装置。

② 禁止在脚手架上吸烟。禁止在脚手架或附近存放可燃、易燃、易爆材料和物品。

③ 一般情况下,在脚手架上或脚手架附近不得动火。如必须临时动火,必须事先办理动火许可证,设置灭火器材,事先清理现场并采用不燃材料进行分隔。动火施工时应配置专人监督。

④ 管理好电源和电器设备,停止施工时必须断电。杜绝非规范作业,防止电路短路和其他产生电弧或电火花的现象。

思 考 题

【9-1】 扣件式脚手架的搭设有哪些要求?

【9-2】 门式脚手架的结构有何特点?

【9-3】 试述盘扣式脚手架的基本构造。

【9-4】 升降式脚手架有哪几种类型?

【9-5】 试述自升式脚手架与互升式脚手架的提升原理。

【9-6】 如何控制脚手架的施工安全?

10 装饰工程

装饰工程是工程的最后一个施工过程。其作用是保护结构免受风雨、水气和有害气体等侵蚀，改善隔热、隔音、防潮功能，增加建（构）筑物美观和美化环境。

装饰工程施工工程量大、工期长。近年来，我国在装饰材料和施工工艺方面有很大提高，但继续改革装饰材料和施工工艺，提高工业化水平，仍然具有重要意义。

建筑装饰工程包括抹灰、门窗、玻璃、吊顶、隔断、饰面板、涂料、裱糊、刷浆、花饰等。此外，桥梁、道路、园林、景观的铺装工程，也属于装饰部分，包括路面、墙柱、绿化等外部装饰和保护。装饰工程种类较多，本章以建筑工程中常见的抹灰、饰面和幕墙为例作简单介绍，道路、桥梁和园林工程中的地面、墙面等铺装工程也与此类似。

10.1 抹灰工程

10.1.1 抹灰的分类和组成

抹灰工程按材料和装饰效果分为一般抹灰和装饰抹灰两大类。

抹灰施工图

一般抹灰用石灰砂浆、水泥混合砂浆、水泥砂浆、聚合物水泥砂浆、膨胀珍珠岩水泥砂浆和麻刀石灰、纸筋石灰、石膏灰等材料。抹灰层一般分为底层、中层和面层（图10-1）。底层的作用是与基体黏结牢固并初步找平；中层的作用是找平；面层是使表面光滑细致，起装饰作用。一般抹灰按质量要求和相应的主要工序分为普通抹灰和高级抹灰两种。普通抹灰由一底层、一面层两遍完成。主要工序为分层赶平、修整和表面压光。高级抹灰由一底层、几遍中层、一面层，多遍完成。要求阴、阳角找方，设置标筋，分层赶平、修整和表面压光。抹灰之所以分层涂抹，是为了黏结牢固、控制平整度。如一次涂抹太厚，由于抹灰层内、外收水快慢不同，会产生裂缝、起鼓或脱落，亦容易造成材料浪费。

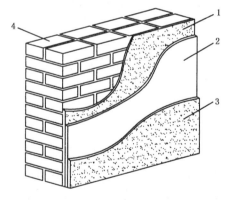

1—底层；2—中层；3—面层；4—基体。

图10-1　抹灰层组成

各抹灰层的厚度根据基体的材料、抹灰砂浆种类、墙体表面的平整度和抹灰质量要求以及各地气候情况而定。抹水泥砂浆每遍厚度宜为7～10 mm；抹石灰砂浆和水泥混合砂浆每遍厚度宜为5～7 mm。抹灰面层用麻刀灰、纸筋灰、石膏灰等罩面时，经赶平压实后，其厚度一般不大于3 mm。因为罩面灰厚度太大，容易收缩，产生裂缝与起壳现象，影响质量与美观。抹灰层的总厚度应视具体部位及基体材料而定。当抹灰总厚度大于或等于35 mm时，应采取加强措施，如增设与结构连接的钢丝网。

抹灰施工时应特别注意以下两点：① 底层的抹灰强度不得低于面层的抹灰强度，如水泥砂浆不得抹在石灰砂浆层上。这是因为外层的抹灰层在凝结过程中产生较大的收缩应力，易破坏强度较低的底层抹灰，使两者分层、开裂或起鼓。② 罩面石膏灰不得抹在水泥砂浆层上。这是因为在潮湿气候环境下石膏灰与水泥砂浆层间的黏结力大大削弱，极易造成石膏灰罩面层的脱落。正确的做法是：对水泥砂浆，其基层应采用水泥砂浆；对罩面石膏灰，其基层应采用石灰砂浆或混合砂浆。

10.1.2　一般抹灰施工

10.1.2.1　施工顺序

在施工之前，为了保护施工过程中已完成的成品，应安排好抹灰的施工顺序。一般应遵循的施工顺序是先室外后室内、先上面后下面。先室外后室内，是指宜先完成室外抹灰，拆除外脚手架，堵上螺栓孔、脚手眼等，再进行室内抹灰。先上面后下面，是指在屋面工程完成后，室内外抹灰宜从上层往下层进行；同一楼层内，宜先做顶面，后做墙面和地面。顶层的内装饰应在屋面防水工程完工后进行，以防止漏水造成抹灰层损坏及污染。

10.1.2.2　基层处理

墙体和顶棚的抹灰层与基层之间以及各抹灰层之间必须黏结牢固。为防止抹灰层产生空鼓现象，抹灰前应对基层进行必要的处理。对凹凸不平的基层表面应剔平，或用1∶3水泥砂浆找平。对楼板洞、穿墙管道及墙面脚手架洞、门窗框与立墙交接缝隙处，均应用1∶3水泥砂浆或水泥混合砂浆分层嵌塞密实。对表面上的灰尘、污垢和油渍等，应清除干净，并对基层洒水润湿。对光滑墙面要凿毛，或涂刷界面剂。不同材料的基体相接处，如砖墙与混凝土墙、砖墙与木隔墙等，应铺设金属网（图10-2），搭接宽度从缝边起两侧均不小于100 mm，以防抹灰层因基体温度变化胀缩不一而产生裂缝。在内墙面的阳角和门洞口侧壁的阳角、柱角等之处应用1∶2水泥砂浆制作护角，其高度不应低于2 m，每侧宽度不应小于50 mm。对填充墙的砖砌基体，应待砌体充分沉实后方可抹底层灰，以防砌体沉陷拉裂灰层。

不同基体交界处处理图

不同基体交界处的处理

护角施工

10.1.2.3　抹灰施工

抹灰施工，按部位可分为墙面抹灰和顶棚抹灰。对于高级墙面抹灰，为控制抹灰层厚度和墙面平直度，需用与抹灰层相同的砂浆先做出灰饼和标筋（图10-3），标筋稍干后，以标筋为平整度的基准进行底层抹灰。分层抹灰时，如用水泥砂浆或混合砂浆，应待前一抹灰层凝结后再抹后一层；如用石灰砂浆，则应待前一层达到七八成干后，方可抹后一层。中层砂浆凝固前，亦可在层面上交叉划出斜痕，或做成粗糙表面，以增强抹灰层之间的黏结。

墙面抹灰施工

顶棚抹灰应先在墙顶四周弹出水平线，以控制抹灰层厚度，然后沿顶棚四周抹灰并找平。顶棚面要求表面平顺，无抹纹和接槎，与墙面交角应成一直线。如有线脚，宜先用准线拉出线脚，再抹顶棚大面，罩面应两遍压光。

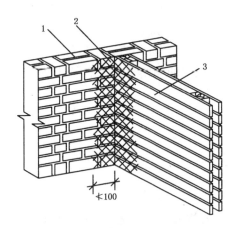

1—砖墙(基体);2—钢丝网;3—板条。

图 10-2　砖木交接处基体处理

（a）灰饼和标筋的制作　　　　（b）灰饼剖面

1—灰饼;2—引线;3—标筋。

图 10-3　灰饼和标筋

一般抹灰质量要求如表 10-1 所列。

砂浆标筋

预制标筋施工

表 10-1　　　　　　　　　　一般抹灰质量的允许偏差

序号	项目	允许偏差/mm		检验方法
		普通抹灰	高级抹灰	
1	立面垂直度	4	3	用 2 m 垂直检测尺检查
2	表面平整度	4	3	用 2 m 靠尺和塞尺检查
3	阴阳角方正	4	3	用直角检测尺检查
4	分格条(缝)直线度	4	3	拉 5 m 线,不足 5 m 拉通线,用钢直尺检查
5	墙裙、勒脚上口直线度	4	3	

注：① 普通抹灰,本表第 3 项阴角方正可不检查。
　　② 顶棚抹灰,本表第 2 项表面平整度可不检查,但应平顺。

抹灰亦可用机械施工,将砂浆搅拌、运输和喷涂有机地衔接起来进行机械化作业。图10-4所示为一种喷涂机组,搅拌均匀的砂浆经过振动筛进入集料斗,再由灰浆泵吸入经输送管送至喷枪,然后经压缩空气使加压砂浆由喷枪口喷出喷涂于墙面上,经人工找平、搓实即完成底子灰的全部施工。操作时应正确掌握喷嘴距墙面或顶棚的距离并选用适当的压力,否则会回弹过多或造成砂浆流淌。

机械喷涂亦需设置灰饼和标筋。喷涂所用砂浆的稠度比手工抹灰的要稀,故易干裂,为此,应分层喷涂,以免过大干缩。喷涂目前只用于底层和中层抹灰,而找平、搓毛和罩面等仍须手工操作。

10.1.3　装饰抹灰施工

装饰抹灰是采用装饰性强的材料,或用不同的处理方法并加入各种颜料,使建筑物具有某种特定的色调和效果。随着人民生活水平的提高,装饰抹灰得到了很大的发展,也出现不

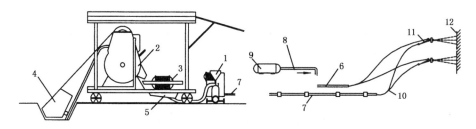

1—灰浆泵；2—灰浆搅拌机；3—振动筛；4—上料斗；5—集料斗；6—进水管；
7—灰浆输送管；8—压缩空气管；9—空气压缩机；10—分叉管；11—喷枪；12—基层。

图 10-4　喷涂抹灰机组

少新的工艺。应当说明的是，从工艺技术改革的角度看，装配化、工业化是装饰工程发展的方向，装饰抹灰属于手工湿作业，其工序复杂、用工多、材料消耗大，正逐渐被淘汰。目前装饰抹灰仅用于一些具有特殊要求的装饰工程，或修复、改造等工程。

　　装饰抹灰的底层与一般抹灰要求相同，只是面层根据材料及施工方法的不同而具有不同的形式。下面介绍几种常用的饰面施工。

10.1.3.1　水磨石

　　水磨石多用于地面或墙裙。水磨石的施工过程如下：用 1∶3 水泥砂浆找平，待砂浆终凝后，洒水润湿，抹一层水泥素浆(厚1.5～2 mm)作为黏结层，按设计的图案镶嵌条，如图 10-5 所示。嵌条有黄铜条、铝条或玻璃条，高约 10 mm，它可做成花纹图案，还可防止面层面积过大而开裂。安设时两侧用素水泥砂浆黏结固定，然后再刮一层水泥素浆，随即将具有一定色彩的水泥石子浆(水泥∶石子 = 1∶1～1∶2.5) 填入分格网中，抹平压实，厚度要

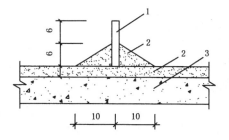

1—嵌条；2—水泥素浆；
3—1∶3 水泥砂浆底层。
图 10-5　水磨石镶嵌条

比嵌条稍高1～2 mm。为使水泥石子浆罩面平整密实，可补洒一些小石子，使表面石子均匀。待收水后用滚筒滚压，再浇水养护，然后根据气温、水泥品种，2～5 d 后可以开磨，开磨时间以石子不松动、不脱落，表面不过硬为宜。水磨石表面采用磨石机洒水磨光，分粗磨、中磨和细磨三遍进行。粗磨、中磨后用同色水泥浆擦一遍，以填补砂眼，并养护 2 d。细磨后擦一道草酸，使石子表面残存的水泥浆全部分解，石子显露清晰。面层干燥后打蜡，使其光亮如镜。现浇水磨石的质量要求是表面平整光滑，石子显露均匀，不得有砂眼、磨纹和漏磨处，分格条的位置准确并全部磨出。

10.1.3.2　水刷石

　　水刷石多用于外墙面。它的施工过程是：用 12 mm 厚的 1∶3 水泥砂浆找平，待底层砂浆终凝后，在其上按设计的分格弹线，根据弹线安装分格木条，用水泥浆在两侧黏结固定，以防大片面层收缩开裂。然后将底层浇水润湿后抹一道水灰比为 0.37～0.40 的水泥浆，以增加与底层的黏结。随即抹上稠度为 50～70 mm、厚8～12 mm 的水泥石子浆(水泥∶石子 = 1∶1.25～1∶1.50)

水刷石

225

面层,拍平压实,使石子密实且分布均匀。待面层凝结前,即用棕刷蘸水自上而下刷掉面层水泥浆,使石子表面完全外露为止。为使表面洁净,可用喷雾器自上而下喷水冲洗。水刷石的质量要求是石粒清晰、分布均匀、色泽一致、平整密实,不得有掉粒和接槎的痕迹。

10.1.3.3 干黏石

在水泥砂浆上面直接干黏石子的做法,称干黏石法。施工时先在已经硬化的底层水泥砂浆层上按设计要求弹线分格,根据弹线镶嵌分格木条。将底层浇水润湿后,抹上一层6 mm厚、1:2～1:2.5的水泥砂浆层,随即再抹一层2 mm厚的1:0.5水泥石灰膏浆黏结层,同时将配有不同颜色的粒径为4～6 mm的石子甩黏拍平压实。拍时不得把砂浆拍出来,以免影响美观,要使石子嵌入深度不小于石子粒径的1/2,待有一定强度后洒水养护。上述为手工甩石子,亦可用喷枪将石子均匀有力地喷射于黏结层上,用铁抹子轻轻压一遍,使表面搓平。干黏石的质量要求是石粒黏结牢固、分布均匀、不掉石粒、不露浆、不漏粘、颜色一致。

10.1.3.4 斩假石与仿斩假石

斩假石

斩假石又称剁斧石,用于仿石墙、柱装修,装饰效果近似于花岗石,但费工较多。施工时,先抹水泥砂浆底层,养护硬化后,弹线分格并镶嵌分格木条。洒水润湿后,抹素水泥浆一道,随即抹厚约10 mm的水泥石碴砂浆罩面层,罩面层配合比为水泥:石碴=1:1.25,内掺30%石屑。罩面层应采取防晒措施,并养护2～3 d,待强度达到设计强度的60%～70%时,用剁斧将面层斩毛。斩假石面层的剁纹应均匀,方向和深度应一致,棱角和分格缝周边留15 mm不剁。一般剁两遍,即可做出近似石料砌成的墙面。

10.1.3.5 假面砖

假面砖通过在水泥砂浆中掺入氧化铁黄或氧化铁红等颜料,再施以抹灰和勾缝以达到模仿面砖的效果。

假面砖的施工流程中前面几个步骤与一般抹灰相同,先做基层处理,再做灰饼、标筋,然后进行底层和中层抹灰,最后一步与一般抹灰不同,即做面层的假砖。

假面砖面层施工前应将中层抹灰洒水润湿,然后在上、中、下的位置弹出水平线,作为勾画假面砖水平砖缝的控制准线。进行结合层抹灰,厚度2～3 mm,结合层也可涂刷界面剂,接着进行面层抹灰,厚度3～5 mm。待面层砂浆稍稍收水后,用靠尺和铁钩进行假面砖砖缝的勾画,砖缝深度以露出灰底为准。最后,及时清理飞边的砂浆或卷边,第二天开始进行洒水养护2～3 d。如果表面需作出纹理的效果,则可在勾画灰缝前先用铁梳子依着靠尺画出设计的纹理。

假面砖施工中应注意:成活的表面应具有均匀的色泽和整齐的砖缝,因此,应采用同一厂家、同一品种、同一批号的水泥,砂浆应随拌随用。勾画的砖缝应横平竖直、深浅一致,因此必须控制好水平准线。完工后要做好成品保护,特别是门窗洞口等边缘处应做好防护措施。

装饰抹灰的质量标准如表10-2所列。

表 10-2　　　　　　　　　　　装饰抹灰的质量标准

序号	项目	允许偏差/mm				检查方法
		水刷石	斩假石	干黏石	假面砖	
1	立面垂直度	5	4	5	5	用2m靠尺和塞尺检查
2	表面平整度	3	3	5	4	用2m垂直检测尺检查
3	阳角方正	3	3	4	4	用直角检测尺检查
4	分格条(缝)直线度	3	3	3	3	拉5m线,不足5m拉通线,
5	墙裙、勒脚上口直线度	3	3	—	—	用钢直尺检查

10.2　饰面板(砖)工程

饰面板(砖)工程包括用天然或人造石饰面板、金属饰面板、饰面砖进行室内外墙面装饰。

天然或人造石饰面板有大理石、花岗岩等天然石板及预制水磨石、人造大理石等。金属饰面板有铝合金板、镀锌板、搪瓷板、烤漆板、彩色塑料膜板、金属夹心板等。饰面砖有釉面瓷砖、面砖、马赛克等。

饰面板(砖)施工前应进行有关材料的检验,如室内用的花岗岩的放射性;外墙用的陶瓷面砖的吸水率;严寒地区外墙陶瓷面砖的抗冻性;等等。对黏结用的水泥应进行凝结时间、安定性和抗压强度复验。外墙饰面砖施工前和施工过程中还应进行同基层样板件的黏结力的试验。

10.2.1　饰面板施工

10.2.1.1　石材饰面施工

石材饰面(大理石、花岗岩等)多用于重要建(构)筑物的墙面、柱面等高级装饰。饰面板安装可采取水泥砂浆固定法(湿法)、聚酯砂浆固定法、树脂胶连接法、螺栓或金属卡具固定法(干法)。其中螺栓或金属卡具固定法(干挂法)可有效地防止板面回潮、返碱现象,因此目前应用较多。

干挂石材

螺栓或金属卡具固定法具体做法是在基层预留金属卡具,板材安装后用螺栓或金属卡具固定,最后进行勾缝处理。亦可在基层内设置化学螺栓,采用后锚固方法来固定饰面板。如图10-6所示。对后置埋件、连接件应进行拉拔强度试验,其强度应满足设计要求。

10.2.1.2　金属饰面施工

在现代装饰工程中,金属制品得到广泛的应用,如柱子外包不锈钢板或铜板、楼梯扶手采用不锈钢管或铜管等。金属饰面质感好,简洁而挺拔。金属外墙板具有典雅庄重、坚固、质轻、耐久、易拆卸等优点,因此是最常见的金属饰面板。

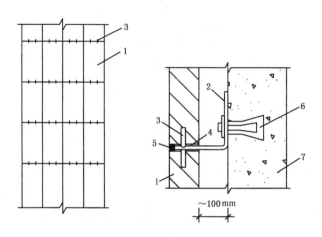

1—饰面石材;2—不锈钢连接件;3—不锈钢缝销;4—缓冲垫;
5—嵌缝油膏;6—不锈钢膨胀螺栓;7—混凝土墙。

图 10-6　石材饰面板干法施工

干挂法施工

干挂石材饰
面板

金属外墙板按材料可分为单一材料(即为一种质地的材料,如钢板、铝板、不锈钢板等)和复合材料,即由两种或两种以上质地的材料组成,如铝合金板、镀锌板、搪瓷板、烤漆板、彩色塑料膜板、金属夹心板等。按板面的形状分为光面平板、纹面平板、波形板、压型板、立体空芯板等。

金属外墙板施工质量要求高,技术难度也比较大。在施工前应认真查阅图纸,领会设计意图,并应进行详细的技术交底,使操作者能够做好每一道工序,包括细小节点。金属外墙板固定方法较多,可按不同建筑物的立面选择。常用的金属外墙板安装施工程序为:放线→固定骨架的连接件→固定骨架→安装金属外墙板→节点构造处理。

10.2.2　饰面砖粘贴

面砖粘贴前
的准备工作

墙面砖铺贴图

地砖铺贴

饰面砖粘贴的一般工艺程序:清理基层表面→润湿→基层刮糙→底层找平、划毛→设皮数杆→弹线→贴灰饼→粘贴饰面砖→清洁面层→勾缝→清洁面层。

粘贴饰面砖的基层应清洁、湿润,基层刮糙后涂抹 1:3 水泥砂浆找平层。饰面砖粘贴必须按弹线和标志进行,墙面上弹好水平线并作好粘贴厚度标志。墙面的阴阳角、转角处均需拉垂直线,并进行找方。阳角要双面挂垂直线,划出纵、横皮数杆,沿墙面进行预排。粘贴第一层饰面砖时,应以房间内最低的水平线为准,并在砖的下口用直尺托底。饰面砖铺贴顺序为自下而上,从阳角开始,使不成整块的砖留在阳角或次要部位。待整个墙面粘贴完毕,应用与饰面砖颜色相同的石膏浆或水泥浆填抹接缝,室外和室内潮湿的房间则应用与饰面砖颜色相同的水泥浆或水泥砂浆勾缝。勾缝材料硬化后,用盐酸溶液刷洗面层后,再用清水冲洗干净。

10.2.2.1 陶瓷面砖

陶瓷面砖主要包括釉面瓷砖、外墙面砖、陶瓷锦砖(马赛克)、陶瓷壁画以及劈裂砖等。这类面砖的施工工艺基本相同。

饰面砖粘贴 墙面砖铺贴 地面砖切割和铺设

陶瓷面砖有白色、彩色及带花纹图案等多种。形状有正方形或矩形,另配有阳角、阴角、压顶条等异形砖。

装饰面的底层采用1:3水泥砂浆找平并划毛。粘贴前,应将墙面找方,弹出底层水平线,定出纵、横皮数。黏结层常用厚7~10 mm的聚合物水泥砂浆。施工时,将黏结剂涂于瓷砖背面粘贴于底层上,用小铲轻轻敲击,使之贴实粘牢。接缝宽约1.5 mm,贴后用水泥浆(颜色由设计确定)嵌缝。最后用稀盐酸刷洗瓷砖表面,并用清水冲洗。

陶瓷锦砖施工步骤

陶瓷锦砖的成品是将小块的陶瓷砖粘在纸板上,施工时底层抹1:3水泥砂浆后划毛,并浇水养护。在底层上抹厚5~6 mm的黏结层(1:1水泥砂浆,另加水泥量为2%~4%的黏结胶),从上往下弹分格线。粘贴时,先将纸板上贴有小块陶瓷砖的一面朝上放于托板上,用1:1水泥细砂干灰填缝,再刮一层1~2 mm厚的素水泥浆,随即将托板上的纸板对准分格线贴于底层上,并拍平拍实。在纸板上刷水润湿,0.5 h后揭纸并调整缝隙使其整齐划一,待黏结层凝固后用同色水泥浆擦缝,最后酸洗之。

陶瓷锦砖铺贴

10.2.2.2 玻璃面砖

玻璃面砖主要包括彩色玻璃面砖、玻璃锦砖以及釉面玻璃等。

玻璃面砖的施工步骤与陶瓷面砖类似,但一般需设置安装(十字形,或T形,或L形)定位支架。玻璃面砖采用专用的砂浆或黏结剂自下而上,逐层粘贴。玻璃面砖铺贴完后,取下定位支架,用嵌缝刀进行勾缝,并用潮湿的抹布擦去玻璃面砖上外露的砂浆。

玻璃锦砖(玻璃马赛克)是一种新型装饰材料,色彩绚丽,更富于装饰性,且价廉、生产工艺简单。其成品与陶瓷锦砖类似,亦是将玻璃锦砖小块贴于纸板上,其施工工艺也与陶瓷锦砖基本相同。

釉面玻璃安装的工艺流程:基层处理→放线→玻璃安装→清洁剂保护。当釉面玻璃直接与结构基面接触时,事先应对基层进行平整度处理,可二次批嵌抹平,或加木夹板基面。釉面玻璃的安装,可按不同规格、不同部位,采用相应的安装方式和工艺。在玻璃板块之间的缝应涂少许中性玻璃胶。

10.3 幕墙工程

幕墙是由玻璃、金属或石材板片作墙面装饰材料与金属构件组成的悬挂于主体结构外面的非承重连续外围护墙体,由于其外观像帐幕一样,所以称之为幕墙。

幕墙工程在施工前应对有关材料进行验收,检查设计、材料、环境、加工及防雷和隐蔽工程等的合格证书以及检验、复验或验收报告。

幕墙工程应进行材料性能复验的主要项目有：

① 铝塑复合板的剥离强度；

② 石材的弯曲强度、寒冷地区的耐冻融性、室内用的花岗岩的放射性；

③ 玻璃幕墙用的结构胶的邵氏强度、标准条件下拉伸黏结强度、相容性试验；

④ 石材用黏结胶的黏结强度和密封胶的污染性试验。

隐蔽工程验收项目主要包括：① 预埋件(或后置埋件)；② 结构的连接节点；③ 变形缝和转角处的构造节点；④ 幕墙的防雷装置；⑤ 幕墙的防火构造。

下面以玻璃幕墙为例，介绍幕墙的施工要点。金属幕墙和石材幕墙在连接构造方面与玻璃幕墙不同，但总体的施工流程、技术和工艺基本相同。

10.3.1　玻璃幕墙用材及附件

10.3.1.1　骨架材料

（1）骨架框材

构成幕墙骨架的框材主要是型钢和铝合金型材。型钢类材料多选择角钢、方钢管、槽钢等；铝合金材料则多选择经特殊挤压成型的幕墙骨架型材。幕墙骨架框材的规格应根据幕墙骨架受力大小和有关设计要求而定。当铝合金框材为主要受力构件时，一般截面壁厚为 3～5 mm，宽度为 40～70 mm，高度为 100～210 mm；当铝合金框材为非主要受力构件时，一般截面宽度为 40～60 mm，高度为 40～50 mm，壁厚为 1～3 mm。国产玻璃幕墙铝合金框架型材系列主要有 100，120，240，150，160，180，210 等数种。框材中的竖框与横档的截面形状有多种，图 10-7 所示是常用的框材截面形状。

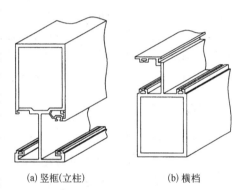

(a) 竖框(立柱)　　　　(b) 横档

图 10-7　玻璃幕墙铝合金骨架型材断面形式示例

（2）紧固件与连接件

玻璃幕墙骨架安装的主要紧固件有胀锚螺栓、铝拉铆钉、射钉及螺栓等。特别是在幕墙骨架与楼板面、楼板底或楼板等连接部位，普遍采用螺栓作柔性连接，可以满足变形要求且便于调节。连接件多采用角钢、槽钢和钢板加工。连接件的形状，可根据幕墙结构及骨架安装部位的不同而有所区别。

10.3.1.2　玻璃

目前，工程中用于玻璃幕墙的玻璃主要有以下几种。

（1）浮法玻璃

浮法玻璃具有两面平整光洁、厚度均匀等特点，比一般平板玻璃的光学性能优良。

（2）吸热玻璃

吸热玻璃是在透明玻璃原料中加入金属氧化物而成。由于金属氧化物的品种和数量不同，可以产生古铜、琥珀、粉红、蓝灰、蓝绿等不同色泽和深浅的玻璃。吸热玻璃以其不同的色素来过滤太阳光中的某些光谱，起到一定的吸热作用，并能避免眩光和过多的紫外线辐射。

（3）热反射玻璃

热反射玻璃也称涂色玻璃（镜面玻璃或镀膜玻璃），是一种既有较高的热反射能力，又能保持较好透光性的玻璃。这种玻璃的特点在于单向可视性，即人只能从光线暗的一边看到光线亮的一边。它可做成平板型、中空型和夹层型。其厚度有 6 mm，8 mm，10 mm，12 mm，15 mm 等。

（4）中空玻璃

中空玻璃是中间夹有空气层的双层或三层玻璃。它可以根据使用要求，选用不同品种和厚度的玻璃原片进行组合，用高强、高气密性的复合黏结剂将两片或多片玻璃与内含干燥剂的铝合金框黏结。中空玻璃的选材和结构的特殊性，使它不仅具有优良的采光性能，同时也具有隔热、隔音、防结露等优点，在节约能源方面凸显出优越性。但由于中空玻璃是靠干燥剂和密封材料来维持双层中空玻璃的功能的，故在使用时应注意其使用条件。施工时要慎用密封材料，密封材料不得和中空玻璃周边的黏结剂发生化学反应。双层中空玻璃的结构常用以下方式表达，如 $X+AY+Z$，其中，X 表示内侧玻璃的厚度，AY 表示空气层厚度为 Y，Z 表示外侧玻璃的厚度。

（5）钢化玻璃

钢化玻璃分为物理钢化玻璃和化学钢化玻璃两类。目前应用最多的是物理钢化玻璃，其强度是未经处理的玻璃的 3～5 倍，它具有良好的抗冲击、抗折、耐急冷急热等性能。钢化玻璃使用安全，玻璃破碎时，裂成圆钝的小碎片，不致伤人。

10.3.1.3 填缝材料

填缝材料用于玻璃幕墙的玻璃装配及玻璃块之间的缝隙处理，一般由填充材料、密封材料与防水材料三部分组成。

（1）填充材料

填充材料主要用于幕墙骨架凹槽内的底部，起到填充间隙和定位玻璃的作用。一般在玻璃安装之前将填充材料装于框架凹槽内，上部多用橡胶压条和硅酮系列防水密封胶加以覆盖。目前使用较多的填缝材料主要有聚乙烯泡沫胶系、聚苯乙烯泡沫胶系及氯丁二烯橡胶等，规格有片状、板状和圆柱条等多种。

（2）密封材料

密封材料在玻璃装配中，不仅起到密封作用，同时也起到缓冲与黏结的作用。它使脆性的玻璃与硬性的金属之间得以缓冲与过渡。橡胶密封条是目前应用较多的密封固定材料，其断面形式多样，规格主要取决于凹槽的尺寸和形状。选用橡胶密封条时，其规格须与凹槽的实际尺寸相符，过松或过紧都是欠妥的。

（3）防水材料

防水密封材料的作用是对缝隙进行防水封闭并增强黏结。目前应用较多的封缝料有聚硫系的聚硫橡胶和硅酮系的硅酮橡胶。硅酮密封胶耐久性好，品种多，易操作，一般为管装，使用时以胶枪压入间隙即可。硅酮密封胶的模数越低，对活动缝隙的适应能力越强，越有利于抗震。在玻璃装配中，硅酮密封胶常与橡胶封条配套使用：下层用橡胶条，上部用硅酮胶密封（图 10-8）。

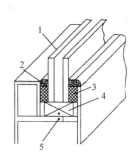

1—玻璃；2—防水材料；
3—密封材料；4—填充材料；
5—排水孔
图 10-8 玻璃装配
密封构造

10.3.2 玻璃幕墙安装工艺

10.3.2.1 施工准备与幕墙运输

玻璃幕墙一般用于建(构)筑物立面的围护,施工前应按设计尺寸预先排列幕墙的金属间隔框及其组合的固定位置,提出所需材料的规格及各种配套材料的数量,以便加工订制。幕墙施工前务必理解图纸要求,重点应注意以下几个问题:

① 熟悉工程玻璃幕墙的特点,其中包括骨架设计、玻璃安装及构造等,根据设计要点,研究施工方案。

② 根据玻璃幕墙的骨架设计,复检主体结构质量,特别是墙面的垂直度、平整度偏差等。主体结构的质量将影响整个幕墙的安装质量。

③ 存放幕墙玻璃的库房或场地的出入口应宽敞畅通,以防车辆进出造成玻璃碰损。运输前须准备好装卸及运输所需机具,如玻璃吸盘、电钻、射钉枪、半自动螺丝钻等。

预制组合式玻璃幕墙运输中,幕墙与车架接触面应放置衬垫、毛毡等物以减震减磨,外部用棉毡罩严,上部用花篮螺丝将幕墙拉紧,行车要缓要稳。

10.3.2.2 施工工艺流程

根据铝合金型材幕墙框架的构造形式,施工工艺分为分件式安装和框块式安装。

1. 分件式

在施工现场将铝合金型材玻璃填充层和内衬墙等按一定顺序分件组装的工艺称为分件式安装(图 10-9)。采用分件式安装的玻璃幕墙自重和风荷载通过垂直方向的竖框(支柱)或水平方向的横档传递给主体结构,竖框一般与楼板连接,横档与竖框连接。铝合金型材幕墙构造的分格形式如图 10-10 所示。

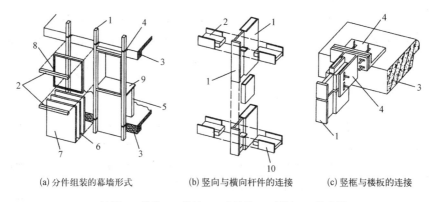

(a) 分件组装的幕墙形式　　(b) 竖向与横向杆件的连接　　(c) 竖框与楼板的连接

1—竖框;2—横档;3—楼板;4—连接件;5—衬墙;6—填充层;
7—玻璃;8—窗框;9—窗台板;10—外盖板。

图 10-9　分件式安装的玻璃幕墙

2. 框块式

框块式是一种预制组合式构造。框块式构造从铝型材加工、框架组合到玻璃镶装、嵌条密封等工序均在工厂加工完成,在施工现场按框块整体与建筑结构连接(图 10-11)。框块式幕墙一般根据结构形式进行结构划分,每一单元由 3~8 块玻璃组成。每块玻璃的宽度不宜

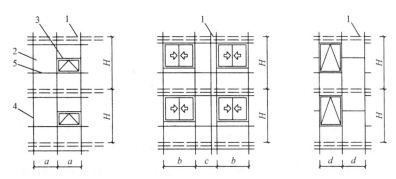

a—有气窗幕墙的竖框间距;b—设立推拉窗的幕墙竖框间距;
c—窗间幕墙竖框间距;d—有景窗的幕墙竖框间距;H—楼层高度。
1—楼板;2—固定玻璃;3—开启窗;4—竖框;5—横档。
图 10-10　分件式安装玻璃幕墙的立面划分形式

超过 1.5 m,高度不宜超过 3 m。其立面划分(图 10-12)一般采用拉通的竖框,上、下横向接缝部位均设在楼面标高以上 200～300 mm 处。

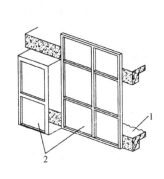

1—楼板;2—玻璃幕墙框块。
图 10-11　框块式安装的玻璃幕墙

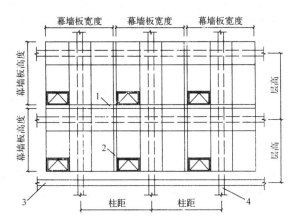

1—水平缝;2—竖直缝;3—主体结构梁;4—主体结构柱。
图 10-12　框块式安装玻璃幕墙的立面划分

思 考 题

【10-1】　装饰工程施工有什么特点?

【10-2】　抹灰工程在施工前应做哪些准备工作? 有什么技术要求?

【10-3】　各抹灰层的作用和施工要求是什么? 试述不同材料的基体及结构阳角处应采取什么技术措施?

【10-4】　试述灰饼标筋的操作程序。

【10-5】　面层抹灰的技术关键包括哪几方面?

【10-6】　试述大理石饰面板安装的工艺流程和技术要求。

【10-7】　试述几种面砖的主要施工过程和技术要求。

【10-8】　幕墙施工前对材料有哪些复验项目?

【10-9】　玻璃幕墙的玻璃有哪几种? 各有何特点?

【10-10】　试述分件式与框块式玻璃幕墙的施工工艺。这两种构造形式在施工上各有何优缺点?

11 防 水 工 程

土木工程中的防水可分为地下防水、屋面防水、建筑外墙防水和室内防水（厨房、浴室、泳池……）等。防水工程质量的优劣，不仅关系到建（构）筑物的使用寿命，而且直接影响到它们的使用功能。影响防水质量的因素有设计的合理性、防水材料的选择、施工工艺及施工质量、保养与维修管理等。

本章主要介绍地下防水和屋面防水两个方面。

11.1 地下防水工程

地下工程埋置在土中，皆不同程度地受到地下水的作用。一方面，地下水对地下工程有着渗透作用，而且地下工程埋置越深，渗透水压就越大；另一方面，地下水中的化学成分复杂，有时会对地下工程造成一定的腐蚀和破坏。因此，地下工程应选择合理有效的防水措施，以确保地下工程的安全耐久和正常使用。

地下工程防水工程中采用的防水方案有结构自防水、表面防水层防水和止水带防水。

11.1.1 结构自防水

结构自防水是以调整结构混凝土的配合比或掺外加剂的方法来提高混凝土的密实度、抗渗性、抗蚀性，满足设计对地下工程的抗渗要求，达到防水的目的。采用防水混凝土实现结构自防水具有施工简便、工期短、造价低、耐久性好等优点，是目前地下工程防水工程的一种主要方法。

11.1.1.1 防水混凝土的基本要求

防水混凝土通过控制配合比、混凝土拌制、浇筑、振捣的施工质量，以减少混凝土内部空隙间的连通，最后达到防水要求。防水混凝土的抗渗等级分为 P6，P8，P10，P12 四个等级，施工试配的抗渗等级应比设计要求提高 0.2 MPa。

1. 原材料

水泥强度等级不宜低于 42.5 MPa，要求抗水性好、泌水小、水化热低，并具有一定的抗腐蚀性。

细骨料要求采用坚硬、抗风化性强、洁净的中粗砂，含泥量不应大于 3%，泥块含量不宜大于 1%；砂的粗细颗粒级配适宜，颗粒平均粒径为 0.4 mm 左右。

粗骨料要求采用坚固耐久、粒形良好的洁净石子，含混量不应大于 1%，泥块含量不应大于 0.5%。颗粒的自然级配适宜，最大粒径不宜大于 40 mm，当采用泵送时，最大粒径不应大于泵管直径的 1/4。粗骨料的吸水性不大于 1.5%。

2. 制备

防水混凝土的水胶比不得大于 0.50，有侵蚀性介质时不宜大于 0.45。坍落度不宜大于

50 mm。采用预拌混凝土时,入泵时坍落度宜控制在 120～160 mm,入泵前坍落度每小时损失值不应大于 20 mm,坍落度总损失值不应大于 40 mm。水泥用量在一定水胶比范围内,每立方米混凝土中胶凝材料总量不宜少于 320 kg,其中水泥用量不宜少于 260 kg/m³,粉煤灰掺量宜为胶凝材料总量的 20%～30%,硅粉的掺量宜为胶凝材料总量的 2%～5%。砂率宜为 35%～40%,泵送时可增至 45%。灰砂比应控制在 1∶1.5～1∶2.5。

11.1.1.2　防水混凝土的施工

1. 施工

防水混凝土在施工中应注意:

① 保持施工环境干燥,避免带水施工;

② 模板支撑牢固、接缝严密;

③ 防水混凝土浇筑前无泌水、离析现象,如出现离析,必须进行二次搅拌;

④ 当坍落度损失后不能满足施工要求时,应加原水胶比的水泥浆或二次掺加减水剂进行搅拌,严禁直接加水;

⑤ 防水混凝土养护时间不少于 14 d;

⑥ 大体积防水混凝土采用保温保湿养护时,混凝土中心温度与混凝土表面温度的差值不应大于 25℃;混凝土表面温度与大气温度的差值也不应大于 20℃。

2. 防水构造处理

(1) 施工缝处理

地下防水混凝土应连续浇筑,宜少留施工缝。当留设施工缝时,应遵守下列规定:

墙体中水平施工缝不应留设在剪力最大处或底板与侧板交接处,应留在高出底板表面不小于 300 mm 的墙体上;拱(板)墙结合的水平施工缝,宜留在起拱(板)墙接缝线以下 150～300 mm 处;墙体有预留孔时,施工缝距孔洞边缘不应小于 300 mm。

水平施工缝的混凝土在浇筑前,应将其表面浮浆和杂物清除,然后铺设净浆或涂刷混凝土界面处理剂、水泥基渗透结晶型防水涂料等材料,再铺 30～50 mm 厚的 1∶1 水泥砂浆,并应及时浇筑混凝土。

钢板止水带

垂直施工缝应避开地下水和裂隙水较多的地段,并宜与变形缝相结合。垂直施工缝的混凝土在浇筑前,应将其表面清理干净,再涂刷混凝土界面处理剂或水泥基渗透结晶型防水涂料,并应及时浇筑混凝土。

橡胶止水带

施工缝防水可采用止水带、遇水膨胀止水条及注浆等方法,这些防水构造形式如图11-1所示。工程中也可采用图示中两种及两种以上方法进行组合。

遇水膨胀止水条(胶)应具有缓胀性能,7 d 的净膨胀率不宜大于最终膨胀率的 60%,最终膨胀率宜大于 220%。膨胀止水条(胶)应与接缝表面密贴。

遇水膨胀止水条

(2) 贯穿铁件处理

地下工程施工中墙体模板的穿墙螺栓、穿过底板的基坑围护结构等,均是贯穿防水混凝土的铁件。由于材质差异,地下水分较易沿铁件与混凝土的界面向地下工程内渗透。为保证地下工程的防水要求,可在铁件上加焊一道或数道止水铁片,延长渗水路径,减小渗水压力,达到防水目的,如图 11-2 和图 11-3 所示。

穿墙套管

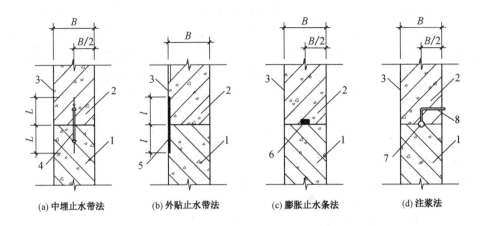

(a) 中埋止水带法　　　(b) 外贴止水带法　　　(c) 膨胀止水条法　　　(d) 注浆法

L（mm）：钢板止水带≥150，橡胶止水带≥200，钢板橡胶止水带≥120；
l（mm）：外贴止水带≥150，外涂防水涂料取 200，外抹防水砂浆取 200；B（mm）：墙厚≥250。
1—先浇混凝土；2—后浇混凝土；3—结构迎水面；4—中埋止水带；
5—外贴止水带；6—遇水膨胀止水条（胶）；7—预埋纵向注浆管；8—注浆导管。

图 11-1　施工缝防水构造

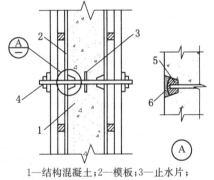

1—结构混凝土；2—模板；3—止水片；
4—对销螺栓；5—密封材料；6—聚合物水泥砂浆。

图 11-2　螺栓止水

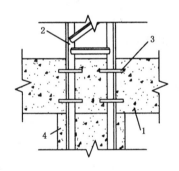

1—混凝土底板；2—竖向支撑；
3—止水片；4—竖向支撑灌注桩。

图 11-3　竖向钢支撑加止水铁片

11.1.2　表面防水层防水

表面防水层防水有刚性和柔性两种。

11.1.2.1　刚性防水层

刚性防水层是采用聚合物水泥防水砂浆、掺外加剂或掺合料的水泥防水砂浆，通过抹压法形成的防水层。它是基于砂浆层的密实性来达到防水要求。这种防水层取材容易、施工方便、成本较低，适用于地下结构的迎水面或背水面，也可作为防水混凝土结构的加强层。但水泥砂浆防水层抵抗变形的能力较差，当结构产生不均匀下沉或受较强烈振动荷载时，易产生裂缝或剥落。此外，对于受腐蚀、高温及反复冻融的工程也不宜采用。

聚合物水泥防水砂浆单层施工厚度宜为 6～8 mm，双层施工厚度宜为 10～12 mm；掺外加剂或掺合料的水泥防水砂浆的施工厚度宜为 18～20 mm。防水砂浆的主要性能如表 11-1 所列。

表 11-1　　　　　　　　防水砂浆的主要性能

防水砂浆种类	黏结强度/MPa	抗渗性/MPa	抗折强度/MPa	干缩性	吸水率	冻融循环/次	耐碱性	耐水性
聚合物水泥防水砂浆	>1.2	≥1.5	≥8.0	≤0.15%	≤4%	>50	—	≥80%
掺外加剂或掺合料的水泥防水砂浆	>0.6	≥0.8	同普通砂浆	同普通砂浆	≤3%	>50	10%NaOH溶液浸泡14 d无变化	—

　　防水砂浆应使用硅酸盐水泥、普通硅酸盐水泥或特种水泥,砂浆用砂宜采用中砂,含泥量不应大于1%,硫化物和硫酸盐含量不应大于1%。

　　防水砂浆的基层应平整、坚实、清洁,铺抹(喷射)前应对基层进行处理,采用防水层相同的砂浆堵塞抹平基层上的孔洞、缝隙,并使砂浆表面湿润但无明水。铺抹或喷射均应分层进行,采用铺抹法施工时需压实、抹平,最后一层表面应进行提浆压光。施工时,应使各层紧密结合,每层宜连续施工,如必须留设施工缝,则应采用阶梯坡形槎,且离阴、阳角的距离不得小于200 mm。

　　防水砂浆的养护时间不得小于14 d,养护温度不宜低于5℃,养护时应保持砂浆表面处于湿润状态。对聚合物水泥防水砂浆,当砂浆未达到硬化状态时,不得浇水或遭受雨水冲刷,硬化后采用干湿交替的养护方法,如在潮湿环境中,可在自然条件下养护。

11.1.2.2　卷材防水层

　　卷材防水层常用于处于地下水环境且受侵蚀性介质作用或受振动作用的地下工程。卷材防水层设置于地下工程的迎水面。对建筑地下室,一般在结构底板垫层至墙体设防高度的外围形成封闭的防水层。

　　防水卷材的品种、规格和层数应根据防水等级、地下水位及水压、结构形式和施工工艺等确定,常用的卷材有高聚物改性沥青类防水卷材和合成高分子类防水卷材。

地下结构柔性防水施工

　　1. 防水卷材施工的基本要求

　　卷材的铺贴严禁在雨天、雪天、五级及以上大风中施工。采用冷黏法、自黏法施工的环境气温不宜低于5℃;热熔法、焊接法施工的环境气温不宜低于-10℃。

　　卷材防水层的基面应坚实、平整、清洁,阴、阳角处应做一定的圆弧或折角,以满足所用卷材的铺贴和黏结要求。阴、阳角处还应设置加强层,加强层的宽度宜为300~500 mm。

　　防水卷材施工时必须满足一定的搭接宽度,表 11-2 列出了常用卷材铺贴的搭接宽度。

表 11-2　　　　　　　　防水卷材搭接宽度

卷材品种		搭接宽度/mm
高聚物改性沥青类防水卷材	弹性体改性沥青防水卷材	100
	改性沥青聚乙烯胎防水卷材	100
	自黏聚合物改性沥青防水卷材	80

卷材品种		搭接宽度/mm
合成高分子类防水卷材	三元乙丙橡胶防水卷材	60/100(胶黏带/胶黏剂)
	聚氯乙烯防水卷材	60/80(单焊缝/双焊缝)
		100(胶黏剂)
	聚乙烯丙纶复合防水卷材	100(黏结料)
	高分子自黏胶膜防水卷材	70/80(自黏胶/胶黏带)

2. 铺贴方法

一般卷材铺贴根据墙体防水层铺贴与混凝土墙体浇筑的先后顺序分为外防外贴和外防内贴两种施工方法。外防外贴法是在主体结构的墙体混凝土浇筑完成后进行防水层铺贴的

外防外贴法
防水

方法;外防内贴法是先进行主体结构墙外的保护墙施工,在外保护墙面上铺贴防水层,而后进行主体结构墙体混凝土浇筑的方法。

（1）外防外贴法

由于外防外贴法的防水效果优于外防内贴法,所以在施工场地和条件不受限制时一般采用外防外贴法。

地下结构的
外防外贴法
防水

采用外防外贴法铺贴卷材时,应先铺平面(底板),后铺立面(墙体),平面卷材应铺贴至立面主体结构施工缝处,交接处应交叉搭接。

主体混凝土结构完成后,铺贴立面卷材时应先将接槎部位的各层卷材揭开,并将其表面清理干净,如卷材有局部损伤,应及时进行修补。卷材接槎的搭接宽度:高聚物改性沥青类卷材为 150 mm,合成高分子类卷材为 100 m,且上层卷材应盖过下层卷材。

（2）外防内贴法

外防内贴法施工时,在主体结构外侧不需要铺贴卷材的操作空间,因此,当施工条件受到限制时往往采用这一方法。

外防内贴法
防水

外防内贴法应先在主体混凝土结构墙外侧施工保护墙,保护墙可采用砖墙,也可利用基坑围护墙。在铺贴卷材前应将保护墙内表面抄平,对砖保护墙一般在外表面抹厚为 20 mm 的 1∶3 水泥砂浆找平层;对基坑围护墙则应根据围护墙的形式采用合适的抄平方法,如灌注桩排桩,可采用喷射混凝土的方法抄平。

地下结构的
外防内贴法
防水

外防内贴法卷材铺贴在保护墙内侧。内贴法防水卷材宜先铺立面,后铺平面。铺贴立面时,应先铺转角,后铺大面。

11.1.3 止水带防水

为适应建(构)筑结构沉降、温度变化等因素产生的变形,在地下工程的沉降缝、伸缩缝、后浇带、施工缝、地下通道的连接口等处,两侧的基础结构之间留有一定宽度的空隙,两侧的基础是分别浇筑的,这是防水结构的薄弱环节。如果这些部位产生渗漏,抗渗堵漏较难实施。为防止变形缝处出现渗漏水现象,在构造设计中通常采用止水带防水。

目前,常见的止水带所用的材料有:橡胶止水带、塑料止水带、氯丁橡胶板止水带和金属止水带等。其中橡胶止水带和塑料止水带均为柔性材料,抗渗性能良好,适应变形能力

强,是常用的止水带材料;氯丁橡胶止水板是一种新的止水带材料,具有施工简便、防水效果好、造价低且易修补等特点;金属止水带刚度大,易安装,施工方便。

变形缝的防水措施可根据工程开挖方法、防水等级采用不同形式。常见的几种变形缝防水构造如图11-4所示,其中,图11-4(a),(b),(c)为复合式防水;环境温度高于50℃处的变形缝可采用金属止水带防水[图11-4(d)]。

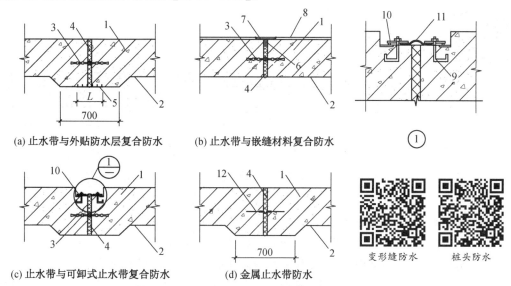

(a) 止水带与外贴防水层复合防水 　　(b) 止水带与嵌缝材料复合防水

(c) 止水带与可卸式止水带复合防水 　　(d) 金属止水带防水

变形缝防水　　桩头防水

L(mm):外贴式止水带≥300;外贴防水卷材≥400;外涂防水涂层≥400。
1—混凝土结构;2—迎水面;3—中埋式止水带;4—填缝材料;
5—外贴式止水带;6—密封材料;7—隔离层;8—防水层;
9—预埋螺栓;10—紧固压板;11—Ω型止水带;12—中埋式金属止水带。

图11-4　变形缝的防水构造

中埋式止水带施工时应将止水带的位置埋设准确,并固定牢固,顶板、底板内的止水带应呈盆状安设。中埋式止水带先施工一侧混凝土时,其端部模板应支撑牢固,并应严防漏浆。

密封材料嵌填施工时,内两侧基面应平整、干净、干燥,并刷涂与密封材料相容的基层处理剂。嵌缝底部应设置背衬材料,嵌填应密实、连续、饱满,并应黏结牢固。表面粘贴卷材或涂刷涂料前,应在缝上设置隔离层。

11.2　屋面防水工程

屋面防水工程是房屋建筑的一项重要工程。屋面根据排水坡度分为平屋面和坡屋面两类;根据屋面防水材料的不同又可分为卷材防水屋面、涂膜防水屋面、瓦屋面、构件自防水屋面等。本节主要介绍卷材防水屋面和涂膜防水屋面的构造和施工。

11.2.1　卷材防水屋面

11.2.1.1　卷材防水材料及构造

防水卷材

卷材防水屋面所用的卷材有高聚物改性沥青防水卷材、合成高分子卷材等。卷材经粘贴后形成一整片防水的屋面覆盖层,从而起到防水作用。卷材有一定的韧性,可以适应一定程度的胀缩和变形。粘贴层的材料取决于卷材种类:高聚物改性沥青防水卷材使用改性沥青胶;合成高分子系列的卷材,需要用特制的黏结剂冷粘贴于预涂底胶的屋面基层上,形成一层整体、不透水的屋面防水覆盖层。图11-5是卷材防水屋面构造图。

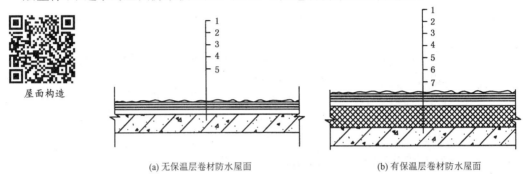

屋面构造

(a) 无保温层卷材防水屋面　　　　(b) 有保温层卷材防水屋面

1—保护层;2—卷材防水层;3—底油结合层;4—找平层;5—保温层;6—隔气层;7—结构层。

图 11-5　卷材防水屋面构造示意图

对卷材屋面防水功能的要求主要有:

① 耐久性,又称大气稳定性,在日光、温度、臭氧影响下,卷材有较好的抗老化性能。

② 耐热性,又称温度稳定性,卷材应具有防止高温软化、低温硬化的稳定性。

③ 耐重复伸缩,在温差作用下,屋面基层会反复伸缩与龟裂,卷材应有足够的抗拉强度和极限延伸率。

④ 保持卷材防水层的整体性,还应注意卷材接缝的黏结,使一层层的卷材黏结成整体防水层。

⑤ 保持卷材与基层的黏结,防止卷材防水层起鼓或剥离。

11.2.1.2　卷材防水施工的基本要求

1. 基层与找平层

基层应做好嵌缝(预制板)、找平及转角和基层表面处理等工作。当结构层为装配式钢筋混凝土板时,应用强度等级不小于 C20 的细石混凝土将板缝灌填密实;当板缝宽度大于 40 mm 或上窄下宽时,应在缝中放置构造钢筋;板缝应进行密封处理。

屋面找坡和找平

找平层表面应压实平整,排水坡度应符合设计要求。采用水泥砂浆找平层时,水泥砂浆抹平收水后应二次压光,充分养护,不得有酥松、起砂、起皮及起壳现象;采用沥青砂浆找平层时不得有拌合不匀、蜂窝现象。否则,必须进行修补。屋面基层与女儿墙、立墙、天窗壁、烟囱、变形缝等突出屋面结构的连接处以及落水口、檐口、天沟、檐沟、屋脊等基层的转角处,均应做成圆弧,圆弧半径参考表11-3。内部排水的水落口周围,找平层应做成略低的凹坑。

表 11-3　　　　　　　　　转角处圆弧半径

卷材种类	高聚物改性沥青防水卷材	合成高分子防水卷材
圆弧半径(mm)	50	20

铺设防水层或隔气层前,找平层必须干燥、洁净。基层处理剂的选用应与卷材的材性相容。基层处理剂可采用喷涂、刷涂施工。喷、涂应均匀,待第一遍干燥后再进行第二遍喷、涂,待最后一遍干燥后,应及时铺设卷材。

2. 施工顺序及铺设方向

卷材铺贴应采取"先高后低、先远后近"的施工顺序,即对高低跨屋面,先铺高跨后铺低跨;等高的屋面,先铺离上料地点较远的部位,后铺较近部位。这样可以避免已经铺设好的屋面因材料运输遭受破坏。

卷材防水层铺贴应遵循"先细部、后大面"的原则,先进行细部构造处理,然后由屋面最低标高向上进行大面铺贴。卷材铺贴方向宜平行于屋脊,上下层卷材不得相互垂直铺贴。在檐沟、天沟施工卷材时,宜顺檐沟、天沟方向铺贴,搭接缝应顺流水方向。

3. 铺贴方法和搭接要求

（1）铺贴方法

卷材的铺贴方法有冷黏法、热黏法、热熔法、自黏法及焊接法等,也有采用机械固定的方法。

防水卷材铺贴

施工中采用的基层处理剂应与卷材的材性相容,使用时应做到配比准确,并搅拌均匀,喷、涂时应先做屋面细部后做大面。大面的喷、涂应均匀一致,基层处理剂干燥后应及时进行卷材施工。卷材防水层施工时还应注意环境温度:热熔法和焊接法不宜低于－10℃;冷黏法和热黏法不宜低于5℃;自黏法则不宜低于10℃。

① 冷黏法

冷黏法是采用胶黏剂铺贴卷材的一种方法。施工中应将胶黏剂涂刷均匀,不得露底、堆积。铺贴卷材时应排除卷材下面的空气,并辊压粘贴牢固。铺贴的卷材应平整顺直,搭接尺寸应准确,不得扭曲、皱折;搭接部位的接缝应满涂胶黏剂(合成高分子卷材可采用胶黏带),并辊压粘贴牢固。搭接缝口应用材性相容的密封材料封严。

胶黏剂粘贴卷材可根据工程情况采用空铺、点黏、条黏和满黏等几种方法。空铺、点黏、条黏是在卷材周边和部分位置与基层黏结,其余部分不黏结,这样防水层与基层部分脱开,可避免卷材收缩变形造成防水层拉裂破损而引起渗水。但应注意,采用空铺、点黏和条黏铺贴时应按规定的位置涂刷胶黏剂;点黏时黏结点不应少于 5 个/m²,每点面积为 100 mm× 100 mm;条黏时每幅卷材与基层黏结面不少于 2 条,每条宽度不小于 150 mm;在屋面周边 800 mm 宽的部位应满黏。满黏法是在防水层与基层之间全部涂满胶黏剂并使两者紧密黏结的方法。在立面或大坡面铺贴卷材时,应采用满黏法,这对防止卷材滑落更为有效。

② 热黏法

热黏法是采用专用导热油炉加热熔化热熔型改性沥青胶结料将卷材黏结的铺贴方法。施工时应注意胶结料加热温度不应高于 200℃,使用温度不宜低于 180℃。胶结料厚度宜为 1.0～1.5 mm,施工时应随刮随滚铺,并展平压实。

③ 热熔法

热熔法是采用火焰加热熔化热熔型卷材底层热熔胶进行黏结的施工方法,但厚度小于 3 mm 的高聚物改性沥青防水卷材严禁采用热熔法施工。热熔法施工时火焰加热器的喷嘴距卷材面的距离应适中,加热应均匀,不得过分加热卷材。当卷材表面沥青热熔后应立即滚铺卷材,并排除下面的空气。

241

④ 自黏法

自黏法是采用带有自黏胶的防水卷材直接进行黏结的施工方法。自黏法铺贴卷材前，应在基层表面均匀涂刷基层处理剂，待处理剂干燥后及时铺贴卷材。铺贴时应排除卷材下面的空气，并辊压粘贴牢固，搭接缝口也应采用材性相容的密封材料封严。

⑤ 焊接法

焊接法是采用热空气焊枪进行防水卷材搭接黏合的施工方法。焊接法可采用单缝焊或双缝焊。施工时应先焊长边搭接缝，后焊短边搭接缝，并焊接严密，不得出现漏焊、跳焊或焊接不牢等现象。

（2）卷材搭接

卷材搭接时，平行屋脊的搭接缝应顺流水方向，搭接缝宽度应符合表11-4的要求。同时，同一层相邻两幅卷材短边搭接缝错开长度不应小于500 mm；上、下层卷材长边搭接缝应错开，且不应小于幅宽的1/3（图11-6），以避免接缝重叠，消除渗漏隐患。

普通卷材铺贴

合成高分子
卷材铺贴

表11-4　　　　　　　　　　　　　　　卷材搭接宽度

卷材类别		搭接宽度
高聚物改性沥青防水卷材	胶黏剂	100 mm
	自黏	80 mm
合成高分子防水卷材	胶黏剂	80 mm
	胶黏带	50 mm
	单缝焊	60 mm，有效焊接宽度不小于25 mm
	双缝焊	80 mm，有效焊接宽度10 mm×2+空腔宽度

屋面防水
施工

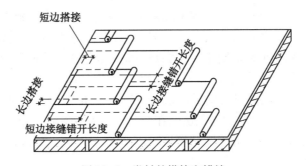

图11-6　卷材的搭接和错缝

11.2.2　涂膜防水屋面

涂膜防水屋面是在屋面基层上涂刷防水涂料，经固化后形成一层具有一定厚度和弹性的整体涂膜从而达到防水目的的一种屋面防水形式。涂料按稠度有厚质涂料和薄质涂料之分。施工时有加胎体增强材料和不加胎体增强材料之别，具体做法视屋面构造和涂料本身性能要求而定。涂膜防水屋面典型的构造如图11-7所示，具体施工层次根据设计要求确定。

242

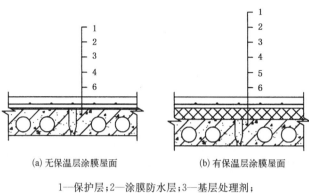

涂膜防水
施工图

涂膜防水
施工

(a) 无保温层涂膜屋面　　　　(b) 有保温层涂膜屋面

1—保护层；2—涂膜防水层；3—基层处理剂；
4—水泥砂浆找平层；5—保温层；6—结构层。

图 11-7　涂膜防水屋面构造示意图

11.2.2.1　基层处理

涂膜防水层是紧密依附于基层形成的具有一定厚度和弹性的整体防水膜，与卷材防水屋面相比，基层的平整度对防水质量影响更大，因此对平整度要求更严格，否则涂膜防水层的厚度得不到保证，必将造成涂膜防水层的防水可靠性、耐久性降低。涂膜防水层是满黏于基层的，按剥离区理论，基层开裂易引起防水层的开裂，因此，涂膜防水层的基层应有足够的强度，并且干净、无孔隙和裂缝。

11.2.2.2　防水涂料

防水涂料主要有聚氨酯类、丙烯酸类、橡胶沥青类、氯丁橡胶类、有机硅类等品种。防水涂料是构成涂膜防水的主要材料，使建筑物表面与水隔绝，对建筑物起到防水与密封作用，同时还起到美化建筑物的装饰作用。

防水涂料分单组分、双组分及多组分。双组分及多组分防水涂料在施工时，必须按配合比准确计量，并采用电动机具搅拌均匀。配料时，可加入适量的缓凝剂或促凝剂调节固化时间，但不得混合已固化的涂料。

11.2.2.3　施工顺序和涂布方法

防水涂料应均匀涂布多遍，涂膜总厚度应符合设计要求。涂膜施工时应先做好细部处理，再进行大面积涂布。屋面转角及立面的涂膜应薄涂多遍，不得出现流淌和堆积现象。

涂膜防水层应根据不同涂料采用不同的施工工艺。水乳型及溶剂型防水涂料宜选用滚涂或喷涂；反应固化型防水涂料宜选用刮涂或喷涂；热熔型防水涂料宜选用刮涂；聚合物水泥防水涂料则选用刮涂法。

防水涂料用于细部构造时都应采用刷涂或喷涂施工，确保涂布均匀无疏漏。

当涂膜间夹铺胎体增强材料时，宜边涂布边铺胎体。胎体铺贴应平整，并排除气泡，与涂料黏结牢固。在胎体上涂布涂料时，应使涂料浸透胎体，并覆盖完全，不得有胎体外露现象。最上面的涂膜厚度不应小于 1.0 mm。

涂膜防水层的施工环境温度要求：水乳型及反应型涂料、聚合物水泥涂料宜为 5～35℃；溶剂型涂料宜为 －5～35℃；热熔型涂料不宜低于 －10℃。

思 考 题

【11-1】 地下工程防水混凝土对原材料有何要求？

【11-2】 防水混凝土常用的外加剂有哪些？

【11-3】 地下结构外墙混凝土的施工缝处理有哪些方法？

【11-4】 地下结构外墙混凝土的穿墙螺栓应如何处理？

【11-5】 地下防水工程中卷材防水层施工有哪些基本要求？

【11-6】 地下防水工程止水带防水构造有何特点？

【11-7】 试述卷材防水屋面各构造层的作用及其做法。

【11-8】 卷材防水屋面的质量有什么要求？

【11-9】 屋面常用的防水涂料有哪些？

【11-10】 试述屋面涂膜防水层的施工要点。

12 流水施工原理

12.1 基 本 概 念

12.1.1 流水施工

工业生产的实践证明,流水施工作业法是组织生产的有效方法。流水作业法的原理同样也适用于土木工程的施工。

土木工程的流水施工与一般工业生产流水线作业十分相似。不同的是,工业生产中流水作业的专业生产者是固定的,而各产品或中间产品在流水线上流动,由前一工序流向后一个工序;而在土木工程施工中,产品或中间产品是固定不动的,而专业施工队则是流动的,他们由前一施工段流向后一施工段。

为了说明土木工程中采用流水施工的特点,可比较建造 m 幢相同的房屋时,施工采用的依次施工、平行施工和流水施工三种不同的施工组织方法。

采用依次施工时,当第一幢房屋竣工后才开始第二幢房屋的施工,即按次序一幢接一幢地进行施工。这种方法同时投入的劳动力和物资资源较少,但各专业工作队在该工程中的工作是有间歇的,资源消耗也有相应的间断,工期较长[图 12-1(a)]。

采用平行施工时,m 幢房屋同时开工、同时竣工[图 12-1(b)]。这样施工显然可以大大缩短工期,但是各专业工作队同时投入工作的队数却大大增加,相应的物资资源的消耗量集中,这都会给施工带来不便。

采用流水施工时,将 m 幢房屋依次保持一定的时间搭接起来,陆续开工,陆续完工。即把各房屋的施工过程搭接起来,使各专业工作队的工作具有连续性,而物资资源的消耗具有均衡性[图 12-1(c)]。流水施工与依次施工相比,工期较短。

进度计划的
表示法

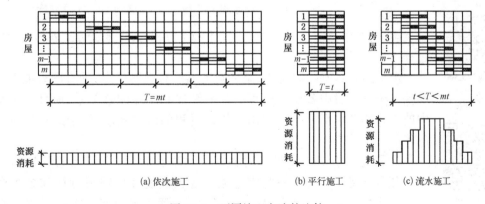

(a) 依次施工　　　(b) 平行施工　　　(c) 流水施工

图 12-1　不同施工方法的比较

流水施工的特点是物资资源需求的均衡性以及专业工作队工作的连续性,可以合理地利用工作面,又能使工期较短。流水施工是一种合理的、科学的施工组织方法,它可以在土木工程施工中带来良好的经济效益。

12.1.2 流水施工参数

工程施工进度计划图表反映了工程施工时各施工过程按工艺上的先后顺序、相互配合的关系以及施工过程在时间、空间上的开展情况。目前应用最广泛的施工进度计划图表有横道图和网络图(具体可参见第13章相关章节)。

当流水施工的工程进度计划采用横道图表示时,按绘制方法的不同分为水平图表[图12-2(a)]和垂直图表[图 12-2(b)]。图中水平坐标表示时间,垂直坐标表示施工对象;n 条水平线段或斜线表示各施工段上不同施工过程在时间上的流水进展情况。水平图表中垂直坐标的施工对象(或施工过程)的编号一般由上而下编写,而垂直图表中垂直坐标的施工对象的编号是由下而上编写的。根据使用需要,在水平图表中,也可用垂直坐标表示施工过程,此时 n 条水平线段则表示施工对象,即反映出各施工过程在不同施工段空间上的流水进展情况。

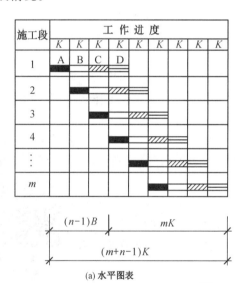

(a) 水平图表

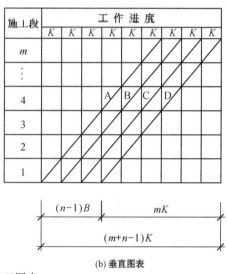

(b) 垂直图表

图 12-2　流水施工图表

进度计划
水平图表

进度计划
垂直图表

图 12-2 中,A,B,C,D 表示 4 个施工过程,实际施工可扩展为 n 个施工过程。

水平图表具有绘制简单、流水施工形象直观的优点;垂直图表能直观地反映一个施工段中各施工过程的先后顺序和相互配合关系,而且可由图表中的斜线的斜率形象地反映出各施工过程的流水强度,便于进行进度计划的优化。

为了说明组织流水施工时各施工过程在时间、空间上的开展情况及相互依存关系,需引入一些描述流水施工进度计划图表特征和各种数量关系的参数,这些参数称为流水参数,包括工艺参数、时间参数和空间参数。

246

12.1.2.1 工艺参数

1. 施工过程数 n

一个工程的施工通常由许多施工过程(如挖土、支模、扎筋、浇筑混凝土等)组成。施工过程的划分应按照工程对象、施工方法及计划性质等来确定,其单位以"个"计。

当编制控制性施工进度计划时,组织流水施工的施工过程可划分得粗略一些,一般只列出分部工程名称,如基础工程、主体结构吊装工程、装修工程、屋面工程等。当编制实施性施工进度计划时,施工过程可以划分得详细一些,将分部工程再分解为若干分项工程。如将基础工程分解为挖土、浇筑混凝土基础、砌筑基础墙、回填土等。但是其中某些分项工程需由多工种来实现,为便于掌握施工进度,指导施工,可将这些分项工程再进一步分解成若干个由专业工种施工的工序作为施工过程的项目内容。因此,施工过程的性质,有的是简单的,有的是复杂的。如一幢建筑的施工过程数 n,一般可分为 20~30 个,工业建筑往往划分更多一些。而一个道路工程的施工过程数 n,则往往只分为 5~6 个。

施工过程分为三类,即制备类、运输类和建造类。制备类就是为制造建筑制品和半成品而进行的施工过程,如制作砂浆、混凝土、钢筋成型等。运输类就是把材料、制品运送到工地仓库或在工地进行转运的施工过程。建造类是施工中起主导地位的施工过程,包括安装、砌筑等施工。在组织流水施工计划时,建造类必须列入流水施工组织中,制备类和运输类施工过程,在流水施工计划中一般不必列入,只有与建造类有关的(如需占用工期,或占用工作面而影响工期等)运输过程或制备过程,才列入流水施工的组织中。

2. 流水强度 V

每一施工过程在单位时间内(通常以"班"计)所完成的工程量称为流水强度,又称流水能力或生产能力。

(1)机械施工过程的流水强度按式(12-1)计算:

$$V = \sum_{i=1}^{x} R_i S_i \tag{12-1}$$

式中　V——流水强度(产量/班);

　　　R_i——某种施工机械台数(台);

　　　S_i——该种施工机械台班生产率[产量/(台·班)];

　　　x——用于同一施工过程的各类施工机械种数。

(2)手工操作过程的流水强度按式(12-2)计算:

$$V = RS \tag{12-2}$$

式中　R——每一施工过程投入的工人人数(人);

　　　S——每名工人每班产量[产量/(人·班)]。

式(12-1)和式(12-2)中 R_i 或 R 应小于工作面上允许容纳的最多机械台数或最多人数。

12.1.2.2 时间参数

1. 流水节拍 K

流水节拍是一个施工过程在一个施工段上的持续时间。流水节拍的大小关系投入的劳

动力、机械和材料的多少,决定施工的速度和节奏。因此,流水节拍的确定具有重要的意义。流水节拍按式(12-3)计算:

$$K = \frac{Q_m}{SR} = \frac{P_m}{R} \qquad (12-3)$$

式中　K——流水节拍(d);

　　　Q_m——某施工段的工程量;

　　　S——每一工日(或台班)的产量[产量/(人·d)或产量/(台·d)];

　　　R——施工人数或机械台数(人或台);

　　　P_m——某施工段所投入的劳动量或机械台班量(人·天或台·天)。

应该说明,流水节拍的单位可根据计划的不同采用"周""月"等其他形式,只需其他参数与其对应即可。

根据工期要求确定流水节拍时,可根据工期由式(12-3)反算出所需要的人数(或机械台班数)。在这种情况下,必须检查劳动力、材料和机械供应的可能性,工作面是否足够等。

对某些采用新技术、新工艺的施工过程,往往缺乏定额,此时,可采用"三时估算法",即

$$K = \frac{1}{6}(a + 4b + c) \qquad (12-4)$$

式中　a——某施工过程完成一施工段工程量最乐观时间;

　　　b——某施工过程完成一施工段工程量最可能时间;

　　　c——某施工过程完成一施工段工程量最悲观时间。

有时,流水节拍的确定还根据工程实际情况确定,即根据工期的要求来确定,再按某施工过程在施工段上的持续时间来安排有关资源,或者根据投入的资源(劳动力、机械台数和材料量)的能力来确定流水节拍。

2. 流水步距 B

两个相邻的施工过程先后进入流水施工的时间间隔,称为流水步距,通常以"天"计。如木工工作队第一天进入第一施工段工作,工作 2 d 做完(流水节拍 $K = 2$ d),第三天开始钢筋工作队进入第一施工段工作。木工工作队与钢筋工作队先后进入第一施工段的时间间隔为 2 d,那么,它们之间的流水步距 $B = 2$ d。

流水步距的数目取决于参加流水的施工过程数,如施工过程数为 n 个,则流水步距的总数为 $(n-1)$ 个。

确定流水步距的基本要求如下:

(1) 始终保持前后两个施工过程合理的工艺顺序;

(2) 尽可能保持各施工过程的连续作业;

(3) 做到前后两个施工过程的施工时间最大搭接(即前一施工过程完成后,尽可能早地进入后一施工过程)。

3. 间歇时间 Z

流水施工往往由于工艺要求或组织因素要求,在两个相邻的施工过程之间增加一定的流水间歇时间,这种间歇时间是必要的,它们分别称为工艺间歇时间和组织间歇时间。间歇时间的单位应与流水步距保持一致。

248

（1）工艺间歇时间 Z_1

有些施工过程的工艺性质要求在考虑两个相邻施工过程之间的流水步距外,还需考虑一定的工艺间歇时间。如楼板混凝土浇筑后,需要一定的养护时间才能进行后道工序的施工;又如屋面找平层完成后,须等待一定时间,使其彻底干燥,才能进行屋面防水层施工等。这些由于工艺原因引起的等待时间,称为工艺间歇时间。

（2）组织间歇时间 Z_2

由于工程组织的因素要求两个相邻的施工过程在规定的流水步距以外增加必要的间歇时间,如质量验收、安全检查等,这种间歇时间称为组织间歇时间。

上述两种间歇时间在组织流水施工时,可根据间歇时间的发生阶段或一并考虑,或分别考虑,以灵活应用工艺间歇和组织间歇的时间参数特点,简化流水施工组织。

12.1.2.3 空间参数

1. 工作面 A

工作面是表明施工对象上可能布置一定数量的工人操作或布置施工机械的空间大小,所以工作面是用来反映施工过程(工人操作、机械布置)在空间上布置的可能性。

工作面的大小可以采用不同的单位来计量,如对于道路工程,可以采用沿着道路的长度,以"m"为单位;对于浇筑混凝土楼板,则可以采用楼板的面积,以"m²"为单位;等等。

在工作面上,前一施工过程的结束就为后一个(或几个)施工过程提供了工作面。在确定一个施工过程的工作面时,不仅要考虑施工过程必需的工作空间,还要考虑生产效率,同时应满足安全管理和工艺技术的要求。

2. 施工段数 m

在组织流水施工时,通常把施工对象划分为劳动量相等或大致相等的若干个段,这些段称为施工段,单位以"个"计。每一个施工段在某一段时间内只供给一个施工过程使用。

施工段可以是固定的,也可以是不固定的。在施工段固定的情况下,所有施工过程都采用同样的施工段。在施工段不固定的情况下,对不同的施工过程分别规定一种施工段划分方法,施工段的分界对于不同的施工过程是不同的。固定的施工段便于组织流水施工,应用较广,而不固定的施工段则应用较少。

在划分施工段时,应考虑以下几点:

① 施工段的分界与施工对象的结构界限(伸缩缝、沉降缝或结构单元等)尽可能一致;

② 各施工段上所消耗的劳动量尽可能相近;

③ 划分的段数不宜过多,以免使工期延长;

④ 各施工过程均应有足够的工作面;

⑤ 当施工过程有层间关系,分段又分层时,为使各队能够连续施工,即各施工过程的工作队做完第一段,能立即转入第二段;做完一层的最后一段,能立即转入上面一层的第一段。因而每层最少施工段数目 m_0 应满足以下关系:

$$m_0 \geqslant n \tag{12-5}$$

当 $m_0 = n$ 时,工作队连续施工,而且施工段上始终有工作队在工作,即施工段上无停歇,是比较理想的组织方式;

当 $m_0 > n$ 时,工作队仍是连续施工,但施工段有空闲停歇;

当 $m_0 < n$ 时,工作队在各施工段上不能连续施工而发生窝工。

施工段有空闲停歇一般会影响工期,但在空闲的工作面上如能安排一些准备工作或辅助工作(如运输类施工过程),则会使后继工作更为顺利,这是工程中常用的一种组织方式。而工作队工作不连续(窝工)则是不可取的,除非能将窝工的工作队转移到其他工地进行工地间大流水。

流水施工中施工段的划分一般有两种形式:一种是在一个单位工程中进行分段;另一种是在若干单位工程之间进行流水段划分。各单位工程为同类型的工程,如同类建筑组成的住宅群,更利于组织第二种流水施工,此时,可以以一幢建筑作为一个施工段来组织流水施工。

12.2 节奏流水施工

根据流水节拍的特征,流水施工过程可以分为节奏流水施工和非节奏流水施工。

节奏流水施工的各施工过程在各施工段上的持续时间相等,用垂直图表表示时,施工进度线是一条斜率不变的直线[图 12-3(a)];与此相反,非节奏流水施工的施工过程在各施工段上的持续时间不等,在垂直图表中的施工进度线是一条由斜率不同的几个线段组成的折线[图 12-3(b)]。

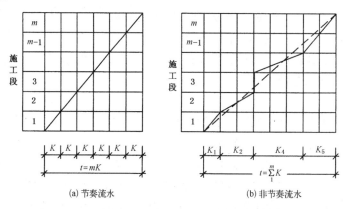

(a) 节奏流水　　　　　　(b) 非节奏流水

图 12-3　施工过程流水图表

节奏流水中任一施工过程的总持续时间为

$$t = mK \qquad (12\text{-}6)$$

式中　t——持续时间(d);

　　　K——流水节拍(d);

　　　m——施工段数(个)。

在节奏流水施工中,根据各施工过程之间流水节拍是否相等或是否成倍数,节奏流水又可以分为固定节拍流水和成倍节拍流水。

12.2.1　固定节拍流水

图 12-2 和图 12-4 所示都是固定节拍流水的进度图表。从图中可以看出,各施工过程之间的流水节拍是相同的。为了缩短工期,两个相邻的施工过程应当做到施工时间上的最大搭接。但是这种最大搭接还要受到时间间歇的限制。固定节拍流水施工的持续时间分别

250

按以下方法计算。

1. 无间歇时间的专业流水

在没有间歇时间的情况下,流水施工的工期为流水步距总和与最后一个施工过程的持续时间 t_n 之和组成:

$$T = \sum B_i + t_n \tag{12-7}$$

如图 12-2 所示,由于固定节拍专业流水中各流水步距相同,均为 B,且等于流水节拍 K,故持续时间为

$$T = (n-1)B + mK = (m+n-1)K \tag{12-8}$$

式中 T——持续时间(d);

n——施工过程数(个);

m——施工段数(个);

B——流水步距(d);

K——流水节拍(d)。

对于市政工程这类线型工程(如道路、管道等),施工段只是一个假想的概念。这时,施工段通常理解为完成施工过程的工作队进展的速度(m/d)。其持续时间为

$$T = (n-1)K + \frac{L}{v}K \tag{12-9}$$

由于通常取 1 个工作日,所以

$$T = (n-1)1 + \frac{L}{v}1 = \sum B_i + \frac{L}{v} \tag{12-10}$$

式中 $\sum B_i$——从第一个施工过程到最后一个施工过程加入流水的时间间隔(班),即流水步距总和;

L——线性过程总长度(m);

v——工作队移动速度(m/d)。

2. 有间隙时间的专业流水

在专业流水的某些施工过程之间,还存在着施工技术规范规定的必要的工艺间歇或组织间歇,如图 12-4 所示。

固定节拍流水

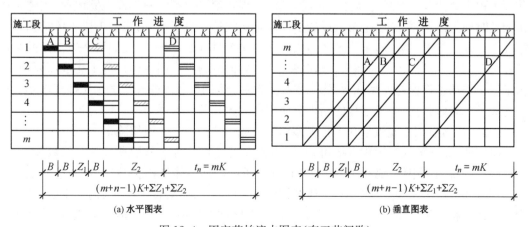

图 12-4 固定节拍流水图表(有工艺间歇)

图 12-4 中,第三施工过程与第二施工过程之间有组织间歇 Z_2,而第四施工过程与第三施工过程之间有技术间歇 Z_1,此时,持续时间为

$$T = (m+n-1)K + \sum Z_1 + \sum Z_2 \tag{12-11}$$

式中　$\sum Z_1$——工艺间歇时间总和(d);

　　　$\sum Z_2$——组织间歇时间总和(d)。

12.2.2　成倍节拍流水

在组织流水施工时,由于劳动量的不等以及技术或组织上的原因,通常会遇到不同施工过程之间的流水节拍互成倍数,以此组织流水施工,即为成倍节拍专业流水。例如,某工地建造六幢住宅,每幢房屋的主要施工过程划分为:基础工程(J)1 个月,主体结构(G)3 个月,装修工程(Z)2 个月,室外工程(W)2 个月。施工进度如图 12-5 所示。这是一个成倍节拍的专业流水施工。这种流水施工方式,根据工期的不同要求,可以按一般成倍节拍流水或加快成倍节拍流水组织流水施工。

成倍节拍流水

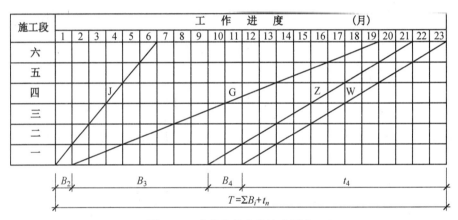

图 12-5　成倍节拍专业流水图表

图 12-5 所示即为一般成倍节拍流水图表,工期为 23 个月。按此方法组织流水施工,在实际工程中显然不尽合理。从图中可见,基础工程在第二至第六施工段上完成后,主体结构未能及时插上搭接,第二段至第六段的工作面是空闲的。事实上,第二施工段主体结构可在第 3 个月开始施工,第三施工段主体结构可在第 4 个月开始,……。又如第一施工段的装修工程可在第 5 个月插入。但如果在这时候插入,后面的施工会因主体结构未完成而要间断。为了使工作队工作保持连续性,装修工程只能退后至第 10 个月进入。这样安排流水使工作队连续是比较勉强的,而且这样的结果会使工期大大延长。

因此,成倍节拍专业流水在工程中多用加快成倍节拍流水来组织施工。

研究图 12-5 的施工组织方案可知,因为各施工过程的流水节拍具有一定倍数关系,如果要合理安排施工组织,缩短工程的工期,可以通过增加主体结构、装修工程和室外工程施工工作队的方法来实现。比如说,主体结构由原来的一个队增加到甲、乙、丙 3 个队,装修工程和室外工程的施工工作队也分别由原来的一个队增加到甲、乙 2 个队。但是,简单地增加

工作队在同一幢房屋上施工,会受到工作面的限制。因此,在组织施工时,可安排主体结构工作队甲完成第一、四幢的结构施工;主体结构工作队乙完成第二、五幢的结构施工;主体结构工作队丙完成第三、六幢的结构施工。其他工作队也按此法作相应安排,由此可得图12-6所示的进度计划图表,此时工期为13个月。

图12-6实质上可以看成是由 N 个工作队组成的,类似于流水节拍为 K_0 的固定节拍专业流水,各工作队之间的流水步距 B 等于 K_0,其工期仍可表达为 $\sum B_i + t_n$。

K_0 为各流水节拍的最大公约数,则最后一个工作队进场至该工程结束的持续时间 t_n 为 mK_0。因此,加快成倍节拍专业流水的工期可按式(12-12)计算:

$$T = (N-1)B + mK_0 + \sum Z_1 + \sum Z_2$$
$$= (m+N-1)K_0 + \sum Z_1 + \sum Z_2 \tag{12-12}$$

式中,N 为工作队总数(个)。

工作队的总数 N,由各施工过程的工作队数之和求得:

$$N = \sum_{i=1}^{n} N_i \tag{12-13}$$

式中,N_i 为各施工过程的工作队数(个)。

各施工过程的工作队数 N_i 按式(12-14)计算:先确定各施工过程流水节拍的最大公约数 K_0,可得出各施工过程的工作队数

$$N_i = \frac{K_i}{K_0} \tag{12-14}$$

式中,K_i 为 i 施工过程的流水节拍。

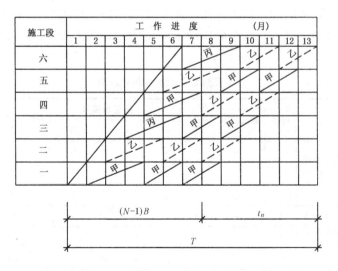

图 12-6 加快成倍节拍专业流水图表

应注意,如计算得到的 $N_i > m$,则实际投入流水施工的施工队数取 $N_i = m$,但用式(12-12)计算工期时,N_i 仍用式(12-14)的计算结果。

12.3 非节奏流水

12.3.1 工期计算

若干非节奏流水施工过程所组成的专业流水,称为非节奏流水,它的特点是各施工过程的流水节拍随施工段的不同而改变,不同施工过程之间流水节拍也有差异。

如表 12-1 所列,某工程有三个施工过程,划分为六个施工段,各施工过程在各施工段上的流水节拍均不同,要求对此非节奏流水施工过程组成专业流水,并计算非节奏专业流水的工期。

表 12-1　　　　　　　　　　　**各施工过程在各施工段的流水节拍(d)**

施工过程	施工段					
	一	二	三	四	五	六
一	3	3	2	2	2	2
二	4	2	3	2	2	3
三	2	2	3	3	3	2

组织非节奏专业流水施工的基本原则是保证每一个施工段上工艺顺序的合理性,以及每一个施工过程的施工连续性,同时实现各施工过程的最大搭接。但必须指出,这一流水施工组织在各施工段上允许出现暂时的空闲,即该工作面上暂时没有工作队投入施工。

非节奏专业流水的工期 T,在没有工艺间歇的情况下,仍然是由流水步距总和 $\sum B_i$ 与最后一个施工过程的持续时间 t_n 之和组成:

$$T = \sum B_i + t_n \tag{12-15}$$

如某施工过程具有工艺间歇或组织间歇,则应在式(12-15)中增加 $\sum Z_1$ 或 $\sum Z_2$。

非节奏专业流水施工的步距的计算可采用"累加斜减计算法"。以表 12-1 为例:

第一步　将各施工过程在每个施工段上的持续时间填入表格(表 12-2 中第 1 行至第 3 行)。为便于计算,增加一列零施工段。

表 12-2　　　　　　　　　　　**非节奏专业流水步距计算表**

施工步骤		行序	施工过程	施工段编号							第四步	t_n
				零	一	二	三	四	五	六	最大时间间隔	
第一步	施工过程在各施工段上的持续时间/d	1	一	0	3	3	2	2	2	2		
		2	二	0	4	2	3	2	2	3		
		3	三	0	2	2	3	3	3	2		
第二步	施工过程由加入流水起到完成该段工作为止的总持续时间/d	4	一	0	3	6	8	10	12	14		
		5	二	0	4	6	9	11	13	16		
		6	三	0	2	4	7	10	13	15		15
第三步	两相邻施工过程的时间间距/d	7	一和二		3	2	2	1	1	1	3	
		8	二和三		4	4	4	3	3	3	5	

第二步　计算各个施工过程由进入流水起到完成某段工作为止的施工时间总和(即累加),填入表格,例如第一施工过程(第 1 行)各流水节拍累加后得到第 4 行的结果。

第三步　从前一个施工过程进入流水起,到完成该施工段为止的持续时间之和,减去后一个施工过程由进入流水起,到完成前一施工段的累加持续时间之和(即相邻斜减),得到一组差数。例如:由第一施工过程到各施工段的累加持续时间(第4行)减去第二施工过程到相应前一施工段的累加持续时间(第5行)得到第7行的一组差数。同理,第5行与第6行的累加持续时间斜减,可以得到第8行的一组差数。

　　第四步　找出上一步斜减差数中的最大值,这个值就是这两个相邻施工过程之间的流水步距 B。

　　第四步中选出最大值作为两个相邻施工过程之间的流水步距,可确保相邻施工过程工艺关系的合理性,并保证各施工过程的施工连续性。

　　于是,得到

$$B_2 = 3, B_3 = 5, t_n = 15$$

则

$$T = \sum B_i + t_n = (3+5) + 15 = 23 \text{(d)}$$

　　图12-7为根据以上计算结果绘制的非节奏专业流水施工进度计划的水平图表,图12-8为垂直图表。

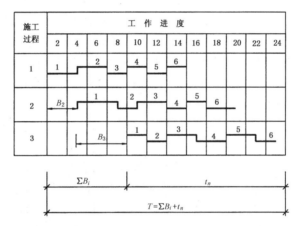

非节奏专业
流水

图 12-7　非节奏专业流水进度计划(水平图表)

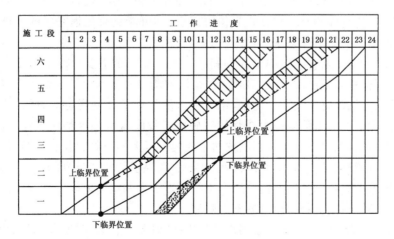

图 12-8　非节奏专业流水进度计划(垂直图表)

12.3.2 非节奏流水的允许偏差和计划优化

非节奏流水施工中,某些施工过程可能具有允许偏差时间,即各施工过程允许延迟完成时间或提前开始时间。某施工过程在允许偏差范围内的延迟完成,不会影响总工期;某施工过程在允许偏差范围内的提前开始,也不会造成工序搭接上的混乱。由此,为施工提供了优化进度计划的途径。通过非节奏流水施工进度计划的垂直图表,可以求得各施工过程的允许偏差。利用施工过程的允许偏差,可以在不影响工期的前提下,调节部分施工过程的流水节拍,使资源更加均衡。

允许偏差的确定,首先应找出各施工过程的临界位置。临界位置分为上临界位置与下临界位置,一个施工过程的上临界位置处于该施工过程在某施工段的结束时间等于下一个施工过程在该施工段的开始时间的位置。如上例,第一施工过程的上临界位置处于第一施工段的结束时间(第 3 天末)的位置上,第二施工过程的上临界位置处于第三施工段结束时间(第 12 天末)的位置上。一个施工过程的下临界位置处于该施工过程在某一施工段的开始时间等于前一个施工过程在该施工段的结束时间的位置。如第二施工过程的下临界位置处于第一施工段的开始时间(第 4 天开始)的位置上,第三施工过程的下临界位置处于第三施工段开始时间(第 13 天开始)的位置上。在上临界位置以上,该施工过程具有可能延迟完成的允许偏差,在下临界位置以下,该施工过程具有可能提前开始的允许偏差。

上临界位置确定以后,计算该施工过程在临界位置以上各施工段上的结束时间与后继施工过程在相应施工段上的开始时间之差,即为该施工过程在相应施工段上具有的可延迟完成的允许偏差。在图上,一般可以该施工过程在某施工段的结束时间为起点,以后继施工过程在该施工段上的开始时间为终点,绘一条水平线段,该短线的长度即表示施工过程在相应施工段上的允许偏差,将所有这些线段的终点连接起来,就是该施工过程可以延迟完成的允许偏差范围(图 12-8 中画斜线的阴影部分)。

类似这种情况,由下临界位置向下,计算后继施工过程在各施工段上的开始时间与紧前施工过程在该施工段上的结束时间之差,即为后继施工过程可以提前开始的允许偏差。由后继工作在各施工段的允许偏差,便可得到该施工过程可以提前开始的允许偏差范围(图12-8 中带小点的阴影部分)。

如某一施工过程出现两个或两个以上的上临界位置,则在最后一个上临界位置以上才可能有延迟完成的允许偏差。在该临界位置以下,不可能具有延迟完成的允许偏差。因为在任何临界位置以下如出现该施工过程延迟完成的允许偏差,则必然造成其后的某施工段上的流水强度变大,即垂直图表中斜线的斜率变大。而一个进度计划中的流水强度应是确定的,计划的调整一般不可加大流水强度,这是计划调整的基本原则。如果流水强度可以任意变大,那计划也就没有意义了。比如,某工程进度超过了计划规定的时间,便将该施工过程在后面施工段上的流水强度加大或将后继施工过程的流水强度加大来弥补,这样便无计划可言了。类似地,如果某施工过程出现两个或两个以上的下临界位置,则在最前一个下临界位置以下才可能有提前开始的允许偏差。因此,在寻求某施工过程的允许偏差时间时,在垂直图表上该施工过程调整后的斜线斜率应小于等于未调整前的斜率,同时,该施工过程在各施工段上的开始时间又符合合理的施工顺序。

流水计划中的允许偏差,相当于网络计划中的"时差",有关"时差"的概念和计算将在第 13 章中详细介绍。

思 考 题

【12-1】 流水施工的基本特点有哪些?

【12-2】 何谓流水强度、流水节拍、流水步距?

【12-3】 流水施工的工艺参数指什么?

【12-4】 施工段划分应注意哪些问题?

【12-5】 临界位置在计算允许偏差时有何意义?

【12-6】 节奏流水施工中施工过程是否具有允许偏差?

习 题

【12-1】 某一工程的 $K_1 = 2 \, d, K_2 = 6 \, d, K_3 = 4 \, d$,现拟用成倍节拍组织流水施工,试用水平表和垂直表画出施工进度计划,并求施工总工期。

【12-2】 已知有 4 个施工段,3 个施工过程,其流水节拍分别为 $K_1 = 4 \, d, K_2 = 10 \, d, K_3 = 12 \, d$,若采用加快成倍节拍流水施工。要求:

(1) 确定实际工作班组数;

(2) 计算工期。

【12-3】 根据表 12-3 所列各工序在各施工段上持续时间,要求保证工作队连续工作,求:

(1) 各工序之间的流水步距;

(2) 作水平和垂直进度图表。

表 12-3　　　　　　习题 12-3

施工过程	施工段			
	一	二	三	四
Ⅰ	4	3	1	2
Ⅱ	2	3	4	2
Ⅲ	3	4	2	1
Ⅳ	2	4	5	2

【12-4】 有一游览区施工,工作内容分为四个过程,按道路划分为四个施工区段,各工作的持续时间如表 12-4 所列。要求:

(1) 道路施工何时进场?

(2) 在不影响总工期的情况下,各工作在第三施工段上开始时的机动时间为多少天?

施工过程	施工段			
	1	2	3	4
平整场地	1	2	2	1
铺设便道	2	1	1	1
建筑施工	4	3	3	4
道路施工	2	2	3	0

表 12-4　　　　　习题 12-4

【12-5】 试确定下述工程流水施工组织(表 12-5)的工期,并指出临界位置及允许偏差范围。

表 12-5　　　　　习题 12-5

n	m			
	A	B	C	D
Ⅰ	3	4	3	2
Ⅱ	5	6	4	5
Ⅲ	5	4	5	5
Ⅳ	7	2	6	1

【12-6】 某二层现浇框架工程,平面尺寸为 $24\,m \times 120\,m$,沿长度方向每 40 m 有一伸缩缝,现采用加快成倍节拍流水施工,组织三个施工过程,分别是支模、扎筋、浇混凝土,三个施工过程完成整个工程的时间分别是:支模 48 d,扎筋 24 d、浇混凝土24 d(均为一个班组的完成时间),楼板浇筑混凝土后养护 2 d 后方可在其上支模。要求:

(1) 确定施工段;

(2) 计算工期。

提示:① 先确定每层的施工段数 $m_{每层}$,考虑 $m_{每层}$ 时应兼顾结构的自然界限;

② $m_{每层}$ 应大于等于 $(n + \sum Z/K)$,当采用成倍节拍流水施工时应大于等于 $(n + \sum Z/K)$。

13 网络计划技术

网络计划是用网络图表达任务构成、工作顺序并加注工作时间参数的进度计划。网络计划技术是一种有效的系统分析和优化技术。网络计划源于工程技术和管理实践，又广泛地应用于军事、航天、工程管理、科学研究、技术发展、市场分析和投资决策等各个领域，在诸如保证和缩短时间、降低成本、提高效率、节约资源等方面取得了显著的成效。

工程网络计划技术是包含工程网络计划的编制、计算、应用等全过程的理论、方法和实践活动。在土木工程施工中，应用网络计划技术编制土木工程施工进度计划具有以下特点：

① 能正确表达一项计划中各项工作开展的先后顺序及相互之间的关系；

② 通过网络图的计算，能确定各项工作的开始时间和结束时间，并能找出关键工作和关键线路；

网络进度计划表示方法

③ 通过网络计划的优化寻求最优方案；

④ 在计划的实施过程中进行有效的控制和调整，保证以最小的投入取得最大的经济效果和最理想的工期。

为使网络计划的应用规范化和法制化，中华人民共和国住房和城乡建设部于 2015 年颁布了修订后的《工程网络计划技术规程》(JGJ/T 121—2015)，国家技术监督局颁布了《网络计划技术　第 1 部分：常用术语》(GB/T 13400.1—2012)和《网络计划技术　第 3 部分：在项目管理中应用的一般程序》(GB/T 13400.3—2009)等规范及标准。

13.1　双代号网络图

13.1.1　基本概念

1. 双代号网络图(activity-on-arrow network)

双代号网络图是应用较为普遍的一种网络计划形式。它是用圆圈和有向箭线表达计划所要完成的各项工作及其先后顺序和相互关系而构成的网状图形，如图 13-1 所示。

在双代号网络图中，用有向箭线表示工作，工作的名称写在箭线的上方，工作所持续的时间写在箭线的下方，箭尾表示工作的开始，箭头表示工作的结束。指向某个节点的箭线为内向箭线，从某个节点引出的箭线为外向箭线。箭头和箭尾衔接的地方画上圆圈(也可用其他形状的封闭图形)并编上号码，用箭头与箭尾的号码 i-j 作为这个工作的代号。

2. 工作(activity)

工作也称活动，是指计划任务按需要粗细程度划分而成的、消耗时间或消耗资源的一个子项目或子任务。根据计划编制的粗细不同，工作既可以是一个建设项目、一个单项工程，也可以是一个分项工程乃至一个工序。

一般情况下,工作需要消耗时间和资源(如支模板、浇筑混凝土等),有的则仅是消耗时间而不消耗资源(如抹灰干燥、质量验收等技术或组织间歇)。在双代号网络图中,有一种既不消耗时间也不消耗资源的工作——虚工作,用虚箭线来表示,用以反映一些工作与另外一些工作之间的逻辑制约关系,如图 13-2 所示,其中工作 2—3 即为虚工作。

图 13-1　双代号网络图表示方法　　　　图 13-2　"虚工作"的表示方法

3. 节点(node)

节点也称事件,在双代号网络图中,节点表示工作的开始或结束的圆圈。箭杆的出发节点叫做工作的开始节点,箭头指向的节点叫做工作的结束节点。任何工作都可以用其箭线前、后的两个节点的编码来表示,开始节点编码在前,结束节点编码在后,如图 13-2 中的工作 B 即可用工作 1—3 来表示。

网络图的第一个节点为整个网络图的起点节点,最后一个节点为整个网络图的终点节点,其余的节点均称为中间节点。

4. 线路(path)

网络图中从起点节点开始,沿箭头方向连续通过一系列箭线与节点,最后到达终点节点的通路即称为线路。一条线路上的各项工作所持续时间的累加之和称为该线路的持续时间,它表示完成该线路上所有工作需要花费的时间。图 13-3 所示的各条线路及线路的持续时间如下:

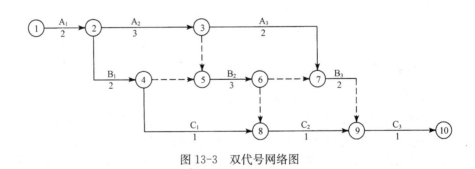

图 13-3　双代号网络图

第一条线路,持续时间 10 d。

$$\underset{2}{\overset{A_1}{①\to②}}\underset{3}{\overset{A_2}{\to③}}\underset{2}{\overset{A_3}{\to⑦}}\underset{2}{\overset{B_3}{\to⑨}}\underset{1}{\overset{C_3}{\to⑩}}$$

第二条线路,持续时间 11 d。

$$\underset{2}{\overset{A_1}{①\to②}}\underset{3}{\overset{A_2}{\to③}}\underset{0}{\overset{}{\dashrightarrow⑤}}\underset{3}{\overset{B_2}{\to⑥}}\underset{0}{\overset{}{\dashrightarrow⑦}}\underset{2}{\overset{B_3}{\to⑨}}\underset{1}{\overset{C_3}{\to⑩}}$$

第三条线路，持续时间 10 d。

①$\xrightarrow[2]{A_1}$②$\xrightarrow[3]{A_2}$③$\xrightarrow{0}$⑤$\xrightarrow[3]{B_2}$⑥$\xrightarrow{0}$⑧$\xrightarrow[1]{C_2}$⑨$\xrightarrow[1]{C_3}$⑩

第四条线路，持续时间 10 d。

①$\xrightarrow[2]{A_1}$②$\xrightarrow[2]{B_1}$④$\xrightarrow{0}$⑤$\xrightarrow[3]{B_2}$⑥$\xrightarrow{0}$⑦$\xrightarrow[2]{B_3}$⑨$\xrightarrow[1]{C_3}$⑩

第五条线路，持续时间 9 d。

①$\xrightarrow[2]{A_1}$②$\xrightarrow[2]{B_1}$④$\xrightarrow{0}$⑤$\xrightarrow[3]{B_2}$⑥$\xrightarrow{0}$⑧$\xrightarrow[1]{C_2}$⑨$\xrightarrow[1]{C_3}$⑩

第六条线路，持续时间 7 d。

①$\xrightarrow[2]{A_1}$②$\xrightarrow[2]{B_1}$④$\xrightarrow[1]{C_1}$⑧$\xrightarrow[1]{C_2}$⑨$\xrightarrow[1]{C_3}$⑩

由上述分析可知，第二条线路的持续时间最长，可作为该项工程的计划工期，该线路上的工作拖延或提前，则整个工程的完成时间将发生变化，故称该线路为关键线路。其余 5 条线路为非关键线路。

关键线路上的工作称为关键工作，用较粗的箭线或双箭线来表示，以示与非关键线路上工作的区别。非关键线路上的工作，既有关键工作，也有非关键工作。非关键工作均有一定的机动时间，该工作在一定幅度内的提前或拖延不会影响整个计划工期。

工作、节点和线路被称为双代号网络图的三要素。

双代号网络图

13.1.2 网络图的绘制

13.1.2.1 各种逻辑关系的正确表示方法

各工作间的逻辑关系，既包括客观上的由工艺所决定的工作先后顺序，也包括施工组织所要求的工作之间相互制约、相互依赖的关系。逻辑关系表达得是否正确是网络图能否反映工程实际情况的关键。若逻辑关系搞错，不仅图中各项工作参数的计算以及关键线路和工程工期都将随之发生错误，在实际工程中也无法指导施工实施。

1. 工艺顺序

工艺顺序是工艺之间内在的先后顺序。如某一现浇钢筋混凝土柱的施工，必须在钢筋绑扎和模板支撑完成后，才能浇筑混凝土。

2. 组织顺序

组织顺序是网络计划人员在施工方案的基础上，根据工程对象所处的时间、空间以及资源供应等客观条件所确定的工作展开顺序。如同一施工过程，有 A，B，C 三个施工段，是先施工 A，还是先施工 B 或 C，或是同时施工其中的两个或三个施工段？有的工作之间不存在工艺制约关系，如屋面防水工程与门窗工程，二者之中先施工其中某项，还是同时进行都是可行的，因此工程中一般根据施工的具体条件（如工期要求、人力及材料等资源的供应条件）来确定。

表 13-1 列出了常见的逻辑关系及其表示方法。

在绘制网络图时，应特别注意虚箭线（虚工作）的使用。在某些情况下，必须借助虚箭线才能正确表达工作之间的逻辑关系，如表13-1 中的序号 7～12 的情况。

表 13-1　　　　双代号网络图中常见的逻辑关系及其表示方法

序号	工作间的逻辑关系	表示方法
1	A,B,C 无紧前工作,即工作 A,B,C 均为计划的第一项工作,且平行进行	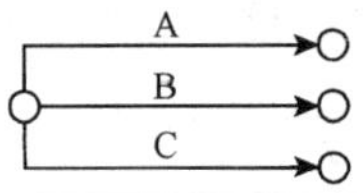
2	A 完成后,B,C,D 才能开始	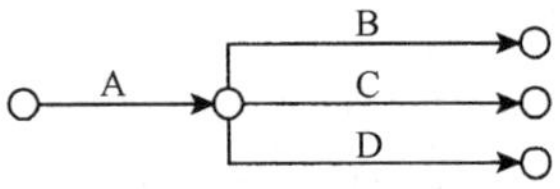
3	A,B,C 均完成后,D 才能开始	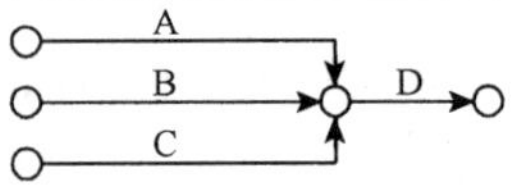
4	A,B 均完成后,C,D 才能开始	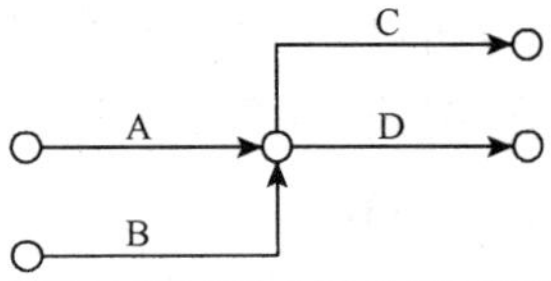
5	A 完成后,D 才能开始;A,B 均完成后,E 才能开始;A,B,C 均完成后,F 才能开始	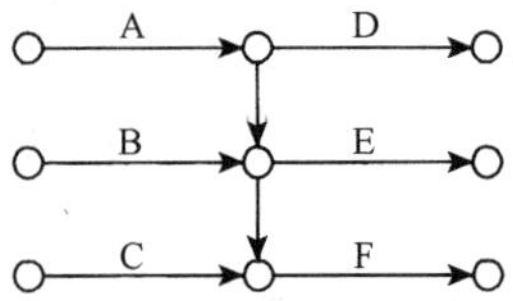
6	A 与 B 同时开始,C 为 A 的紧后工作,D 是 B,C 的紧后工作	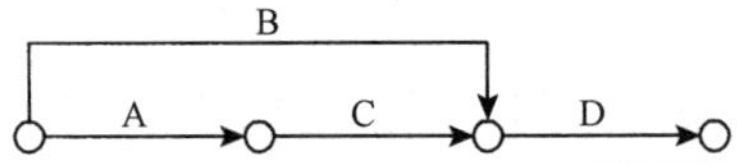
7	A,B 均完成后,D 才开始;A,B,C 均完成后,E 才能开始;D,E 完成后,F 才能开始	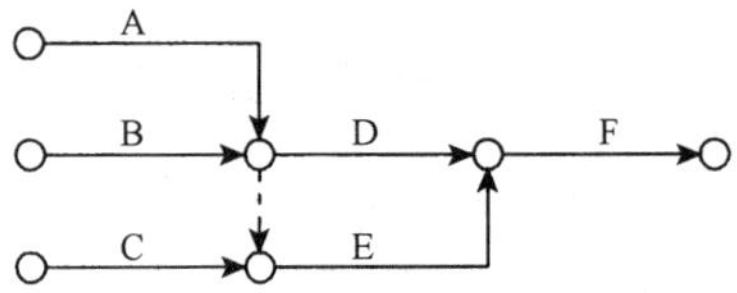
8	A 结束后,B,C,D 才能开始;B,C,D 结束后,E 才能开始	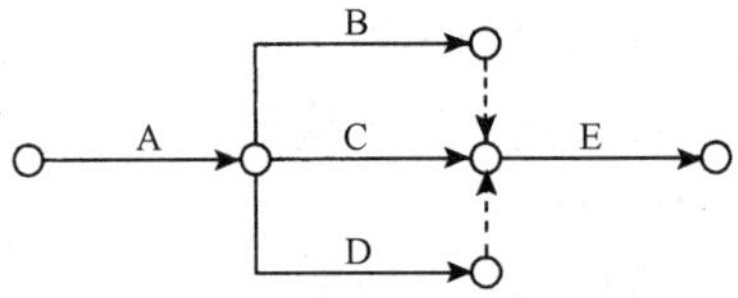
9	A,B 完成后,D 才能开始;B,C 完成后,E 才能开始	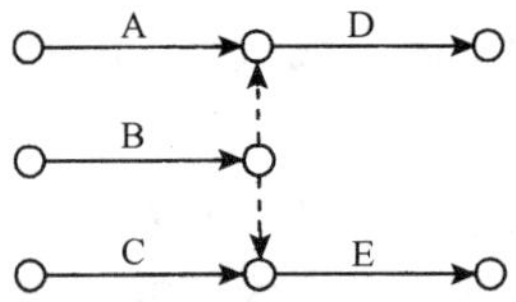
10	A,B 各分为三个施工段(a_i; b_i, $i=1, 2, 3$),分段流水作业。a_1 完成后进行 a_2,b_1;a_2 完成后进行 a_3;a_2,b_1 完成后进行 b_2;a_3,b_2 完成后进行 b_3	第一种表示法 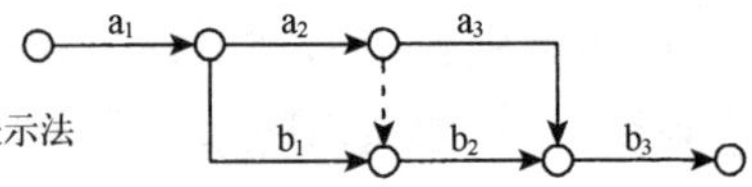 第二种表示法 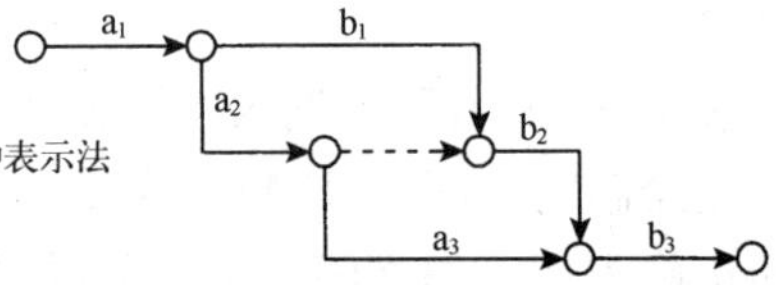

序号	工作间的逻辑关系	表示方法
11	A, B, C 各分为三个施工段(a_i; b_i; c_i, $i=1$, 2, 3)。A, B 均完成后, C 才能开始; A, B, C 分三段作业交叉进行	
12	A, B, C 为最后三项工作, 即 A, B, C 无紧后作业	

13.1.2.2 双代号网络图的绘制规则

绘制双代号网络图, 必须遵守一定的基本规则, 才能明确地表达工作的内容, 准确地表达工作间的逻辑关系, 并且使绘出的图易于识读和操作。

① 不得有两个或两个以上的箭线从同一节点出发且同时指向同一节点。

表达工作之间平行的关系时, 可以通过增加虚工作来表达它们之间的关系。如图 13-4 必须改为图 13-5 才是正确的。

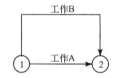

图 13-4 错误示例(1)

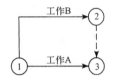

图 13-5 错误示例(1)的正确形式

② 一个网络计划只能有一个起点节点; 在不分期完成的网络图中, 应只有一个终点节点。

如图 13-6 所示, 节点①, ②, ③都表示计划的开始, ⑫, ⑬, ⑭都表示计划的完成, 这是错误的。应引入虚工作, 改成图 13-7 所示的形式, 这时①为计划的起点节点, ⑪为计划的终点节点, 其余节点均为中间节点。

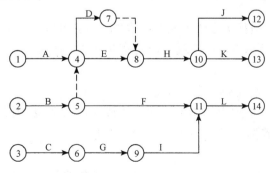

图 13-6 错误示例(2)

263

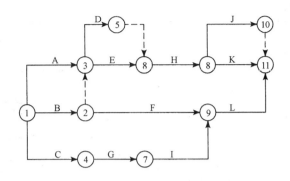

图 13-7　错误示例(2)的正确形式

图 13-8 中也出现两个起点节点和两个终点节点,如何改正,请读者自己考虑。

③ 在网络图中不得存在闭合回路。

图 13-9 中,工作 C,D,E 形成了闭合回路,说明这个网络图是错误的。

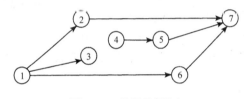

图 13-8　错误示例(3)

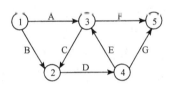

图 13-9　错误示例(4)

④ 同一项工作在一个网络图中不能重复表达。

图 13-10 中,工作 D 出现了两次,所以应引进虚工作,改为图 13-11 所示的形式。

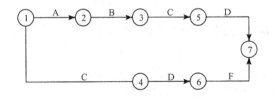

图 13-10　错误示例(5)

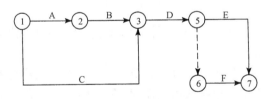

图 13-11　错误示例(5)的正确形式

⑤ 表达工作之间的搭接关系时不允许从箭线中间引出另一条箭线。

图 13-12(a)原本要表达 A,B 两工作的搭接关系,但表达方式是错误的,应改为图 13-12(b)所示的形式。

⑥ 不允许出现双向箭线和无箭头箭线。

如图 13-13 所示,网络图中如出现双向箭线或无箭头箭线,则无法判断工作的进展方向,因此网络图中应明确标注箭线(工作)的进展方向。

⑦ 节点编号规则。

网络图中节点编号自左向右,由小到大,应确保工作的起点节点的编号小于工作的终点节点的编号,并且所有节点的编号不得重复。

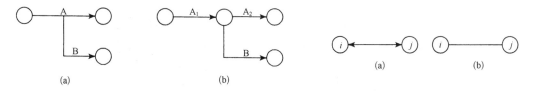

图 13-12　错误示例(6)　　　　　　　　图 13-13　错误示例(7)

编号可采用水平编号法,每行自左向右,然后自上而下逐行进行编号,如图 13-14(a)所示;也可采用垂直编号法,由上而下,然后自左向右进行编号,如图 13-14(b)所示。编号宜采用非连续的编号,以便修改网络图时可插入相关工作。

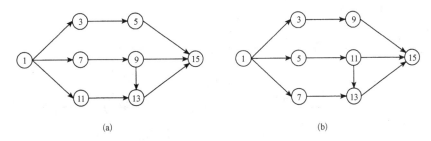

图 13-14　节点编号示例

⑧ 母线表示法。

当网络图的某节点有多条引出箭线或有多条箭线同时指向某节点时,为使图形简洁,可采用母线法绘图,如图 13-15 所示。

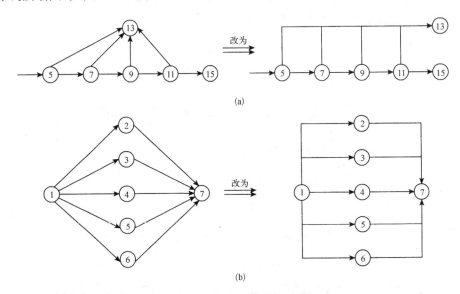

图 13-15　网络图的母线表示方法

⑨ 网络图宜避免箭线交叉。

绘制网络图时应尽可能避免箭线的交叉,当箭线交叉不可避免且交叉少时,可采用过桥法[图13-16(a)];当箭线交叉过多时使用指向法[图13-16(b)]。

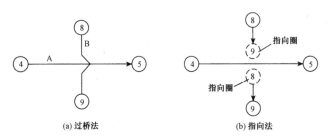

图 13-16　箭线交叉时的绘图方法

⑩ 对平行搭接的工作应分段表达。

图 13-17 中所包含的工作为钢筋加工和钢筋绑扎,如果分为三个施工段进行施工,则应表达成图 13-17 所示的图形。

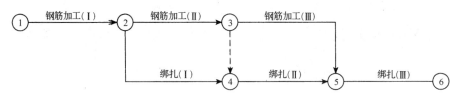

图 13-17　工作平行搭接的表达

⑪ 网络图应条理清楚,布局合理。

在正式绘图以前,应先绘出草图,然后再作调整,在调整过程中要做到重点工作突出,即尽量把关键线路安排在中心醒目的位置(如何找出关键线路见后面的有关内容),把联系紧密的工作尽量安排在一起,使整个网络条理清楚,布局合理。图 13-18(b)由图 13-18(a)整理而得,整理后的网络图较原始网络草图整齐合理。

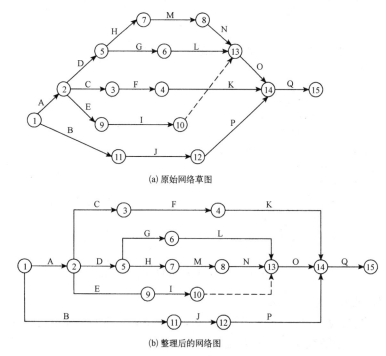

(a) 原始网络草图

(b) 整理后的网络图

图 13-18　网络图的布局

⑫ 大型工程网络图可分段绘制。

对于一些大型建设项目,由于工序多、施工周期长,网络图可能很大,为使绘图方便、表达清晰,可将网络图划分成几个部分分别绘制。网络图的分段处应选在箭线和节点较少的位置,并且使分段处节点的编号保持一致,如图13-19所示。

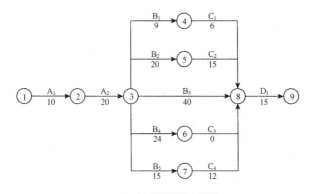

(a) 某网络图的局部(1)

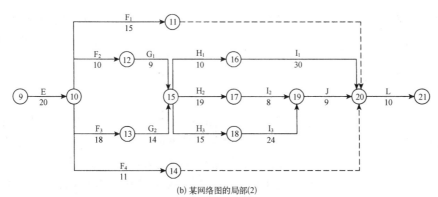

(b) 某网络图的局部(2)

图 13-19　网络图的分段

13.1.2.3　双代号网络图的绘制方法

双代号网络
图绘制

双代号网络图的绘制原则是在既定施工方案的基础上,根据具体的客观施工条件,进行统筹安排。一般的绘图步骤如下:

① 分解任务,划分施工工作;

② 确定完成工作计划的全部工作及其逻辑关系;

③ 确定每一工作的持续时间,制定工作分析表,分析表的格式可参考表13-2;

④ 根据工作分析表,绘制网络图;

⑤ 修改、调整网络图。

表 13-2　　　　　　　　　　　　　　　　　　**工程分析表**

序号	工作名称	工作代号	紧前工作	紧后工作	持续时间	资源强度
1		A	—	B,C		
2		B	A	F		
⋮	⋮	⋮	⋮	⋮	⋮	⋮

13.1.3 网络图的时间参数计算

绘制网络计划图时,不但要根据绘图规则,正确表达工作之间的逻辑关系,还要确定图上各个节点和工作的时间参数,为网络计划的执行、调整和优化提供必要的时间参数。需要计算的主要时间参数有:节点的最早时间、最迟时间,各项工作的最早开始时间、最早完成时间、最迟开始时间、最迟完成时间,各项工作的时差。依据相关时间参数,可确定网络图的关键线路。各项工作的时间参数计算应先确定各项工作的持续时间,计算结果标注在箭线上(图 13-20)。虚工作必须视同工作一并进行计算,但其持续时间为零。

双代号网络图的时间参数计算方法主要有工作计算法和节点计算法。直接计算各项工作的时间参数的方法为工作计算法,先计算节点参数,再据此计算各项工作的时间参数的方法为节点计算法。

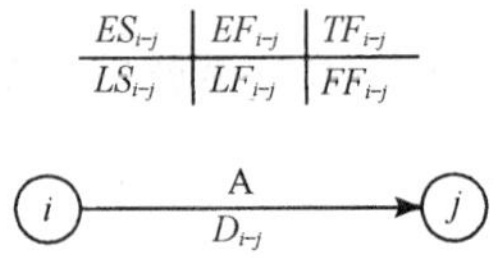

$$
\begin{array}{c|c|c}
ES_{i\text{-}j} & EF_{i\text{-}j} & TF_{i\text{-}j} \\
\hline
LS_{i\text{-}j} & LF_{i\text{-}j} & FF_{i\text{-}j}
\end{array}
$$

$$
(i) \xrightarrow[\quad D_{i\text{-}j} \quad]{\quad A \quad} (j)
$$

(当为虚工作时,图中的箭线为虚箭线)

A— 工作;
$D_{i\text{-}j}$— 工作的持续时间;
$ES_{i\text{-}j}$— 工作最早开始时间;
$EF_{i\text{-}j}$— 工作最早完成时间;
$LS_{i\text{-}j}$— 工作最迟开始时间;
$LF_{i\text{-}j}$— 工作最迟完成时间;
$FF_{i\text{-}j}$— 工作的自由时差;
$TF_{i\text{-}j}$— 工作的总时差。

图 13-20　按工作计算法计算的时间参数的标注方式

13.1.3.1　工作计算法

1. 工作最早时间的计算

(1) 最早开始时间

各紧前工作(紧排在本工作之前的工作)全部完成后,本工作有可能开始的最早时刻为最早开始时间。因此,工作的最早开始时间取决于其紧前工作的全部完成。工作 $i\text{-}j$ 的最早开始时间 $ES_{i\text{-}j}$ 应从网络计划的起点节点开始顺着箭线方向依次逐项计算。

① 以起点节点 i 为箭尾节点的工作 $i\text{-}j$,当未规定其最早开始时间时,其值应等于零,即

$$ES_{i\text{-}j}=0 \quad (i=1) \tag{13-1}$$

② 其他工作的最早开始时间 $ES_{i\text{-}j}$ 应为

$$ES_{i\text{-}j}=\max\{ES_{h\text{-}i}+D_{h\text{-}i}\} \tag{13-2}$$

式中　$ES_{h\text{-}i}$——工作 $i\text{-}j$ 的各项紧前工作 $h\text{-}i$ 的最早开始时间;

　　　$D_{h\text{-}i}$——工作 $i\text{-}j$ 的各项紧前工作 $h\text{-}i$ 的持续时间。

(2) 最早完成时间

各紧前工作全部完成后,本工作有可能完成的最早时刻为最早完成时间。工作 $i\text{-}j$ 的最早完成时间 $EF_{i\text{-}j}$ 应为工作的最早开始时间加上持续时间:

$$EF_{i\text{-}j}=ES_{i\text{-}j}+D_{i\text{-}j} \tag{13-3}$$

可以看出,从同一个节点开始的各项工作的最早开始时间是相同的,由于持续时间不尽相同,各项工作的最早完成时间也不尽相同。

2. 工期计算

(1) 计算工期

根据时间参数计算所得到的工期为计算工期。

网络计划的计算工期 T_c 应为

$$T_c = \max\{EF_{i\text{-}n}\} \qquad (13\text{-}4)$$

式中，$EF_{i\text{-}n}$ 为以终点节点 $(j=n)$ 为箭头节点的工作 $i\text{-}n$ 的最早完成时间。

（2）计划工期

根据所确定的要求工期 (T_r) 或计算工期作为实施目标的工期称为计划工期 (T_p)。

网络计划的计划工期的计算应按下列情况分别确定：

当已确定了要求工期时：

$$T_p \leqslant T_r \qquad (13\text{-}5)$$

当未规定要求工期时：

$$T_p = T_c \qquad (13\text{-}6)$$

3. 工作最迟时间的计算

工作 $i\text{-}j$ 的最迟完成时间 $LF_{i\text{-}j}$ 应从网络计划的终点节点开始，逆着箭线方向依次逐项计算。

（1）最迟完成时间

在不影响整个任务按期完成的前提下，工作必须完成的最迟时刻为最迟完成时间。

① 以终点节点 $(j=n)$ 为箭头节点的工作的最迟完成时间 $LF_{i\text{-}n}$ 应按网络计划的计划工期 T_p 确定，即

$$LF_{i\text{-}n} = T_p \qquad (13\text{-}7)$$

② 其他工作 $i\text{-}j$ 的最迟完成时间 $LF_{i\text{-}j}$ 应为

$$LF_{i\text{-}j} = \min\{LF_{j\text{-}k} - D_{j\text{-}k}\} \qquad (13\text{-}8)$$

式中 $LF_{j\text{-}k}$——工作 $i\text{-}j$ 的各项紧后工作 $j\text{-}k$ 的最迟完成时间；

         $D_{j\text{-}k}$——工作 $i\text{-}j$ 的各项紧后工作 $j\text{-}k$ 的持续时间。

（2）最迟开始时间

在不影响整个任务按期完成的前提下，工作必须开始的最迟时刻为最迟开始时间。工作 $i\text{-}j$ 的最迟开始时间 $LS_{i\text{-}j}$ 应为

$$LS_{i\text{-}j} = LF_{i\text{-}j} - D_{i\text{-}j} \qquad (13\text{-}9)$$

4. 工作时差的计算

时差反映工作在一定条件下的机动时间范围，包括总时差和自由时差。总时差是指在不影响总工期的前提下，本工作可以利用的机动时间。自由时差是指本工作在不影响其紧后工作最早开始时间的前提下，可以利用的机动时间。

（1）总时差

工作 $i\text{-}j$ 的总时差 $TF_{i\text{-}j}$ 应为

$$TF_{i\text{-}j} = LS_{i\text{-}j} - ES_{i\text{-}j} \qquad (13\text{-}10a)$$

或 $$TF_{i\text{-}j} = LF_{i\text{-}j} - EF_{i\text{-}j} \qquad (13\text{-}10b)$$

（2）自由时差

工作 i-j 的自由时差 FF_{i-j} 的计算应为：

① 当工作 i-j 有紧后工作 j-k 时,其自由时差为

$$FF_{i-j}=\min\{ES_{j-k}\}-EF_{i-j} \tag{13-11}$$

式中,ES_{j-k} 为工作 i-j 的紧后工作 j-k 的最早开始时间。

② 以终点节点（$j=n$）为箭头节点的工作,其自由时差 FF_{i-j} 应根据网络计划的计划工期 T_p 确定,即

$$FF_{i-n}=T_p-EF_{i-n} \tag{13-12}$$

[例] 一项网络计划的工作及其逻辑关系、工作持续时间如表 13-3 所列。

表 13-3   某网络计划工作的逻辑关系及持续时间

工作	紧前工作	紧后工作	持续时间
A	—	B, C, D	10
B	A	E	10
C	A	F	20
D	A	G	30
E	B	H	20
F	C	H, I	20
G	D	I	30
H	E, F	J	30
I	F, G	J	50
J	H, L	—	10

各工作的最早时间和最迟时间计算过程分别如表 13-4 和表 13-5 所列。

表 13-4   工作最早开始时间和最早结束时间的计算

工作名称	起点最早开始时间	工作最早开始时间 （ES）	工作持续时间 （D）	工作最早完成时间 （EF）
A	① 0	0	10	10
B		10	10	20
C		10	20	30
D		10	30	40
E		20	20	40
F		30	20	50
G		40	30	70
H		50	30	80
I		70	50	120
J		120	10	130

270

表 13-5　　　　　　　　工作最迟完成时间和最迟开始时间的计算

工作名称	终点节点最迟时间	工作最迟完成时间 （LF）	工作持续时间 （D）	工作最迟开始时间 （LS）
A		10	10	0
B		70	10	60
C		50	20	30
D		40	30	10
E		90	20	70
F		70	20	50
G		70	30	40
H		120	30	90
I		120	50	70
J	⑩ 130	130	10	120

计算结果如图 13-21 所示。

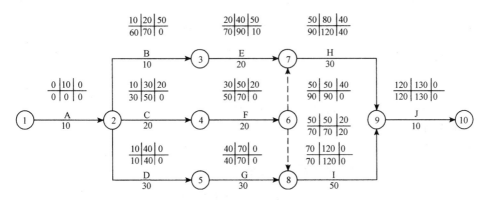

图 13-21　按工作计算法计算的双代号网络图的时间参数

13.1.3.2　节点计算法

按节点计算法计算时间参数,其计算结果应标注在节点之上(图 13-22)。

1. 节点时间

（1）节点最早时间

在双代号网络计划中,以该节点为开始节点的各项工作的最早开始时间为节点最早时间。节点 i 的最早时间 ET_i 应从网络计划的起点节点开始,顺着箭线方向依次逐项计算。

① 当起点节点未规定最早时间 ET_i 时,其值应等于零,即

$$ET_i = 0 \quad (i = 1) \tag{13-13}$$

② 其他节点 j 的最早时间 ET_j 应为

A— 工作;
D_{i-j}— 工作的持续时间;
ET_i— 节点的最早时间;
ET_j— 节点的最迟时间。

图 13-22　按节点计算法计算的时间参数的标注方式

271

$$ET_j = \max\{ET_i + D_{i\text{-}j}\} \tag{13-14}$$

式中，$D_{i\text{-}j}$ 为工作 $i\text{-}j$ 的持续时间。

（2）工期计算

网络计划的计算工期 T_c 应为

$$T_c = ET_n \tag{13-15}$$

式中，ET_n 为终点节点 n 的最早时间。

（3）节点最迟时间

在双代号网络计划中，以该节点为完成节点的各项工作的最迟完成时间为节点最迟时间。节点 i 的最迟时间 LT_i 应从网络计划的终点节点开始，逆着箭线的方向依次逐项计算。当部分工作分期完成时，有关节点的最迟时间必须从分期完成节点开始逆向逐项计算。

① 终点节点 n 的最迟时间 LT_n 应按网络计划的计划工期确定，即

$$LT_n = T_p \tag{13-16}$$

分期完成节点的最迟时间应等于该节点规定的分期完成时间。

② 其他节点 i 的最迟时间 LT_i 应为

$$LT_i = \min\{LT_j - D_{i\text{-}j}\} \tag{13-17}$$

式中，LT_j 为工作 $i\text{-}j$ 的箭头节点 j 的最迟时间。

2. 工作时间

（1）最早时间

① 工作 $i\text{-}j$ 的最早开始时间 $ES_{i\text{-}j}$ 应为

$$ES_{i\text{-}j} = ET_i \tag{13-18}$$

② 工作 $i\text{-}j$ 的最早完成时间 $EF_{i\text{-}j}$ 应为

$$EF_{i\text{-}j} = ET_i + D_{i\text{-}j} \tag{13-19}$$

（2）最迟时间

① 工作 $i\text{-}j$ 的最迟完成时间 $LF_{i\text{-}j}$ 应为

$$LF_{i\text{-}j} = LT_j \tag{13-20}$$

② 工作 $i\text{-}j$ 的最迟开始时间 $LS_{i\text{-}j}$ 应为

$$LS_{i\text{-}j} = LT_j - D_{i\text{-}j} \tag{13-21}$$

3. 时差

（1）工作 $i\text{-}j$ 的总时差 $TF_{i\text{-}j}$ 应为

$$TF_{i\text{-}j} = LT_j - ET_i - D_{i\text{-}j} \tag{13-22}$$

（2）工作 $i\text{-}j$ 的自由时差 $FF_{i\text{-}j}$ 应为

$$FF_{i\text{-}j} = ET_j - ET_i - D_{i\text{-}j} \tag{13-23}$$

对表 13-3 所示的网络计划按节点计算法分析,计算过程如下:

(1) 节点最早时间计算(表 13-6)

表 13-6 节点最早时间计算

节点	节点最早时间	
①	0	0
②	0+10=10	10
③	10+10=20	20
④	10+20=30	30
⑤	10+30=40	40
⑥	30+20=50	50
⑦	20+20=40 50+0=50 }取最大值	50
⑧	40+30=70 50+0=50 }取最大值	70
⑨	50+30=80 70+50=120 }取最大值	120
⑩	120+10=130	130

(2) 节点最迟时间计算(表 13-7)

表 13-7 节点最迟时间计算

节点	节点最迟时间	
⑩	130	130
⑨	130-10=120	120
⑧	120-50=70	70
⑦	120-30=90	90
⑥	70-0=70 90-0=90 }取最小值	70
⑤	70-30=40	40
④	70-20=50	50
③	90-20=70	70
②	70-10=60 50-20=30 40-30=10 }取最小值	10
①	10-10=0	0

计算结果如图 13-23 所示。

13.1.3.3 关键工作和关键线路的确定

总时差为最小的工作应为关键工作。自始至终全部由关键工作组成的线路,或线路上总的工作持续时间最长的线路应为关键线路。

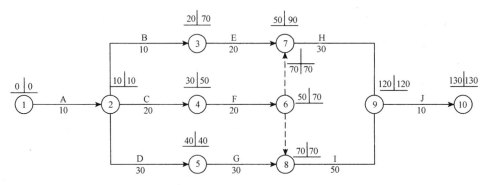

图 13-23　按节点计算法计算的双代号网络图的时间参数

一般情况下,关键线路的总时差为零,但也有例外,当规定工期小于网络计划的结束节点最早(迟)时间时,某些工作的总时差会出现负值,在这种情况下,负时差绝对值最大的工作为关键工作。关键线路在网络图上应用特殊线型表示,如采用粗线、双线或彩色线等标注。

13.1.4　网络施工计划延迟的调整

在计划实施贯彻中常常由于主观或客观因素,致使原有计划发生延迟而不能如期完成,因此需要对进度计划进行适当调整。

调整后的进度计划尽可能保持原计划工期不变,这是调整方案的基本出发点。但有些项目因延迟时间较长,实际进度与原计划偏差过大,难以在原计划工期内完成,调整后也应在新的计划下尽早完成工程任务。

1. 进度计划调整的内容

施工进度计划调整的依据是进度的检查结果。具体调整的内容主要包括:未完成工程内容、工程量、起止时间、持续时间、工作顺序、资源调整以及调整后工期等。

2. 进度计划调整的步骤

施工进度计划调整的步骤如下:分析进度计划检查结果→分析进度偏差的原因及对后期施工的影响→确定调整对象和目标→选择调整方法→编制调整方案→对调整方案进行评价→决策并实施调整→确定调整后新的计划工期→付诸实施。

3. 进度计划调整的方法

施工进度计划的调整一般可采用以下几种方法:

① 关键工作调整:这一方法是施工进度计划调整的基本方法,也是最常用的方法。

② 改变工作顺序:通过对某些工作之间逻辑关系的调整加快施工进度,缩短工期。这一方法效果较为明显,但应注意改变了的工作顺序必须满足工艺、技术等条件,并应保证工程施工的质量和安全。

③ 非关键工作的调整:为了更好地利用资源、降低成本,必要时可对非关键工作进行调整,通过这样的调整,为关键工作创造更好的条件,有利于关键工作的进展。

④ 资源调整:由异常资源或特殊资源等因素引起供应短缺而发生的工期延迟,应集中力量保证关键工作的供给,在许可的条件下应用其他替代资源以加快进度、确保工期。

⑤ 剩余工作重新安排:当其他方法尚不能解决问题时,可根据工期要求,对剩余的工作

增加资源和力量的配备,在加强供给的条件下重新编制进度计划。

进度计划调整所运用的原理与方法与网络计划优化类似,具体可参见本章 13.4 节的内容。

13.2　单代号网络图

单代号网络图也是由节点和箭线组成的,但构成单代号网络图的基本符号的含义与双代号网络图不尽相同。与双代号网络图比较,单代号网络图绘图简便,逻辑关系表达简洁,无需虚箭线,便于检查修改。随着计算机在网络计划中的运用,近年来单代号网络图的应用日趋广泛。

13.2.1　单代号网络图的绘制

13.2.1.1　网络图的表示

单代号网络图的表达形式很多,基本形式是用节点表示工作,用箭线表示工作之间的逻辑关系,所以也被称为工作节点网络图。图 13-24 即为一个单代号网络图的示例。

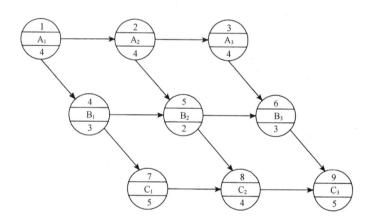

图 13-24　单代号网络图示例

1. 节点

在单代号网络图中,用节点来表示工作。节点可以采用圆圈,也可以采用矩形表示(图 13-25)。节点所表示的工作名称、工作代号、持续时间以及工作时间参数都可以写在圆圈上或矩形上。

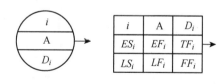

i— 节点编号;A— 工作。

图 13-25　单代号网络图工作的表示方法

2. 箭线

单代号网络图中的箭线仅表示工作间的逻辑关系,它既不占用时间也不消耗资源,这一点与双代号网络图中的箭线完全不同。箭线的箭头表示工作的前进方向,箭尾节点工作为箭头节点工作的紧前工作。另外,在单代号网络图中表达逻辑关系时并不需要使用虚箭线,但可能会引进虚工作。这是由于单代号网络图也必须只有一个起点节点和一个终点节点,当网络图中有多项起点节点或多项终点节点时,应在网络图的两端分别设置一项虚工作,作为该网络图的起点节点(S_t)和终点节点(F_{in}),如图 13-26 所示(图中 A,B,C 及 G,H,K 为工作名称)。

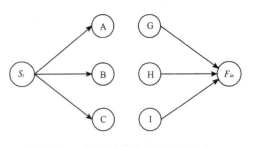

图 13-26 网络图中有多项起点节点或终点节点的表示方法

3. 单、双代号网络图逻辑关系表达的对比

表 13-8 列出了常用的单代号网络图和双代号网络图的逻辑关系模型。通过对比可以发现:当多个工序在多个施工段分段作业时(如表 13-8 中第 11 种逻辑关系),用单代号网络图表达比较简单明了,这时若用双代号网络图表示就需要增加许多虚箭线;而当多个工序相互交叉衔接时(如表中第 10 种逻辑关系),用双代号网络图来表达则比较简单,因为若用单代号网络图表示,会有许多箭线交叉。另外,当采用计算机辅助编制网络计划时,使用单代号网络图比较方便。故采用单代号网络图还是双代号网络图,要根据具体情况选择。

表 13-8　　　　　　单代号网络图与双代号网络图逻辑关系表达方法的比较

序号	工序逻辑		双代号网络图	单代号网络图
	紧前	紧后		
1	A	B	①—A→②—B→③—C→④	Ⓐ→Ⓑ→Ⓒ
	B	C		
2	A	C B	①—A→②—B→③ ②—C→④	Ⓐ→Ⓑ Ⓐ→Ⓒ
3	B A	C	③—A→⑤ ④—B→⑤—C→⑥	Ⓐ→Ⓒ Ⓑ→Ⓒ
4	—	A,B	①—A→②—C→④ ①—B→③—D→⑤	Ⓢₜ→Ⓐ→Ⓒ Ⓢₜ→Ⓑ→Ⓓ
	A	C		
	B	D		

276

序号	工序逻辑		双代号网络图	单代号网络图
	紧前	紧后		
5	A	C,D		
	A,B	D		
6	A	B,C		
	B,C	D		
7	A,B	C,D		
8	A	B,C		
	B	D,E		
	C	E		
	D,E	F		
9	A	B,C		
	B	E,F		
	C	D,E		
	D	G		
	E	G,H		
	F	H		
	G,H	I		
10	A,B,C（同为开始工作）	D,E,F		

277

序号	工序逻辑		双代号网络图	单代号网络图
	紧前	紧后		
11	A_1	A_2,B_1		
	A_2	A_3,B_2		
	A_3	B_3		
	B_1	B_2,C_1		
	B_2	B_3,C_2		
	B_3	C_3		
	C_1	C_2		
	C_2	C_3(结束工作)		

13.2.1.2 单代号网络图的特点

通过前面对单代号网络图的介绍可以看出,单代号网络图具有以下特点:

① 用节点及其编号表示工作,而箭线仅表示工作间的逻辑关系;

② 用节点表示工作,没有长度概念,因此不便于绘制时标网络图;

③ 作图简便,图面简洁,由于没有虚箭线,不易产生逻辑错误;

④ 更适合用计算机进行绘制、计算、优化和调整。

单代号网络图

13.2.1.3 单代号网络图绘图基本规则

单代号网络图绘制应遵循以下规则:

① 各节点的代号不能重复;

② 用数字代表工作名称时,应由小到大按活动的先后顺序编号;

③ 不允许出现循环线路;

④ 不允许出现双向箭线;

⑤ 除起点节点和终点节点外,其他所有节点都应有指向箭线和背向箭线;

⑥ 单代号网络图不可与双代号网络图混用。

13.2.1.4 绘图实例

[例] 已知网络图的资料如表 13-9 所示,试绘出单代号网络图。

表 13-9　　　　　　　　　　网 络 资 料 表

工作名称	A	B	C	D	E	F	G	H	I
紧前工作	—	—	—	B	B,C	C	A,D	E	F
紧后工作	G	D,E	E,F	G	H	I	—	—	—

[解] 根据资料,因 A,B,C 均为起始节点,因此需设置一个开始的虚节点,然后按工作的紧前关系或紧后关系,从左向右进行绘制,最后的几个工作 G,H,I 均为终点节点,因此设置

一个终点的虚节点。本例经整理后的单代号网络图如图 13-27 所示。读者可将其改成双代号网络图，以作对比。

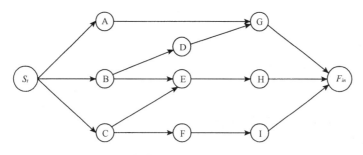

图 13-27　根据表 13-7 所绘制的单代号网络图

13.2.2　网络图的时间参数计算

用节点表示工作是单代号网络图的特点，节点编号就是工作的代号，箭线只表示工作的顺序，因此，并不像双代号网络图那样，要区分节点时间和工作时间。单代号网络计划的时间参数计算应在确定各项工作的持续时间之后进行，基本内容和形式按图 13-28(a)或(b)所示的方式标注。

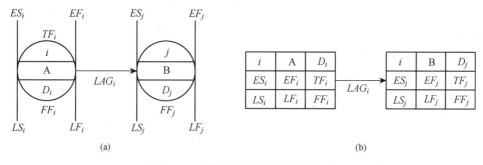

图 13-28　单代号网络图的标注方式

1. 最早时间的计算

（1）最早开始时间

工作的最早开始时间取决于该工作所有紧前工作的完成时间。工作 i 的最早开始时间 ES_i 应从网络图的起点节点开始，顺着箭线方向逐项计算。

当起点节点 i 的最早开始时间 ES_i 无规定时，其值应等于零，即

$$ES_i = 0 \tag{13-24}$$

其他工作的最早开始时间 ES_i 应为

$$ES_i = \max\{EF_h\} \tag{13-25a}$$

或

$$ES_i = \max\{ES_h + D_h\} \tag{13-25b}$$

式中　ES_h——工作 i 的各项紧前工作 h 的最早开始时间；

　　　　D_h——工作 i 的各项紧前工作 h 的持续时间。

279

（2）最早完成时间

工作 i 的最早完成时间 EF_i 应为

$$EF_i = ES_i + D_i \tag{13-26}$$

2. 工期计算

（1）网络的计算工期 T_c 应为

$$T_c = EF_n \tag{13-27}$$

式中，EF_n 为终点节点 n 的最早完成时间。

（2）计划工期 T_p

与双代号网络图类似，单代号网络计划的计划工期 T_p 也可按下列情况分别确定：

① 当已确定了要求工期 T_r 时：

$$T_p \leqslant T_r \tag{13-28}$$

② 当未规定要求工期时：

$$T_p = T_c \tag{13-29}$$

为了便于计算工作时差，引进时间间隔 $LAG_{i,j}$，它表示某项工作 i 的最早完成时间至其某一项紧后工作 j 的最早开始时间的时间间隔。相邻两项工作 i 和 j 之间的时间间隔 $LAG_{i,j}$ 的计算如下：

① 当终点节点为虚节点时，其时间间隔应为

$$LAG_{i,n} = T_p - EF_i \tag{13-30}$$

② 其他节点之间的时间间隔应为

$$LAG_{i,j} = ES_j - EF_i \tag{13-31}$$

3. 工作时差的计算

（1）总时差

任取一项工作 i 与它的一项紧后工作 j 进行研究，分析 EF_i 至 LS_j 这一时间段（图 13-29）。EF_i 至 ES_j 这一时间段为工作 i 与工作 j 之间的时间间隔 $LAG_{i,j}$，而 ES_j 至 LS_j 这一时间段为工作 j 的总时差。由于工作 i 的总时差是工作 i 在不影响其所有紧后工作 j 的最迟开始时间的前提下所具有的机动时间，所以当工作的完成时间处于 EF_i 至 LS_j 这一时间段时，不会影响总工期，因此，

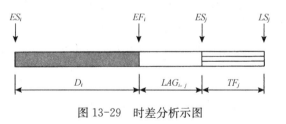

图 13-29　时差分析示图

① 终点节点所代表的工作 n 的总时差为

$$TF_n = T_p - EF_n \tag{13-32}$$

② 其他工作 i 的总时差为

$$TF_i = \min\{TF_j + LAG_{i,j}\} \tag{13-33}$$

工作 i 的总时差 TF_i 应从网络计划的终点节点开始,逆着箭线方向逐项计算。当部分工作分期完成时,有关工作的总时差必须从分期完成的节点开始逆向逐项计算。

(2) 自由时差

① 终点节点所代表的工作 n 的自由时差 FF_n 应为

$$FF_n = T_p - EF_n \tag{13-34}$$

② 其他工作 i 的自由时差 FF_i 应为

$$FF_i = \min\{LAG_{i,j}\} \tag{13-35}$$

4. 最迟时间的计算

(1) 最迟完成时间

工作 i 的最迟完成时间 LF_i 应从网络计算的终点节点开始,逆着箭线方向逐项计算。当部分工作分期完成时,有关工作的最迟完成时间应从分期完成的节点开始逆向逐项计算。

① 终点节点所代表的工作 n 的最迟完成时间 LF_n,应按网络计划的计划工期 T_p 确定,即

$$LF_n = T_p \tag{13-36}$$

② 其他工作 i 的最迟完成时间 LF_i 为

$$LF_i = \min\{LS_j\} \tag{13-37a}$$

或

$$LF_i = EF_i + TF_i \tag{13-37b}$$

式中,LS_j 为工作 i 的各项紧后工作 j 的最迟开始时间。

(2) 最迟开始时间

工作的最迟开始时间为

$$LS_i = LF_i - D_i \tag{13-38a}$$

或

$$LS_i = ES_i + TF_i \tag{13-38b}$$

5. 关键线路

从起点节点开始到终点节点均为关键工作,且所有工作的时间间隔均为零的线路应为关键线路。关键线路在网络图上应用粗线,或双线,或彩色线标注。

[例] 对表 13-3 所列的网络计划用单代号网络图绘制,并进行时间参数计算。

[解] 计算过程如下:

(1) 计算工作的最早时间,计算由网络图的起点节点向终点节点方向进行(表 13-10)

表 13-10 工作最早时间的计算

节点	工作	工作最早开始时间 ES_i	持续时间 D_i	工作最早结束时间 EF_i
①	A	0	10	0+10=10
②	B	10	10	10+10=20
③	C	10	20	10+20=30
④	D	10	30	10+30=40
⑤	E	20	20	20+20=40
⑥	F	30	20	30+20=50

节点	工作	工作最早开始时间 ES_i	持续时间 D_i	工作最早结束时间 EF_i
⑦	G	40	30	$40+30=70$
⑧	H	$\max[40，50]=50$	30	$50+30=80$
⑨	I	$\max[50，70]=70$	50	$70+50=120$
⑩	J	$\max[80，120]=120$	10	$120+10=130$

（2）计算各工作的总时差，由网络的终点节点向起点节点逆向进行（表 13-11）

表 13-11 各工作总时差的计算

节点	工作	工作最早结束时间 EF_i	紧后工作	紧后工作最早开始时间 ES_j	时间间隔 LAG_{ij}	总时差 TF_i	
⑩	J	130	—	130	0	0	0
⑨	I	20	J	120	0	$0+0=0$	0
⑧	H	80	J	120	40	$0+40=40$	40
⑦	G	70	I	70	0	$0+0=0$	0
⑥	F	50	I H	70 50	20 0	$0+20=20$ $40+0=40$	20
⑤	E	40	H	50	10	$40+10=50$	50
④	D	40	G	40	0	$0+0=0$	0
③	C	30	F	30	0	$20+0=20$	20
②	B	20	E	20	0	$50+0=50$	50
①	A	10	D C B	10 10 10	0 0 0	$0+0=0$ $20+0=20$ $50+0=50$	0

（3）计算各工作的最迟开始时间和最迟完成时间（表 13-12）

表 13-12 各工作最迟开始时间和最迟完成时间的计算

节点	工作	最迟开始时间 LS_i	最迟完成时间 LF_i
①	A	$0+0=0$	$0+10=10$
②	B	$10+50=60$	$60+10=70$
③	C	$10+20=30$	$30+20=50$
④	D	$10+0=10$	$10+30=40$
⑤	E	$20+50=70$	$70+20=90$
⑥	F	$30+20=50$	$50+20=70$
⑦	G	$40+0=40$	$40+30=70$
⑧	H	$50+40=90$	$90+30=120$
⑨	I	$70+0=70$	$70+50=120$
⑩	J	$120+0=120$	$120+10=130$

前后工作时间间隔、各工作局部时差的计算过程从略。时间参数的计算结果标注于图 13-30 中。图中时间间隔为零的线路即关键线路，标为双线。

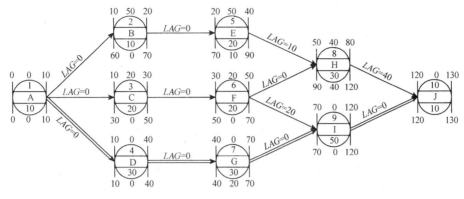

图 13-30 单代号网络图示例

13.3 双代号时标网络计划

双代号时标网络计划是网络计划的另一种表现形式。在前述网络计划中,箭线长短并不表明时间的长短,而在时标网络计划中,节点位置及箭线的长短即表示工作的时间进程,这是时标网络计划与一般网络计划的主要区别。

时标网络计划是网络图与横道图的结合,在编制过程中既能看出前后工作的逻辑关系,又能使表达形式比较直观,能一目了然地看出各项工作的开始时间和结束时间,便于在图上计算劳动力、材料用量等资源用量,并能在图上进行时差调整、网络计划时间和资源的优化,因而得到了广泛应用。但调整时标网络计划的工作较烦琐,这是由于它是用箭线或线段的长短来表示每一活动的持续时间,若改变时间,就需要改变箭线的长度和节点的位置,这样往往会引起整个网络图的变动,因此,时间坐标适用于编制工艺过程较简单的施工计划。对于工作项目较多的计划,仍以常用的网络计划为宜。

下面介绍双代号时标网络图的绘制规则。

双代号时标网络计划以水平时间坐标为尺度表示工作时间,时标的时间单位应根据计划性质确定,可定为天、周、月等。箭线一般沿水平方向画,以实箭线表示工作,以虚箭线表示虚工作,以波形线表示工作的自由时差。网络图中所有符号在时间坐标上的水平投影都必须与其时间参数相对应。节点的中心必须对准相应的时标位置。虚工作必须以垂直的虚箭线来表示,有自由时差时加波形线表示。

双代号时标网络计划宜按最早时间编制。编制时应先绘制无时标网络计划草图,然后按以下两种方法之一进行:

① 先计算网络计划的时间参数,再根据时间参数按照草图在时标计划表上进行绘制。

双代号时标
网络图

这属于"先计算后绘制"的方法,即先将所有节点按最早时间定位在时标计划表上,再用规定线型绘出工作及其自由时差,形成时标网络计划图。

② 不计算网络计划的时间参数,直接按照草图在时间坐标表上绘制。

这是直接绘制的方法,其步骤如下:

(a) 将起点节点定位在时标计划表的起始刻度线上;

（b）按工作持续时标在时标计划表上绘制起点节点的外向箭线；

（c）其他节点在其所有内向箭线绘出以后，定位在这些内向箭线中最早完成时间最迟的箭线末端。其他内向箭线长度不足以到达该起点时，用波形线补足；

（d）用上述方法自左向右依次确定其他节点位置，直至终点节点。

时标网络计划关键线路的确定应自终点节点逆箭线方向朝起点节点观察，自始至终不出现波形线的线路为关键线路。时标网络计划的计算工期，应是其终点节点与起点节点所在位置的时标值之差。自由时差值应为表示该工作箭线波形线部分在坐标轴上的水平投影长度。

时标网络计划中工作总时差的计算应自终点节点向起始节点进行，且符合下列规定：

① 以终点节点（$j=n$）为箭头节点的工作总时差 TF_{i-j} 应按网络计划的计划工期 T_p 计算确定：

$$TF_{i-n} = T_p - EF_{i-n} \tag{13-39}$$

② 其他工作的总时差计算应按式（13-40）计算：

$$TF_{i-j} = \min\{TF_{j-k} + FF_{i-j}\} \tag{13-40}$$

③ 时标网络计划中工作的最迟开始时间和最迟完成时间应分别按式（13-41）和式（13-42）计算：

$$LS_{i-j} = ES_{i-j} + TF_{i-j} \tag{13-41}$$

$$LF_{i-j} = EF_{i-j} + TF_{i-j} \tag{13-42}$$

[**例**]　图 13-21 所示的网络计划的时标网络计划如图 13-31 所示。

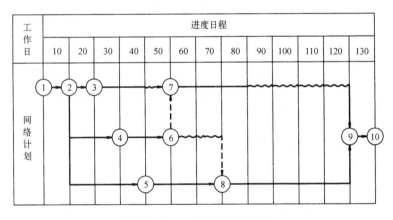

图 13-31　时标网络计划示例

13.4　网络计划优化

网络计划的优化是在满足既定约束条件下，按选定目标，通过不断改进网络计划寻求满意方案的过程。网络计划的优化目标，包括工期目标、资源目标、费用目标，须根据计划任务的需要和条件选定。

13.4.1 工期优化

工期优化也称时间优化，就是当初始网络计划的计算工期大于要求工期时，通过压缩关键线路上工作的持续时间或调整工作关系，以满足工期要求的过程。

压缩关键工作的持续时间是通过对网络计划的某些关键工作采取一定的施工技术和施工组织措施，增加关键工作的资源（人力、材料、机械等）投入，使其工作持续时间缩短，从而压缩关键线路长度，达到缩短计划工期的目的。采用这种方法时应注意：关键工作持续时间的缩短，往往会引起关键线路的转移，也可能形成若干关键线路并联的线路。因此，每压缩一次均应求出新的关键线路，再次压缩时，压缩对象应是新的关键线路上的关键工作。但应注意，任何工作都有其最短持续时间，在缩短持续时间时，缩短后的持续时间不可小于最短时间。

进行工期优化计算时，首先计算并找出初始网络计划的计算工期、关键线路及关键工作；按工期要求计算应缩短的时间；确定各关键工作能缩短的持续时间；选择关键工作，压缩其持续时间，并重新计算网络计划的计算工期。当计算工期仍超过要求的工期时，则重复以上步骤，直到满足工期要求或工期已不能再缩短为止。当所有关键工作的持续时间都达到其能缩短的极限而工期仍不能满足要求时，须对计划的原技术方案、组织方案进行调整或对要求的工期重新审定。

选择应缩短持续时间的关键工作应考虑下列因素：

① 缩短持续时间对质量和安全影响不大的工作；

② 有足够的工作面和充足备用资源的工作；

③ 缩短持续时间所需增加的费用最小的工作。

如果有可能调整某些工作间的逻辑关系，将原网络计划中某些串联的工作调整为平行进行，则也可以达到压缩计划工期的目的。

13.4.2 资源优化

人力、材料、机具设备、资金等资源的优化，就是要解决网络计划实施中的资源供求矛盾或实现资源的均衡利用，以保证工程的顺利完成，并取得良好的技术经济效果。资源优化通常有两种不同的目标："资源有限-工期最短"和"工期固定-资源均衡"。

13.4.2.1 "资源有限-工期最短"的优化

"资源有限-工期最短"的优化，应逐个检查各个时段的资源需用量，当出现资源需用量 R_t 大于资源限量 R_a 时，应进行计划调整。

调整计划时，应对资源冲突的各项工作作新的顺序安排，新顺序的安排依据是工期延长时间最短，其值应按如下方法计算。

双代号网络计划：

$$\Delta T_{m'-n', i'-j'} = \min\{\Delta T_{m-n, i-j}\} \tag{13-43}$$

$$\Delta T_{m-n, i-j} = EF_{m-n} - LS_{i-j} \tag{13-44}$$

式中 $\Delta T_{m'-n', i'-j'}$ ——在各种安排顺序中，工期延长的最小值；

$\Delta T_{mn,\,ij}$——在超过资源限量的时段中,工作 $i\text{-}j$ 安排在工作 $m\text{-}n$ 之后,工期延长的时间。

单代号网络计划:

$$\Delta T_{m',\,i'} = \min\{\Delta T_{m,\,i}\} \tag{13-45}$$

$$\Delta T_{m,\,i} = EF_m - LS_i \tag{13-46}$$

式中 $\Delta T_{m',\,i'}$——在各种安排顺序中,工期延长的最小值;

$\Delta T_{m,\,i}$——在资源冲突的诸工作中,工作 i 安排在工作 m 之后,工期延长的时间。

"资源有限-工期最短"优化的计划调整,应按以下步骤调整工作的最早开始时间:

① 计算网络计划各个时段的资源需用量;

② 从计划开始日期起,逐个检查各个时段的资源需用量,如果在整个计划工期内各个时段均能满足资源限量的要求,则网络计划优化方案完成。否则须进行计划调整;

③ 超过资源限量的时段,按式(13-43)计算 $\Delta T_{m'\text{-}n',\,i'\text{-}j'}$ 或按式(13-45)计算 $\Delta T_{m',\,i'}$,并确定新的安排顺序;

④ 绘制调整后的网络计划,重复步骤①—步骤③,直到满足要求。

13.4.2.2 "工期固定-资源均衡"的优化

"工期固定-资源均衡"的优化,可利用时差降低资源高峰值即"削峰法",获得资源消耗量尽可能均衡的优化方案,具体步骤如下:

① 计算网络计划各个时段的资源需用量;

② 确定削峰目标,其值等于各个时段的资源需用量的最大值减一个单位量;

③ 找出高峰时段的最后时间 T_h 及相关工作的最早开始时间 $ES_{i\text{-}j}$ 或 ES_i 和总时差 $TF_{i\text{-}j}$ 或 TF_i;

④ 按式(13-47)和式(13-48)计算相关工作的时间差值 $\Delta T_{i\text{-}j}$ 或 ΔT_i:

双代号网络计划:

$$\Delta T_{i\text{-}j} = TF_{i\text{-}j} - (T_h - ES_{i\text{-}j}) \tag{13-47}$$

单代号网络计划:

$$\Delta T_i = TF_i - (T_h - ES_i) \tag{13-48}$$

优先以时间差最大的工作 $i'\text{-}j'$ 或工作 i' 为调整对象,令

$$ES_{i'\text{-}j'} = T_h \tag{13-49a}$$

或

$$ES_{i'} = T_h \tag{13-49b}$$

⑤ 当峰值不能再减少时,即得到优化方案。否则,重复步骤①—步骤④,直到满足要求。

13.4.3 费用优化

土木工程的成本和工期是相互联系和制约的。在生产效率一定的条件下,要缩短工期

（与正常工期相比），提高施工速度，就必须投入更多的人力、物力和财力，使工程某些方面的费用增加，却又能使诸如管理费等一些费用减少。所以网络计划的费用优化过程，须对这些因素进行全面考虑。费用优化应首先求出不同工期下最低直接费用，然后考虑对相应的间接费用的影响和工期变化带来的其他损益，包括效益增量和资金的时间价值等，最后再通过迭加求出最低工程总成本。具体步骤如下：

① 按工作正常持续时间找出关键工作及关键线路。

② 按式(13-50)和式(13-51)计算各项工作的费用率。

费用率是指压缩或延长某工作单位持续时间而引起的直接费用变化。

双代号网络计划：

$$\Delta C_{i-j} = \frac{CC_{i-j} - CN_{i-j}}{DN_{i-j} - DC_{i-j}} \tag{13-50}$$

式中　ΔC_{i-j}——工作 $i-j$ 的费用率；

　　　CC_{i-j}——将工作 $i-j$ 持续时间缩短为最短持续时间后，完成该工作所需的直接费用；

　　　CN_{i-j}——在正常条件下完成工作 $i-j$ 所需的直接费用；

　　　DN_{i-j}——工作 $i-j$ 的正常持续时间；

　　　DC_{i-j}——工作 $i-j$ 的最短持续时间。

单代号网络计划：

$$\Delta C_i = \frac{CC_i - CN_i}{DN_i - DC_i} \tag{13-51}$$

式中　ΔC_i——工作 i 的费用率；

　　　CC_i——将工作 i 持续时间缩短为最短持续时间后，完成该工作所需的直接费用；

　　　CN_i——在正常条件下完成工作 i 所需的直接费用；

　　　DN_i——工作 i 的正常持续时间；

　　　DC_i——工作 i 的最短持续时间。

③ 在网络计划中找出费用率最低的一项或一组关键工作，作为缩短持续时间的对象；

④ 缩短由③找出的一项或一组关键工作的持续时间。缩短的原则是缩短后的工作不能成为非关键工作，并且缩短后的持续时间不小于最短持续时间；

⑤ 计算相应的直接费用；

⑥ 根据间接费用的变化，计算工程总费用 C_i；

⑦ 重复步骤③—步骤⑥，直到计算出的总费用 C_i 最低为止。

［例］　已知网络计划如图 13-32-0 所示，各工作的工期-成本数据列于表 13-13，表中给出了各工作的正常持续时间 DN_{i-j}，最短持续时间 DC_{i-j} 及与其相应的直接费用 CN_{i-j} 和 CC_{i-j}。

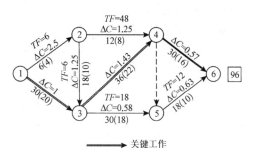

图 13-32-0　某网络计划图

表 13-13　　　　　　　　　　　　　　　各工作的工期-成本数据

工作 $i-j$	DN_{i-j}/d	DC_{i-j}/d	$CN_{i-j}/$万元	$CC_{i-j}/$万元	$\Delta C_{i-j}/($万元 $\cdot d^{-1})$
1—2	6	4	15	20	2.50
1—3	30	20	90	100	1.00
2—3	18	10	50	60	1.25
2—4	12	8	40	45	1.25
3—4	36	22	120	140	1.43
3—5	30	18	85	92	0.58
4—6	30	16	95	103	0.57
5—6	18	10	45	50	0.63

[**解**]　计算各工作以正常持续时间施工时的计划工期 T_0 及与此相应的直接总费用 C_0。

关键线路的各工作总时差及工期标注在图 13-32-0 上。

$$C_0 = \sum CN_{i-j} = 540(\text{万元})$$

（1）第一次压缩

在图 13-32-0 中,费用率最小的关键工作为 4—6,可知

$$\Delta C_{4-6} = 0.57(\text{万元}/d)$$

工作 4—6 的持续时间可压缩为 $30-16 = 14\ d$,但由于工作 5—6 的总时差只有 12 d,所以

$$\Delta t_1 = \min\{14,12\} = 12(d)$$

则　　　　　　　$$\Delta C_1 = \Delta C_{4-6} \cdot \Delta t_1 = 0.57 \times 12 = 6.84(\text{万元})$$

$$C_1 = C_0 + \Delta C_1 = 540 + 6.84 = 546.84(\text{万元})$$

（2）第二次压缩

第一次压缩后,图 13-32-0 变为图 13-32-1。在图 13-32-1 中,有两条关键线路,分别为 1—3—4—6 和 1—3—4—5—6。第一条线路上 ΔC 的最小值为 $\Delta C_{4-6} = 0.57$ 万元/d,第二条线路上 ΔC 的最小值为 $\Delta C_{5-6} = 0.63$ 万元/d,则 $\sum \Delta C = (0.57+0.63) = 1.20$ 万元/d,而两条线路的公共工作 1—3 的 ΔC 值为 1 万元/d,小于 $\sum \Delta C = 1.20$ 万元/d,所以宜压缩工作 1—3。工作 1—3 的持续时间可压缩 $30-20 = 10\ d$,但工作 2—3 的总时差为 6 d。因此,工作 1—3 只能压缩 6 d,所以

$$\Delta t_2 = \min\{10,\ 6\} = 6(d)$$

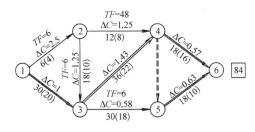

图 13-32-1　第一次压缩后的网络图

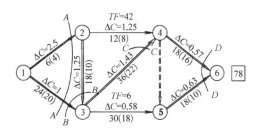

图 13-32-2　第二次压缩后的网络图

则
$$\Delta C_1 = \Delta t_2 \cdot \Delta C_{1-3} = 6 \times 1 = 6(万元)$$
$$C_2 = C_1 + \Delta C_2 = 546.84 + 6 = 552.84(万元)$$

（3）第三次压缩

第二次压缩以后，网络图更新为图 13-32-2，在该图中关键线路有四条，能缩短工期的切割方案有四种，即

① AA 切割　工作 1—2 和 1—3，　　$\sum \Delta C = 2.5 + 1 = 3.5$（万元/d）

② BB 切割　工作 2—3 和 1—3，　　$\sum \Delta C = 1.25 + 1 = 2.25$（万元/d）

③ CC 切割　工作 3—4，　　　　　　$\Delta C_{3-4} = 1.43$（万元/d）

④ DD 切割　工作 4—6 和 5—6，　　$\sum \Delta C = 0.57 + 0.63 = 1.20$（万元/d）

因此，应选择 ΔC 值最小的方案，即 DD 方案。工作 4—6 可缩短 2 d，工作 5—6 可缩短 8 d，所以

$$\Delta t_3 = \min\{2,8\} = 2(d)$$

则
$$\Delta C_3 = \Delta t_3 \cdot \sum \Delta C = 2 \times 1.20 = 2.40(万元)$$
$$C_3 = C_2 + \Delta C_3 = 552.84 + 2.40 = 555.24(万元)$$

（4）第四次压缩

第三次压缩以后，网络图更新为图 13-32-3，在该图中，关键线路有四条，能缩短工期的切割方案有三种，即

① AA 切割　工作 1—2 和 1—3，　　$\sum \Delta C = 2.50 + 1 = 3.50$（万元/d）

② BB 切割　工作 2—3 和 1—3，　　$\sum \Delta C = 1.25 + 1 = 2.25$（万元/d）

③ CC 切割　工作 3—4，　　　　　　$\Delta C_{3-4} = 1.43$（万元/d）

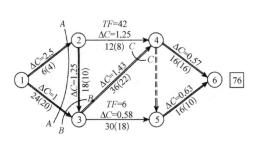

图 13-32-3　第三次压缩后的网络图

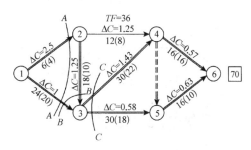

图 13-32-4　第四次压缩后的网络图

289

应选择 ΔC 值最小的方案即 CC 方案。工作 3—4 可压缩 $36-22=14$ d,但工作 3—5 的总时差只有 6 d,所以取

$$\Delta t_4 = \min\{14,6\} = 6(\text{d})$$

则

$$\Delta C_4 = \Delta t_3 \cdot \Delta C_{3\text{-}4} = 6 \times 1.43 = 8.58(\text{万元})$$

$$C_4 = C_3 + \Delta C_4 = 563.82(\text{万元})$$

（5）第五次压缩

第四次压缩后,网络图更新为图 13-32-4,在该图中,关键线路有六条,能缩短工期的切割方案有三种,即

① AA 切割　工作 1—2 和 1—3,　　　$\sum \Delta C = 2.50 + 1 = 3.50$（万元/d）

② BB 切割　工作 1—3 和 2—3,　　　$\sum \Delta C = 1 + 1.25 = 2.25$（万元/d）

③ CC 切割　工作 3—4 和 3—5,　　　$\sum \Delta C = 1.43 + 0.58 = 2.01$（万元/d）

应选择 ΔC 值最小的方案即 CC 方案。工作 3—4 可压缩 $30-22=8$ d,工作 3—5 可压缩 $30-18=12$ d,所以取

$$\Delta t_5 = \min\{8,12\} = 8(\text{d})$$

则

$$\Delta C_5 = \Delta t_5 \cdot \sum \Delta C = 8 \times 2.01 = 16.08(\text{万元})$$

$$C_5 = C_4 + \Delta C_5 = 563.82 + 16.08 = 579.9(\text{万元})$$

（6）第六次压缩

第五次压缩后,网络图更新为图 13-32-5,该图共有六条关键线路,能缩短工期的切割方案有两种,即

① AA 切割　工作 1—2 和 1—3,　　　$\sum \Delta C = 2.50 + 1 = 3.50$（万元/d）

② BB 切割　工作 2—3 和 1—3,　　　$\sum \Delta C = 1.25 + 1 = 2.25$（万元/d）

应选取 ΔC 值较小的方案即 BB 切割。工作 2—3 可压缩 $18-10=8$ d,工作 1—3 可缩短 $24-20=4$ d,所以

$$\Delta t_6 = \min\{8,4\} = 4(\text{d})$$

则

$$\Delta C_6 = \Delta t_6 \cdot \sum \Delta C = 4 \times 2.25 = 9(\text{万元})$$

$$C_6 = C_5 + \Delta C_6 = 579.90 + 9 = 588.90(\text{万元})$$

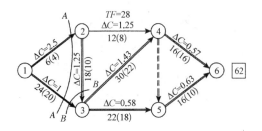

图 13-32-5　第五次压缩后的网络图

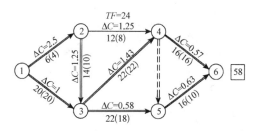

图 13-32-6　第六次压缩后的网络图

经过 6 次压缩后，原网络图最终变为图13-32-6所示的形式，工期为 58 d。该图中所有的工作均不宜压缩，因为即使压缩其中一些工作的持续时间，也只能使工程直接费用增长，而不能缩短计划工期。

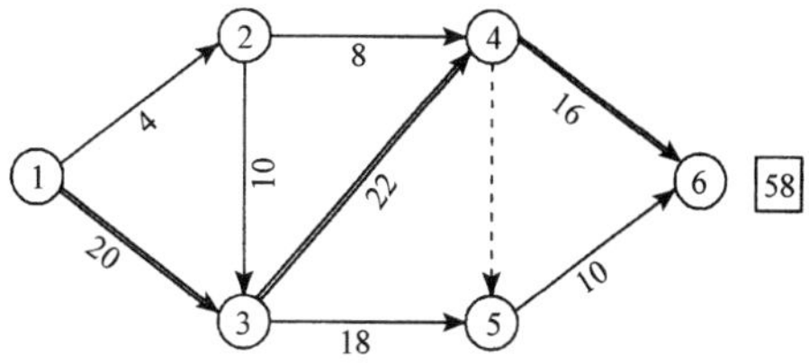

图 13-32-7　不作优化的最短工期网络图

下面作一下比较：

不经过工期-成本优化，各工作均采用加快的持续时间 DC_{i-j} 时，网络计划及相应的计划总工期如图 13-32-7 所示。图 13-32-7 中只有一条关键线路，总工期也是 58 d，但直接费用总和为

$$C = \sum CC_{i-j} = 610 (万元)$$

所以，费用比不加快时增加

$$\Delta C = C - \sum CN_{i-j} = 610 - 540 = 70 (万元)$$

而优化以后，在工期与盲目加快相同的前提下，费用仅增加

$$C_6 - \sum CN_{i-j} = 588.9 - 540 = 48.9 (万元)$$

将上述优化过程中的各结果及相应的间接费用汇总于表 13-14 中。由表可知，最优工期为 70 d，工程成本为 668.82 万元。根据表 13-14 也可以绘制出该工程的工期-成本曲线。

表 13 - 14　　　　　　　　　　工期-费用表

工期/d	直接费用/万元	间接费用/万元	成本/万元
96	540	144	684
84	546.84	126	672.84
78	552.84	117	669.84
76	555.24	114	669.24
70	563.82	105	668.82
62	579.90	93	672.90
58	588.90	87	675.90

思　考　题

【13-1】　何谓网络图的三要素？

【13-2】　试解释：关键线路，自由时差，总时差，最优工期，费用率。

【13-3】　试说明双代号网络图与单代号网络图的特点以及二者的区别。

【13-4】　网络计划计算通常包括哪些内容？

【13-5】　何谓网络计划的优化？它有哪三种优化方法？优化的依据是什么？

习 题

【13-1】 试绘制符合下列顺序(表 13-15)的双代号网络图。

表 13-15 　　　　　习题 13-1

序号	工作	紧后工作	说明
1	A	B,C	开始工作
2	B	E,F	
3	C	F,D	
4	D	J	
5	E	G,H	
6	F	H	
7	G	I	
8	H	I,J	
9	I	—	结束工作
10	J	—	结束工作

【13-2】 已知房屋结构工程的施工过程及顺序如表 13-16 所示,试绘制双代号网络图。

表 13-16 　　　　　习题 13-2

工作	紧前工作	工作	紧前工作
A	—	J	G,H,I
B	—	K	J
C	A,B	L	J
D	A,B	M	D,C,F
E	A,B	N	M
F	E	O	K,L
G	C,F	P	O
H	C,F	Q	N
I	C,F		

【13-3】 某地铁车站工程采用明挖法施工,其土建的施工网络图简化为图 13-33。试求各时间参数。

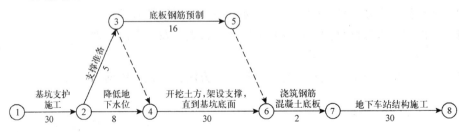

图 13-33 习题 13-3

292

【13-4】根据下列网络计划(表 13-17),计算最早开始时间和最迟开始时间,确定关键线路及总工期,并将该双代号网络图转换为单代号网络图。

表 13-17　　　习题 13-4

工作	A	B	C	D	E	F	G	H	I
紧前工作	—	—	A	A	B,C	B,C	D,E	D,E	F,G
时　间/d	1	5	3	2	6	5	0	5	3

【13-5】根据下列逻辑关系(表 13-18)绘制单代号网络图。

表 13-18　　　习题 13-5

工作	A	B	C	D	E	F	G	H	I	J
紧后工作	B,C	E,F	E,D	G	H	H	I	I	J	—

【13-6】已知资源如表 13-19 所列,试求:
(1) 绘制表内各工作的双代号网络图;
(2) 绘制表内各工作的单代号网络图;
(3) 在双代号网络图上计算节点时间参数并标出关键线路;
(4) 试列出缩短计划工期 4 d 的所有可能方案,并计算其中最优方案以及缩短后的费用增加额。

表 13-19　　　习题 13-6

工作	紧前工作	持续时间/d	费用/(千元·d⁻¹)
A	—	8 (4)	9
B	—	6 (5)	5
C	—	4 (2)	8
D	A	4 (3)	4
E	A	1 (1)	0
F	C	3 (2)	3
G	B,F	8 (3)	10
H	A,F	3 (2)	10

注:持续时间一列中,括号外为正常持续时间;括号内为最短持续时间。

【13-7】某工程的网络有关资料如表 13-20 所示。当工期小于等于 25 d 时,该工程的间接费用为 60 万元,工期大于 25 d 后,每延长 1 d 增加 5 万元,试求网络图的最优工期。

表 13-20　　　习题 13-7

工序	正常时间		最短时间	
	时间/d	成本/万元	时间/d	成本/万元
1—2	20	60	17	72
1—3	25	20	25	20
2—3	10	30	8	44
2—4	12	40	6	70
3—4	5	30	2	42
4—5	10	30	3	60

14　施工组织设计

工程建设项　　工程项目
目与管理　　建设程序

14.1　概　　述

14.1.1　基本建设程序

基本建设是国民经济有关部门、单位投资新建、扩建、改建等建设的经济活动。该过程需要投入大量的人力、物力、财力,且建设周期长、涉及范围广、协作环节多,是一项综合的、复杂的经济生产活动。基本建设过程一般可分成以下几个阶段:建设项目的立项决策、设计及准备、建设实施和竣工及交付使用等。

1. 建设项目的立项决策

在建设项目的立项决策阶段,项目的各项技术经济决策对项目建成后的经济效益有着决定性的影响。这个阶段的主要工作是编制项目建议书,选择建设地点,进行项目可行性研究,提出项目的估算,申请项目列入建设计划,进行项目的财务评价和经济技术评价。

2. 建设项目的设计及准备

在建设项目立项得到批准以后,建设单位应编制设计任务书,办妥建设用地许可和设计审批、相关专业专项审查(如环保、卫生防疫、消防等),做好前期的动迁、用电、用水等准备工作。组织设计招投标,进行项目设计,并对设计方案进行技术经济分析,完成设计并进行建设准备。

3. 建设项目的实施阶段

建设项目在完成施工图设计或初步设计后,即可进行项目的施工招投标。在此阶段,建设单位要进行招标文件的编制,施工单位则需编写投标文件。招投标文件一般包括商务标和技术标两大部分。在施工单位递交投标文件后,建设单位在有关招投标管理部门指导下,组织评标小组进行评标、决标,选定工程承包单位并签订施工合同。

施工承包合同一旦签订,工程就进入了全面施工阶段。工程质量、进度、投资控制是施工阶段重要的工作目标,该阶段要抓好施工阶段的全面管理和完工后的生产准备。

4. 建设项目的竣工与交付使用

所有建设项目在完成设计文件所规定的内容后都要及时组织验收。大型工程可分期分批组织验收。

竣工项目验收前,建设单位要组织设计、施工等单位进行初验,竣工验收合格后向主管部门竣工备案。同时由施工单位编好竣工决算,报有关部门审查。

在基本建设中,土建安装工程占有重要的地位。从投资方面来看,土建安装工程的资金投入量大、施工周期长,它的进展情况直接影响到基本建设项目的投产或使用。所以,需要多快好省地完成土建安装工程的施工任务,尽快发挥投资效益。

通过工程验收后,应及时交付使用,在全面投入使用并达到设计生产能力或使用标准后,对项目全过程进行系统评估。

14.1.2　建设项目的划分

根据工程项目的范围及功能,基本建设项目可划分为以下几种。

1. 建设工程项目

建设工程项目是指按一个总体规划或设计进行建设,由一个或若干个互有内在联系的单项工程所组成的工程总和。它是经济上实行统一核算,行政上具有独立组织形式的建设单位。工业建筑中的一个工厂、一座矿山或民用建筑中的一所学校、一家医院等皆可作为一个建设项目。

2. 单项工程

单项工程是指具有独立设计文件,竣工后能独立发挥生产能力或效益的工程项目,也称为工程项目。单项工程是建设工程项目的组成部分。

3. 单位工程

单位工程是指具有独立设计文件、单独施工条件,并能形成独立使用功能的工程。但单位工程尚不能独立发挥生产能力,它是建设项目的组成部分。

4. 分部工程

分部工程是单位工程的组成部分,是按工程结构部位或专业而划分的。例如,在建筑工程中,按建筑主要部位划分为地基与基础工程、主体工程、建筑装饰工程、屋面工程等;建筑设备安装工程按工程的专业划分为建筑给排水及采暖、建筑电气、智能建筑、通风与空调及电梯等。

5. 分项工程

分项工程是分部工程的组成部分,按不同的工种、材料、施工工艺、设备类别划分,它是施工组织的基本单位。例如,砌砖工程、钢筋工程、门窗工程、室内给排水管道安装工程、电气配管及管内穿线工程等。

14.1.3　施工组织设计的类型

施工组织设计是指导土木工程施工的技术经济文件。施工组织设计应分阶段根据工程设计文件进行编制。

在绝大多数情况下,土木工程按照两个阶段进行设计,即初步设计和施工图设计。在设计复杂,或新的工艺过程尚未熟练掌握,或对工程有特殊要求时,可按三阶段进行设计,即方案设计、扩大初步设计和施工图设计。

一般在方案设计和扩大初步设计阶段应编制施工组织条件设计。施工图完成后进入实施阶段,在招投标时应编制投标项目的施工组织设计大纲,在工程正式开工前应编制工程施工组织设计,一般以单位工程施工组织设计为主。

1. 施工组织条件设计

施工组织条件设计的作用在于对拟建工程,从施工角度分析工程设计的技术可行性与经济合理性,同时作出轮廓性的施工规划,并提出在施工准备阶段应进行的工作,以便尽早着手准备。这一组织设计主要由设计单位负责编制,并作为方案设计的一个组成部分。

2. 施工组织设计大纲

施工组织设计大纲是以投标项目为对象进行编制的,目的是对整个工程的施工进行通盘考虑、全面规划,用以指导施工准备和施工资源计划,开展施工活动。其作用是确定拟建工程的施工期限、施工顺序、主要施工方法、各种临时设施的需用量及现场总的布置方案等，为施工准备创造条件。施工组织设计大纲应在招投标阶段，依据设计文件和现场施工条件，由投标单位组织编制。应注意中标单位在施工阶段还应依据施工组织设计大纲编制实施性的施工组织设计。

3. 单位工程施工组织设计

单位工程施工组织设计是以单位工程为对象进行编制的，用以直接指导工程施工。在施工组织设计大纲和施工单位总的施工部署的指导下，确定实施的施工方案，安排人力、物力、财力。它是施工单位编制分部(分项)工程施工设计和进行现场布置的重要依据，也是指导现场施工的纲领性的技术经济文件。单位工程施工设计是在施工图设计完成后，由施工承包单位负责编制。

4. 分部(分项)工程施工设计

分部(分项)工程施工设计是以分部(分项)工程、冬季或雨季施工等为对象，依据单位工程施工组织设计编制的专门的、更为详尽的施工设计文件。

14.1.4 施工组织设计的内容

不同阶段的施工组织设计文件的内容基本相同，主要包括以下几个方面：

① 工程概况；

② 施工准备；

③ 施工部署与施工方案；

④ 施工进度计划；

⑤ 施工现场平面布置图；

⑥ 劳动力、机械设备、材料和构件等供应计划；

⑦ 工地施工业务的组织规划；

⑧ 主要技术经济指标的确定。

在上述几项基本内容中，第③④⑤项是施工组织设计的核心部分。

在不同阶段编制的施工组织设计文件，其作用有区别，深度也不尽相同。一般来说，施工组织条件设计是概略的施工条件分析，提出实施设计的可能性，并作为施工条件和建筑生产能力配备的总体规划；施工组织设计大纲是对建设项目进行总体部署的施工纲领；单位工程施工设计则是详尽的实施性的施工计划，用以具体指导现场施工活动。

14.2 施工组织设计的编制

14.2.1 施工组织设计编制程序和依据

14.2.1.1 编制程序

施工组织设计的编制程序如图 14-1 所示。由编制程序可知，在编制施工组织设计时，首先要从全局出发，对建设地区的自然条件、技术经济状况以及工程特点、工期要求等进行全面系统的研究，找出主要矛盾，重点加以解决。在此基础上，根据施工任务和施工队伍的现状,合理进行组织分工,并对重要分部分项工程和主要工种工程的施工方案技术经济性进行比较,合理确定。然后根据生产工艺流程和工程特点,编制施工进度计划,确保工程按照工期要求均衡连续地进行施工。大型工程的施工可分期分批地展开,以便分期投入生产或交付使用,充分发挥投资效益。根据编制的施工进度计划就可编制材料、成品、半成品、劳动量、机械、运输工具等的需用量计划,并依此规划运输及仓库、附属设施和临时建筑,计算临时供水、供电、供热、供气的需用量。最后,可进行施工准备工作计划的编制和施工平面图的设计。

施工组织设计

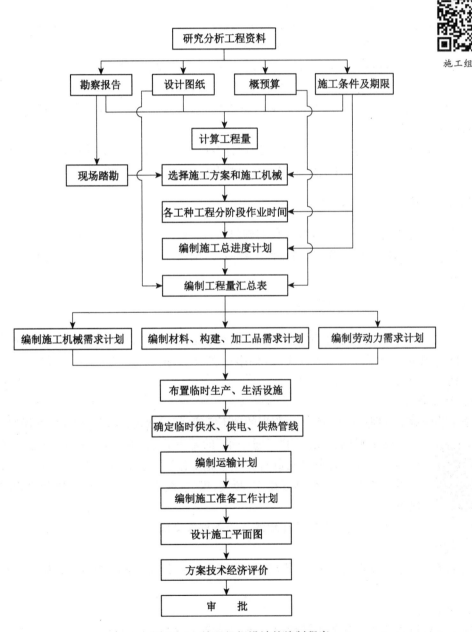

图 14-1　施工组织设计的编制程序

14.2.1.2 编制依据

施工组织设计的编制依据如下：

① 建设地区的工程勘察和技术经济资料，如地质、地形、气象、地下水位、地区条件等；

② 国家现行规范和标准，有关部门的要求、合同协议等；

③ 计划文件，如国家批准的基本建设计划、工程项目一览表、施工任务书及工期、质量、安全目标等；

④ 设计文件、设计图纸、场地地形图、测量控制网等；

⑤ 工程概预算（应有详细的分部分项工程量）；

⑥ 单位工程施工组织设计还应依据投标阶段的施工组织设计大纲。

施工组织设计的编制应贯彻可持续发展的理念，在工程施工中综合应用绿色施工技术。绿色施工就是在工程建设中，在保证质量、安全等基本要求的前提下，通过科学管理和技术进步，最大限度地节约资源，减少对环境的负面影响，实现"四节一环保"，即节能、节材、节水、节地和环境保护。

为了更好地进行绿色施工，在施工组织设计及施工方案或施工专项方案编制前，都应进行绿色施工影响因素分析，并据此制定实施对策和绿色施工评价方案。

14.2.2 施工准备

土木工程施工是一个复杂的组织和实施过程，开工之前，必须认真做好施工准备工作，以提高施工的计划性和科学性，从而保证工程质量，加快施工进度，降低工程成本，保证施工能够顺利进行。

14.2.2.1 开工应具备的主要条件

建设项目经批准开工建设，项目即进入建设实施阶段。项目的开工时间是指建设项目设计文件中规定的任何一项永久性工程，如第一次破土、正式打桩的时间。项目的开工，应具备下列主要条件。

1. 环境条件

施工前应对工程周边的环境、工地附近的地下管线、临近建筑、场地的地质状况做好排摸。

"三通一平"

施工现场必须达到"三通一平"的基本要求，即路通、水通、电通及场地平整，并应力求做到通信到位，为正常施工创造基本条件。有条件的工程或有特殊需求的工程，还应做好排水、暖气、煤气（或天然气）的贯通，以利工程项目的建设。

此外，应对工程所在地的气候条件作全面调查。

2. 技术条件

技术条件包括：技术力量的配备，测量控制点的布设，图纸审查，以及施工技术文件编制。

3. 社会条件

施工前应调查施工现场周围的情况，了解工程所在地区工程配套构件的生产能力、交通运输条件等。同时，应对工程施工发生的声、光、尘等可能引起的扰民问题进行分析，并与相关部门和人员做好沟通。

4. 资源条件

资源条件包括：劳动力、资金、材料、机具设备及其他资源的组织计划与进场准备工作等。

14.2.2.2 工地临时设施

临时设施

施工现场搭设的临时性建筑是为施工生产和生活服务的,要本着有利施工、方便生活、勤俭节约和安全适用的原则,统筹规划,合理布局,为顺利完成施工任务提供基础条件。

工地的临时设施主要包括生产性临时设施及办公和生活的临时房屋、临时道路、临时供水和供电设施等。

1. 生产性临时设施和临时房屋

(1) 搭设原则

临时设施和房屋的布点应考虑施工的需要,靠近交通线路,使其方便运输、方便职工的生活。应将施工(生产)区和生活区分开,满足安全和消防要求。尽量不占或少占农田,充分利用山地、荒地、空地,利用施工现场或附近已有的建(构)筑物。注意防洪水、泥石流、滑坡等自然灾害。搭设临时设施和建筑应因地制宜,利用当地材料和旧料,尽量降低费用。另外,尽可能使用装拆方便、可以重复利用的新型设施,如活动房屋、集装箱等。近几年的实践证明,这些新型设施尽管一次性投资较大,但因其重复利用率高、周转次数多、搭拆方便、保温防潮、维修费用低、施工现场文明程度高等特点,其使用价值及社会效益高于传统的临时设施和建筑。

总之,临时设施和建筑的规划应遵循绿色环保、节约及保护土地资源的原则。临时设施应按照工程规模及施工要求进行布置,不占用绿地、耕地以及规划红线以外的场地,避让、保护场区及周边的古树名木等,做到统筹安排,合理布局,为顺利完成工程施工提供基础条件。

(2) 临时设施的搭设

① 生产性临时设施

生产性临时设施是指直接为生产服务的临时设施,如临时加工厂、现场作业棚、检修间等,表14-1及表14-2列出了部分生产性设施搭设数量的参考指标。

表 14-1　　　　　　　　临时加工厂所需面积参考指标

序号	加工厂名称	年产量		单位产量所需建筑面积	占地总面积/m²	备注
		单位	数量			
1	混凝土搅拌站	m³	3 200 4 800 6 400	0.022 0.021　(m²/m³) 0.020	按砂石 堆场考虑	400 L 搅拌机 2 台 400 L 搅拌机 3 台 400 L 搅拌机 4 台
2	临时性混凝土预制厂	m³	1 000 2 000 3 000 5 000	0.25 0.20　(m²/m³) 0.15 0.125	2 000 3 000 4 000 ＜6 000	生产屋面板和中小型梁柱板等,配有蒸养设施
3	钢筋加工厂	t	200 500 1 000 2 000	0.35 0.25　(m²/t) 0.20 0.15	280～560 380～750 400～800 450～900	加工、成型、焊接

序号	加工厂名称	年产量		单位产量所需建筑面积	占地总面积/m²	备注
		单位	数量			
4	金属结构加工（包括一般铁件）			所需场地/(m²·t⁻¹)		按一批加工数量计算
				10	年产 500 t	
				8	年产 1 000 t	
				6	年产 2 000 t	
				5	年产 3 000 t	
5	石灰消化 { 贮灰池 淋灰池 淋灰槽			5×3=15(m²) 4×3=12(m²) 3×2=6(m²)		每 600 kg 石灰可消化 1 m³ 石灰膏 每 2 个贮灰池配 1 套淋灰池和淋灰槽

表 14-2　　　　　　　　　　现场作业棚所需面积参考指标

序号	名称	单位	面积/m²
1	木工作业棚	m²/人	2
2	钢筋作业棚	m²/人	3
3	搅拌棚	m²/台	10～18
4	卷扬机棚	m²/台	6～12
5	电工房	m²	15
6	白铁工房	m²	20
7	油漆工房	m²	20
8	机、钳工修理房	m²	20

② 物资储存临时设施

施工现场的物资储存设施专为在建工程服务，要能保证施工的正常需要，但又不宜贮存过多，以免盲目增加仓库面积、积压资金或造成材料过期变质。仓库面积参考指标如表 14-3 所列。

表 14-3　　　　　　　　　　仓库面积计算数据参考指标

序号	材料名称	储备天数/d	每 m² 储存量	单位	堆置限制高度/m	仓库类型
1	钢材 工字钢、槽钢 角钢 钢筋（直筋） 钢筋（箍筋）	40～50	1.5 0.8～0.9 1.2～1.8 1.8～2.4 0.8～1.2	t	1.0 0.5 1.2 1.2 1.0	露天 露天 露天 露天 棚或库约占 20%
	钢板	40～50	2.4～2.7		1.0	露天
2	五金	20～30	1.0		2.2	库
3	水泥	30～40	1.4	t	1.5	库
4	生石灰（块）	20～30	1～1.5		1.5	棚
	生石灰（袋装）	10～20	1～1.3		1.5	棚
	石膏	10～20	1.2～1.7		2.0	棚

序号	材料名称	储备天数/d	每 m² 储存量	单位	堆置限制高度/m	仓库类型
5	砂、石子（机械堆置）	10～30	2.4	m³	3.0	露天
6	木材	40～50	0.8		2.0	露天
7	标准砖	10～30	0.5	千块	1.5	露天
8	玻璃	20～30	6～10	箱	0.8	棚或库
9	卷材	20～30	15～24	卷	2.0	库
10	沥青	20～30	0.8		1.2	露天
11	钢筋骨架	3～7	0.12～0.18	t	1.5	露天
12	金属结构	3～7	0.16～0.24		1.5	露天
13	铁件	10～20	0.9～1.5		1.5	露天或棚
14	钢门窗	10～20	0.65	t	2	棚
15	水、电及卫生设备	20～30	0.35		1	棚、库各 1/2
16	模板	3～7	0.7	m³	2（平放）	露天
17	轻质混凝土制品	3～7	1.1		2	露天

③ 行政生活福利临时设施

行政生活福利临时设施包括办公室、宿舍、食堂、医务室、活动室等，其搭设面积可参考表 14-4。

表 14-4　　　　行政生活福利临时设施建筑面积参考指标

临时房屋名称		参考指标/(m²·人⁻¹)	说明
办公室		3～4	按管理人员人数
宿舍	双层床 单层床	2.0～2.5 3.5～4.5	按高峰年（季）平均职工人数（扣除不在工地住宿人数）
食　堂 浴　室 活动室		3.5～4 0.5～0.8 0.07～0.1	按高峰年平均职工人数
现场其他 设　施	开水房 厕　所	10～40 0.020～0.07	

2. 工地临时道路

工地临时道路可按简易公路标准进行修筑，有关技术指标可参考表 14-5。

表 14-5　　　　　　　　　简易公路技术标准

指标名称	单位	技术标准
设计车速	km/h	≤20
路基宽度	m	双车道 6～6.5;单车道 4.4～5(困难地段 3.5)
路面宽度	m	双车道 5～5.5;单车道 3～3.5
平面曲线最小半径	m	平原、丘陵地区 20;山区 15;回头弯道 12
最大纵坡	—	平原地区 6%;丘陵地区 8%;山区 9%
纵坡最短长度	m	平原地区 100;山区 50
桥面宽度	m	木桥 4～4.5
桥涵载重等级	t	木桥涵 7.8～10.4

3. 工地临时供水

在施工用水设计和布置中,应贯彻绿色环保标准,落实节水和水资源利用措施,包括:① 结合给排水点位置进行管线线路和阀门设置位置的设计;② 按生活用水与工程用水定额指标进行用水量计算;③ 施工现场办公区、生活区的生活用水应采用节水器具;④ 建立雨水、废(污)水或其他可利用水资源的收集处理系统;⑤ 施工现场喷洒路面、浇灌绿化尽可能采用中水回用。

工地临时供水的设计,一般包括以下几个内容:① 确定需水量;② 选择水源;③ 设计配水管网(必要时还应设计取水、净水、储水或中水处理系统)。

(1) 工地需水量的计算

工地用水包括生产、生活和消防用水三个方面。

① 生产用水

生产用水包括现场施工用水,施工机械及运输机械、动力设备用水,以及附属生产企业用水等。生产用水的需求量可按式(14-1)来确定:

$$Q_1 = \frac{K}{3\,600}\left[\frac{K_1\sum Q_{施}}{8} + \frac{K_2\sum Q_{附}}{8} + K_3\sum Q_{机} + K_4\sum Q_{动}\right] \tag{14-1}$$

式中　Q_1——生产用水需求量(m³/s);

　　　K——未计入的生产用水系数,取 1.1;

　　　$Q_{施}$——现场施工的需水量(m³/班),根据施工进度计划中最大需水时期的有关工程量乘以相应工程的施工用水定额确定;

　　　$Q_{附}$——附属生产的需水量(m³/班);

　　　$Q_{机}$——施工机械和运输机械需水量(m³/h);

　　　$Q_{动}$——动力设备需水量(m³/h);

　　　K_1,K_2,K_3,K_4——用水不均匀系数,分别取 1.6,1.25,2.0 和 1.1。

施工机械与运输机械和动力设备的需水量,可根据工地上所采用的机械和动力设备的数量乘以每台机械或动力设备的每班或每小时的耗水量求得。

② 生活用水

生活用水包括施工现场的生活用水和生活区的用水,其需水量应分别计算。

施工现场的生活需水量按式(14-2)计算:

$$Q_2' = \frac{K'}{3\,600} \times \frac{N'q'}{8} \tag{14-2}$$

式中　Q_2'——施工现场生活用水量(m^3/s);

　　　K'——施工现场生活用水不均匀系数,取 1.3~1.5;

　　　N'——施工现场昼夜最高峰的职工人数(人);

　　　q'——每个职工每班的耗水量,通常取 0.02~0.06 $m^3/$(人・班);

生活区的需水量按式(14-3)计算:

$$Q_2'' = \frac{K''}{3\,600} \times \frac{N''q''}{24} \tag{14-3}$$

式中　Q_2''——现场生活区用水量(m^3/s);

　　　K''——生活区用水不均匀系数,取 2.5;

　　　N''——生活区居民人数(人);

　　　q''——每个居民昼夜的耗水量,通常取 0.1~0.12 $m^3/$(人・昼夜)。

生活用水总量为

$$Q_2 = Q_2' + Q_2'' \tag{14-4}$$

式中　Q_2——生活用水需求量(m^3/s)。

③ 消防用水

工地消防需水量取决于工地的大小和各种房屋、构筑物的结构性质、层数和防火等级等。

工地面积在 25 hm^2 以下者,一般按 0.01~0.015 m^3/s 计算;当工地面积在 25 hm^2 以上时,按面积每增加 25 hm^2 需水量增加 0.005 m^3/s 计算。

生活区消防用水量根据居民人数确定。当人数在 5 000 人以下时,消防用水量取 0.01 m^3/s;当人数在 5 000~10 000 人时,取 0.01~0.015 m^3/s;当人数在 10 000~25 000 人时,取 0.015~0.02 m^3/s。

④ 工地总需水量

工地总需水量的计算如下。

当 $Q_1 + Q_2 \leqslant Q_3$ 时:

$$Q = \frac{1}{2}(Q_1 + Q_2) + Q_3 \tag{14-5}$$

式中　Q——工地总需水量(m^3/s)。

当 $Q_1 + Q_2 > Q_3$ 时:

$$Q = Q_1 + Q_2 \tag{14-6}$$

但 Q 应大于 $\frac{1}{2}(Q_1+Q_2)+Q_3$。

当工地面积小于 50 000 m² 且 $Q_1+Q_2<Q_3$ 时,取

$$Q=Q_3 \qquad\qquad (14\text{-}7)$$

式中　Q_3——工地消防需水量(m³/s)。

最后计算出的总需水量,还应增加 10％,以补偿管网漏水损失。

(2) 临时供水水源的选择、管网布置及管径的计算

临时供水的水源可用城乡市政管网给水、地下水(如井水)及地面水(如河水、湖水等)等。在选择水源时应注意:① 水量能满足最大需水量的要求;② 生活用水的水质应符合卫生要求;③ 搅拌混凝土及灰浆用水的水质应符合搅拌用水的要求。

临时供水方式有以下三种情况:① 利用现有的城乡给水系统或工业给水系统;② 在新开辟地区没有现成的给水系统时,在可能条件下,应尽量先修建永久性给水系统;③ 当没有现成的给水系统而永久性给水系统又不能提前完成时,应设立临时性给水系统。

配水管网布置的原则是在保证连续供水的情况下,管道铺设越短越好。分期分区施工时,应按施工区域布置,同时还应考虑到,在工程进展中各段管网应便于移置。

临时给水管网的布置有下列三种方案:① 环式管网[图 14-2(a)];② 枝式管网[图14-2(b)];③ 混合式管网[图 14-2(c)]。

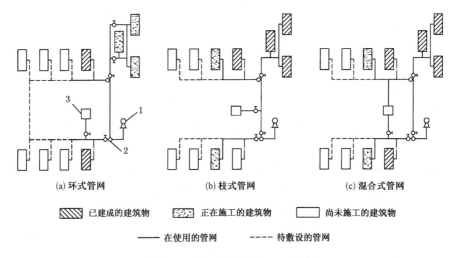

(a) 环式管网　　　　(b) 枝式管网　　　　(c) 混合式管网

▨ 已建成的建筑物　　▦ 正在施工的建筑物　　□ 尚未施工的建筑物

—— 在使用的管网　　---- 待敷设的管网

1—水源;2—水泵(必要时设置);3—搅拌站。

图 14-2　临时配水管网布置形式

临时给水管网的布置常采用枝式管网。因为这种管网的总长度最小,但此种管网若在其中某一点发生局部故障时,有全管网断水之可能。从保证连续供水的要求上看,环式管网最为可靠,但采用这种方案所铺设的管网总长度较大。混合式管网布置的总管采用环式,支管采用枝式,可以兼有以上两种方案的优点。

临时水管的铺设可用明管或暗管。以暗管较为合适,它既不妨碍施工,又不影响道路运输。

水管管径根据计算用水量(流量)按式(14-8)确定:

$$D = \sqrt{\frac{4Q}{\pi V}} \qquad\qquad (14\text{-}8)$$

式中 D——给水管网的内径(mm);

Q——计算用水量(m^3/s),环式管网各段管线采用同一计算流量,枝式管网各段管线按各段的最大流量计算;

V——管网中的水流速度(m/s),一般采用 1.2~1.5 m/s,个别情况可采用 2 m/s。

4. 临时供电

临时用电设计应注意节约和利用能源,除应制定施工能耗指标;合理安排施工顺序及施工区域,合理配置作业区机械数量;组织错峰用电等组织措施外,还应落实节能的技术措施,如选择功率与负荷相匹配的施工机械设备,减少机械设备的低负荷运行;合理布置临时用电线路;选用节能器具,采用声控、光控和节能灯具;照明照度宜按最低照度要求设计;对机械设备作定期保养维修;利用太阳能、地热能、风能等可再生能源等。

由于施工机械化程度的提高,工地上用电量越来越多,临时供电业务显得更为重要。临时供电业务的组成包括以下内容:① 计算用电量;② 选择电源;③ 确定变压器;④ 布置配电线路和确定电线断面。

(1) 计算用电量

工地临时供电包括施工用电和照明用电。

① 施工用电

土木工程施工用电通常包括土建用电及设备安装工程、设备试运转用电。

施工用电量可按式(14-9)计算:

$$P_{施} = K_1 \sum P_{机} + \sum P_{直} \qquad\qquad (14\text{-}9)$$

式中 $P_{施}$——施工用电需求量(kW);

$P_{机}$——各种机械设备的用电量(kW),以整个施工阶段内的最大负荷为准(一般以土建和设备安装施工搭接阶段的电力负荷为最大);

K_1——综合用电系数(包括设备效率、同时工作率、设备负荷率),通常电动机在 10 台以下,取 0.75;10~30 台,取 0.70;30 台以上,取 0.60;

$P_{直}$——直接用于施工的用电量 (kW)。

② 照明用电

工地照明用电包括施工现场和生活区的室内外照明用电。

照明用电量可按式(14-10)计算:

$$P_{照} = K_2 \sum P_{内} + K_3 \sum P_{外} \qquad\qquad (14\text{-}10)$$

式中 $P_{照}$——工地照明用电需求量(kW);

$P_{内}, P_{外}$——室内与室外照明用电量(kW);

K_2, K_3——综合用电系数,分别取 0.8 和 1.0。

最大电力负荷量按施工用电量与照明用电量之和计算[式(14-11)]。当单班制工作时,可不计照明用电量,此时最大电力负荷量等于施工用电量。

$$P = P_{施} + P_{照} \qquad\qquad (14\text{-}11)$$

式中 P——施工用电需求量(kW)。

（2）选择电源

土木工程施工的电源可以利用施工现场附近已有的电网。如附近无电网，或供电不足时，则需自备发电设备。

（3）确定变压器

临时变压器的设置地点宜设置在负荷中心附近。当工地面积较大时可分区设置，此时应按分区计算用电量并分设变压器。

变压器的功率可按式(14-12)计算：

$$P_0 = \frac{1.10}{\cos\varphi}\sum P \quad (\text{kVA}) \tag{14-12}$$

式中 P_0——变压器功率(kW)；

$\cos\varphi$——用电设备的平均功率因数，一般取 0.75；

1.10——线路上的电力损失系数；

P——施工区用电需求量(kW)。

根据计算所得容量，可从变压器产品目录中选用相近的变压器。

（4）布置配电线路和确定导线截面

配电线路的布置与给水管网相似，亦可分为环式、枝式和混合式。其优缺点也与给水管网相似。对于工地电力网，一般情况下，3～10 kV 的高压线路采用环式，380/220 V 的低压线路采用枝式。配电线路的计算及导线截面的选择，应同时满足安全电流及机械强度的要求。安全电流是指电线温度不超过规定值的情况下可持续通过的最大负荷电流。机械强度是电线、电缆在架设、地埋时不受机械破坏所需的抗拉、抗压强度。

5. 临时设施的安全要求

临时设施的搭设除满足上述各项指标及要求外，还要注意确保安全，加强"六防"。

（1）防火防爆

炸药仓库、油料仓库、木加工车间及木料堆场等易燃易爆物的临时设施，必须远离锅炉房、食堂等有火源的设施，应避免设置在有火源设施的下风口，并应有足够的消防设备及消防通道。现场生活区、施工区也应按消防要求做好消防设施。

（2）防雨

水泥棚(库)、木结构仓库、五金仓库等临时设施，屋面防水层不宜过简，避免渗漏而造成材料、构件、配件的淋水、受潮。同时，这类设施还应注意墙地面防潮，尤其在低洼地区和地下水位较高地区的仓库墙地面等应加设防潮层。

（3）防风

在山坡、高地、堤坝及可能遇有大风的地区，搭设的轻质临时建筑、帐篷以及简易建(构)筑物等应做好与地面的锚固，防止被大风吹倒。

（4）防震

地震区搭设的临时建筑应考虑抗震措施，尤其是工期较长、人员集中的临时建筑更应做好抗震设防，如砖砌体应设置构造柱和圈梁，不宜用混凝土预制板作楼板及屋盖等。

（5）防冻

寒冷地区搭设的构件预制厂、搅拌站等临时设施应考虑防寒措施，防止预制构件受冻损坏。生活区和施工区的水管及容器应设置防冻裂措施,以免影响生活与施工。

(6)防触电

临时建筑中的动力用电、照明用电线路,都必须做好绝缘,设置漏电保护装置。室内不得采用裸线,防止发生触电事故。雷击多发地区搭设的临时建筑还应安装避雷设施以防止雷击。

14.2.2.3 季节性施工的准备

工程施工多为露天作业,季节对施工的影响很大,如我国黄河以北每年冰冻期大约有 4～5 个月,长江以南每年雨天大约在 3 个月以上,这给施工增加了很多困难。因此,做好周密的施工计划和充分的施工准备,是克服季节性影响、保持正常施工的有效措施。

1. 进度安排

施工进度安排应考虑综合效益,除工期有特殊要求必须在冬期、雨期等季节施工的项目外,应尽量权衡进度与效益、质量的关系,将不宜在冬期、雨期等季节施工的分部工程避开这些时段。如土方工程、室外粉刷、防水工程、道路工程等不宜冬期施工;土方工程、基础工程、地下工程等一般不宜雨期施工。对冬期施工费用增加不大,技术要求不高,但工期在整个工程中占的比重较大,或对总进度起着决定作用的工程,如一般的砌砖工程、吊装工程、打桩工程等,仍可以安排在冬期施工。对冬期施工成本增加较大的分部工程,如室内装修,当工期紧张时,若在技术上采取一定的措施后,也可以在冬期进行,但应权衡利弊、合理安排。

2. 冬期施工准备

冬期施工要做好临时给水管、排水管的防冻措施、材料准备及消防工作准备,并提前做好员工培训、建立冬期施工制度,落实施工质量、安全等有关规定,做好冬期施工的组织准备和思想准备等。

3. 雨期施工准备

雨期到来之前应创造出适宜雨季施工的室外或室内的工作面。如完成建筑工程,做好屋面防水和排水设施,准备好排水机具。施工现场应做好临时道路的排水坡及排水沟,铺筑路面,保障雨期的进料运输。现场还应适当增加材料储备量,以保证雨期正常施工。

4. 防台风措施

我国东南沿海地区夏秋季节常受台风影响。台风季节应成立防台风工作领导小组,全面负责工地防台风组织和领导工作。组织编制防台风技术方案及应急预案,包括组织人员和物资准备、保障措施等。并根据气象部门预报,做好台风分级预警。

工程项目部在台风来临前应做好安全检查,包括塔式起重机、脚手架、宣传牌、临时设施等,采取措施加固,消除安全隐患。当台风将至时,项目部防台风工作领导小组人员应及时就位,进入临战状态,安排人员值班,进行工地巡视,落实防御措施和抢险救援队伍。台风来到时,工地应停止施工,并组织人员撤至安全地带,做好值班以及防护抢险和救护工作。

当台风警报解除后,项目部应检查受损情况,对受损的安全设施应及时加固。

14.2.3 施工部署和施工方案

施工部署是在了解工程情况、施工条件和建设要求的基础上,对整个建设工程进行全面安排和解决工程施工中重大问题的方案,它是编制施工总进度计划的前提。

14.2.3.1 施工部署

施工部署重点要解决下述问题。

1. 确定各主要单位工程或分部分项工程的施工展开程序和开竣工日期

施工展开程序与开竣工时间一方面要切合实际条件、满足投入使用的要求，同时也要遵循一般的施工程序，如整个工程施工遵循先地下、后地上的原则；基础工程遵循先深后浅的原则；在主体结构与围护结构施工中，应遵循先主体、后围护的原则；在处理结构与设备的施工顺序上，应遵循先结构、后设备的原则。

2. 建立工程的指挥系统

建立整个工程的指挥系统，全面协调和组织工程施工。统一规划部署各施工单位或专业分包单位的工程任务和施工区段，明确关键项目和非关键项目的相互关系，明确土建施工、结构安装、设备安装等各项工作的相互配合等。

3. 制订施工准备工作的计划

制订施工准备工作的计划和实施方案，主要包括：土地征用、居民迁移、障碍物清除、"三通一平"、测量控制网的建立、新材料和新技术的试制和试验、重要机械和机具的申请、订货、生产等。

4. 明确工程项目的施工目标

工程项目的施工目标包括质量、工期、安全、文明及绿色施工等目标。

① 质量目标应以质量管理体系、国家及行业和地方有关工程建设法规、规范为基础，努力达到优良的质量标准。

② 工期目标应按合同规定，依靠制度化管理、踏实的工作、严密的组织、先进的机械设备、精湛的技术，如期完成施工任务。

③ 安全生产应达到安全管理的总体目标，杜绝任何重大伤亡事故。严格执行安全操作、高空作业、施工用电及工地消防等有关规范和规章制度，落实安全管理技术措施，规范施工。

④ 文明施工应贯彻环境管理体系，达到文明工地标准，制订防止噪声、扬尘、污水、光污染、危险品和化学品泄漏等环境影响的目标和具体措施。

⑤ 绿色施工应在保证质量、安全等基本要求的前提下，通过科学管理和技术进步，最大限度地节约资源、减少对环境的负面影响，实现节能、节地、节水、节材和环境保护。

5. 编制专项施工方案

在房屋建筑和市政基础设施工程中，对危险性较大的分部分项工程应编制专项施工方案。例如，基坑支护、降水工程，土方开挖工程，模板工程及支撑体系，起重吊装及安装拆卸工程，新型及异型脚手架工程，拆除与爆破工程，幕墙安装工程，钢结构、网架和索膜结构安装工程，人工挖扩孔桩工程，地下暗挖、顶管及水下作业工程，预应力工程，采用新技术、新工艺、新材料、新设备的工程等。

专项施工方案应包括以下内容：工程概况、编制依据、施工计划、施工工艺技术、施工安全保证措施、劳动力计划、计算书及相关图纸。

专项施工方案由施工单位编制。实行施工总承包的工程，专项施工方案应当由施工总承包单位组织编制。其中，有些工程实行专业分包，其专项施工方案可由专业承包单位组织编制。

对于超过一定规模的危险性较大的分部分项工程的专项施工方案,还应当由施工单位组织召开专家论证会。实行施工总承包的工程,由施工总承包单位组织召开专家论证会。

14.2.3.2 施工方案

施工方案的拟订要重点解决下述问题:

① 单位工程中的关键分部工程施工方案。要通过技术经济比较确定工程中关键分部工程的施工方案,如深基坑支护结构、地下水处理、挖土方式、现浇结构施工、模板选型、装配式建筑、大型构件吊装等。

② 主要工种工程的施工方法。确定主要工种工程(如土方、桩基础、混凝土、砌体、结构安装、预应力混凝土工程等)的施工方法,工种工程施工方法的制订主要依据施工规范,明确针对本工程的技术措施,提高生产效率,保证工程质量与施工安全,降低造价。

合理选择施工方案是工程施工组织设计的核心。施工方案包括施工段的划分、工程开展的顺序和流水施工的安排、施工方法和施工机械的选择等。

1. 划分施工过程

任何一个土木工程的建造过程都是由许多施工过程组成的,进度计划编制及实施施工都要按划分的施工过程进行组织与安排。

在施工进度计划中,需要填入所有施工过程名称,其中水电工程和设备安装工程通常由专业性施工单位负责施工,因此,在一般土建施工单位的施工进度计划中,只要反映出这些工程和土建工程如何配合即可。而专业性施工单位如设备安装单位等,则应当根据工程施工进度计划的总工期以及与一般土建工程的配合,另行编制专业工程的施工进度计划。

劳动量大的施工过程都要一一列出。那些相对不重要的、劳动量很小的施工过程,可以合并起来列为"其他"一项。在进度计划中,各施工过程的劳动量按总劳动量的百分率计。

所有的施工过程应按计划施工的先后顺序排列。

在划分施工过程时,要注意以下几个问题:

① 施工过程划分的粗细程度。分项越细,项目越多,应根据工程计划的特点进行划分。例如砌筑砖墙施工过程,可以作为1个施工过程,也可以划分为4个施工过程[砌第一、二、三施工层(步高)墙,安装楼板]或6个施工过程(砌第一施工层的墙、搭设供第二施工层用的脚手架、砌第二施工层的墙、搭设供第三施工层用的脚手架、砌第三施工层的墙、安装楼板)。

② 施工过程的划分要结合具体的施工方法。例如单层装配式混凝土结构的安装,当采用分件安装法时,施工过程应当按照构件(基础梁、柱、联系梁、屋面梁和屋面板等)来划分。当采用综合安装法时,施工过程应当按照单元(节间)来划分。

③ 在同一时间内由同一工作队进行的施工过程可以合并在一起,否则就应当分列。例如,建筑工程中的隔音楼板的铺设,可以划分为钢筋混凝土楼板的浇筑、敷设隔音层和铺设地板三个施工过程,因为这些工程是在不同的时期内由不同的工作队进行施工的,所以这三个施工过程应分别列出。

2. 确定施工顺序

在施工组织设计中,一般应根据先地下、后地上,先主体、后围护,先结构、后装饰的原则,结合具体工程的结构特征、施工条件和建设要求,合理确定该工程的施工开展程序。对于建筑物,要确定建筑物各楼层、各单元(跨)的施工顺序、施工段的划分,各主要施工过程的流水方向等。

图 14-3 所示的为一个多跨单层装配式工业厂房的施工顺序图,生产工艺顺序如图中罗马数字所示。从施工角度来看,从厂房的任何一端开始施工都是可行的。但是按照生产工艺的顺序来进行施工,可以保证设备安装工程分期进行,从而可以提前发挥投资效益。所以,在确定各个单元(跨)的施工顺序时,除了应该考虑工期、建筑物结构特征等以外,还应该很好地了解工厂的生产工艺过程。

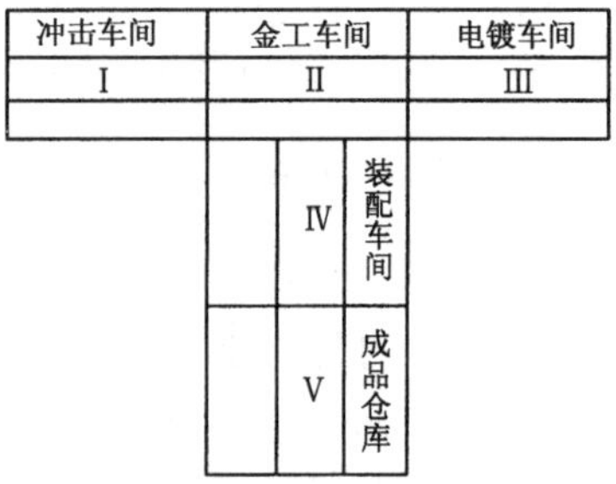

又如装配式多层房屋,通常采用的施工顺序是水平向上[图 14-4(b)]。但在地基沉降、结构稳定和构造允许的前提下,也可以采用垂直向上或按阶梯向上[图 14-4(c),(d)]的施工顺序。不同施工顺序对工期劳动消耗和成本的影响也不一样。因此,在确定各楼层、各单元(跨)的施工顺序时应进行多方面对比分析。

按照房屋各分部工程的施工特点,房屋施工一般分为地下工程、主体结构工程、装饰与屋面工程三个阶段。一些分项工程通常采用的施工顺序如下。

(1)地下工程

地下工程是指室内地坪(±0.000)以下所有的工程。

浅基础的施工顺序为:清除地下障碍物→软弱地基处理(需要时)→土方开挖→浇筑垫层→基础砌筑或浇筑→土方回填。其中基础常有砖基础和混凝土基础(条形基础或片筏基础)。砖基础在砌筑时一般要穿插进行基础梁的浇筑,砖基础的顶面还要浇筑防潮层。混凝土基础的施工过程包括模板支撑→钢筋绑扎→混凝土浇筑→养护→拆模。如果基础开挖深度较大、地下水位较高,则在挖土前还应进行土壁支护及降水工作。

桩基础的施工顺序为:预制桩沉桩或灌注桩施工→土方开挖→浇筑垫层→浇筑承台→土方回填。承台的施工顺序与混凝土浅基础的施工顺序类似。

(2)主体结构工程

主体结构常用的结构形式有混合结构、现浇混凝土结构(框架、剪力墙、筒体)、装配式混凝土结构、钢结构等。

混合结构的主导工程是砌筑和楼板安装。混合结构标准层的施工顺序为:弹线→墙体

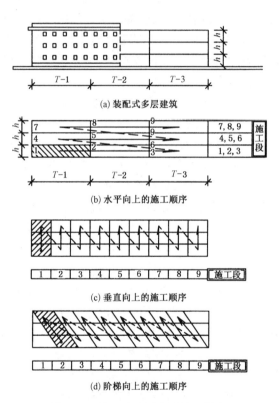

图 14-3　单层工业厂房
施工顺序图

(a)装配式多层建筑

(b)水平向上的施工顺序

(c)垂直向上的施工顺序

(d)阶梯向上的施工顺序

图 14-4　装配式多层房屋施工顺序

砌筑→过梁及圈梁浇筑→板底找平→楼板安装（浇筑）。

现浇框架、剪力墙、筒体等结构的主导工程均是现浇钢筋混凝土。标准层的施工顺序为：弹线→绑扎墙体钢筋→支墙体模板→浇筑墙体混凝土→拆除墙模→搭设楼面模板→绑扎楼面钢筋→浇筑楼面混凝土。其中，柱、墙的钢筋绑扎在支模之前完成，而楼面的钢筋绑扎则在支模之后进行。此外，施工中应考虑技术间歇。

装配式结构的主导工程是结构安装。如单层厂房结构安装可以采用分件吊装法或综合吊装法，但基本安装顺序都是相同的，即：柱子吊装→基础梁、连系梁、吊车梁等吊装→屋架扶直→屋架、天窗架、屋面板吊装。支撑系统穿插在其中进行。

（3）装饰及屋面工程

一般的装饰及屋面工程包括抹灰、饰面、门窗安装、玻璃安装、涂料、油漆、楼地面、屋面找平、屋面防水等。其中抹灰和屋面防水是主导工程。

装饰工程没有严格固定的顺序。同一楼层内的施工顺序一般为：地面→天棚→墙面，有时也可采用天棚→墙面→地面的顺序。又如内外装饰施工，两者相互无干扰时，可以先外后内，也可先内后外，或者两者同时进行。

卷材屋面防水层的施工顺序是：保温层铺设→找平层铺设→界面剂涂刷→防水卷材铺贴→保护层铺贴。屋面工程在主体结构完成后开始，并应尽快完成，为顺利进行室内装饰工程创造条件。

确定各施工过程的施工顺序应注意下列要求：① 遵守施工工艺的要求；② 考虑施工方法和施工机械；③ 符合施工组织的要求；④ 考虑当地的气候条件；⑤ 符合施工质量的要求；⑥ 符合安全技术的要求。

3. 选择施工方法和施工机械

施工方法和施工机械二者的选择是紧密联系的。在技术上要结合施工机械选择主要施工过程的施工工艺，如土方开挖应采用什么机械完成，是否需要采取降低地下水的措施；基础工程浇筑大型基础混凝土的水平运输采用什么方式；主体结构构件的安装应采用什么类型的起重机以满足吊装范围和起重高度的要求；墙体工程和装修工程的垂直运输如何解决等。这些工艺的选择，在很大程度上受到工程结构形式的制约，即通常所说的结构选型和施工选案。一些大型工程或特殊工程，往往在工程方案设计阶段就要考虑施工方法，并根据施工方法调整结构形式。

拟定施工方法时，应着重考虑影响整个工程施工的关键分部分项工程的施工方法。对于常规做法的分项工程则不必详细拟定。例如，土方工程通常要拟定开挖方式及基坑支护、降低地下水位和土方调配等方法。又如，钢筋混凝土工程应着重于模板支撑、混凝土泵送等。对于预应力张拉、施工缝留设、大体积混凝土等关键或特殊问题亦应给予详细考虑。

在选择施工机械时，首先应根据确定的施工工艺选择主导工程的机械，然后根据建筑特点及材料、构件种类配备辅助机械，最后确定与施工机械相配套的专用工具设备。

垂直运输机械的选择是一项重要内容，它直接影响工程的施工进度。一般根据标准层的垂直运输量（如模板、钢筋、混凝土、预制件、门窗、水电材料、装饰材料、脚手架等）来编制垂直运输量表（表14-6），然后据此选择垂直运输方式和机械数量，再确定水平运输方式和机械数量，最后布置垂直运输设施的位置及水平运输路线。

表 14-6   **垂直运输量表**

序号	项目	单位	数量		需要吊次
			工程量	每吊工程量	

4. 施工方案比较

每一施工过程都可以采用多种不同的施工方法和施工机械来完成。确定施工方案时，应当根据现有的或可能获得的机械的实际情况，拟定若干技术上可行的方案，然后从技术及经济上互相比较，从中选出最佳方案，使技术上的可行性与经济上的合理性统一起来。

（1）施工工期

施工工期 T 按式（14-13）计算：

$$T = \sum \frac{Q}{v} \tag{14-13}$$

式中 Q——关键工作工程量；

      v——单位时间内计划完成的关键工作工程量（如采用流水施工，v 即流水强度）。

关键工作工程量单位按不同工作性质而定，如"m^3""m^2""t"等。v 的单位与所计算的关键工作相对应，其中，单位时间一般取"d"。

反映施工项目相对速度的指标可用单位建筑面积施工工期表征，其计算公式为

$$t = \frac{T}{A} \tag{14-14}$$

式中 t——单位建筑面积施工工期；

      A——施工项目建筑面积。

（2）成本降低率

降低成本指标可以综合反映不同施工方案的经济效果，一般可用成本降低率 r_c 来表示：

$$r_c = \frac{C_0 - C}{C_0} \tag{14-15}$$

式中 r_c——成本降低率；

      C_0——合同造价（元）；

      C——所采用施工方案的计划成本（元）。

（3）劳动消耗量

劳动消耗量反映施工机械化程度与劳动生产率水平，分项工程劳动消耗量 N 包括主要工种用工 n_1，辅助用工 n_2，以及准备工作用工 n_3，即

$$N = n_1 + n_2 + n_3 \tag{14-16}$$

分项工程劳动消耗量的单位为工日，有时也可以用单位产品劳动消耗量（工日/m^3，工日/t，…）来计算。

14.2.4 施工进度计划

施工进度计划

根据工程规模、编制条件及适用场合的不同,施工进度计划的粗细有较大的不同。规模庞大、技术复杂、施工条件尚不十分明确的工程,或作为控制性的计划,一般可编制得较粗略。对无特殊设计要求、工程项目较小,或施工条件比较明确的工程,以及实施性的计划则应编制得详细一些。

施工进度计划可用横线图表达,亦可用网络图表达。当用横线图表达时,施工进度计划中项目的排列可按施工部署确定的工程展开顺序排列。当用网络图表达时,可先确定若干子目标,这些目标反映在网络计划进程的关键节点上,关键节点是工程总工期的控制点。

建设项目的施工进度计划的编制顺序如下:计算工程项目的工程量→确定各单位工程的施工工期→确定各单位工程的开、竣工时间和相互搭接关系→编制施工总进度计划。

单位工程施工进度计划编制的一般步骤为:确定施工过程→计算工程量→确定劳动量和机械台班数→确定各施工过程的作业天数→编制施工进度计划→编制资源计划。

下面以单位工程的施工进度计划为例,介绍其编制方法。

1. 确定施工过程

根据结构特点、施工方案及劳动组织确定拟建工程的施工过程,并在进度计划中列出。进度计划中各施工过程划分的详细程度主要取决于客观需要。

确定施工过程时,要密切结合确定的施工方案。由于施工方案不同,施工过程名称、数量和内容亦会有所不同。如某深基坑施工,当采用放坡开挖时,其施工过程有井点降水和挖土两项;当采用钢板桩支护开挖时,其施工过程则包括井点降水、板桩打设、支撑和挖土四项。

2. 确定各施工过程的工程量

在实际工程中,一般依据工程预算书以及拟定的施工方案确定各施工过程的工程量。如果施工进度计划所用定额和施工过程的划分与工程预算书一致,则可直接利用预算的工程量,不必重新进行计算。若某些项目有出入,或分段分层有所不同时,可结合施工进度计划的要求进行调整和补充。

3. 确定劳动量和机械台班数

根据施工过程的工程量、施工方法和地方颁发的施工定额,并参照施工单位的实际情况,确定计划采用的定额(时间定额和产量定额),以此计算劳动量和机械台班数:

$$p = \frac{Q}{S} \tag{14-17a}$$

或

$$p = QH \tag{14-17b}$$

式中　p——某施工过程所需劳动量(工日)或机械台班数(台班);

　　　　Q——该施工过程的工程量;

　　　　S——计划采用的产量定额(工程量/工日)或机械产量定额(工程量/台班);

　　　　H——计划采用的时间定额(工日/工程量)或机械时间定额(台班/工程量)。

使用定额,有时会遇到施工进度计划中所列施工过程的工作内容与定额中所列项目不一致的情况,这时应予以补充。通常有下列两种情况:

① 施工进度计划中的施工过程所含内容为若干分项工程的综合,此时,可将定额作适当扩大,求出平均产量定额,使其适应施工进度计划中所列的施工过程。平均产量定额可按式(14-18)计算:

$$\overline{S} = \frac{\sum_{i=1}^{n} Q_i}{\dfrac{Q_1}{S_1} + \dfrac{Q_2}{S_2} + \cdots + \dfrac{Q_n}{S_n}} \tag{14-18}$$

式中　$Q_1, Q_2, \cdots, Q_n$——同一施工过程中各分项工程的工程量;

　　　$S_1, S_2, \cdots, S_n$——同一施工过程中各分项工程的产量定额(或机械产量定额);

　　　$\overline{S}$——施工过程的平均产量定额(或平均机械产量定额)。

② 有些新技术或特殊的施工方法,其定额尚未列入定额手册中,此时,可将类似项目的定额进行换算,或根据试验资料确定,或采用三时估计法[参见第 12 章式(12-4)]。

4. 确定各施工过程的作业天数

计算各施工过程持续时间的方法一般有两种:

① 根据配备在某施工过程上的施工工人数量及机械数量来确定作业时间。

根据施工过程计划投入的工人数量及机械台数,可按式(14-19)计算该施工过程的持续时间:

$$T = \frac{p}{nb} \tag{14-19}$$

式中　T——完成某施工过程的持续时间(天或班);

　　　p——该施工过程所需的劳动量(工日)或机械台班数(台班);

　　　n——每工作班安排在该施工过程上的劳动人数(工)或机械台数(台);

　　　b——每天工作班数。

② 根据工期要求倒排进度,即由 T, p, b,求 n:

$$n = \frac{p}{Tb} \tag{14-20}$$

即可求得 n 值。

确定施工持续时间,应考虑施工人员和机械所需的工作面。人员和机械的增加可以缩短工期,但它有一个限度,超过了这个限度,工作面不充分,生产效率必然会下降。

5. 编制施工进度计划

编排施工进度计划的一般方法是,首先找出并安排控制工期的主导施工过程,并使其他施工过程尽可能与其平行施工或作最大限度的搭接施工。

在主导施工过程中,应先安排其中主导的分项工程,而其余的分项工程则与之配合、穿插、搭接或平行施工。

主导施工过程中的各分项工程,各主导施工过程之间的组织,可以应用流水施工方法和

314

网络计划技术进行设计,最后形成初步的施工进度计划。

无论采用流水作业法还是网络计划技术,对初步安排的施工进度计划均应进行检查、调整和优化。检查的主要内容有:是否满足各施工过程的合理程序;资源(劳动力、材料及机械)的均衡性;工作队的连续性以及施工顺序、平行搭接和技术或组织间歇时间等是否合理等。如有不足之处应予调整,必要时,应采取技术措施和组织措施,对有矛盾、不合理或不完善处的工序进行调整或将其持续时间延长或缩短,以满足施工工期,实现施工的连续性和均衡性。

此外,在施工进度计划执行过程中,往往会因人力、物力及客观条件的变化而打破原定计划,或超前,或推迟。因此,在施工过程中,也应经常检查和调整施工进度计划。目前已普遍应用计算机进行施工进度计划的编制、优化和调整,它具有很多优越性,尤其是在优化和快速调整方面更能发挥其计算迅速的优点。

6. 编制资源计划

单位工程施工进度计划确定之后,可据此编制各主要工种劳动力需用量计划及施工机械、材料、构件、加工品等的需用量计划,以便及时组织劳动力和技术物资的供应,保证施工进度计划的顺利执行。

(1) 主要劳动力需用量计划

将各施工过程所需要的主要工种劳动力,根据施工进度的安排进行叠加,就可编制出主要工种劳动力需用量计划,如表 14-7 所示。劳动力需求计划是施工现场的劳动力调配的依据。

表 14-7　　　　　　　　　　　　　　劳动力需用量计划表

序号	工作名称	总劳动量/工日	每月需用量/工日					
			1	2	3	4	...	12

(2) 施工机械需用量计划

根据施工方案和施工进度确定施工机械的类型、数量和进场时间。一般是将工程施工进度表中每一个施工过程、每天所需的机械类型、数量和施工日期进行汇总,以得出施工机械模具需用量计划,如表 14-8 所列。

表 14-8　　　　　　　　　　　　施工机械、模具需用量计划表

序号	机械名称	机械类型（规格）	需用量		来源	使用起讫时间	备注
			单位	数量			

（3）材料及构件、配件需用量计划

材料需用量计划主要为组织备料、确定仓库及堆场面积、组织运输之用。其编制方法是将施工预算中或进度表中各施工过程的工程量，按材料名称、规格、使用时间并考虑各种材料的消耗进行计算汇总，即为每天（或周、月）所需材料数量。材料需用量计划格式如表14-9所列。

表14-9　主要材料需用量计划表

| 序号 | 材料名称 | 规格 | 需用量 | | 供应时间 | 备注 |
			单位	数量		

若某分部分项工程由多种材料组成，例如混凝土工程，在计算其材料需用量时，可按混凝土配合比，将混凝土工程量换算成水泥、砂、石、外加剂等材料的数量。

建筑结构构件、配件和其他加工品的需用量计划，同样可按主要材料需用量计划的编制方法进行编制。它是与加工单位签订供应协议或合同、确定堆场面积、组织运输工作的依据，如表14-10所列。

表14-10　构件需用量计划表

| 序号 | 品名 | 规格 | 图号 | 需用量 | | 使用部位 | 加工单位 | 供应日期 | 备注 |
				单位	数量				

工程施工前还应根据施工要求，编制一份施工准备工作计划，主要内容如表14-11所列。

表14-11　准备工作施工进度计划

| 序号 | 准备工作项目 | 工程量 | | 进度 | | | | | | | | | | | | | | | | | | 备注 |
| | | | | ×月 | | | | | | | | ×月 | | | | | | | | | |
		单位	数量	1	2	3	4	5	6	7	8	…	1	2	3	4	5	6	7	8	…	

对建设项目还应编制主要实物工程量的汇总表，主要劳动力、机械需求等的汇总表，表14-12是某工程部分资源需求汇总表的样例。

表 14-12

构件、成品、半成品与主要建筑材料需用量汇总表

工程项目 / 工 种		度量单位	总计	其中包括					居住建筑		工地内部临时性建筑物及机械装置	总计					
				铁路支线和运输	外部工程	电气工程	工业建筑		永久性	临时		××××年				××××年	
							主要	辅助				季度				……	
												一	二	三	四	……	
构件及半成品	成型钢筋	t															
	混凝土预制梁	m³															
	预制楼板、屋架	m³															
	钢构件	t															
	大模板	m²															
	门窗	m²															
	木制品	m²															
	……	…															
主要材料	水泥	t															
	钢筋	t															
	石灰	t															
	砖	(块)															
	块石及圆砾石	m³															
	圆木	m³															
	……	…															

7. 进度计划的评价指标

评价单位工程施工进度计划的质量,通常依据下列指标:

(1) 工期

工期是进度计划的基本目标,也是对计划评价的重要指标。应对计划的工期是否满足工程合同要求及其可行性和保证度作出评价。

(2) 资源消耗的均衡性

对于单位工程或各个施工过程来说,每日资源(劳动力、材料、机具等)消耗力求不发生过大的变化,即资源消耗力求均衡。

为了反映资源消耗的均衡情况,可根据进度计划及资源需求画出资源消耗动态图。当出现不均衡的状态时,可通过"削峰填谷"的方法进行调整。

在资源消耗动态图上,一般应避免出现短时期的高峰或长时期的低谷情况。

图 14-5 是劳动资源消耗的动态图,图 14-5(a)和图 14-5(b)分别出现了短时期的高峰人数及长时间的低谷人数。在图 14-5(a)情况下,短时期工人人数增加,需

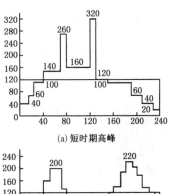

(a) 短时期高峰

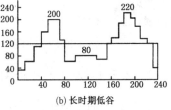

(b) 长时期低谷

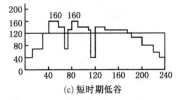

(c) 短时期低谷

图 14-5 劳动量动态图

相应地增加为工人服务的各种临时设施等;在图 14-5(b)情况下,如果工人不调出,则将发生窝工现象,如果工人调出,则临时设施不能充分利用。至于在劳动量消耗动态图上出现短时期的,甚至是很大的低谷[图 14-5(c)],则是可以接受的,因为这种情况不会发生什么显著

的影响,而且只要把少数工人的工作重新安排,窝工情况就可以消除。

某资源消耗的均衡性指标可以采用资源不均衡系数(K)加以评价:

$$K = \frac{N_{\max}}{\overline{N}}$$
(14-21)

式中　$N_{\max}$——某资源日最大消耗量;

　　　$\overline{N}$——某资源日平均消耗量。

最理想的情况是资源不均衡系数 K 接近于 1。在组织流水施工的情况下,不均衡系数可以大大降低并趋近于 1。

(3)主要施工机械的利用程度

主要施工机械通常是指土方机械、混凝土泵车、起重机等。机械设备的利用程度用机械利用率(γ_{m})表示:

$$\gamma_{\mathrm{m}} = \frac{m_1}{m_2} \times 100\%$$
(14-22)

式中　m_1——机械设备的作业台日(或台时);

　　　m_2——机械设备的制度台日(或台时),由 $m_2 = nd$ 求得,其中,n 为机械设备台数,d 为制度时间,即日历天数减去节假日天数。

社会化机械设备租赁体系的建立是解决机械设备利用率的有效途径。我国土木工程领域已逐渐推广这种社会化机械租赁形式。

14.2.5　施工总平面图

施工总平面图

施工总平面图是施工组织设计的一个重要组成部分,它具体指导现场施工的平面布置,对于有组织、有计划地进行文明安全施工具有重大意义。施工总平面图应在制订施工部署、施工方案、施工进度计划和确定了施工准备工作之后进行设计。对于大型建设项目及施工中现场变化较大的工程,或施工工期较长、受场地所限,施工场地需多次周转的工程,可分阶段设计施工总平面图,如对基础施工阶段、结构施工阶段、设备安装阶段或装饰阶段等分别设计平面布置图。

14.2.5.1　施工总平面图的内容

施工总平面图应包括下述基本内容:

① 规划红线及施工用地范围。

② 施工用地范围内地上和地下的已有和拟建的建筑物、构筑物以及其他设施的平面位置和尺寸。

③ 施工临时设施的位置,包括:各种加工场、材料、半成品及制品的仓库和堆场;行政管理及文化、生活用的临时建筑物。

④ 起重机及垂直运输设备的布置,对移动式起重机应标明其轨道或开行路线。

⑤ 临时给排水管线、供电及通信等线路、供气供暖管线、保安和消防设施等。

⑥ 场内施工的临时道路及与场外交通的连接。

⑦ 工程取土及弃土位置。

⑧ 永久性与半永久性坐标或标高的标桩位置,必要时标出等高线。

对施工可能对周边环境造成影响的工程,如深基坑工程,施工总平面图中还应包括施工区外一定范围内的建(构)筑物、地下管线及相关保护对象的平面位置及尺寸。

施工平面图的比例尺根据工程占地的大小,一般取 1:200～1:1 000。

14.2.5.2 施工总平面图的设计要求

施工总平面图设计应遵循"绿色施工"的原则,做到:

① 在保证施工顺利进行的前提下,尽量少占土地。

② 临时设施和建筑不应影响拟建的地上或地下的永久性建(构)筑物和设施的施工。

③ 仓库、材料堆场等的设置应合理布局,最大限度地减少二次搬运、降低工地的运输费用。

④ 在满足施工需要的条件下,应尽量减少临时工程的工程量。

⑤ 各项设施的布置应体现以人为本的原则,如合理地规划行政管理及生活用房的相对位置,考虑卫生、消防安全等方面的要求。

⑥ 遵循劳动保护、卫生防疫和消防等方面的法规与技术要求。

施工总平面图的设计应根据上述原则并结合具体工程情况编制,宜设计若干可能的方案并进行比较优化,最后选择合理的方案。

14.2.5.3 施工总平面图的设计方法

设计全工地性施工总平面图一般可按下述步骤进行。

1. 确定大宗材料、半成品和设备的供应及运输方式

工程中大宗材料、半成品和设备的运输量大而面广,施工中必须合理确定运输方式及附属设施的布置,以减少重复搬运,降低工程费用。当大批材料由铁路运入工地时,一般应先解决铁路引入及卸货的方案;若由水路运入工地,则可考虑在码头附近布置生产加工厂或转运仓库;若由公路运入,因其运输灵活,可根据仓库及生产企业的位置布置汽车路线。

2. 确定起重机械的型号和位置以及混凝土泵的位置

起重机和混凝土泵的位置直接影响仓库、料堆、砂浆和混凝土运输道路的位置以及水、电线路的布置等,因此要首先予以考虑。

(1) 确定起重机械的型号和位置

确定起重机的型号:依据起重的物件、现场的空间、布置的位置等选择起重机型号,满足施工起重量、起重高度、工作半径要求等。

影响起重机布置的因素:结构形式、主要分项工程的施工方案、预制构件及装修、设备部件重量和尺寸等,还应考虑起重机用于其他的辅助性作业,如装卸材料、清理垃圾等。

起重机布置应防止出现吊装或运输的"死角",确保起重工作半径能覆盖施工区域。对自升式塔机的布置还应考虑装拆空间,多台塔机作业时应避免高空作业的相互干扰。

起重运输设备及其他高空作业范围内如果有高压输电线,则起重设备的布置应满足其与输电线之间的安全距离(表 14-13)。

表 14-13 起重机与高压输电线的安全距离(m)

电压/kV		<1	1~15	20~40	60~110	220
安全距离	沿垂直方向	1.5	3.0	4.0	5.0	6.0
	沿水平方向	1.0	1.5	2.0	4.0	6.0

(2)确定混凝土泵的位置

混凝土泵是当前混凝土运输的主要机械设备,在施工平面图中应做各施工阶段的混凝土泵的布置,在条件许可的情况下,应尽可能采用混凝土泵车,如需要设置固定泵,则应根据固定泵的性能和泵管铺设要求做好规划。

3. 确定仓库位置

当工程有铁路线时,仓库的位置可以沿着铁路线布置,必要时可考虑设置转运站(或转运仓库)。沿铁路线布置的仓库位置宜设在靠近工地一侧,以免后期材料的内部运输跨越铁路线。装卸作业频繁的材料仓库,应布置在支线尽头或专用线上,以免妨碍其他工作。

材料由公路运输时,仓库的布置比较灵活。中心仓库宜布置在工地中央或靠近使用的地方。在没有条件时,可将仓库布置在工地外围与外部交通线的连接处。对于施工中即时使用的材料和构件(如预制构件等),可以直接放在施工对象附近,以免二次搬运。

4. 确定加工场和材料、构件堆场的位置

加工场和材料、构件堆场的位置应尽量靠近使用地点,或布置在起重机作业半径内,并应考虑运输和装卸料的方便。

(1)根据施工阶段和使用先后进行布置

① 建(构)筑物基础和第一批施工材料,宜布置在建(构)筑物的四周。但在基础施工阶段,材料的堆放位置应根据基坑(槽)的深度及其支护形式确定,以免造成基坑(槽)坑边堆载超限。

② 以后使用的施工材料,可布置在起重机附近。

③ 多种材料同时布置时,对大宗的、重量大的和先期使用的材料,尽可能靠近使用地点或起重机附近布置;而少量的、轻的和后期使用的材料,则可布置得稍远一些。

(2)根据起重机类型进行布置

① 当采用固定式垂直运输设备时,加工场和堆场应尽可能靠近起重机布置,以减少运距或二次搬运。

② 当采用塔式起重机进行垂直运输时,应布置在塔式起重机有效作业半径内。

③ 当采用自行式起重机进行水平或垂直运输时,应沿起重机开行路线布置,其位置应在起重臂的最大工作半径范围内。

此外,木工棚和钢筋加工棚的位置可考虑布置在建筑物四周,但应有一定的场地用于木材、钢筋和成品的堆放。

5. 运输道路布置

现场主要道路应尽可能利用永久性道路。也可先建好永久性道路的路基作为临时道路,在土建工程结束之前再铺路面。布置现场道路时要注意保证行驶畅通,使运输工具有回转的可能性。因此,运输路线宜围绕建筑物布置成环行道路。道路布置要求可参阅表14-5。

6. 行政及生活用临时建筑布置

为工程服务的行政和生活用临时建筑主要有办公室、宿舍、工人休息室、餐厅、卫浴室等。临时建筑的布置应考虑使用方便,不妨碍施工,并符合消防、保安要求。行政和生活用的临时建筑区应与施工区相互独立。

7. 布置临时水电等管网

工程中如可利用已有水源、电源等,这时管线可从场外接入工地,再沿主要干道布置干管、主线,然后与各使用点接通。

当无法利用已有供电网时,可以在工地合适的位置设置固定的或移动的临时发电设备,由此引出电线,沿干道布置主线。类似地,如无法利用已有的供水网,则可以利用水质合格的河水或地下水。如果用深井水,则可在靠近使用中心的位置凿井,设置抽水设备及输水泵;若用河水,则可在水源旁边设置抽水设备或水泵、简易水塔,以便储水和提高水压,然后把水管接出,布置工程管网。

施工场地应有畅通的排水系统,并结合竖向布置设立道路边沟涵洞、排水管(沟)等,场地排水坡度应不小于0.3%。在城市的市区工程中,还应设置污水沉淀池,保证排水达到城市污水排放标准。

8. 消防与保安

根据消防的规定,工地应设立消防站,其位置应在易燃建(构)筑物附近,如木材仓库等,且必须有畅通的出口和消防通道(应在布置运输道路时同时考虑),其宽度不得小于6 m。工地内应设消火栓,消火栓之间的距离不应大于120 m,与有关建筑的距离不应大于25 m,也不应小于5 m。消火栓与路边的距离不应大于2 m。

文明施工

为了保安,在出入口处设立门岗,必要时可在工地四周设立瞭望台。

14.2.5.4 施工总平面图的评价指标

施工总平面图设计的质量评价的技术经济指标可以分为两类:主要指标和辅助指标。主要指标有:施工用地面积、施工场地利用率和场内主要运输工作量,它们可以直接反映施工总平面图布置的合理性和经济性。施工用临时设施和房屋面积、施工用铁路线长度、公路长度、各种施工用的管线长度可以作为辅助指标,补充说明施工总平面图设计方案的优缺点。

施工用地面积指标,是评价施工总平面图的重要指标之一,也是绿色施工"节地"的基本目标。施工用地面积应包括施工期间全部占用的面积,即不仅计算工程征用土地的面积,还应包括占用的其他土地的面积。为切实反映出实际用地情况和评价总平面图的设计质量,应将施工区域内的用地以及施工区域外与施工区有关的铁路、公路所占用的面积,一并计入施工用地总面积指标内。

场内主要运输工作量也是反映场地布置是否合理的一个重要标志,应以运输量(t·km)作为评价的依据。为了简化计算,零星物资和20 m以内的小量搬运的运输可不予计算。

思 考 题

【14-1】 基本建设的程序如何？

【14-2】 何谓建设项目？何谓单位工程？何谓分部分项工程？

【14-3】 施工组织设计的类型有几种？

【14-4】 施工组织设计的编制程序是怎样的？

【14-5】 施工组织设计包括哪些内容？

【14-6】 施工用水量如何确定？

【14-7】 确定施工用电量应考虑哪些因素？

【14-8】 施工组织设计的施工部署与施工方案要解决哪些问题？

【14-9】 施工方案评价有哪几个主要指标？

【14-10】 施工进度计划如何编制？如何评价其编制质量？

【14-11】 施工平面图包括哪些内容？其设计步骤如何？

【14-12】 施工平面图设计中应注意哪些问题？